蟹状星云M1

草帽星系M104

哈勃太空望远镜

500米口径球面射电望远镜FAST

武大通识

珞珈博雅文库
通识教材系列

宇宙新概念

第四版

赵江南　编著

WUHAN UNIVERSITY PRESS

武汉大学出版社

图书在版编目(CIP)数据

宇宙新概念/赵江南编著 . —4 版.—武汉：武汉大学出版社，2021.2
珞珈博雅文库.通识教材系列
ISBN 978-7-307-22068-3

Ⅰ.宇…　Ⅱ.赵…　Ⅲ.宇宙学—高等学校—教材　Ⅳ.P159

中国版本图书馆 CIP 数据核字(2020)第 272915 号

责任编辑:任仕元　　　责任校对:李孟潇　　　版式设计:韩闻锦

出版发行:**武汉大学出版社**　（430072　武昌　珞珈山）
　　　　　　（电子邮箱：cbs22@ whu.edu.cn　网址：www.wdp. com.cn）
印刷:武汉科源印刷设计有限公司
开本:787×1092　1/16　印张:31　字数:636 千字　插页:4
版次:2003 年 5 月第 1 版　　2006 年 6 月第 2 版
　　　2014 年 7 月第 3 版　　2021 年 2 月第 4 版
　　　2021 年 2 月第 4 版第 1 次印刷
ISBN 978-7-307-22068-3　　定价:59.00 元

主编简介

赵江南，男，1962年生，江苏宜兴人。1979年9月进入南京大学天文系天体物理专业学习，1983年7月毕业后进入武汉大学空间物理系工作，理学博士，现任武汉大学电子信息学院教授，从事空间物理学和光电子技术等方面的研究。

主持和参与10多个科研项目，发表论文10多篇，出版大学教材7种、科普读物1种。曾获得武汉大学优秀教学成果一等奖、武汉大学查全性教授1977纪念奖、武汉大学杰出教学贡献校长奖，两次获评武汉大学十佳优秀教师、武汉大学教学名师等。

所讲课程《宇宙新概念》入选大学素质教育国家级精品通选课，《宇宙新概念》MOOC课程获国家精品在线开放课程称号，并于2019年入选中共中央宣传部"学习强国"平台，成为每日慕课课程。

《珞珈博雅文库·通识教材系列》总序

　　小而言之，教材是"课本"，是一课之本，是教学内容和教学方法的语言载体；大而言之，教材是国家意志的体现，是高校教学成果和科研成果的重要标志。一流大学要有一流的本科教育，也要有一流的教材体系。新形势下根据国家有关要求，为进一步加强和改进学校教材建设与管理，努力构建一流教材体系，武汉大学成立了教材建设工作领导小组、教材建设工作委员会，设立了教材建设中心，为学校教材建设工作提供了有力保障。一流教材体系要注重教材内容的经典性和时代性，还要注重教材的系列化和立体化。基于这一思路，学校计划按照学科专业教育、通识教育、创业教育等类别规划建设自成系列的教材。通识教育系列教材即是学校大力推动通识教育教学工作的重要成果，其整体隶属于"珞珈博雅文库"，命名为"通识教材系列"。

　　在长期的办学实践和教学文化建设过程中，武汉大学形成了独具特色的融"五观"为一体的本科人才培养思想体系：即"人才培养为本，本科教育是根"的办学观；"以'成人'教育统领成才教育"的育人观；"厚基础、跨学科、鼓励创新和冒尖"的教学观；"激发教师教与学生学双重积极性"的动力观；"以学生发展为中心"的目的观。为深化本科教育改革，打造世界一流本科教育，武汉大学于2015年开展本科教育改革大讨论并形成《武汉大学关于深化本科教育改革的若干意见》《武汉大学关于进一步加强通识教育的实施意见》等文件，对优化通识教育顶层设计、理顺通识课程管理体制、提高通识教育课程质量、加强通识教育保障机制等方面提出明确要求。

　　早在 20 世纪八九十年代，武汉大学就有学者专门研究大学通识教育。进入 21 世纪，武汉大学于 2003 年明确提出"通专结合"，将原培养方案的"公共基础课"改为"通识教育课"，作为全国通识教育改革的先行者率先开创"武大通识 1.0"；2013 年，经过十年的建设，形成通识课程的七大板块共千门课程，是为"武大通识 2.0"；2016 年，在武汉大学本科教育改革大讨论的基础上，学校建立通识教育委员会及其工作组，成立通识教育中心，重启通识教育改革，以"何以成人，何以知天"为核心理念，以《人文社科经典导引》和《自然科学经典导引》两门基础通识必修课为课程主体，同时在通识课程、通识课堂、通识管理和通识文化四大层次全面创新通识教育，从而为在校本科生逾 3 万的综合性大学如何实现通识教育的品质提升和卓越教学探索了一条新的路径，是为"武大通识 3.0"。

　　当前，高校对大学生要有效"增负"，要提升大学生的学业挑战度，合理增加课程难度，拓展课程深度，扩大课程的可选择性，真正把"水课"转变成有深度、有难度、有挑战度的"金课"。那么通识课程如何脱"水"冶"金"？如何建设具有武汉大学特色的通识教育金课？这无疑要求我们必须从课程内容设计、教学方式改革、课程教材资源建设等方面着力。

　　一门好的通识课程应能对学生正确价值观的塑造、健全人格的养成、思维方式的拓展等发挥重要作用，而不应仅仅是传授学科知识点。我们在做课程设计的时候要认真思考"培养什么人、怎样培养人、为谁培养人"这一根本问题，从而切实推进课程思政建设。武汉大学学科门类齐全，教学资源丰富，这为我们跨学科组建教学团队，多维度进行探讨，设计更具前沿性和时代性的课程内容，提供了得天独厚的条件。

　　毋庸讳言，中学教育在高考指挥棒下偏向应试思维，过于看重课程考核成绩，往往忘记了"教书育人"的初心。那么，应如何改变这种现状？答案是：立德树人，脱"水"冶"金"。具体而言，通识教育要注重课程教学的过程管理，增加小班研讨、单元小测验、学习成果展示等鼓励学生投入学习的环节，而不再是单一地只看学生期末成绩。武汉大学的"两大导引"试行"8+8"的大班授课和小班研讨，经过三个学期的实践，取得了很好的成效，深受同学们欢迎。我们发现，小班研讨是一种非常有效的教学方式，能够帮助学生深度阅读、深度思考，增加学生课堂参与度，培养学生独立思考、理性判断、批判性思维和团队合作等多方面的能力。

　　课程教材资源建设是十分重要的。老师们精心编撰的系列教材，精心录制的在线开放课程视频，精心设计的各类题库，精心搜集整理的与课程相关的文献资料，等等，对于学生而言，都是精神大餐之中不可或缺的珍贵元素。在长期的教学实践中，老师们不断更新、完善课程教材资源，并且教授学生获取知识的能力，让学习不只停留于课堂，而是延续到课后，给学生课后的持续思考提供支撑和保障。

"武大通识 3.0"运行至今，武汉大学已形成一系列保障机制，鼓励教师更多地投入到通识教育教学中来。学校对通识 3.0 课程设立了准入准出机制，建设期内每年组织一次课程考核工作，严格把控立项课程的建设质量；对两门基础通识课程实施助教制，每学期遴选培训研究生和青年教师担任助教，辅助大班授课、小班研讨环节的开展；对投身通识教育的教师给予最大支持，在"351 人才计划（教学岗位）""教学业绩奖"等评选中专门设定通识教育教师名额，在职称晋升等方面也予以政策倾斜；对课程的课酬实行阶梯制，根据课程等级和教师考核结果发放授课课酬。

武汉大学打造多重通识教育活动，营造全校通识文化氛围。每月举行一期通识教育大讲堂，邀请海内外一流大学从事通识教育顶层设计的领袖性人物、知名教师、知名学者、杰出校友等来校为师生做专题报告；每学期组织一次通识教育研讨会，邀请全校通识课程主讲教师、主要管理人员参加，采取专家讲座与专题讨论相结合的方式，帮助提升教师的通识教育理念；不定期开展博雅沙龙、读书会、午餐会等互动式研讨活动，有针对性地选取主题，邀请专家报告并研讨交流。这些都是珍贵的教学资源，有助于我们多渠道了解通识教育前沿和通识文化真谛，不断提升通识教育的理论素养，进而持续改进通识课程。

武汉大学的校训有一个关键词：弘毅。"弘毅"语出《论语》："士不可以不弘毅，任重而道远。"对于"立德树人"的武大教师，对于"成人成才"的武大学子，对于"博雅弘毅，文明以止"的武大通识教育，皆为"任重而道远"。可以说，我们在通识教育改革道路上所走过的每一步，都将成为"教育强国，文化复兴"强有力的步伐。

"武大通识 3.0"开启以来，我们精心筹备、陆续推出"珞珈博雅文库"大型通识教育丛书，涵盖"通识文化""通识教材""通识课堂"和"通识管理"四大系列。其中的"通识教材系列"已经推出"两大导引"，这次又推出核心和一般通识课程教材十余种，以后还将有更多优秀通识教材面世，使在校同学和其他读者"开卷有益"：拓展视野，启迪思想，融通古今，化成天下。

周叶中

本书总序

进 21 新世纪，中国高等教育发展形成的共识之一，就是要着力教育创新。教育创新共识的形成，是以对时代发展的新特点的理解为基础，以对当今世界和我国教育发展的新趋势的分析为背景，以实现中华民族的伟大复兴和社会主义教育事业发展的历史任务为目标的，它深刻地反映了高等教育确立"以人为本"新理念的必然要求。

教育创新的首要之义就在于，教育要与经济社会发展的实际相结合，要与我国社会主义现代化建设对各类高层次人才培养的需要相适应，努力造就具有创造精神和实践能力的全面发展的人才。为了达到教育创新的这些要求，高等教育不仅要实行教育理论和理念的创新，而且还要深化教育教学改革，着力提高教育教学质量和水平。特别要注重学科与专业设置的调整和完善，形成有利于先进科学技术发展和提高国民经济发展水平的学科专业与教学内容；要注重人才培养结构的优化，形成既能适应现代化建设对各级各类高层次人才的需求，又能体现和反映高校优秀的办学特色、办学风格和办学传统的人才培养模式。教育教学创新的这些措施，必然提出怎样对传统意义上的以"学科""专业"为主体的教育教学结构进行整合，并使之与现代社会发展要求相适应的"通识"教育相兼容和相结合的重大问题。

高等教育人才培养模式中的"专""通"关系问题，并不是现在才提出来的。至于与"专业"教育相对应的"通识"教育的思想，出现得更早些。在亚里士多德那里，就有与"自由"教育相联系的"通识"教育的思想。这里所讲的"通识"教育，通常是指对学生普遍进行的共通的文化教育，使学生具有一定广度的知识和技能，使学生的人格与学识、理智与情感、身体与心理等各方面得到自由、和谐和全面的发展。

世界高等教育的发展曾经经历过时以"通识"教育为主、时以"专业"教育为主，或者两者并举、并立的发展时期。从高等教育发展的历史来看，早期的高等教育似倚重于"通识"教育。随着经济、科技和社会分工的不断发展和进步，高等教育也相应地细分为不同学科、专业，分别培养不同领域的专业人才，"专业"教育的比重不断增大。20世纪中叶以来，经济的迅猛发展、科技的飞速进步、知识的不断交叉融合，使学科之间更新频率加快，高度分化和高度综合并存，"专才"与"通识"的需求同在。但是在总体上，"通识"似更多地受到重视。这是因为，新时代高等教育培养的人才，应该具有很强的应变能力和适应能力，应该具有更为宽厚的知识基础和相当广博的知识面，应该具有更强的信息获取能力和多方面的交流能力。显然，仅仅依靠知识领域过窄的专业教育，是难以培养出这样的人才的。

我国大学本科教育一度专业划分过细，学生知识结构单一，素质教育薄弱，人才的社会适应能力多有不足。随着国家经济体制改革的深入、产业结构调整步伐的加快和国民经济的飞速发展，国家和社会对人才需求的类型与结构发生了急剧变化，对人才的规格和质量的要求也不断提高，划分过细的专业教育易于造成人才供给的结构性短缺。经济全球化发展和我国加入 WTO，对我国高等教育人才培养提出了更为严峻的课题，继续走划分过窄、过细的专业教育之路，就可能出现一方面人才短缺、另一方面就业困难的严峻局面，将严重阻碍我国经济社会的发展，也将使我国高等教育陷入困境。我国教育界的有识之士和国家教育主管部门已经深切地认识到这种严峻的形势。教育部前几年就在多方征求意见的基础上，推出了经大幅度修订的新的本科专业目录，使本科专业种类调整得更为宽泛些。各高等学校也在进一步加大教学改革力度，研究和修订教学计划，改革教学内容，努力使专业壁垒渐趋弱化，基础知识教育得到强化。这些都将有利于学生拓宽知识面，涉猎不同学科和专业领域，增强适应能力，全面提高综合素质。

在对高等教育"通""专"关系的处理上，教育创新提供了解决问题的根本方法。通过教育创新，一方面能构筑高水平的通识教育的平台，另一方面也能增强专业教育的适应性。目的就是做好"因材施教"，实现"学以致用"。在这一过程中，除了要解决好选人制度即招生制度创新和教师队伍建设创新外，还要注重教学内容、教学方式和方法以及教材建设等方面的创新。

近些年来，武汉大学出版社经过精心组织与策划，奉献给广大读者的这套通识教育系列教材，力图向大学生展示不同学科领域的普遍知识及新成果、新趋势或新信息，为大学生提供感受和理解不同学术领域和文化层面的基本知识、思想精髓、研究方法和理论体系，为大学生日后的长远学习提供广阔的视野。我们殷切地希望能有更多更好的通识教材面世，不仅要授学生以知识、强学生之能力，更要树学生之崇高理想、育学生之创新精神、立学生之民族振兴志向！

顾海良（原武汉大学校长）

第四版前言

《宇宙新概念》第三版已出版6年多了，本书的特色就是新，天文学的最新发现、最新理论必须融入教材中去，特别是近几年天文学有了突破性的发现，探测到引力波，拍摄到黑洞视界照片，暗物质、暗能量理论的发展，新的天文探测设备投入和即将投入使用，这些都有必要增加到第四版的同名教材中。

中国天文学研究近几年取得很多新的进展，无论是大型观测设备的研制和应用还是科学研究水平，都较过去有了极大的提高，所以第四版在第6章和第10章大幅增加了相关内容的篇幅。

与本书同名的通识课程自1995年在武汉大学开设以来，选修本课程的学生人数已超过38 000人，作为理工类选修课取得这样的成绩实属不易。本人也于2018年再次被学生评为武汉大学十佳优秀教师。

2016年《宇宙新概念》MOOC在中国大学爱课程上线，2017年《宇宙新概念》MOOC获国家精品在线开放课程称号，2019年《宇宙新概念》入选中共中央宣传部"学习强国"平台课程，4月14日成为"学习强国"平台每日MOOC。2020年5月《宇宙新概念》英文版在中国大学爱课程国际平台上线。到2020年8月在线课程选课学生超过130000人次。

书中所用数据截止时间为2020年7月。

书中若有不当之处，敬请批评指正。

作　者
2020年9月

1

第三版前言

　　第二版推出已经 8 年多了，与本书同名的通识课程自 1995 年在武汉大学开设以来，影响力越来越大，得到了学校和学生的充分肯定，教学效果非常好，近 20 年来选修本课程的学生人数已超过 28 000 人，作为理工类选修课取得这样的成绩实属不易。2010 年由武汉大学学生会主办的第五届"尊师爱学"——我最喜爱的十佳优秀教师活动，作者被评选为武汉大学十佳优秀教师。此次评选活动完全由学生投票选举产生，代表了学生对教师的最高评价。

　　2013 年作者获得了武汉大学杰出教育贡献校长奖，颁奖词写道："他在三十年的教学生涯中，勤勤恳恳，教书育人，近三年的教学工作量约为 1 800 学时。无论是通识课还是专业课，强调学生参与互动和自主学习，授课达到很好的效果。十多年来他独自一人开设的天文学课程'宇宙新概念'成为武汉大学理工科类通识课最受学生欢迎的课程，也是武汉大学最有影响力的公共课程之一。"

　　2014 年 5 月，作者所授课程"宇宙新概念"入选教育部大学素质教育精品通选课。

　　随着时间的推移，书本中有些内容需要作适当的修改，一些新的内容和研究成果要作相应添加，学生教学用书的需求也是本书再版的原因。

　　根据读者和同学们的反馈意见，他们对宇宙探索的方方面面和中国的相关研究非常感兴趣，故在修订原有章节内容的基础上，第三版比第二版增加了两章，即第 9 章宇宙探索和第 10 章我国天文学和空间研究概况，特别是第 10

章，对中国的天文学和空间研究作了适当的介绍，可更好地激发学生的爱国热情。

书中若有不当之处，敬请批评指正。

作　者

2014 年 6 月

再版序

为了进一步深化教育教学改革，拓宽学生的知识基础，培养全面发展的高素质人才，武汉大学于 2004 年 2 月决定在原公共选修课程基础上，规划和设计通识教育指导选修课程。

21 世纪高等教育所培养的人才，不仅应受到专业的学术训练，而且要形成和谐健全的人格，这是和谐社会的建立所面临的很重要的任务。大学教育应给予学生充分的选择机会，让他们接触不同的事物，使他们能对不同的学科、文化和不同的思维模式保持高度的兴趣和尊重，同时增进对自身、社会、自然及其相互关系的了解，使其能对自己未来的生活做出明智的选择。

通识教育指导选修课的目的在于向学生展示不同学科领域的各门知识及在这些领域内探索的形式，引导学生获得多种不同分析方法，了解这些方法如何运用以及它们的价值所在，强调的是能力、方法和性情的培养。

通识教育指导选修课的设置力图向学生介绍大学本科教育所不可或缺的知识领域中获得知识的主要方法，让学生剖析不同学术领域和文化的研究层面、研究方法和思想体系，从而为资质、能力和经验各异的大学生提供日后长远学习和工作所必需的方法和眼界。

通识课教学内容重在启发思想，掌握方法，培养学生发现问题、分析问题和解决问题的能力，而非灌输知识的细节。课程内容应尽可能地反映学科新成果、新趋势、新信息。

值得一提的是，通识课程所探讨的问题应适合全体学生学习，而不必预先修习系统的专业知识。

2004年5月，"宇宙新概念"课程被正式确定为武汉大学通识教育指导选修课程。

根据《武汉大学通识教育指导选修课程实施意见》的规定，将对第一版《宇宙新概念》的内容作必要的修正、补充：增加了最近几年天文学研究最新进展的内容，新增了第7章地外生命，将霍金的宇宙观单独作为第8章来讨论，并对天文学发展史作了一个简单的附录，以便读者对天文学发展和进步的过程一目了然。

"宇宙新概念"课程网站已经制作完毕，有兴趣的读者可进入武汉大学教务部通识课程或精品课程网站查看。

在本书的再版过程中，得到武汉大学教务部和武汉大学出版社的大力支持与帮助，得到金燕老师的鼎力相助，完成了大量资料收集与整理工作。另外，本书再版过程中还参考了国内外有关著作和论文，吸收了其中的部分观点，在此一并表示衷心的感谢。

作　者

2006年4月

前　言

宇宙是如何起源的，又是如何演化、发展、灭亡的？自古以来一直是人类最感兴趣和不断探索的问题。关于宇宙的问题，历史上曾出现过各种神话故事，但作为一门科学，应该建立在严格的理论和实验基础上。宇宙学无论在科学上还是在哲学上都是一个探索中的问题，并没有现成的确切答案，所以科学的态度对认识宇宙尤为重要。

从柏拉图、亚里士多德的地心说，到哥白尼的日心说，从牛顿的万有引力理论到爱因斯坦的广义相对论，人类就是这样一步一步地来认识自然规律的。

人类是从认识太阳、月亮、太阳系中的行星开始认识宇宙的。很长一段时间，宇宙被认为是空间上无边无际、时间上无头无尾的物质的总和。随着科学技术的发展，人类已经观察到宇宙的边缘，这是距地球约 100 多亿光年的类星体。一些天文观测事实和理论研究使人们相信宇宙产生于爆炸的一瞬间，所以宇宙的概念发生了根本的变化。不仅如此，人们还能了解距地球十分遥远的恒星的物理状态。人们的足迹开始涉及其他星球。天文学的研究需要人们认识自然的最新知识，需要最先进的技术，而且天文学永远是人类认识自然的最前沿的科学。但是天文学又是最古老的科学，它几乎是伴随人类同时产生的，现代天体和宇宙所有的新概念都经历了漫长的发展，所以现代天文学是建立在人类不断追求和摸索的基础之上的。

远古时代关于宇宙的神话传说可称为人类认识宇宙的

启蒙时期。人类的祖先发展到从事农牧生产的时候，就逐渐意识到日月运行、昼夜交替、寒来暑往这些天象变化与他们的生活有着极为密切的联系。历法的制定就是因为生产的需要，这是人类研究宇宙的第一章，是认识宇宙的开端。与此同时，他们对变化多端又遵循规律的天象赞叹、恐惧、信服和崇敬，于是产生了对控制自然力量的崇拜，从而有了神话和宗教的出现。世界各民族都有它自己的关于开创宇宙的神话，在这些神话中都能找到主宰宇宙各种天象的神。随着生产的发展、社会的变革和科学的不断进步，人类征服自然、支配自然的能力日益增长，人类放弃了宇宙是由神来支配的想法，开始了试图用科学的方法来解释宇宙的尝试……

天文学是自然科学中最基本的科学。天文学虽然是一门最古老的科学，但又永远是最前沿的科学。在所有的学科中，天文学与哲学的关系最为密切，两者互相依存、互相促进：一方面，哲学是一门研究世界观的学问，世界观就是宇宙观，它在阐明关于宇宙的最根本观点——宇宙是精神的还是物质的、宇宙是静止的还是运动的时，离不开天文学为之提供的科学证据；另一方面，天文学在研究它的一些重大理论问题时，离不开哲学的指导，要精确地描绘宇宙、宇宙的发展、人类的发展，以及这种发展在人们头脑中的反映，就必须用辩证唯物主义的方法，使我们的理论不偏离科学的轨道。作为一门基础科学，天文学的任何进步都对人类社会有重要的积极意义。

现代天文学的研究还可以启发人们去思考、探索与人类的现在和将来息息相关的各种应用技术。如对太阳发光及能量来源机制的研究，获得了核聚变理论。宇宙中还有更多比聚变能量更高的天体存在，这就向人们提出了存在新的更有效的能源转换规律的可能性。这对地球上深受能源问题困扰的人类，难道不是一个福音吗？目前，天文学给出的更多的是问题，而非答案。如，黑洞真的存在吗？宇宙中除地球以外其他地方有生命吗？有比人类更高级的生命吗？还有新的物质、能量形式存在吗？一旦这些问题得到解决，必将引起自然科学的重大变革。

我们知道，文化素质教育是大学生素质教育的重要内容之一，提高大学生文化素质不仅是高等学校人才培养的基本要求，同时也是现阶段提高我国高等教育竞争力的迫切需要。素质教育不仅包括人文科学和艺术类的教育，而且还包括自然科学技术的方方面面。

对非天文学专业的学生进行天文学的教学，在国外大学比较普遍，在国内大学却并不多见，有的学校在自然辩证法的教学中加进了天文学的内容，但往往未能反映最新的研究成果，且内容不够系统。

据我们现在所掌握的资料，武汉大学把天文学作为素质教育的内容在国内大学教学中尚属首次。"宇宙新概念"正是武汉大学每学期向全校所有本科生开设的天文学方面的公共选修课。1995 年以来,选修过该课程的学生已达 6 500 人以上,是理工类公共选修课中最受欢迎的课程之一。1999 年该课程被首批列入武汉大学重点建设课程名录。

本课程的学习,对学生正确理解马克思主义哲学的核心,掌握自然辩证法的本质,有极其重要的参考作用。学习这门课程,对提高学生的科学文化素质,提高辨别是非的能力,反对邪教,都有着极为重要的意义。

"宇宙新概念"作为一门公共选修课,总的授课时间为 36 学时,因此它不可能涉及深奥的数学运算,但对每个概念及其物理意义,需用最简洁易懂的语言加以概括和总结,这样才能做到形象生动。作为一门全校性公共选修课,面对文、理、工、医各年级学生,对其内容的选取必须考虑到授课对象的特点。天文学的范围太广了,我们当然不可能深入地讲解天文学的各个细节,而且这也不符合公共课的目的。我们希望以天体物理为主要内容,系统地介绍天文学的主要概念。20 世纪 60 年代天文学的四大发现改变了人类对宇宙的看法,也有必要介绍这些重要发现。刚刚闭幕的第 24 届国际数学家大会,请到了科学伟人、天体物理学家史蒂芬·霍金作专题报告,表明了中国政府对天文学的关注和重视。霍金教授被认为是 20 世纪仅次于爱因斯坦的杰出科学家,他关于宇宙起源和演化的理论有必要向学生作一个简单介绍。

不断收集整理天文学研究的最新成果,不断补充和更新教学内容,不断采用先进的教学手段和方法,才能使这门课的教学更生动,效果更显著,从而达到提高大学生文化素质的目的。对复合型人才来说,必须具备广阔的知识面,而不应局限于某个狭窄的专业里。

基于上述原因,我们在试用 7 年的自编教材——《宇宙新概念》以及《天文学导论》的基础上,经过进一步修订、补充,编写成一部新的公共选修课教材——《宇宙新概念》公开出版。

在大学生中开设天文学方面的课程,本身就是一件开创性的工作,需多方协作才能不断完善。随着空间探测技术的不断发展,人们对宇宙的认识越来越深入,几乎每天都有新的观测结果、新的观点看法问世。网上、报纸杂志上也不乏这方面的最新报道。如何及时收集这些信息,分门别类、归纳总结,并将这些成果融合到教学中去,其工作量是非常巨大的。然而只有做到了这一点,才能真正体现"宇宙新概念"这门课中的"新"字。

作者 1983 年毕业于南京大学天文系天体物理专业,现为武汉大学空间物理专业在职博士,武汉大学电子信息学院副教授,受过天文学方面系统而良好的教育,基础扎实,不仅使这门课取得了良好的教学效果,而且使教材的编写相得益彰。

　　如果有校内的同事、兄弟院校同仁曾做过这方面的工作，或有兴趣做这项工作，我们不妨多多联系，共同提高。

　　书中若有不当之处，欢迎批评指正。

作　者

2003 年 4 月

目　录

第1章
绪　论

1.1　天文学研究的对象、方法和意义

天文学是自然界最基本的科学。俗话说：上知天文、下知地理。这是对个人知识渊博的一种赞美。

1.1.1　天文学研究的对象

早期天文学研究的对象主要是天体，而现代宇宙学则包括观测所及的时间、空间和物质的总和，以及宇宙的结构和发展的学科。对某个具体的天体而言，它的位置、分布、运动、结构、物理状态（如温度、压力、体积等）、化学组成和演化规律等都是要研究的内容。天体的结构可分为三个层次，即太阳系、银河系和总星系。这三个层次一个高于一个，太阳系包含在银河系内，总星系又包含了银河系和其他河外星系。

1.1.2　天文学研究的方法

天文学主要通过观测天体发射到地球的辐射，发现并测量它们的位置，探索它们的运动规律，研究它们的物理性质、化学组成、内部结构、能量来源及其演化规律。

由于天体的空间尺度和时间过程、能量形式和能量绝对值等远远超出了地球实验室所能提供的条件，所以天文学的研究方法和手段也应有别于现有其他学科的研究方法和手

段。大家知道，对一个宏观物体，如车辆的运动，应用牛顿力学就绰绰有余了；对一个微观客体，如电子、原子的运动，就应该用量子力学的理论来研究；对一个天体，我们称之为宇观问题，如星系的运动，显然上述牛顿力学和量子力学都失去了意义，而应采用相对论力学。

天文学的研究方法包括经验方法和理论方法两种。前者以尽可能多地获取宇宙信息为依据，后者以从理论上解释上述宇宙信息的含义为目的。单纯的理论分析很难确定宇宙、天体新的本质和特殊的属性，往往要通过观察才能发现这些属性。因此，天文学的理论和模型应当建立在不断地概括总结经验材料的基础上。另外，观测所获得的大量原始资料，只有通过理论分析才能在新的天文学理论中发挥作用。

经验方法又分为以下两种。

（1）观测方法：主要借助于光学望远镜和射电望远镜来获取宇宙的信息。

（2）实验方法：它是观测手段发展到高级阶段的产物，如人造卫星、登月飞船、航天飞机、空间探测器、太空望远镜、空间站等都是人类用于探测宇宙的实验手段。

理论方法主要是指利用数学、力学、物理学和其他学科的成果，通过理论推理而得到有关天体的科学结论的一种综合分析方法。

1.1.3　天文学三大分支

按照研究方法，天文学大体可分为三个重要分支：天体测量学、天体力学和天体物理学。

（1）天体测量学：研究和测定天体的位置和运动，建立基本参考坐标，确定地面点的坐标，测量时间等。

（2）天体力学：研究天体的力学运动和形状。由于多体问题的力学求解非常困难，所以天体力学主要考虑太阳系的天体运动。例如用摄动理论和数值方法编算天文年历。

（3）天体物理学：应用物理学的技术、原理和理论，研究天体的形态、结构、化学组成、物理状态和演化规律等。它的次级学科很多，按照所研究的对象可分为太阳物理学、太阳系物理学、恒星物理学、恒星天文学、星系天文学、宇宙学、宇宙化学、X 射线天文学、中微子天文学；根据其观测手段又可分为射电天文学、空间天文学和高能天体物理学；从研究方法上又可分为实测天体物理学和理论天体物理学。

本书所涉及的内容基本上属于天体物理学的范畴。

1.1.4　天文学研究的意义

作为一门基础自然科学，天文学的任何进步都对人类社会具有重要的积极意义。直到今天，精确的时间和历法仍然是按照太阳系和恒星的运动确定的。国家授时中心（原陕西天文台）的主要工作就是测时：应用测时仪器观测选定的恒星，获得准确的时刻；守时：用守时工具，如天文钟、原子钟等，计量时间；授时：利用无线电波发布时间信号。大家熟知的北京时间其实是由原陕西天文台发布的。

最近几十年，各种人造卫星和空间探测器频频进入太空，对它们运动轨道的控制离不开天体力学的精密计算。而对太阳物理现象（如黑子、耀斑）的研究将直接影响到地面导航、通信等。

现代天文学的研究还可启发人们去思考、探索与人类的现在和未来息息相关的各种应用技术。如通过对太阳能量来源机制的研究，获得了核聚变理论。尽管人类尚未完全掌握受控核聚变技术，但利用核裂变产生能量的核电站已遍布全球。宇宙中还有很多比核聚变能量更高的产能形式存在于天体中，尽管这些形式至今尚未完全弄清，但这已给人类提出了存在新的更有效能量转换形式的可能性。

而对在校大学生介绍科学的宇宙观和方法论，对提高学生的科学文化素质、提高辨别是非的能力、反对邪教的危害等有着极为重要的意义。

浩瀚的宇宙展现了无比的壮丽，同时也展现了无穷的神秘。自从有了人类就开始了对宇宙的观察和思考。但到目前为止，并没有一种理论能够揭示所有的宇宙奥秘，就连宇宙是如何起源的这一似乎再简单不过的问题，其理论也正在不断争论、发展之中。是什么物质创生了宇宙？创生宇宙的物质从何而来？是什么力量使创生宇宙的物质创生了宇宙？无数的疑惑，无数的问题，促使人们进行无尽的思索，无尽的遐想，这种遐想甚至超越了常人思维的极限……

对宇宙问题的研究越深入，带来的问题就越多。一旦这些问题得以解决，必将引起自然科学的重大突破。

1.2　现代天文学的起源及发展简述

人类是从认识太阳、月亮、太阳系中的行星开始认识宇宙的。很长一段时间以来，宇宙被认为是空间上无边无际、时间上无头无尾的物质的总和。随着科学技术的发展，人类已经观察到宇宙的边缘，这是距地球100多亿光年的类星体。一些天文观测事实和理论研究使人们相信宇宙产生于大爆炸的一瞬间，这就使时间空间上无限的宇宙观发生了根本的变化。不仅如此，人们还能了解距地球十分遥远的恒星的物理状态，并已向太阳系中的某些天体发射了空间探测器。这一切表明，天文学是人类认识自然的最前沿的科学；天文学的研究需要用到人类最新的知识、最先进的技术。但是，天文学又是最古老的科学，它几乎是伴随着人类同时产生的，有关现代天体和宇宙的所有新概念都是建立在人类不断追求和摸索的基础之上的。

远古时代关于宇宙的神话传说可称为宇宙学的启蒙时期。人类的祖先发展到从事农牧生产的时候，逐渐意识到日月运行、昼夜交替、寒来暑往这些天象变化与他们的生活有极为密切的联系，这就导致了历法的产生。历法的制定是人类认识宇宙的开端。

与此同时，远古人类对变化多端但又遵循规律的天象由赞叹、恐惧，到信服、崇敬，随之产生了对控制自然力量的崇拜，从而有了神话和宗教的出现。世界各个民族都有自己关于开创宇宙的神话，在这些神话中都能找到主宰宇宙各种天象的神。随着生产的发展、社会的变革、科学的进步，人类征服自然、改造自然的能力日益增长，人类放弃了宇宙由神来支配的想法，开始了试图用科学的方法来解释宇宙的尝试。

公元前 4 世纪，赫拉克利特（Heraclitus，公元前 544—公元前 480 年，古希腊）创立了地球每天绕轴转动的学说，并认为金星和水星运行轨道的中心是太阳而不是地球。较赫拉克利特稍后的一位哲学家阿利斯塔克甚至正确地推断出地球自转而分昼夜，地球绕日运转成岁。这个理论和哥白尼的理论很接近，所以人们称他为古代哥白尼。

1.2.1　地心说

虽然在古希腊已经有了"日心说"的雏形，但许多哲学家仍然相信宇宙本身包着一个球形外壳，地球居中。柏拉图（公元前 427—公元前 347 年，古希腊）、亚里士多德（公元前 384—公元前 322 年，古希腊）和托勒密（约 90—168 年，希腊）是建立地心说体系的主要人物。

柏拉图建立了天体的运行是圆形的、宇宙外形是球形的这一宇宙结构的基本思想。柏拉图认为宇宙是以地球为中心的一层层同心球壳，地球居于同心球壳的中央不动，它的周围被水包围着，厚度是地球半径的 2 倍，水外便是空气，厚度约为地球半径的 5 倍，更外一层是火，厚度为地球半径的 10 倍，在这层的顶部固定着天空的万千星星，从地球中心到那里的距离总共是地球半径的约 18 倍。

柏拉图的弟子欧多克索斯继承了他的老师的思想，改进了同心球的宇宙结构模型。他把日或月或者一个行星附缀在一个想象中的看不见的天球上，星体本身不能运动而随着附缀于其上的球面作匀速圆周运动。但是行星的视运动时快时慢，有顺行有逆行，一个同心球不足以解释这种现象。欧多克索斯力图使行星的运动符合于观测结果，于是他设想有一套同心球，各自以不同的速度旋转。日、月以及每个行星都有它自己的一套同心圆球，这些圆球都是以地球为中心的。在欧多克索斯的宇宙模型中同心球多达 27 个。欧多克索斯的一名弟子为了更详细、更精确地描述天体的运动，把同心球增加到 36 个。现在，我们都知道这种宇宙结构理论是错误的。然而欧多克索斯和他以前的古希腊哲学家不同，欧多克索斯力图用他的宇宙模型来解释观测到的天体运行情况，特别是行星的逆行，而在他以前的一些古希腊哲学家虽然能创立出接近于现代科学的观点，但这些观点的创立都是纯理性的分析，没有观测事实作为依据，也没有用创立的理论去解释观测事实。从这个意义上讲，欧多克索斯是第一位称得上真正科学家的人。

亚里士多德是柏拉图的弟子，所以他几乎完全承袭了柏拉图宇宙结构的思想。亚里士多德在他的《形而上学》一书中把同心球增加到 55 个之多。他把宇宙分为八个天层，地球居于中心，向外依次为月球、水星、金星、太阳、火星、木星、土星诸天层，最外一层为恒星天层。亚里士多德认为一个物体的运动需要另一物体和它直接接触来推动它，所以有第一推动者推动了天上最外层的球壳，以便把运动逐次传递到日月五星上去，这个第一推动者就是宗教中的上帝。亚里士多德在宇宙理论上也有过积极的贡献：他以最简单而明确的方式证明地球为球形。他说月食时可以在月亮上看到地球的影子的一部分或全部，而影子的形状是圆周的一部分或整个圆。亚里士多德是第一个认真计算地球周长的人，虽然他计算出的地球周长比实际周长长了 85%。

托勒密是著名的天文学家、地球学家和数学家，他所发表的地心宇宙体系（托勒密体系）在天文学中占统治地位达 1 300 年之久。托勒密在天文学上的研究成果主要体现在他所撰写的长达 13 卷的巨著《天文学大成》中。托勒密认为地球是宇宙的中心，天体运动可以用一些假想的、称为均轮和本轮的匀速圆周运动来解释，一颗行星 P 附缀在一个被称为本轮的滚圆的小圆上，此圆的中心 C 在一个被称为均轮的大圆上滚动。地球 E 处在离均轮圆心 D 不远的位置，但地球仍是宇宙的中心。本轮中心 C 并非以匀速沿均轮的圆周滚动，而是以联结 C 与 Q（E 对 D 的对称点）的直线在等时间内转过相等角度的速度旋转，行星沿着本轮进行圆周运动，如图 1-1 所示。由于行星实际上沿椭圆轨道绕日公转，行星运动轨迹测得越精确，托勒密体系中的均轮和本轮就越复杂，而且计算越繁琐。托勒密系统的思想和亚里士多德系统的思想实质上没有什么不同，它没有触动地心说和圆周运动的本质，但是确实解释了所观测到的行星的运动，尽管到最后托勒密系统复杂得一般人无法理解。欧洲的奴隶社会解体以后，封建社会持续了一千年之久。中世纪欧洲封建社会是一个政教合一的社会，所以宗教的神学思想成了统治思想。这种思想主张精神第一，上帝万能，并且强烈反对科学，托勒密的地心宇宙观就成了神学思想的有力工具，也成了神圣不可动摇的偶像。因此托勒密的宇宙观得以持续了 1 300 余年。一个错误的思想居然统治了

图 1-1　托勒密地心说简图

这么长的时间，这在人类历史上是绝无仅有的。

1. 2. 2　日心说

14 世纪末，随着工农业新技术的出现，欧洲工商业得以逐渐发展，资本主义萌芽的出现动摇了欧洲的封建社会，也动摇了封建社会的思想基础。哥白尼是一位向封建势力挑战的伟人，他认为太阳是宇宙的中心，地球绕自转轴自转，并同五大行星一起绕太阳公转，只有月球绕地球运转，并且行星和月球都是作匀速圆周运动。这个模型类似现在的太阳系模型，这比托勒密的模型简单得多，但却能非常成功地解释天体的各种运动现象。哥白尼的不朽名著《天体运行论》直到他弥留之际才得以出版。其实哥白尼的思想在 1510—1514 年就完成了，当时他撰写的一份手稿完整地表达了日心说，但是因为知道日心说和宗教教义格格不入，所以迟迟没有下决心出版自己的著作。

意大利哲学家布鲁诺（1548—1600 年，意大利）不仅是哥白尼日心说的坚定支持者，而且发展了日心说。他认为每一颗发光的星体都是一个世界，星星数不清，世界也数不清，因此，他得出宇宙是无限的这个结论。哥白尼的日心说还承认宇宙是有中心的，这多少给宗教神学留了一点面子。而布鲁诺说，宇宙实际上连中心也没有，当然上帝就没有立足之地了，所以罗马教廷把布鲁诺活活地烧死在罗马的鲜花广场。

伽利略（1564—1642 年，意大利）用无可辩驳的事实证明宇宙是无限的。伽利略用自制的望远镜来观察宇宙，使得人类的视野极大地扩展了。伽利略不仅发现了太阳的黑子，木星的 4 颗卫星，而且还发现银河是由亿万颗星星组成的。显然，伽利略的观测事实比布鲁诺的理论观点影响要大得多，因此伽利略遭到教廷的残酷迫害，1616 年和 1635 年两次被宗教裁判所审讯，并被命令焚毁自己的著作，遭终身禁闭。直到 1983 年罗马教廷才解除对伽利略终身禁闭的判决，承认过去的判决是错误的。

1.2.3 近代天文学

近代天文学可以从哥白尼算起，也可以从开普勒（J. Kepler，1571—1630 年，德国）算起，因为开普勒是人类历史上第一个尝试用数学来描述天体运动的科学家。作为伟大的天文学家第谷（Tycho，1546—1601 年，丹麦）的助手和学生，开普勒从老师那里学到了很多数学和天文学相结合的科学方法，第谷的大量极为精确的天文观测资料，也为开普勒的工作创造了良好的条件。

开普勒依据大量的观测资料，经过分析和计算，获得著名的行星运动三定律：

第一定律　所有行星都在椭圆轨道上绕太阳旋转，太阳位于椭圆的一个焦点。

第二定律　连接任何行星到太阳的矢径在等时间内扫过的面积是相等的。

第三定律　行星绕太阳公转周期的平方同它到太阳的平均距离的立方成正比。

第一和第二定律发表于 1609 年，主要是开普勒从第谷观测火星位置所得资料中总结出来的；第三定律发表于 1619 年。这三大定律又分别称为椭圆定律、面积定律和调和定律。

从柏拉图、亚里士多德以来，圆周运动被认为是宇宙完美、神圣的运动形式。在哥白尼的日心说中仍然保留了行星运动是圆运动这一观点，而开普勒依据观测事实进而分析认为行星的轨道是椭圆的，这是一个很大的进步。牛顿（I. Newton，1643—1727 年，英国）在前人研究成果和观测事实的基础上，特别是在开普勒行星运动第二定律的基础上，发现了支配月球和太阳系中各行星运动规律的万有引力定律。万有引力定律认为，宇宙间的任何物体都是相互吸引的，吸引力的强弱和物体的质量成正比，与两个物体的距离成反比。这是人类第一次用严格的数学语言准确地描述天体的运动。彗星最初被认为是一种奇怪的天象，后来人们认为它应该是一个天体，但却都不能解释它的出现和消失。牛顿认为彗星和一般行星的运动规律没有区别，它的轨道也是一椭圆，只是椭圆的偏心率很大，所以运动周期很长。

一些天文学的观测事实奠定了牛顿力学在天文学和自然科学中的地位。英国天文学家赫歇尔（1738—1822 年）于 1781 年用自制的望远镜发现了天王星。但是 1830 年，人们发现天王星的运动有 15″的误差。一些天文学家推测，在天王星的轨道之外可能还有未知的行星在影响天王星的运动。英国天文学家亚当斯于 1845 年、法国天文学家勒威耶于 1846

年相继独立进行推算，并精确地预报了这颗行星的位置。果然，人们在 1846 年 9 月 23 日发现了这颗行星，并将它命名为海王星。海王星的发现被看成是行星运动理论精确性的一个范例，由此奠定了牛顿力学在自然科学中的地位。

到 17 世纪为止，天文学的主要任务是测定天体的位置和运动情况。1609 年伽利略用自制的望远镜看到了太阳的黑子。通过长期的观测，人类逐渐认识了银河系的结构，但是直到 19 世纪照相术和光谱学的引入，人类才开始深入研究恒星和星云的亮度、温度和化学成分。

1.2.4　现代天文学

19 世纪以前，天文学家研究天体主要是依靠天体力学，研究的工具是光学望远镜。到 19 世纪，由于照相术和光谱学的引进，使以测定恒星和星云的亮度、温度、化学性质为内容的物理研究成为可能。随之而来的是对恒星和星云的结构进行理论分析。20 世纪量子论、相对论和其他物理分支的发展也促进了天体物理学的兴起和发展。现在，天文学空前繁荣，人们发现了如类星体、脉冲星这些前所未知的天体，解决诸如宇宙、化学元素、地球和生命起源这一类基本问题的可能性也已出现。

人类了解自然奥秘的好奇心是永存的，所以对宇宙的了解必然会不断地深入，面临的困难必然会不断地被克服。

早期的天文学是从确定天体的位置和运动开始的，属于前面所说的天体力学部分。由于当时观测的不准确，概念也存在很多错误，所以那个时期的天文学研究既不能正确描述天体的运动也不能准确观测天体的运动，这是缺乏科学的动力学概念的必然结果。自从牛顿发现了万有引力和三大运动定律后，天体力学才真正成为一门科学并由此得到飞速发展。牛顿天体力学的特点在于用数学分析方法解运动方程，把天体位置表示为时间的"显函数"，然而这种方法只能适用于最简单的问题。为了解决复杂的问题，人们又发展了许多数学的方法，有些方法相当深奥，天体力学实际上成了数学问题。电子计算机的使用使得天体力学发展到一个新的阶段，它使人们能用"实验方法"来判断行星或卫星轨道的稳定性，即在什么条件下轨道是周期性的，在什么条件下体系会瓦解。

只有两个天体组成的系统称为**二体问题**，利用牛顿万有引力定律很容易求出它们的轨道，这些轨道是二次曲线，它们是椭圆、抛物线和双曲线。由三个天体组成的系统称为**三体问题**，虽然我们想象不出它的复杂性，但是目前尚未找到严格的解析解。也就是说，要确定地球、月球和其他行星的轨道实在是一件非常困难的事。天体力学还面临这样一个问题：既然现在人们知道的行星的轨道都不是严格的数学解，那么这些轨道是不是稳定的？也就是说，行星的轨道永远不变吗？如果地球的轨道不稳定，那么它的任何微小的变化都是灾难性的。很遗憾的是，这个关系地球命运的问题至今没有圆满解决。人们似乎并不担心什么时候能彻底解决这个问题，因为这种灾难发生的可能性实在太小了。现在，人们利用现代数学和计算机能够计算比三体多得多的数百个天体系统的运动问题。对于太阳系，用这种方法已经计算出行星在数千年内的星历表，在此期间，所有行星的轨道没有丝毫变化。

20 世纪，量子论、相对论的创立和发展以及观测技术的发展促进了天文学的不断发展。目前，人类的宇宙观已经完全不同于牛顿时代的宇宙观。依据新的物理观点，人们认识了恒星内部发生的过程，认识了恒星演化过程；用新的观测技术，人们看到几乎处于宇宙边缘的星体，从理论上开始认识宇宙的起源和宇宙的演化。随着对宇宙的深入了解，人类几乎同时也认识到所面临的问题和困难。这些问题和困难既有理论上的，也有技术上的。迄今为止，人类所掌握的理论还不能完全解释观测到的事实，人类的活动主要还是限制在地球和地球的周围。

天体物理学与原子物理、分子物理、热力学、光谱学、等离子体物理、固态物理和其他物理领域有紧密联系。下面列出的都是天体物理涉及的主要内容。

恒星物理学是研究恒星的物理状态和化学成分的一个分支，它们是根据拍摄的恒星光谱来决定恒星表面的物理状态和化学成分的。恒星内部结构的研究全靠理论分析，通过建立各种理论模型来研究恒星内部的物态、温度、压力分布以及产能和输能方式，最后确定各类恒星的演化地位。

星系物理的研究对象有两个：一是确认星际物质，二是研究星系的结构和演化。星系是由恒星、气体和尘埃构成的庞大系统。按其结构可分为旋涡星系、椭圆星系和不规则星系。银河系属于旋涡星系。关于银河系和星系的知识均来自对恒星的光学观测、对星际气体与尘埃进行的研究，以及用 21 厘米氢线对气体所做的射电观测或用其他波段对超新星遗迹和射电源所做的射电观测。

自从广义相对论问世以及河外星系红移被发现以后，宇宙学的研究发展到一个新的阶段。基于理论和观测，天文学家致力于建立各种宇宙模型，其中以宇宙大爆炸模型最为著名。

随着类星体和脉冲星等高能量辐射天体被相继发现，导致了高能天体物理学的诞生，它包括 X 射线天文学、γ 射线天文学和红外天文学。

从研究天体的运动规律到研究天体的化学成分和物理性质，研究的对象从太阳系扩大到几乎是宇宙边缘的类星体，这是由于人们从天体观测中获得了更多的信息。当然这也是因为科学技术的发展使得人类能获得更多的信息，以及人类对自然规律认识的深入从而能正确地分析所获得的信息。

1.2.5　创新在天文学发展中的作用

可以说天文学在历史上有三次伟大的进步。第一次是从地心说到日心说；第二次是从观测数据到经验总结的时代，也就是开普勒总结出开普勒定律、牛顿发现万有引力定律理论的时代；第三次是从牛顿的经典时空观，发展到爱因斯坦（A. Einstein，1879—1955 年，德国、美国）的相对论时空观。天文学大大小小的进步有很多，而这三次革命性的进步，说明每次当人们看待客观世界的思维产生重大突破的时候，天文学也能随之取得突破性的进步，展现出了创新思维在天文学发展中的作用。

第一次进步的内涵是科学概念的诞生。虽然科学的根源在于古希腊，但是在日心说发源之前，人们对于客观世界的认知，始终是掺杂着一些主观意愿在其中的。地心说到日心说的发展，并不是单纯地让理论从繁琐、难以用于预测客观现实，到简洁明了、可用于预测客观事实的一次进步，而是把人的主观性和宗教思想的影响，从客观规律的总结中剔除了出去。敢于将客观规律独立出来，突破人或神的主体地位的限制，是革命性的新思想，也让天文学成为一门独立的自然学科。

第二次进步发生在现代科学真正诞生的时代。将观测的数据从经验描述抽象为在几何上与代数上的规律，超越了简单的语言描述，让天文学从"定性"变成了"定量"。理论的抽象化、一般化、数学化，是一门科学获得快速充分发展的基础。放在整个时代背景下，可以认为是科学思想突破性发展在天文学界产生的影响，让天文学获得了一次革命性的进步。从此，天文学成为一门真正的自然科学，进入了快速发展的时期。

第三次进步，突破了经典时空观的限制，不仅是天文学的伟大进步，也是整个自然科学的伟大进步。狭义相对论和广义相对论分别在 1905 年和 1915 年被提出，自此一百多年来，人们对相对论的理解不断加深，应用不断拓展，而它们在天文学发展中还在持续发光发热，引力波的发现就是相对论的伟大成就。回顾 20 世纪初，相对论给人的印象是反直觉、反经验的，但那个时代恰恰需要这样一种突破性的新理论来解决问题。它能精确描述经典时空观理论所描述不了的高速、大质量、强引力场的情况，因而能在天文学中发挥重大作用。相对论的引入，使天文学建立起了新的宇宙模型，促进了奥伯斯佯谬的解决，也让引力波等理论诞生出来，并在之后一直启发天文学家发现新理论来解决疑难问题。

回顾这三次进步，可以看出所谓的创新思维，实际上是人们对思想领域的枷锁不断进行突破的过程，是人们对固定思维模式的否定，是认识论从主观逐渐到客观的过程。天文学作为一门自然科学，需要研究者具备客观的思维；天文学的发展，需要研究者具备反传统的直觉，从更加贴近客观现实的角度来看待问题。所以每次人们看待客观世界的思维产生重大突破的时候，天文学也能随之取得突破性的进步。

由于霍金（S. W. Hawking，1942—2018 年，英国）的很多理论观点还没有被确认，还不能算天文学的新突破。天文学有没有第四次革命性的突破，在于现有理论能不能解释观测到的宇宙，比如暗物质、暗能量、高维宇宙等，无法想象未来的人类还能在思维领域取得何种创新与突破。但可以肯定的是，上一次突破带来的力量还未耗尽，人们仍然能用 20 世纪的突破性理论"相对论和量子力学"在天文学领域进行研究，并取得重大成果；未来的研究者，也需要不断对传统思想进行反思，把视角客观地放在一个独到的位置，这样才能在思想领域取得创新性的突破，来开启天文学乃至自然科学的新篇章。

1.3 时间和历法

天文学是所有自然科学中最为古老的学科。自从有了人类，他们不用凭借任何工具就能感受到太阳、地球和月亮的运动。通过经验获得有关时间的概念就是人类研究天文学的最初成果。

1.3.1 天球

地球自转使得人们看到太阳、月亮、行星以及所有的恒星每日从东方升起，从西方落下。这种因地球自转而被人们感觉到的天体的运动称为**周日视运动**。图 1-2 是为了描述天体的运动而引进的**天球**。天球是以观测者为球心，以无限大半径画的一个大球，所有的天体都镶嵌在天球上，在天球上的天体是无法确定它的远近的。周日视运动是地球自转引起的，所以天球上所有的天体都绕着一根轴自东向西旋转，这根轴称为天轴。为了便于确定天体在天空中的位置，1928 年国际天文学联合会把天空（也即天球）分成 88 个区域，每个区域叫作一个**星座**，即有 88 个星座。每个星座都有名字，如狮子座、大熊座、天鹅座等。

图 1-2 中 O 点是观测者的位置。虽然图中以 O 为球心的球的半径是有限的，但是应该把这个半径想象得无限大，球面能包括所有人们所能观测到的天体。PP' 是天轴，如果有一颗恒星正好位于 P 点，这颗星就应该在天球上永远不动，所有的天体都环绕这颗星作周日视运动。小熊座内有一颗星最接近 P 点，这颗星就是我们熟知的北极星。

观测点重力作用在一个确定的方向，它指向地心。这个方向所在的直线和天球的交点称为**天顶**，记为 Z。过观测点作一个与 OZ 垂直的平面，被天球截成的一个大圆称为**真地平圈**，这个大圆所在的平面称为**真地平**。因为地球是球形的，真地平和人们日常生活中的地平面不同：真地平是数学概念中的地平，又称**数学地平**；生活中的地平称为**视地平**。

图 1-2　天球

天极 P 和天顶 Z 所决定的大圆称为**天子午线（圈）**。天子午线和真地平圈有两个交点，分别是地理北点 N 和地理南点 S，如图 1-2 所示。通过观测点 O 作一个与 OP 垂直的平面，这个平面被天球所截的大圆称为**天赤道**。天赤道和真地平圈的两个交点为地理东点 E 和地理西点 W。

必须注意：天顶、真地平、天子午圈和四方点 E，S，W，N 都是由地面上某一点引出的，因此，各个观测点都有自己的天顶、真地平、天子午圈和四方点。

由观测者看来，整个天球绕着天轴 PP' 由东向西旋转，实际上这是地球由西向东自转的反映。所有镶嵌在天球上的天体随着天球一起旋转，每个天体在周日视运动中有两次通过天子午圈。在天极南方，当天体位于天子午圈时称为**上中天**；在天极北方，当天体位于天子午圈时称为**下中天**。只有在位于观测者所在的地平和含有天顶 Z 的半个空间内，天体才能被观测到，也就是位于观测者的上方的天体，人们看到的是自东方升起，从西方落下。然而真正从东方升起、西方落下的天体是位于天赤道上的天体。由于天球的半径无限大，如果把地球想象成观测者，天轴和地球的自转轴重合，地球的赤道平面和天球赤道平面重合，那么天轴 PP' 和真地平的夹角就是地理纬度，所以在不同地理纬度观测到的天体运动是不同的。

图 1-3（a）反映的是北极点所观测到的天体运动。天体是绕天轴 PP' 旋转的，所以天球赤道平面以上的天体永远绕着观测者旋转，没有日升也没有日落，此时天赤道平面和真地平重合，P 与 Z 重合。

图 1-3（b）反映的是位于地球赤道的观测者所观测到的天体的运动。所有的天球都是以垂直于地平面的方向上升、降落，观测者能看到天球上所有的天体，除了位于天北极和

天南极的两颗星以外。天体在地平面以上和地平面以下的时间各为 12 小时。

图 1-3 (c) 反映的是处于北极和赤道之间的观测者所观测到的天体的运动。从图中可以看出，有的天体是永远看不到的，有的天体是永远不落的，从东南方向上升的天体很快就从西南方向落下，从东北方向上升的天体，在天体上运行的时间超过 12 小时以后才从西北方向落下。

(a) 北极点所观测到的
天体的周日视运动

(b) 赤道处所观测到的
天体的周日视运动

(c) 中纬度处所观测到的
天体的周日视运动

图 1-3　天体的周日视运动

1.3.2　节气

远在人们还没有认识地球环绕太阳公转的时候，人们已经认识到太阳在天球上除了每日的东升西落外，每年还要由西向东运动一周。现在人们知道这是地球环绕太阳公转的缘故。太阳每年在天球上运动的轨道称为**黄道**，黄道所在的平面称为**黄道面**，太阳的这种运动称为周年运动。图 1-4 中画的是黄道和赤道之间的关系。天龙座在黄天极附近，黄道平面和赤道平面的交角是 23°27′，这一角度称为黄道倾角（或称黄赤交角）。黄道和赤道的两个交点分别称为春分点（♈）和秋分点（♎）。图 1-4 确定的是黄道和赤道的相对位置。春分点是指太阳由赤道平面的下方通过这一点运动到赤道平面的上方，秋分点是指太阳由赤道平面的上方通过这一点运动到赤道平面的下方。

图 1-4　太阳的周年运动

春分点在白羊座是指太阳处于春分点时的背景是白羊座，秋分点在天秤座的意义也是如此。但是在春分，地球上无法观测到白羊座。只有当太阳离开白羊座以后，例如到了天秤座，人们才能在黑夜观测到白羊座。

春分点和秋分点的中间点称为夏至点和冬至点。图 1-5 是黄道的平面图。黄道十二星座是指以春分点和秋分点为基础把黄道等分以后的点的背景星座，太阳在某一点就对应人们习惯的农历中的**节气**，如春分点对应**春分**节气，以此类推。黄道十二星座实际上是地球公转的位置，不同位置对应不同的气候，所以节气应该相对固定在公历的某一天。例如，春分是 3 月 21 日，秋分是 9 月 23 日，夏至是 6 月 22 日，冬至是 12 月 22 日。

根据赤道和黄道的相互位置，我们能分析认识一些基本的自然现象。对北半球的观测者而言，春分以后太阳位于赤道的上方，太阳从东偏北方升起，从西偏北方落下，白天比黑夜长。对北极的观测者而言，春分以后，太阳便不会落下，而是沿着地平线每日转一圈，它的最高位置由黄赤交角决定；秋分一过，太阳不会再升起，北极点要度过半年的黑夜。

1.3.3　时间

时间的概念最开始应该是太阳、地球和月球的相对运动在人们生活中的反映。一天应

图 1-5　黄道十二星座及对应节气

该是时间最基本的概念，"日出而作，日落而息"是最原始的生产活动所遵循的作息制度，这也是最原始的一天的概念。这个时间的定义是比较粗糙的，从科学的角度，必须有更精确的时间的定义。

1. 时间的定义

时间和空间一样，都是物质存在的一种形式，宇宙万物都在时间的长河中产生、发展、变化直至灭亡。时间可以说是无始无终、连续不断的一种客观存在。

时间包括时刻和时段两个内含。时刻是指无限流逝时间中的某一瞬间，用以确定事件发生的先后顺序，如 2005 年 7 月 7 日 8 点 51 分，英国伦敦地铁利物浦大街站发生恐怖爆炸，2005 年 7 月 7 日 8 点 56 分，伦敦地铁国王十字站发生恐怖爆炸。时段是指任意两时刻之间的间隔，用以衡量事件经历的长短或事件与事件间隔的多少。如上述两次爆炸间隔时段为 5 分钟。

2. 时间的计量

时间是通过物质的运动形式来计量的。在选择不同的物质运动形式来表达或计量时间的过程中，必须遵从三个基本原则：① 周期性，② 稳定性，③ 可测性。地球公转、月球公转和地球自转这三种运动都符合以上三个原则，从而可用它们的运动周期来计量时间，这便产生了"年""月""日"等时间计量的基本单位。

3. 恒星日

我们定义天球视转一周为一个**恒星日**。注意，我们这里用"视转"而非"自转"的原因来自天球的运动是地球自转的视觉表现，恒星日的定义与太阳无关。一个恒星日等于 24 恒星时。如果认为一颗恒星在天球上只有周日视运动，那么这颗恒星连续两次经过天子午线的时间间隔就是恒星日。

4. 真太阳日

时间的定义不能离开太阳，因为太阳不仅和人类的活动紧密相关，而且是最容易识别的参照物，所以又定义了**真太阳日**。真太阳日是指太阳中心连续两次经过上中天的时间间隔。把这个时间间隔再分成 24 份，每一份就是一个真太阳时，然后再定义真太阳分和真太阳秒。但是人们很早就发现太阳在黄道上的运动有快有慢，太阳运动快慢的规律已经被开普勒总结成行星运动规律。1 月 3 日地球离太阳最近，称为近日点，太阳在黄道上移动得最快；7 月 4 日地球离太阳最远，称为远日点，太阳在黄道上移动得最慢，所以冬天的真太阳日比夏天的长。

5. 平太阳日

一年之中，每日长短不均匀显然不是理想的时间定义，所以人们又定义了**平太阳日**。所谓平太阳，是一个假想的辅助点，由它来代替真太阳的运动。平太阳满足两个条件：① 在天赤道上运动；② 运动的速度等于真太阳沿黄道运动的平均速度。平太阳日是指平太阳连续两次经过上中天的时间间隔。很容易知道平太阳日的时间间隔是固定不变的，依据平太阳日再定义平太阳时、平太阳秒。恒星日比平太阳日短 3 分 56 秒。现在我们用的计时工具记的都是平太阳时和平太阳秒。平太阳日、时、秒就是日常生活中的日、时、秒。除了古老的日晷以外，制造一个精确的真太阳日的计时工具很复杂，而且使用起来也不方便。

6. 地方时和世界时

地球上位于不同经度的观测者在同一瞬间测得的参考点的时间是不同的。这种以观测者子午线为基准的时间统称为地方时。在同一计量系统内，同一瞬间两地方时之差等于两地的地球经度差。利用这一关系，可以根据两个地点同一瞬间地方时之差来测定两地的经度差。

1675 年，英国建立格林尼治天文台。从 18 世纪后半叶开始，格林尼治时间已被一些国家在编制为航海服务的天文历书时作为通用的**标准时**。1844 年，国际子午线会议把当时格林尼治天文台子午仪镜头上十字丝交点在地面上的垂点所在的经度规定为 0°经线，也即本初子午线，作为经度和时间计量的标准参考线。

各天文台由观测直接得到的都是**地方时**。为便于各地方时之间的换算，国际天文学会于 1928 年决定，将由格林尼治平子夜起算的平太阳时（即格林尼治时间）称为**世界时**。世界时简写为 UT。世界时是换算地方时和区时的标准，它是 0°经线的地方时。

随着洲际旅行和越洋航运的发展，全球需确定统一的计时标准，而仅采用格林尼治时间又给大多数国家和地区带来不便，因此分区计时作为解决这一问题的最佳方案而被国际社会所采纳。

图 1-6　世界时区

所谓分区计时，就是以经线为界，把全球分为 24 个时区，每个时区跨经度为 15°。各时区都以中央经线的地方时作为本区的标准时，即区时。相邻两时区的区时相差 1 小时。从西经 7.5°到东经 7.5°为零时区，从零时区起分别向东和向西各划分出 12 个时区，显然东十二时区和西十二时区相重合。图 1-6 为世界时区划分图。"+"号为东，"−"号为西。

我国幅员辽阔，从西到东横跨东五、东六、东七、东八、东九五个时区。我国的国家标准时称为"北京时间"，它是北京所在的东八区的区时，即中央经线为东经120°的地方时，而非严格意义上的北京（东经116°19′）的地方时。

7. 国际日期变更线

地球自西向东自转，各地的平太阳时都是从当地平子夜起算，那么地球上新的一天从哪里开始？这是问题一。问题二，如果进行环球旅行，每向东走15°就要增加1小时，那么向东环球一周再回到出发地，日期就会多了1天。如果向西环球一周再回到出发地，日期就会少了一天。为解决上述两个问题，国际组织在太平洋中靠近180°经线附近画了一条国际日期变更线，又称日界线。

日期变更线，顾名思义，就是要作日期变更。变更的规则是：由东向西过日界线，日期要增加一天；由西向东过日界线，日期要减少一天，也就是说日界线两侧的日期不同。同时规定地球上新的一天从日界线开始计量。

值得注意的是，实际日界线并非直线，而是人为地在180°经线附近作了几次偏折处理，以方便变更线附近相邻国家和地区处在同一日期，如图1-7所示。

图 1-7　国际日期变更线

1.3.4　历法

以年、月、日等计时单位，依一定的法则组合，供计算较长时间的系统称为**历法**。

回归年是平太阳连续两次经过春分点的时间间隔。

回归年 = 365.242 20 日 = 365 天 5 时 48 分 46 秒。

"月"是根据月球的运动规律得出的时间间隔。月球是地球的卫星，它的明亮部分的各种不同形象称为月相，月球连续两次具有相同月相所经历的时间称为朔望月，也叫太阴月。

朔望月 = 29. 530 59 日 = 29 天 12 时 44 分 2 秒。

1. 阳历

平太阳日、回归年和朔望月是完全独立的，而且是不通约的，这给历法的建立造成了困难。以前使用的历法经历了一个相当长的形成过程，而且历法也随地区、民族和国家而异。现今大多数国家通用的历法称为**阳历**，它的前身称为儒略历，因公元前 46 年罗马统帅儒略·恺撒（G. Julius Caesar，公元前 100—公元前 44 年，古罗马）决定采用，故有此名。儒略历每年的平均长度为 365. 25 日，历年中的平年为 365 日，4 年 1 闰，闰年 366 日，一年分 12 月，单月 31 日，双月 30 日，2 月例外：平年 2 月为 29 日，闰年为 30 日。恺撒的继承人奥古斯都（G. O. Augustus，公元前 63—14 年，古罗马）从 2 月里减去 1 天加在 8 月里（因 8 月的拉丁名和他的名字相同），也即 2 月份在平年时为 28 天，又把 9 月、11 月改为小月，10 月、12 月改为大月。儒略历平均长度为 365. 25 日，比回归年长 11 分 11 秒。自公元 325 年积累到 16 世纪末，春分日由 3 月 21 日提早到 3 月 11 日。于是罗马教皇格列高利十三世（Gregory ⅩⅢ，1502—1585 年，意大利）于 1582 年 10 月 4 日命令以次日为 10 月 15 日，并且为了避免以后积累误差，置闰的法则改以公元纪年为标准，被 4 除尽的才是闰年，但逢百年之年只有被 400 除尽的才是闰年。例如公元 1900 年不是闰年，公元 2000 年是闰年。闰年 2 月份增加 1 天，即 29 天。这个历法称为格列历，也称公历或阳历。阳历仍然有误差，3 000 年积累的误差为 1 天。

2. 阴历

阴历，全称太阴历，是以月相变化为基础的历法。历月的平均值大致等于朔望月，大月 30 日，小月 29 日。年的长短只是历月的整数倍，与回归年、月份和四季寒暑无关。月相的变化是人们最容易看见的天象，因此，各国的历法大都先有阴历后有阳历。随着农牧业的发展，这种历法逐渐被淘汰。

3. 阴阳历

考虑回归年又照顾寒暑四季而经过改进以后的阴历称为**阴阳历**。阴阳历历月的平均值大致等于塑望月，历年的平均值大致等于回归年。大月 30 日，小月 29 日，每月以月相为起讫。平年 12 个月，全年为 354 日或 355 日，与回归年平均约相差 10 日 21 时，所以每 3 年置 1 闰，5 年再闰，19 年 7 闰。闰年 13 个月，全年为 384 日或 385 日。

我国在辛亥革命以前使用的就是阴阳历，目前作为阳历的补充仍然在使用，现称为**农历**。农历作为一种传统，在体现各民族的风俗习惯方面还会具有一定的价值。尽管农历比阴历优越，但是平年和闰年的日数相差太大，这给人们的生产活动特别是季节性强的农事活动带来了一定的困难。

1.3.5 干支纪时和属相

干支纪时就是把用干和支搭配而成的 60 对字组当做数字来纪时、日、月、年。干支纪时是我国古代天文学家对历法的一大创造。

干也即天干有 10 个：

甲，乙，丙，丁，戊，己，庚，辛，壬，癸。

支也即地支有 12 个：

子，丑，寅，卯，辰，巳，午，未，申，酉，戌，亥。

天干与地支搭配，就形成从甲子到癸亥的 60 个组合，称为"六十甲子"，它们的组合如表 1-1 所示。

表 1-1 　　　　　　　　　　　　　干 支 表

1	2	3	4	5	6	7	8	9	10
甲子	乙丑	丙寅	丁卯	戊辰	己巳	庚午	辛未	壬申	癸酉
11	12	13	14	15	16	17	18	19	20
甲戌	乙亥	丙子	丁丑	戊寅	己卯	庚辰	辛巳	壬午	癸未
21	22	23	24	25	26	27	28	29	30
甲申	乙酉	丙戌	丁亥	戊子	己丑	庚寅	辛卯	壬辰	癸巳
31	32	33	34	35	36	37	38	39	40
甲午	乙未	丙申	丁酉	戊戌	己亥	庚子	辛丑	壬寅	癸卯
41	42	43	44	45	46	47	48	49	50
甲辰	乙巳	丙午	丁未	戊申	己酉	庚戌	辛亥	壬子	癸丑
51	52	53	54	55	56	57	58	59	60
甲寅	乙卯	丙辰	丁巳	戊午	己未	庚申	辛酉	壬戌	癸亥

干支纪时，现在多用于纪月、纪年，已不大用于纪日、纪时辰。

将公元纪年换算成干支纪年，可查阅专门编制的年代对照表或天文年历。

属相也即生肖，古人把用 12 地支所对应的年份与 12 种动物相关联，谁生于哪一年，就用那一年关联的动物作为属相，12 年一循环，如表 1-2 所示。

表 1-2　　　　　　　　　　　十二生肖

子年	丑年	寅年	卯年	辰年	巳年	午年	未年	申年	酉年	戌年	亥年
鼠	牛	虎	兔	龙	蛇	马	羊	猴	鸡	犬	猪

1.3.6　周

历法中通常没有周的概念，但周的出现与天文学有极大的关系。一周有 7 天这是不争的事实，那为什么是 7 天呢？在 1.2 节中我们说到地心说，以地球为中心，向外依次为月球（Moon），水星（Mercury），金星（Venus），太阳（Sun），火星（Mars）、木星（Jupiter）和土星（Saturn）。正是由于古人认为地球外有上述 7 大天体，才把一周的天数定义为 7 天。

上述观点可从英文单词中得到考证：

星期一：Monday→Moon's day

星期二：Tuesday→

星期三：Wednesday→

星期四：Thursday→

星期五：Friday→

星期六：Saturday→Saturn's day

星期日：Sunday→Sun's day

这种观点在比英语更加古老的法语和意大利语中表现得更为明显，以法语为例：

星期一：Lundi→Lune（月亮）

星期二：Mardi→Mars（火星）

星期三：Mercredi→Mercure（水星）

星期四：Jeudi→Jupiter（木星）

星期五：Vendredi→

星期六：Samedi→

星期日：Dimanche→

1.4　天文学常用物理概念

天文学研究需要用到一些基本的物理量和一些物理概念。在国际单位制中共有 7 个基本物理量，分别为长度、质量、时间、电流、热力学温度、物质的量和发光强度。我们仅对其中与天文学有关的物理概念做些简单介绍，时间的概念参见 1.3.3 节。

1.4.1　空间和长度

空间是与时间相对的一种物质客观存在形式，两者密不可分。按照宇宙大爆炸理论，宇宙从奇点爆炸之后，宇宙的状态由初始的"无"分裂出来，从而有了不同存在形式、运动状态的物体。物与物的位置差异度量称之为"空间"，空间也就是物体存在、运动的场所，通常可以由长度、宽度、高度表现出来，称为三维空间。长度是一维空间的度量，为点到点的距离，常用单位是米（m）、千米（km）、光年、秒差距。

1.4.2　温度

温度是表示物体冷热程度的物理量，微观上表征物体中分子热运动的剧烈程度。温度只能通过物体随温度变化的某些特性来间接测量，用来量度物体温度数值的标尺叫温标。温度的基本国际单位是热力学温标开尔文（L. Kelvin，1824—1907 年，英国）（K），以绝对零度作为计算温度的起点，即水三相点的温度被定义为 273.16K 后所得到的温度，过去也曾称为绝对温度。温度的概念不仅用于物体，也适用于整个宇宙，比如 3K 宇宙微波背景辐射等。

1.4.3　物质和质量、重量

物质是构成宇宙间一切物体的实物和场。例如，空气和水以及我们身边的一切存在都是物质，包括人体本身也是物质。除这些实物之外，光、电磁场等也是物质，不过是以场的形式出现的物质。常见的物质状态有 4 种，即固态、液态、气态和等离子态。也有观点认为物质存在新的状态，如超固态、中子态、玻色－爱因斯坦凝聚态和费米子凝聚态。2020 年 6 月，美国加州理工学院宣布成功在国际空间站观察到物质的第五种状态：玻色－爱因斯坦凝聚态。物质的种类形态万千，物质的性质多种多样。

物质的种类虽多，但它们有个特性，那就是能够被观测或被理论预言，都具有质量和能量。质量是物体所具有的一种物理属性，是物质的量的量度，它是一个正的标量。质量分为惯性质量和引力质量，惯性质量表示的是物体惯性大小的量度，而引力质量表示的是物质引力相互作用时能力大小的量度。自然界中的任何物质既有惯性质量又有引力质量。这里所说的物质是自然界中的宏观物体和电磁场、天体和星系、微观世界的基本粒子等的总称。

质量是决定物体受力时运动状态变化难易程度的唯一因素，因此质量是描述物质惯性的物理量。质量是物理学中的基本量之一，在国际单位制中，质量的基本单位是千克（kg）。

重量是物体受重力的大小的度量，重量和质量不同，重量的单位是牛顿（N）。在地球引力下，质量为 1 千克的物质的重量为 9.8 牛顿。

1.4.4　能量

能量是表征物理系统做功本领大小的量度。能量的单位在国际单位制中是焦耳（J）。能量与物质运动相关联，世界万物是不断运动的，在物质的一切属性中，运动是最基本的属性，其他属性都是运动的具体表现。现代物理学已明确了质量与能量之间的数量关系，即爱因斯坦的质能关系式：$E=MC^2$，参见 6.1.2 节。

1.4.5　质量和希格斯玻色子

物质是不是天生具有质量呢？答案是否定的。1964 年，英国科学家希格斯（P. Higgs，1929—　，英国）提出了希格斯场理论，并进而预言了希格斯玻色子的存在。希格斯玻色子是粒子物理学标准模型预言的一种自旋为零的玻色子，不带电荷、色荷，极不稳定，生成后会立刻衰变。而在希格斯机制中，希格斯场引起自发对称性破缺，并将质量赋予规范传播子和费米子。希格斯粒子是希格斯场的场量子化激发，它通过自相互作用而获得质量。

根据希格斯机制，基本粒子因与希格斯场耦合而获得质量。假若希格斯玻色子被证实存在，则希格斯场应该也存在，而希格斯机制也可被确认为基本无误。我们可以简单地认为是希格斯玻色子赋予物质以质量。希格斯还认为希格斯玻色子会从物质上自发缺失，那是不是意味着物质还会失去质量呢？

希格斯因其预言的基本粒子——希格斯玻色子，被欧洲核子研究中心运行的大型强子对撞机通过实验发现而获得 2013 年诺贝尔物理学奖。

1.4.6　量子和量子时空

一个物理量如果存在最小的不可分割的基本单位，则这个物理量是量子化的，并把最小单位称为量子。在物理学中常用到量子的概念，指一个不可分割的基本个体。例如，"光的量子"（光子）就是具有一定频率的光的基本能量单位，并延伸出量子力学。其基本特征是所有的有形物质是"可量子化的"。"量子化"指其物理量的数值是离散的，而不是连续地任意取值。例如，在原子中，电子的能量是量子化的。物理学家将量子力学视为了解和描述自然的基本理论。

量子的概念最早是由物理学家普朗克（M. Planck，1858—1947 年，德国）在 1900 年提出的。他假设黑体辐射中的辐射能量是不连续的，只能取能量基本单位的整数倍，从而很好地解释了黑体辐射的实验现象。

后来的研究表明，不但能量表现出这种不连续的分离化性质，其他物理量诸如角动量、自旋、电荷等也都表现出这种不连续的量子化现象。这同以牛顿力学为代表的经典物理有着根本的区别。研究发现量子化现象主要表现在微观物理世界。

有理论认为不仅仅有形物质是可量子化的，时间和空间也是量子化的，它们也存在最小的不可分割的基本单位，尽管我们还不知道这个基本单位在什么量级。把广义相对论与量子力学相结合，可以发展出空间和时间的量子化理论，该理论建立了一种空间时间离散和量子化的新图景，空间时间的量子理论已经开始在一些物理学和天文学前沿领域研究中得以应用。

当我们考虑时空的概念时，我们通常将空间想象成三维的网格，这无疑是一种过度简化的框架。但时空到底是离散还是连续的呢？是否存在一个最小的可能长度呢？100 多年前，普朗克提出，引力常数、普朗克常量、真空中的光速这三个常数可以组合得到普朗克长度。一旦小于普朗克长度的极限，我们现有的物理学定律都将失效。而量子引力理论则试图在普朗克尺度附近，将广义相对论与量子力学结合起来，从而准确地描述我们所在的宇宙。

如果要想了解宇宙是如何运作的，我们就必须从基本层面来进行研究。因为宏观物体是由粒子组成的，而粒子只能在亚原子尺度上进行探测。为了研究宇宙的属性，我们必须在尽可能小的尺度上观察最小的构件。只有了解了它们在基本层面上的性质，我们才有可能了解它们如何组合起来创造出我们所观测到的宇宙。

但是我们对小尺度宇宙的认识不能延伸到任意小的距离尺度。一旦小于 10^{-35} 米，即普朗克长度，那么传统的物理定律就不再有意义。为什么一旦小于某个长度范围，我们就不能给出任何有物理意义的结论呢？因为一旦小于普朗克长度，我们将无法准确预测任何事情，这就是量子力学的不确定性。

1.5 天文学和哲学关系略论

和其他自然科学一样，天文学与哲学有着相互依存、相互促进的关系。在所有自然科学中，天文学与哲学的关系最为密切。一方面哲学是一门研究世界观的学问，世界观就是宇宙观，它在阐明关于宇宙的根本观点——宇宙是精神的还是物质的，宇宙是静止的还是运动的时，离不开天文学为之提供的科学证据；另一方面，天文学在研究它的一些重大理论问题时离不开哲学的指导，要精确地描绘宇宙、宇宙的发展和人类的发展，以及这种发展在人们头脑中的反映，只有用唯物的辩证的方法。

1.5.1 天文学在哲学进步中的作用

哲学是关于自然知识、社会知识和思维活动的概括和总结，它和具体学科之间的关系是一般和特殊的关系。因此，哲学依赖于具体学科的发展，必须不断地从自然科学和社会科学中吸取新的营养，以保持哲学本身旺盛的活力。

天文学的发展对哲学的促进作用，主要表现在以下几个方面：

首先，天文学上一些重大变革常常是世界观变革的先导。例如，哥白尼太阳中心说的提出，不但推翻了托勒密的地心说，而且使整个自然科学从神学世界观的统治下解放出来；康德（I. Kant，1724—1804 年，德国）-拉普拉斯（P. S. Laplace，1749—1827 年，法国）星云说打破了形而上学的第一个缺口；爱因斯坦的相对论推翻了牛顿的绝对时空观，论证了辩证唯物主义的时空观。狭义相对论证明了空间和时间的相互联系，证明了时空随物质形式和运动状态的变化而改变，并且时间和空间在一定条件下是可以转化的。广义相对论证明了物质的分布状态使时空结构发生变化，使得充满物质的宇宙空间不再是欧几里得空间，而是非欧几里得空间。说得简单点，时空是可以弯曲的。但这种弯曲并非日常生活中对某个具体物体的那种弯曲，而是使时空性质发生根本改变的一种变化状态。

其次，现代天文学的发展丰富了唯物辩证法的基本规律和范畴。例如，恒星演化的过程证明了量变到质变规律的正确性，每当恒星内部温度的量变达到一定的关键点则必然会引起恒星能源产生机制的根本改变，从而使恒星从一个阶段演化到另一个阶段。其他方面不再一一列举。

1.5.2 哲学对天文学的指导作用

哲学对自然科学的发展起着不容忽略的作用。爱因斯坦曾说，"如果把哲学理解为在最普遍和最广泛的形式中对知识的追求，那么，哲学就可以被认为是全部科学研究之母"。

首先，天文学发展的历史表明，天文学中的一个主要的以致开拓了几代天文学家思路的太阳系演化假说，是由一位著名的哲学家——康德提出的。在当时机械论观点统治下的天文学，很难解释"天体是怎样运动起来的"这样一个根本问题，只能求助于造物主的智慧。而具有哲学头脑的康德却没有被当时自然科学知识体系的贫乏状态所束缚，没有为狭隘的机械论观点所限制。他没有从太阳系之外去寻找动力，而是从太阳系内部寻求自身发生演化的根本原因。康德星云假说的提出被看作从哥白尼以来天文学取得的最大进步，这不能不视为是哲学对天文学发展起积极作用的有力证据。在这里，哲学站在了科学的前列，在哲学观念上对形而上学的机械论发起了攻击，为自然科学的前进开辟了道路。值得指出的是，康德星云假说中方法论的思想被自然科学忽视了，因而没有对自然科学产生直接的影响，使科学的进步延缓了许多。这正反两方面的事实都表明哲学对天文学和其他自然科学的作用是不容忽视的，反映了在不同的哲学思想支配下自然科学的发展状态具有极大的差异。

其次，哲学能够给予天文学以方法论的帮助。天文学的研究方法有两种：一种是实验的方法，一种是理论分析的方法。其中，理论分析方法是认识天体的本质和规律不可缺少的思维方法，也是哲学向天文学提供方法论指导的主要承受者。对天文学来说，由于观测手段的局限和认识对象的高度复杂，所得的信息资料总是残缺不全的。这种情况下以什么哲学为指导来分析问题，就变得极其重要了。

再次，熟知人的思维的历史发展过程，熟知各个不同时代所出现的关于外在世界的普遍联系的见解，有助于天文学家正确地确定已知物理定律和理论在天文学中的适用范围。事实上，每一门理论都有自己的适用范围，例如：量子力学——微观世界，牛顿力学——宏观世界，相对论力学——宇观世界。既不能用牛顿力学解释基本粒子的运动，也无必要用量子力学来考虑足球的波长是多少，尽管足球作为一个实体其波动性还是存在的。

1.6 天文望远镜

在广阔的宇宙中有数不尽的天体，由于绝大多数天体离我们极其遥远，尽管它们发出大量的光辐射，但在我们看来却十分暗弱。肉眼所能看到的恒星只有 6 000 颗左右。如果想观测更多的恒星和其他天体，单靠眼睛就不行了，而必须借助天文望远镜。

第一架望远镜于 1608 年诞生在荷兰，口径为 2.5 厘米。肉眼能见天体的亮度比此望远镜观测到的最暗天体亮 20 倍。意大利科学家伽利略得知这个消息后，立即加以研究。经过不断努力，他终于在 1609 年制成了第一架放大倍数为 32 倍的天文望远镜。伽利略用这架望远镜发现了许多新的天文现象，给唯心的"地心说"以沉重的打击，对哥白尼的"日心说"则给予了极大的支持。

要想知道望远镜的作用，首先还应知道天体的辐射。

1.6.1 天体的辐射

物理学告诉我们，光和无线电波本质上是一样的，都是电磁波。无线电波是波长较长的电磁波，光是波长较短的电磁波。人眼所能看见的电磁波叫可见光，它有各种不同的颜色：红、橙、黄、绿、蓝、青、紫，红光是可见光中波长最长的，紫光是可见光中波长最短的，波长的单位为 Å。1Å = 10^{-10} 米。

为了明确起见，可将电磁波按波长长短次序排列起来，得到电磁波谱，如表 1-3 所示。

表 1-3   **电 磁 波 谱**

名称	γ 射线	X 射线	紫外光	可见光	红外光	无线电波
波长	<0.01Å	0.01~100Å	100~4 000Å	4 000~7 600Å	7 600Å~1mm	1mm~30m

对可见光可以用光学望远镜来观测，对天体发出的无线电波则可用射电望远镜来观察。为什么我们只是在可见光和无线电波这两个波长范围内观测天体的辐射呢？因为天体的辐射要经过地球大气层后才能被接收到。由于大气层的吸收作用，很多波段的辐射不能到达地面，只有可见光和波长从毫米级到 30 米的无线电波能透过大气到达地面。这些波段被称为大气窗口。红外线和紫外线只有一小部分能穿过地球大气层。如果大气层对紫外线是"透明"的，那么人类的生存将受到威胁。当然，利用火箭、卫星和航天飞机等可在大气层外观测天体的其他波段的辐射。

另外，由于人眼的分辨本领非常有限，因此无法直接看清有视面天体的表面细节，甚至连视面也看不出来。而天文望远镜既能大量收集天体的辐射，又能发现有视面天体的角直径，并能追随天体而运动，以便长时间地对准被观测天体并进行跟踪。

1.6.2　光学望远镜

光学望远镜分为照相望远镜和目视望远镜。

照相望远镜的结构和照相机的结构差不多，主要是由一个光学镜头（物镜）和底片盒组成。物镜的用途之一是把天体成像在底片上，从而拍得天体的照片。注意，对一般恒星来说，照片仍是一亮点，而无细节可言。望远镜是无法看到恒星表面细节的。

目视望远镜是用来观测天体的仪器。把照相望远镜里的底片盒拿走，换上一个叫目镜的光学镜头，就成为一个目视望远镜了。

光学望远镜按物镜的不同可分为三种：折射望远镜、反射望远镜、折反射望远镜。

折射望远镜的物镜由透镜组成。由于单透镜的像差，特别是色差的存在，会严重影响成像质量，使像周围呈现五彩缤纷的颜色，故通常采用由3个透镜或4个透镜组成的复杂物镜来消除色差。图1-8（a）为蔡斯B型折射望远镜。蔡斯公司是最负盛名的光学仪器公司。

反射望远镜的物镜由反光镜组成。在这种物镜里，光线经过反射，完全无色差。为消除球差，反射物镜的表面都磨成旋转抛物面的形状，现在更趋向于做成旋转双曲面。反射物镜通常由玻璃制成，为了增加反射的效果，往往需要在玻璃表面镀增反膜。图1-8（b）为卡塞格林型反射望远镜。副镜为凸双曲面镜，它的作用是改变光线的行进方向，改变物镜的焦距。

另一种常见的反射望远镜称为牛顿型反射望远镜，如图1-8（c）所示。副镜为平面镜，它将由主镜会聚的光反射到目镜中。由于反射望远镜的抛物面主镜可以做得很薄，加上镜筒较短，所以易于增大口径。现在世界上的超大型望远镜都是反射式望远镜。

折反射望远镜的物镜既包含透镜又包含反光镜。在这种物镜里，天体的光线要同时受到折射和反射。折反射物镜的主镜是一个球面的反光镜，副镜是一个透镜，用来校正主镜的像差。图1-8（d）为施密特型折反射望远镜。

一架光学望远镜不仅需要光学部件，还需要一套机械部件。为了使望远镜能够观测天球上任意位置的天体，机械部分必须使它能够绕两条互相垂直的轴线旋转。

在实际观测天体的过程中，由于望远镜本身的视场较小，因此不易对准所要观测的天体。为了克服这个缺陷，大型望远镜常附有一套导星设备，或称寻星镜。寻星镜的视场较大，易于捕捉目标。将目标锁定于导星镜的十字丝交点上时，望远镜中就出现被观察的天体了。

(a) 蔡斯 B 型折射望远镜

(b) 卡塞格林型反射望远镜

(c) 牛顿型反射望远镜

(d) 施密特型折反射望远镜

图 1-8 光学望远镜

1.6.3 光学望远镜发展简史

1608 年，荷兰人利伯尔（H. Lippershey，1570—1619 年，荷兰）发明了折射望远镜。1609 年，伽利略制成了一架口径 4.4 厘米，焦距为 120 厘米的天文望远镜。伽利略用这架放大率为 32 倍的望远镜发现了木星的 4 颗大卫星、月亮上的环形山、金星的盈亏现象等。

1616 年，茹切亚斯制成了第一架反射望远镜，紧接着马尔森于 1634 年、格雷果里（J. Gregory，1638—1675 年，英国）于 1663 年、牛顿于 1668 年、卡塞格林于 1672 年都设计或者制造了不同类型的反射望远镜。当时的反射望远镜都是用金属制成的，口径只有几厘米。18 世纪后期，著名的天文学家赫歇尔磨制了数块金属面反射物镜，其中最大的口径达 122 厘米。赫歇尔用他自制的反射望远镜首次证实了银河系的存在。1845 年，英国人罗斯制成了当时世界上口径最大的 1.8 米的金属面反射望远镜。由于金属面反射望远镜的固有缺点，如磨制困难、热膨胀系数大、镜面易氧化失泽，故到 19 世纪中叶，金属面反射望远镜开始走下坡路。

18 世纪中叶，道仑制成了第一架直径为 140 毫米的消色差玻璃透镜望远镜。18 世纪末，纪南生产出了合乎光学要求的火石玻璃。紧接着，夫琅和费在物镜制造的理论和技术上又进行了很多研究和改进。他还在 1824 年制成了当时最大的、口径为 244 毫米的折射望远镜。1888 年和 1897 年，克拉克父子先后制造了口径为 914 毫米和 1 020 毫米的两台大型折射望远镜。直到现在，它们仍是世界上折射望远镜的亚军和冠军，目前分属美国里克天文台和叶凯士天文台。

折射望远镜要求透镜有很高的质量，内部不能有气泡、杂质，这就限制了折射望远镜的最大口径。因为大块光学玻璃的制造非常困难，并且物镜口径越大，其厚度必然相应增加；厚度越大，对光的吸收作用就越严重，从而全部或部分抵消了大口径聚光的优点。另外物镜太大，其自重（数吨）会使镜筒变形，影响成像质量。再者，镜筒和支架的温差变形也制约了折射望远镜口径的增加。因此，20 世纪以来，没有人尝试做更大的折射望远镜。

19 世纪中叶，开始用玻璃磨制反射物镜，镜面上镀银。但由于镀银面容易失泽，且紫外区反射本领又小，故现在均采用真空镀铝技术来解决上述两个问题。

1917 年，海尔造出了一架口径为 2.5 米的反射望远镜，并以投资者胡克的名字命名。在此后 30 年中，胡克望远镜一直是镜中之王，它为恒星、星系的研究建立了卓越功勋。胡克望远镜现在仍在美国威尔逊山天文台。后来，海尔又着手制造口径为 5 米的大型反射望远镜，直到 1949 年海尔逝世后十多年才正式建成，它被命名为海尔望远镜，现位于美国帕洛马山天文台。海尔望远镜镜面重 5 吨，望远镜的可转动部分重达几百吨。苏联于 1970 年制成了口径为 6 米的反射望远镜，它位于高加索的帕斯图霍夫山上。由于它属于冷战时期的产物，做工粗糙，其性能远不及口径 5 米的海尔望远镜。

近几十年来，由于天文学的迅猛发展，许多天文学的前沿课题，如类星体的光学认证及光谱分析，遥远星系的红移，脉冲星、恒星的行星系统及对河外星系中单颗恒星的研究，都需要更大口径的望远镜来提高分辨本领。海尔望远镜在当时的造价是 3 千万美元，费时 10 年。如果现在做一架口径为 25 米的单镜面望远镜，需投资约 50 亿美元，费时数十年。怎样才能又快又省地制造出比 5 米口径大得多的望远镜呢？1971 年美国开始研制第一台多镜面望远镜，1979 年投入观测，现位于霍普金斯天文台。该望远镜由 6 个同为 1.8 米的卡塞格林望远镜组成，6 个望远镜绕中心轴排成六角形，6 束会聚光经合成后聚在同一个焦点上，组合后的口径相当于 4.5 米。

1979 年计划制造口径为 25 米的望远镜，主要的方案有：① 望远镜阵列，如由 108 台口径 2.4 米，或 16 台口径 6 米，或 6 台口径 10 米的独立望远镜及其圆顶综合而成。②可操纵镜盘，即在直径 25 米的抛物面镜盘上用 1 032 块偏轴抛物面镜排列成 16 个同心圆环。此计划至今仍未完成。

关于一些著名的大型光学望远镜将在第 9 章中作详细介绍。

1.6.4　光学望远镜主要参数

绝对不能直接用望远镜观看太阳，观看太阳必须通过投影法或加装专门的滤光片，否则会烧坏视网膜，而且会对主镜造成一定损害。较大口径的望远镜也不适合直接观看满月的月亮。

我们的眼睛就是一台光学仪器，肉眼可以看到 200 万光年以外的仙女座大星云，但是看不见距离地球仅为 4.3 光年的太阳系外恒星比邻星。所以说一个光学仪器能看多远是没有意义的，只能说多远能看最清晰，或者最远能看多清晰，而不要说这台望远镜能看多远。

表征光学望远镜主要性能的参数如下：

（1）口径：物镜的有效口径，是理论上决定望远镜性能最重要的参数。口径越大，则聚光本领越强，分辨率越高，可用放大倍数越大。

（2）分辨率：望远镜分辨影像细节的能力。分辨率是刚好能把两个点区分开的最短距离。望远镜的分辨率大小以极限分辨角来表征。分辨角越小，分辨率越高。分辨率主要和口径有关。

（3）放大倍数：物镜焦距与目镜焦距的比值，放大倍数越大，看到的影像也越大。放大倍数不是越大越好，最大可用放大倍数一般不大于口径毫米数的 1.5 倍，超过最大有效放大倍数后，影像变大但清晰度却不会再增加。

（4）焦比：物镜焦距与口径的比值，相当于相机镜头上的光圈。如果口径不变，物镜焦距越长，焦比越大，容易得到越高的倍率；物镜焦距越短，焦比越小，不容易得到较高的倍率，但影像更亮，视野更大。

　　＊短焦距镜（小焦比，焦比<6）：适合观测星云、寻找彗星；

　　＊长焦距镜（大焦比，焦比 > 15）：适合观测月亮和行星；

　　＊中焦距镜（中焦比，6<焦比<15）：适合观测双星、聚星、变星和星团，

　　（5）视场：望远镜成像的天空区域在观测者眼中所张的角度，也称视场角。放大倍数越大，视场越小。

　　（6）极限星等：望远镜所能观测到最暗的星等，主要和口径、焦比有关。正常视力的人，在黑暗、空气透明的场合最暗可看到 6 等星，而 70mm 口径望远镜的集光力是肉眼的 100 倍，能看到比 6 等星再暗五个星等的 11 等星。

1.6.5　射电望远镜

　　射电望远镜是用于观测和研究来自天体的射电辐射的基本设备，可以测量天体无线电辐射的强度、频谱及偏振特性等参量。包括收集射电辐射的定向天线，放大射电信号的高灵敏度接收机，信息记录、处理和显示系统等。天线收集天体的射电辐射，接收机将这些信号加工、转化成可供记录、显示的形式，终端设备把信号记录下来，并按特定的要求进行某些处理然后显示出来。

　　射电望远镜实际上是一套无线电接收、放大、处理、记录设备。利用射电望远镜可以接收来自宇宙天体的无线电辐射。射电望远镜的诞生与发展与无线电技术的水平密切相关的，至今只有九十年的历史。

　　射电望远镜的外形差别很大、种类很多，有固定在地面的单一口径的球面射电望远镜，有能够全方位转动的类似卫星信号接收天线的抛物面射电望远镜，有多个射电望远镜构成的阵列，还有金属杆制成的射电望远镜，等等。

　　最简单的是用单个抛物面天线测量某一波长射电总强度的射电望远镜，图 1-9 是其工作示意图。

　　抛物面天线把来自抛物面轴向的射电波反射集中到位于抛物面焦点的照明器（馈源舱）上，通过传输线将信号输送给接收机，接收机把输入的电信号加以放大并改变形式使之被记录下来。作为一种辐射接收器，射电望远镜的一次观测只能得到频率响应范围内的平均功率。

1.6.6　射电望远镜发展简史

　　射电望远镜并不具有多少光学望远镜的形象，它更像一座接收雷达。

图 1-9　射电望远镜工作示意图

1932 年，美国贝尔电话实验室的电信工程师央斯基（K. Jansky，1905—1950 年，美国）在研究长途电信干扰时用了长 30.5 米、高 3.66 米的旋转天线阵。在 14.6 米波长上他发现一种来源不明的"咝咝"型天电。本来央斯基的工作可以到此为止，因为上述噪声对无线电通信的影响并不大。但央斯基并没有放过这微弱的电波，而是继续深入研究，终于确定这"咝咝"声是来自银河系中心方向的宇宙无线电波，射电天文学从此诞生了。第二次世界大战中，英国的军用雷达接收到了太阳发出的强烈无线电"噪音"，这表明雷达所用的超高频设备也可用于接收太阳和其他天体的无线电信号。战后，一批雷达专家把掌握的雷达测量技术应用到天文观测上，揭开了射电天文学发展的序幕。20 世纪 60 年代的四大天文发现——类星体、脉冲星、星际有机分子和宇宙微波背景辐射，都是射电天文学对人类的杰出贡献。

射电望远镜的天线一般做成抛物反射面，它或者用金属拼成，或者用金属线织成网状。由于不像光学望远镜那么精细，所以可以做得很大。现在世界上可转动的单个射电望远镜之冠是位于弗吉尼亚的美国国家天文台 110 米直径的射电望远镜，其次是位于德国波恩的直径 100 米射电望远镜。

然而世界上最大口径的两台射电望远镜是固定在地球上的，它们利用地球的转动来改变指向。第二大射电望远镜的球形反射面直径初建时为 305 米，后扩建为 350 米。它被安置在波多黎各的阿雷西博一个天然形成的山间盆地中，其天线照明器重约 600 吨，悬于150 多米的高空。此望远镜属于美国阿雷西博天文台，如图 1-10 所示。这架望远镜处在低纬度区，对于寻找星际空间的各种分子以及微弱、遥远的射电源具有特别巨大的威力。有趣的是，利用它的雷达系统，科学家们在 1974 年 11 月 16 日向一个叫作 MB 的星系发出了一系列信号，信号用其他智慧生命也应当看得懂的形式传达了我们地球和太阳系、地球上的人类和它的遗传密码等信息，因此阿雷西博望远镜是人类与宇宙其他文明社会通话的第一个话筒。由于它自身不能转动，极大地限制了其能力的发挥。由于单个天线建造存在技术上的困难，使得口径不能增加得太大。

图 1-10　阿雷西博射电望远镜

20 世纪 50 年代末、60 年代初发展起来的孔径综合技术为制造更大规模的射电望远镜提供了理论依据。已经建成的、位于美国新墨西哥州海拔 2 000 多米高原上的甚大天线阵就是按上述技术制造的。整个天线阵用 27 个抛物面分布在 Y 形的三个臂上，其中两个臂长为 21 千米，另一个臂长为 19 千米，铺设双线铁轨，200 吨重的天线可在铁轨上移动，整个天线阵用计算机来控制，其性能相当于一个直径 27 千米的抛物面天线，而甚大天线阵每个天线的直径只有 25 米。

澳大利亚有一台专门研究太阳的射电望远镜，称为射电日像仪。它由 94 个 14 米直径的天线组成，分布在 3 千米直径的圆上。其天线总接收面积相当于直径为 120 米的天线，分辨率则相当于直径 3 千米的天线。这台日像仪可以提供瞬时的太阳大气层活动图像。

射电天文学家采用干涉技术来提高射电望远镜的分辨率。最新的干涉技术不用传输线把两个天线连接在一起，而是通过把相距几千千米的一对天线各自在同一时间观测到的同一信号在事后一起拿去进行干涉处理来实现数据分析，从而实现了洲际甚长基线干涉。从理论上说，两台射电望远镜之间的距离有多大，相当于对应的射电望远镜的口径就有多大。

1997 年 2 月美国和日本发射的卫星——甚长基线干涉空间天文台计划完成。它在空间展成 8 米的射电望远镜，与"甚长基线干涉仪"联合干涉，其基线比地球半径长 3 倍。

先进空地射电干涉仪即 Advanced Radio Interferometry between Space and Earth（ARISE）是一架口径 25 米的高灵敏度空间射电望远镜，绕地球椭圆轨道运行，最大高度为 5 万千米，可与美国的地面甚长基线干涉仪 VLBI 相连接。角分辨率比 VLBI 提高 6 倍，计划投资 3.5 亿美元，用于研究活动星系核、巨型黑洞附近的喷流、分子天文学等。

我国已经建成世界上最大的射电望远镜 FAST，其详细介绍见第 10 章。

1.6.7　射电望远镜主要参数

表征射电望远镜性能的基本参数是空间分辨率和灵敏度，前者表示区分两个彼此靠近的射电点源的能力，后者反映探测微弱射电源的能力。射电望远镜通常要求具有高空间分辨率和高灵敏度。

1. 分辨率

分辨率指的是区分两个彼此靠近的点源的能力，因为当两个点源角距须大于天线方向图的半功率波束宽度时方可分辨，故将射电望远镜的分辨率规定为其主方向束的半功率宽度。由于无线电波的衍射特性所限，射电望远镜分辨率由天线孔径的物理尺寸 D 和波长 λ 决定，其极限分辨率取决于望远镜的口径和观测所用的波长。口径越大，波长越短，分辨率越高。由于无线电波的波长要远远大于可见光的波长，因此射电望远镜的分辨本领远远低于相同口径的光学望远镜，而射电望远镜的天线又不能无限扩大。这在射电天文学诞生的初期严重阻碍了射电望远镜的发展。

2. 灵敏度

灵敏度是指射电望远镜最低可测的能量值，这个值越低灵敏度越高。为提高灵敏度，常用的办法有降低接收机本身的固有噪声、增大天线接收面积、延长观测积分时间等。

射电天文学所研究的对象，有太阳那样强的连续谱射电源，有辐射很强但极其遥远因而角径很小的类星体，有角径和流量密度都很小的恒星，也有频谱很窄、角径很小的微波激射源等。为了检测到所研究的射电源的信号，将它从邻近背景源中分辨出来，并进而观测其结构细节，射电望远镜必须有足够的灵敏度和分辨率。

1.6.8　甚长基线干涉测量技术

对单天线射电望远镜来说,天线的直径越大分辨率越高。但是天线的直径难以做得很大,单天线的最大直径是中国 500 米的 FAST。1960 年,英国剑桥大学卡文迪许实验室的赖尔(M. Ryle,1918—1984 年,英国)利用干涉的原理,发明了综合孔径射电望远镜,大大提高了射电望远镜的分辨率。其基本原理是:用相隔两地的两架射电望远镜接收同一天体的无线电波,两束波进行干涉,其等效分辨率最高可以等同于一架口径相当于两地之间距离的单口径射电望远镜。赖尔因为此项发明获得 1974 年诺贝尔物理学奖。

通过射电干涉的方法来提高分辨率,也就是让对同一个目标进行观测的两台射电望远镜构成一对射电干涉仪,两个天线的最大间距越大分辨率就越高。在天线的直径或者两天线的间距一定时,接收的无线电波长越短分辨率越高。拥有高灵敏度、高分辨率的射电望远镜,才能让我们在射电波段"看"到更远、更清晰的宇宙天体。

甚长基线干涉测量技术是一种用于射电天文学中的天文干涉测量方法。它允许用多个天文望远镜同时观测一个天体,模拟一个大小相当于望远镜之间最大间隔距离的巨型望远镜的观测效果。

甚长基线干涉测量的基础是时间同步和相位同步。时间同步是两个观测天线的时间一致,相位同步是接收到的频率信号的相位之间一致。2019 年黑洞视界照片的拍摄就用到了这个技术。

思　考　题

1. 天文学研究的对象是什么?
2. 获得天体信息的主要手段有哪些?
3. 天文学可分成哪三大分支?各分支研究的主要内容是什么?
4. 简述地心说的代表人物及其主要思想。
5. 简述日心说的代表人物及其主要思想。
6. 试述二十四节气的天文学特征。
7. 平太阳时间系统是如何定义的?
8. 试述阳历的来历及历法原则。
9. 试述天文学与哲学的关系。
10. 试述光学望远镜和射电望远镜的结构特征。

11. 通过阅读课外资料，简述中国天文学从古到今的发展过程。
12. 时区是如何划分的？
13. 谈谈干支纪年法在历史发展中的作用。
14. 什么是太阳的周年运动？
15. 为什么要设立国际日期变更线？
16. 你是如何认识时间的？
17. 你是如何认识创新思维在天文学发展中的作用的？
18. 如果物质没有质量，宇宙会是什么样的？
19. 你对量子时空有什么看法？

第 2 章
太　阳　系

　　人类对宇宙的认识是由近及远、由浅入深的，因此宇宙在人脑中的图像也就由小到大、由表及里。从地球——→太阳系——→银河系——→河外星系，人的可视半径已达 140 亿光年（1 光年等于 $9.46×10^{15}$ 米）以外的宇宙深处。

　　观测发现，整个宇宙正以惊人的速度在膨胀着，并伴随有巨大的能量爆发、大量的物质抛射、超强辐射源的点燃和衰竭等极端现象。想象中宁静的、相对稳定的宇宙仅仅存在于太阳系内。

　　太阳系由太阳、八大行星及其 200 多颗卫星、6 颗已命名的矮行星、6 000 多颗小行星、彗星、流星体以及行星际物质等组成。卫星除了绕行星旋转外，同时又和行星一起绕太阳旋转。太阳是太阳系的核心天体，无论是质量还是大小，太阳都居首位，它占太阳系总质量的 99.86%，它的引力控制着太阳系里其他天体的运动，太阳的引力范围延伸到大约日地距离的 4 500 倍以外。

　　太阳系是银河系的一部分，距银河系中心约 3.26 万光年。

2.1　太　　阳

　　太阳是离我们最近的恒星，它是一个炽热的"火球"，是太阳系中唯一自身发光的天体。太阳与我们的关系极为密切，它供给我们光和热，照耀着万物生长。没有太阳，就不可能有今天地球上这样生气勃勃的生命现象。除了原子能、火山爆发和地震外，地面上一切能源几乎都直接或间接与太阳有关。对太阳的研究，可以极大地帮助我们获得一般恒星的知识。天文学上常用符号"⊙"表示太阳。

2.1.1　太阳的基本参数

1. 日地距离

众所周知，地球绕太阳公转的轨道是一个椭圆，所以它和太阳的距离在不断变化着。通常所说的日地距离是指太阳和地球的平均距离，天文学上常用它作为计量天体距离的基本单位，称为**天文单位**（1 天文单位 = $1.495\,979\times10^8$ 千米）。它等于月地距离的 389 倍。由于光速为每秒 30 万千米，所以太阳在某一瞬间发出的光要经过 8 分 18 秒以后才能到达地面。如果坐波音 747 飞机（时速约 1 000 千米/小时）作太阳旅行，需 20 年才能到达太阳表面。

2. 太阳的大小

$$太阳的半径 R_\odot = 6.959\,9\times10^5 \text{千米}.$$

太阳的半径等于地球半径的 109 倍，表面积为地球表面积的 12 000 倍，体积为地球的 130 万倍。注意这里所说的太阳半径是指太阳光球的半径。如果连太阳大气也包括进去，半径就要大得多了。

3. 太阳的质量

$$太阳的质量 M_\odot = 1.99\times10^{30}\text{千克}.$$

太阳的质量等于地球质量的 33 万倍，太阳的平均密度为 1.409 克/厘米^3，是地球平均密度的 0.255 倍，太阳表面的重力加速度为地球表面重力加速度的 28 倍。

4. 太阳的位置

太阳位于距银河系中心 3.26 万光年的旋臂内，距银面以北约 26 光年处。

5. 太阳的运动

太阳除在旋臂中和其他恒星一起绕银心运动外，还相对于它周围的恒星做每秒 19.7 千米的平动。

6. 太阳常数

太阳常数指单位时间垂直射入地球大气外单位面积上的能量，用 $f_\odot$ 表示，

$$f_\odot = 1.36 \times 10^6 \text{ 尔格} \cdot \text{秒}^{-1} \cdot \text{厘米}^{-2} = 0.136 \text{ 焦} \cdot \text{秒}^{-1} \cdot \text{厘米}^{-2}.$$

2.1.2　太阳大气

太阳大气大致可分为三层：光球、色球和日冕，如图 2-1 所示。太阳大气的分层仅有形式上的意义，因为各层厚度并非定值，各层间也无明显的界限。太阳大气中的物质是极不宁静、极不均匀的。

图 2-1　太阳大气结构示意图

1. 光球

肉眼看到的光亮的太阳表面就是**光球**，它是太阳大气的下层，厚度为 400～500 千米，太阳的可见光几乎全部由光球发出。光球的平均温度为 5 770 开（开尔文），通常认为是 6 000 开。

光球内的温度是随着深度增加而增加的，我们的视线只能贯穿到大气内一定的深度，因此观测到太阳视圆面的亮度是从中心向边缘逐渐减弱的，这一现象称之为临边昏暗现象，如图 2-2 所示。图中 AD 为光球层，由于视线进入光球层的深度一定，在 M 点的距离为 d，相当于达到球面 C，在球面边缘 N 点的距离同样为 d，则相当于达到球面 B，而光球的温度随距日心距离的增加而减小，所以 B 球面比 C 球面温度低。温度越高，亮度越亮，从而人眼感觉到这种临边昏暗现象。

在光球上经常可以观察到一些大大小小的黑色斑点，这就是人们熟知的太阳黑子。

太阳黑子开始于两个或更多的狭窄暗条，以后逐渐长大形成黑子，最后消失。开始形成的黑子很小，其直径只有 2 500 千米，但磁场强度很大，高达上千高斯，这种日面特征

图 2-2　太阳的临边昏暗现象示意图

叫小黑点，它的寿命只有数小时到几天，以后大多数这样的小黑点就消失了，少数则继续长大，并向周围发展。对于结构复杂的黑子，人们可以看到它的旋涡状结构。大的黑子直径可超过 20 万千米。黑子的温度比光球低 1 000~1 500 开。正是由于它的温度比背景光球低，看起来较"黑"，故称为**黑子**。

从长期的观测发现，太阳黑子活动存在周期性，但变化周期并不是固定的，它可以小到 7.3 年，大到 17.1 年。一般所说的 11 年周期，是其变化周期的平均值。

太阳表面的平均磁场强度只有几个高斯，有时候在没有黑子的地方也会发现有较强的磁场存在（一般为几百高斯），这些地方大多数是不久以前出现过黑子或不久以后将有黑子出现的地方。太阳黑子的超大面积和极高磁场强度，对地面的无线电通信和电子信号系统将产生极大的干扰和破坏。

除了黑子外，光球中还有一些其他现象，如米粒组织、光斑等。

2. 色球层

光球之外是色球。色球层的结构不均匀，厚度为 2 500~10 000 千米。在光球之外 200 千米处，色球层的温度达到极小值——4 200 开，以后温度又逐渐上升，到 2 000 千米处，温度上升到数万开，随后温度急剧上升，到 2 100 千米处，温度为数十万开。

色球的物质较稀疏透明，它发出的可见光总量不足光球的千分之一，因此平时不容易观测到。只有当日全食，整个太阳圆面被月球遮盖时，我们才会发现在黑暗的月球圆面周围出现一个红色的圆圈，这就是色球层。在通常情况下，利用单色光束观测日轮边缘，可以看出色球层的边界不光滑，而是呈锯齿状，它是由许多针状体所构成的，针状体好比火舌，其形状时常在变化。整个太阳表面大约有 25 万个针状体。

当用单色光观测太阳时，有时会看到一个亮的斑点突然出现，几分钟甚至几秒钟之内，其面积和亮度增加到极大，然后比较缓慢地减弱，直至消失。这种亮斑点叫作耀斑，是色球层爆发产生的现象。一个耀斑大约发出 10^{26} 焦的能量。值得一提的是，几乎所有的耀斑皆产生在与其相关联的黑子群近旁。有时人们还可观测到在日面边缘从色球中喷射出来的巨大火舌，这种现象称为日珥。

3. 日冕

日全食时，在色球层之外可以看到包围着圆形月影的银白色晕状物，这就是日冕。

日冕是太阳大气最外面的一层，也是最厚的一层，日冕的直径可达太阳视圆面直径的 10～20 倍。日冕分为内冕和外冕两部分。日冕的温度很高，约为 200 万开，所以日冕物质呈现电离状态。日冕的物质不断向四面八方膨胀，这就是所谓的太阳风。

为什么距离热源更远的太阳大气外层日冕比太阳大气内层光球更热一直是个谜。一般来说，离热源越近，就感觉越热。经过长达半个世纪的研究，2019 年一个国际科研团队终于破解了这个谜团：当磁波离开太阳内部时，强度会增加，磁波将能量从太阳内部巨大的能量储存库输送到其大气层外部区域，太阳表面和外部日冕之间温度的显著变化，会创造出一些边界，有些边界具有反射性，可捕获能量并使磁波显著增强，从而使日冕的温度比太阳表面更高。

2.1.3 日球

日球 (Heliosphoere)，又称日球层。它是这样来定义的：以太阳为中心，太阳风及其磁场所延伸到的整个空间范围称为日球。这是一个太空时代引申出的新概念。空间飞行器对行星际空间的直接探测发现，太阳向四面八方发出的太阳风带电粒子流，携带着磁场，可传播到很远很远的地方。

用一个简单的比喻，日球即太阳的势力范围，在此范围以外，则是恒星际气体、恒星际带电粒子及其磁场的势力范围。科学家认为，在两个势力范围的交界处，即日球的边缘，太阳风的速度会有一突变，即从超音速减慢到亚音速。这一边界区域被称为"日球顶"。宇宙飞船从日球空间进入恒星际空间，必须穿越日球顶。目前有 4 个飞行器向日球顶飞去，飞得最远的是"旅行者 1 号"探测器，2019 年 10 月它离地球的距离已越过 211 亿千米，且每天还要飞行 140 余万千米。观测数据表明，"旅行者 1 号"已穿过日球顶。那么日球顶到底距太阳多远呢？有数据显示可能在 180 亿千米左右。值得一提的是，冥王星的平均轨道半径约为 60 亿千米。可见太阳的势力有多大了。

由于太阳风及其磁场随着太阳活动周期的变化而变化，因此日球层的厚度、磁场强度也会随之有所变化。

2.1.4 太阳的能量来源

观测和计算表明，太阳的中心温度约 1 500 万开，表面温度为 6 000 开，太阳每秒钟的总辐射能为 3.8×10^{26} 焦/秒。如此巨大的能量，其来源一直是自然科学中最基本的问题之一。科学家提出了一系列的能量来源假设，其中最著名的是收缩学说：恒星由于引力的作用而逐渐收缩，收缩时恒星的热能量增加，因而温度升高；同时，收缩时恒星的总能量减少，减少的能量就是恒星辐射到空间去的能量。根据计算，太阳每年只要直径收缩 100 米就可提供太阳全年因辐射而消耗的能量。计算指出，即使太阳的气体物质范围的大小最初和冥王星的轨道一样大，收缩到现在这样大小也最多只能补偿太阳 2 000 万年的能量消耗，而实际上太阳的年龄已有 50 亿年，因此引力收缩不可能是太阳能量的长期来源，但不排除太阳在某一阶段以引力收缩作为主要能源。

20 世纪以前，任何能量产生和转化的理论都无法解释太阳为什么能长时间稳定地释放如此大的能量。直到量子力学的诞生，人们对微观世界的认识才越来越深刻，并找到了被人们普遍接受的理论来解释太阳能量的来源。根据这些理论还可描绘出太阳演化的过程。

能使太阳产生巨大能量的并不是化学反应，而是核反应。1905 年爱因斯坦在创立狭义相对论时引进一个质能关系：$E = mc^2$，m 是静止质量，c 是光速，E 是能量。这个关系式揭示了质量和能量的统一，也预示质量中蕴藏着巨大的能量。但是这个能量是不太容易被释放的，以前被人们认识的各种能量的转换都不是由质量向能量的转换，而是物理、化学转换。直到 1938 年，原子核裂变成为可能以后，人们才认识原子核的反应能使得可观的质量转变成能量，因而可以产生巨大的能量，以前人们认识到的各种能量的产生和转换都无法与之相比。

在太阳内部发生的核反应是 4 个氢核合成 1 个氦核的聚变反应，这种反应称为质子-质子循环，又称为氢燃烧。另一种被称为碳氮循环的核反应发生在太阳和比太阳更热的恒星中。

在太阳中进行的质子-质子循环如下所示：

$$^1H + {}^1H \longrightarrow {}^2H + e^+ + 中微子,$$

$$^2H + {}^1H \longrightarrow {}^3He + 光子,$$

$$^3He + {}^3He \longrightarrow {}^4He + {}^1H + {}^1H,$$

式中左上角的数值表示原子核的质量。

^1H 是质子，因为氢核是由一个质子组成的，所以 ^1H 就是氢核，^2H 是氢同位素氘的

核，^{3}He 是氦同位素的核，^{4}He 是氦核。在 4 个氢核变成一个氦核的过程中，损失了 0.7% 的质量，这个质量转变成光子和中微子的能量和热能。

做个简单的计算，1 克氢变成氦损失 0.007 克质量，由质能公式知相应的能量为

$$E = mc^2 = 0.007 \times 10^{-3} \times (3 \times 10^8)^2 = 6.3 \times 10^{11} \text{（焦）}，$$

所以太阳每秒钟用于核反应的氢质量为

$$m = \frac{3.8 \times 10^{26}}{6.3 \times 10^{11}} \approx 6.0 \times 10^{14} \text{（克）} = 6 \times 10^8 \text{（吨）}，$$

即 6 亿吨。而每秒钟消耗的太阳质量为

$$\Delta m = \frac{3.8 \times 10^{26}}{(3 \times 10^8)^2} \approx 400 \text{（万吨）}.$$

若太阳最初全部由氢组成，那么太阳全部氢变为氦时所放出的能量为

$$E = 0.7\% M_\odot c^2 = 0.007 \times 1.99 \times 10^{30} \times (3 \times 10^8)^2 = 1.25 \times 10^{44} \text{（焦）}.$$

可见太阳维持目前这种辐射的时间为

$$T \approx \frac{10^{44}}{10^{26}} \approx 10 \times 10^{18} \text{（秒）} \approx 10^{11} \text{（年）}.$$

当然这种计算结果是极其粗糙的，不能由此判断太阳的寿命为 100 亿年。严格的理论和计算表明，太阳已经存在了约 50 亿年，还将继续存在 50 亿年，与上述结论基本符合。

由于核聚变的高温、高压、不可控性，至今核聚变仍不能直接向人类提供能源。现在的核电站都是核裂变型的，即由重原子核裂变为轻原子核。

热核反应作为太阳或恒星能源的理论已获得了科学界的公认，提出这一理论的科学家因此获得了诺贝尔物理学奖，但这一理论在细节上还有些很难验证的问题。由于太阳的核反应炉是深深地埋藏在中心部分的，它的周围被大量不透明的物质包围着，因此在地球上无法直接看到其中的实际反应过程，通常的天文仪器只能探测太阳最外层来的光和其他粒子。中心部分的反应能量要经过数百万年的无规则散射才转移到其表面。今天射到地球的能量，还是人类没有出现时太阳内部的反应所产生的！

关于太阳能量的来源主要是根据理论推测得到的，它与一些太阳的观测结果完全符合。把这样的理论推测用到宇宙中其他恒星似乎很合理，并且也与观测事实相符合。这一理论是 20 世纪初物理学、天体物理学和天文观测的成果。然而 20 世纪 60 年代中微子亏损的实验却冲击了物理学家和天文学家建筑在这个成就之上的自信心。

2.1.5 太阳中微子之谜

在理论所预言的热核反应中，会产生一种粒子，它能够穿过太阳物质的重重阻挡，顺

利地从中心来到表面，这就是中微子。中微子同光子一样是不带电荷的，质量非常小，在真空中以接近光速运动。但这种粒子与所有的物质都只有很微弱的相互作用，所以能够不受电场、磁场的偏转穿过广阔的宇宙空间，甚至能穿透一般的天体。所以中微子可以把情报送到遥远的地方，把星体内部的真实情况及时传送出来。由于它的穿透力太强了，现在还没有特别有效的探测方法来捕捉它。

太阳中产生中微子的反应有好几种，它的辐射总能量中，有30%是以中微子形式发射的。每1 000亿个中微子中也只有一个会被太阳物质吸收或散射，其余都跑到外面来了。地球对于中微子更是透明，即使1 000个地球排成行也挡不住它的去路。

从理论上说太阳内部每秒钟大约产生2×10^{38}个中微子，在地球附近中微子的流量大约为3.5×10^{12}个·厘米$^{-2}$秒$^{-1}$。如果有某种实验方法能在地面上捕获到中微子，并且与理论计算值相符，则可更好地证明发生在太阳内部的质子-质子反应是存在的。如何来探测这种幽灵般的粒子呢？

早在20世纪40年代就有人提出了一种探测中微子的方法。那是利用氯的一种稳定同位素氯37的性质。该同位素在吸收一个高能中微子后，会发射出一个电子而变成氩的同位素氩37。这是一种放射性同位素，通过对它的测定，就可以计算出中微子的数量。一个氯原子要吸收一个中微子，必须等上10^{30}年以上的时间，但我们可用大量的氯原子来吸收中微子。

从20世纪50年代开始，美国布鲁克海文实验室的戴维斯（R. Davis，1914—2006年，美国）开始了中微子探测实验。为了避免宇宙线及其他干扰因素的影响，他们在南达科他州一个叫霍姆斯代克金矿的矿井深处放置了探测器。矿井深1 500米，如此深度对干扰因素有很好的屏蔽作用，对中微子却等于零。注意：太阳中微子的照射对地球无日夜之分。探测中微子的物质是四氯化碳液体，净化后的这种液体共610吨装在巨大的钢箱中，其中氯原子的含量超过了10^{30}个。如果真如理论所预言的那样，每秒钟每平方厘米有1 000亿个中微子到达地面，那么这么多氯原子吸收的中微子一天也不到一个。幸运的是，氩37是惰性元素，它只可能衰变为氩的其他稳定同位素，而不会发生化学反应，所以可以进行长期的积累测量。

中微子实验的结果出乎人们的意料。实际测得的中微子数量不足理论模型计算值的1/3。这就是所谓的"中微子失踪案"。上述理论与实验之间的矛盾，是反映了我们对太阳核心区的能量产生过程没有认识清楚，还是反映了我们关于原子核或中微子物理过程的认识不正确呢？或者，是因为我们的测量方法、技术不完善吗？这都是太阳的不解之谜。

尽管对中微子失踪的解释多种多样，但最主要的主张有两派。一派认为，太阳内部确实产生了理论预言那么多的高能中微子，只是在它飞向地球而被探测出来的过程中，以某种方式损失了一部分。另一派认为，太阳内部根本没有产生过理论预言那么多的中微子，我们对太阳中核反应过程的理论有问题。由于早期理论认为中微子的静止质量为零，以光速运动，甚至有人认为中微子的静止质量不等于零，这样也能作出合理的推测。

20 世纪末，加拿大和美国政府批准了一项对中微子进行探测的新计划。该项目拟用 1 000 吨重水（氘）作为探测器的主体，整套设备安放在加拿大安大略省萨德伯附近的镍矿中。这个探测器的探测结果有两种可能性：

第一，修改太阳模型，降低对太阳内部温度的估计，从而减少中微子的产量。

第二，不改变太阳模型，允许中微子有一个较宽的质量取值范围。

2001 年，萨德伯中微子观测站的某些科学家称，中微子没有失踪，只是它（电子中微子 e）在离开太阳后转化成了缪子（μ）和陶子（τ）（两种基本粒子）。对这一报道，科学界给予了肯定的答复。2002 年以来，近二百名科学家利用萨德伯中微子观测站的设备，成功观测到三种中微子 e，τ，μ，并且探测到已转换成 τ 和 μ 的那丢失的 2/3 的太阳中微子，实测结果与理论值符合得非常好。中微子失踪悬案终于破解，天文学家建立的太阳模型和物理学家关于中微子的理论都被证实是正确的。

现为美国宾夕法尼亚大学物理学和天文学系教授的戴维斯因在探测宇宙中微子领域做出的先驱性贡献而获得了 2002 年度的诺贝尔物理学奖。诺贝尔委员会称他的工作相当于"在撒哈拉沙漠中寻找一粒有用的沙子"。（参见附录 4）

中微子之谜影响了人类对宇宙进一步的认识。事实上，它已大大地刺激了这些领域的研究，并导致了天体物理学的新分支——中微子天文学的诞生。

2.1.6　中微子振荡

中微子是一种难以捉摸的基本粒子，有 3 种类型，即电子中微子。μ 中微子和 τ 中微子，中微子不参与电磁相互作用和强相互作用，但参与弱相互作用和引力相互作用。太阳、宇宙线、核电站、加速器等都能产生大量中微子。

中微子振荡是指中微子在生成时所伴随的 3 种中微子可以互相转化。宇宙中充斥着大量的中微子，大部分为宇宙大爆炸的残留。1998 年，日本超级神冈（Super-Kamiokande）实验以确凿的证据发现了中微子振荡现象，即一种中微子能够转换为另一种中微子。这间接证明了中微子具有微小的质量。此后，这一结果得到了许多实验的证实。但对中微子振荡尚未完全研究清楚，有理论认为它不仅在微观世界最基本的规律中起着重要作用，而且同宇宙的起源与演化有关，例如宇宙中物质与反物质的不对称很有可能是由中微子造成的。

中微子振荡无论对理论物理还是实验物理而言都是相当重要的，因为这意味着中微子具有非零的静止质量，这与标准版本的粒子物理标准模型不相吻合。

日本超级神冈探测器的梶田隆章（1959—　　，日本）以及加拿大萨德伯中微子观测站的麦克唐纳（A. McDonald，1943—　　，加拿大）两人因发现大气中微子振荡、太阳中微子振荡获得了 2015 年诺贝尔物理学奖。但科学家预言的第三种振荡一直未被发现。

2012 年中国科学院高能物理研究所所长王贻芳院士团队在大亚湾反应堆中微子实验中发现了中微子振荡新模式——电子中微子振荡，也就是科学家预言的第三种中微子振荡。作为超出标准模型的物理研究成果，给解释宇宙中物质与反物质不对称性提供了可能。由于发现前面两种中微子振荡的科学家已经获得诺贝尔物理学奖，所以王贻芳院士也很可能成为中国本土第一个获得诺贝尔物理学奖的科学家。

2.1.7　"冰立方"中微子探测器

"冰立方"（IceCube）中微子探测器如图 2-3 所示，它位于南极厚厚的冰层之下1450~2450 米之间的不同深度处，安置了 60 个用于探测中微子信号的光学传感器，构成了一个大约覆盖一立方千米范围的传感器阵列。

图 2-3　南极冰下的探测装置——"冰立方"

2017 年，"冰立方"团队探测到了一次极高能中微子事件，在这颗中微子的来源方向上，刚好有一个正处在活跃状态的"耀变体"（blazar），科学家们认为这就是本次观测到的极高能中微子的源头——这是人们首次确认中微子的银河系外来源体。在此之前，人类只确认过两个中微子源天体，即太阳和超新星 1987A。由于中微子是宇宙射线作用的产物之一，因此这也意味着这很可能是人们首次找到宇宙中高能射线的来源体。

在"冰立方"团队探测到这次中微子事件后，动用了包括专门监测高能伽马射线的费米卫星、美国的"央斯基甚大阵"射电望远镜、日本的"昴星团"光学望远镜等多种观测手段和仪器，一同加入进来寻找和确认来源，才最终锁定了这个耀变体。因此，这次中微子事件也标志着多信使天文学研究新的里程碑。

2.1.8 中微子质量

2019 年英国科学家使用与整个宇宙结构有关的数据，限定了宇宙间最小、最难研究的中微子家族中最轻成员的质量：不超过 0.086 电子伏特，约为单个电子质量的 600 万分之一。

中微子无处不在，但由于它们几乎不与普通物质发生反应，所以被称为"幽灵粒子"，很难被探测到。尽管经过 50 多年追寻，科学家仍对它们所知甚少，甚至不知道它们的质量。

但科学家们知道，中微子的行为会改变整个星系和其他巨大天体结构的特性。研究人员基于此，从对宇宙大尺度结构的精确测量中，反算出了最轻中微子的质量，因为有 3 种中微子所以有 3 种质量。

该研究并没有为最轻中微子的质量提供固定数值，但它缩小了范围：不超过 0.086 电子伏特。据以往实验所知，3 种中微子中至少有两种有质量，且它们的质量之间存在着某种关系。最新研究还为 3 种中微子的混合质量设定了上限：0.26 电子伏特。

研究指出，物理学家可能永远无法精确地确定这 3 种中微子的质量，但他们可以不断接近。随着地球上的实验和太空测量的改进，中微子的质量范围将不断缩小，从而更好地解释整个宇宙是如何组合在一起的。

2.1.9 太阳探测

位于夏威夷的丹尼尔·凯·伊农奕（Daniel K. Inouye）太阳望远镜捕捉到了迄今最清晰的太阳表面照片，如图 2-4 所示。从此高清图像里可以看出，太阳表面仿佛是流动的液态黄金，展现出太阳作为等离子体复杂的结构，为人类认识太阳和预测太阳活动提供了重要的观测证据。

历经 20 年、耗资 3.44 亿美元建造的伊农奕太阳望远镜口径为 4 米，是世界上最大的太阳望远镜，由美国国家太阳天文台研制和运行。伊农奕太阳望远镜 2019 年底投入使用，它的目标是对太阳磁场进行最精确的测量，包括前所未有的对太阳大气或日冕磁场的测量，从而回答一些重大的科学问题，比如，太阳的日冕为什么会有百万度的高温，比太阳表面热百倍；太阳大气中翻腾的磁场如何驱动太阳风暴并影响地球上的生命等。

图 2-4 是伊农奕太阳望远镜拍摄的太阳光球表面的单色像，其日面空间分辨率达 35 千

图 2-4　伊农奕太阳望远镜拍摄的太阳表面照片

米，在离太阳 1.5 亿千米外的地球，人类能够分辨清楚太阳表面 35 千米的结构特征。照片展示了太阳表面沸腾的超热大气，图中不规则的形状是湍动对流的图案。那些明亮的"元泡"是从太阳内部向上翻腾的气泡，即包含正负离子在内的超热等离子体。而"暗径"类的结构，是对流中下落的被冷却的等离子体。每一个亮的"元泡"和周围的"暗径"，组成像爆米花似的"太阳米粒"。它们是恒星大气对流的一个基本结构。

值得一提的是，图像中"米粒暗径"内有几十千米的精细结构，有的表现为"亮点"，有的形如"金属丝网"。近年暗径内的结构被地面和空间更多观测证实和研究，也被称为"暗径亮点"。它们可能为揭秘日冕加热等难题提供重要线索。迄今为止，太阳磁场的直接测量仅局限于太阳光球表面，对太阳大气（色球、过渡区和日冕）磁场的认识，主要来自在简化假定下的理论重构。缺乏可靠的观测证据，限制了科学家对太阳磁活动起源和机理的理解，导致日冕加热和太阳风起源等难题得不到解决。

伊农奕太阳望远镜与抵近太阳的帕克太阳探针（PSP）和欧洲航天局 2020 年初发射的太阳轨道器（Solar Orbiter）开始工作，标志着太阳探测的一个新纪元的开始，也为我国太阳物理研究提供了重大机遇和挑战。中国科学家正在抓紧工作，为实现我国第一个太阳卫星"先进空基太阳天文台（ASO-S）"而努力，并为 8 米口径的"先进地基太阳天文台（ASO-G）"计划做科学和技术准备。

ASO-S 是先进天基太阳天文台的简称，是我国太阳物理学界在 2011 年自主提出的太阳空间探测卫星计划，也是中国首颗太阳探测卫星，有望在 2021 年底前后发射进入轨道，用来完整记录太阳活动，观测太阳的"一磁两暴"。

ASO-S 卫星首席科学家中国科学院紫金山天文台甘为群研究员认为：太阳上的物理现象十分丰富，其中太阳耀斑和日冕物质抛射是太阳上两类最剧烈的爆发现象，对地球空间环境的破坏性最大。现在一般认为，这两种现象均是由太阳磁场引起的。ASO-S 的科学目标就是要观测和研究太阳磁场、太阳耀斑、日冕物质抛射三者之间的关系，简称"一磁两暴"。为实现这一目标，ASO-S 上将搭载三台望远镜：太阳全日面矢量磁像仪、莱曼阿尔法太阳望远镜和太阳硬 X 射线成像仪。它们将分别用来观测太阳磁场、耀斑和日冕物质抛射。

把望远镜送到太空去观测不仅可以避免地球大气层的影响，更主要的是拓展了观测波段范围，增加了观测时间。ASO-S 卫星拟采用高度为 720 千米、周期约为 90 分钟的太阳同步晨昏轨道。这样的轨道设计可以保证几乎不间断地连续对太阳进行观测。

2.2　地球和月球

地球是太阳的一颗行星，从目前得到的观测资料可知，太阳系中只有地球的环境适合生命存在的条件，并且这种生命已经发展成为它的最高级形式——人。地球的大气、海洋、地壳自形成之日起一直处于活动之中，这是地球与其他行星相比最突出的特征。

2.2.1　地球的基本参数

大地测量表明，地球不完全是球形的，而是在两极方向略为扁平，大致为一旋转椭球体，垂直于自转轴的截面是正圆，通过两极的截面是椭圆，其长半轴 d 和短半轴 c 分别为

$$d = 6\,378.164\ \text{千米}, \quad c = 6\,356.779\ \text{千米}.$$

这组数据充分证明了牛顿在数百年前提出的地球在其自转产生离心力的作用下，赤道将略为隆起，成为扁球体的观点。

地球的其他基本参数如下：

平均半径：$R = 6\,371$ 千米；

赤道周长：$L = 40\,075.7$ 千米；

最高山峰：海拔 8 840 米；

最深海沟：海拔 −11 000 米；

地面起伏：约 20 千米；

地球质量：$M = 5.976 \times 10^{24}$ 千克；

平均密度：$\rho = 5.515$ 克/厘米^3；

年龄：约 46 亿年。

人们对地球的内部了解甚少，因为没有办法直接取得地球内部的观测资料。公认的地

球模型如图2-5所示，地球包括地壳、地幔和地核。地壳的平均厚度为17千米，现有的钻井技术还没有钻透地壳。根据放射性方法能确定地球的年龄约为46亿年，但是地壳岩石年龄绝大多数小于20亿年。这说明构成地壳的岩石不是地球的原始壳层。地幔的厚度约2 900千米，上地幔主要是橄榄石，下地幔是塑性的固体物质。地核平均厚度为3 400千米，外核是液态，可流动，内核是固态，主要是由铁、镍等金属元素组成。根据地热的测定，估计地核温度为6 800摄氏度，而压力最大可达370万个大气压（约$3.75×10^8$千帕）。

图 2-5　地球的主要分层

2.2.2　地球大气

地球大气的质量为$5.13×10^{18}$千克，其中氮占75%，氧占23%，还有少量其他气体。大气层主要可以分为三层：

对流层：厚度在赤道上为18千米，在两极为8千米，质量占全部大气质量的80%，高度每上升150米，温度降低1摄氏度。顶部温度约为-60摄氏度，天气现象主要发生在这一层里。

平流层：又称臭氧层，从对流层顶部到50千米高度处。由于这一层里的臭氧（每个分子含三个氧原子，即O_3）吸收太阳的紫外线，这一层是地球生命的保护层，顶部温度升到摄氏零度左右。

电离层：从50千米到500千米高度，大气分子被太阳发出的紫外线、X射线和粒子流所电离（每个分子失去一个或多个电子），故称为电离层。无线电短波正是依靠电离层的反射而传播的。

2.2.3　地球的自转、公转和地轴进动

众所周知，地球每天自转一周，每年绕太阳公转一周。这个说法不太精确。事实上，地球自转周期为 23 小时 57 分 4.09 秒，并且在潮汐摩擦的影响下地球自转逐渐变慢，变化值为 30 秒/百年。地球的公转周期为 365.24 天。

在太阳和月亮的作用下，地球自转轴在空间将沿着一个锥面运动，这种运动称为进动，天文学上叫岁差，进动的周期是 25 800 年，如图 2-6 所示。目前地球自转轴指向北极星，但不是永远指向北极星，公元 10000 年，地球自转轴将指向天鹅座 α 星。

图 2-6　地球自转轴的进动

2.2.4　月球的基本参数

月球是地球的天然卫星，月球绕地球运动的轨道为一椭圆：

月球距地球的最远距离：406 700 千米；

月球距地球的最近距离：356 400 千米；

月球距地球的平均距离：384 400 千米；

月球半径：1 738.2 千米，约为地球半径的 1/4；

月球质量：7.35×10^{22} 千克，约为地球质量的 1/81；

月球的平均密度：$\rho = 3.34$ 克/厘米^3；

月球表面的引力约为地球表面引力的 1/6。

2.2.5　盈亏现象

在不同夜晚观察到的月球呈现不同的形状，月球的各种视形状统称为月相，月相的变化现象叫作月球的盈亏现象。盈亏现象来源于两个方面：第一，月球本身不发光，它被太阳照着的半边是亮的，未被太阳光照到的半边是暗的；第二，月球每月绕地球一周，又跟着地球每年绕太阳转一周，日、月、地三者的相对位置不断变化着。

另外，月球在绕地球转动的同时，本身也在自转着，自转周期等于绕地球转动的周期，都是 27.32 天。

由于月球绕地球公转和月球自转的周期相等，所以月球始终只有一面对着地球，人们无法看到月亮的另一面。在没有空间飞行器的时候人们只能想象月球背面的情况。一直到 1965 年 7 月，人类才完成对月球背面的拍摄任务，总算有了一个完整的月亮背面的图像。这是一件艰难的工作，因为仅在 1964 年至 1965 年间，空间飞行器发回的照片就达 1.7 万余帧，通过拼接合成才获得月球背面的整体照片。

2.2.6　月球的表面状况

月面上有些部分暗些，有些部分亮些，用望远镜观测，就可看出暗的部分比较平坦，亮的部分高低不平。平坦区域如同一面镜子，把大部分太阳光反射到某一方向去，那个方向一般不是正好朝向观测者的方向，所以显得暗，而高低不平处总有部分反射光被观测到，所以显得亮些。

月球上较大的暗淡部分称为"海"，较小的为"湖"，最大的"海"叫风暴洋，面积为 5 000 000 千米^2。月球上还有许多环形山。环形山大部分是由于流星体或小行星撞击而形成的，少数是由月球火山爆发形成。最大的环形山面积为 236 千米^2，位于月球背面，用月球火箭可以观测到。大环形山里面又有较多小环形山。月球最高的山峰高约 6 000 米。

月球上基本没有大气，也没有水，昼夜（相当于地上的一个月）温差大，中午温度可达摄氏 127 度，半夜则降到零下 183 摄氏度。月球表面大部分被一层月尘和岩屑覆盖。

上面关于月球表面状况的描述得到了美国宇航员阿姆斯特朗（N. A. Armstrong，1930—2012 年，美国）和奥尔德林（B. Aldrin，1930—　，美国）的证实，他俩于 1969 年 7 月 20 日驾驶"阿波罗 11"号宇宙飞船的登月舱降落在月球表面一个称为静海的地方。这是人类第一次登上地球以外的其他天体，也是人类第一次从其他天体上观测自己居住的地球。

2.2.7　日、月、地天文现象

日、月、地之间产生的主要天文现象有潮汐、日食、月食。

月球对地球的引力作用，可引起海水的潮汐现象，并通过潮汐作用使地球的自转逐渐变慢。因为月球连续两次上中天的时间间隔为 24 小时 50 分，因此一般情况下，每 24 小时 50 分期间内海潮形成两次高潮和两次低潮。地壳和大气也会有相应的涨落现象，称为固体潮和气体潮。太阳也会在地球上引起潮汐现象，但由于日地距太大，太阳的起潮力不及月球起潮力的一半。当日、月、地处于同一直线上，且月球在日、地中间时，就是常说的天文大潮。

图 2-7 是太阳和月球引起地球海洋潮汐的示意图。近月亮和远月亮的海水总是隆起。太阳只起辅助作用，太阳的位置使得潮汐有大潮和小潮之分。

图 2-7　地球的潮汐现象

无论是海潮还是固体潮都会产生潮汐摩擦，例如海潮与海底的摩擦、地球内部各个层壳之间的摩擦。潮汐摩擦在地球形成的时候起过相当重要的作用，有人认为这个作用比太阳的作用还大，并且还在不断地影响着地球。根据潮汐理论计算表明，月球引起的潮汐会使月球慢慢地远离地球，速度是每年 3 厘米，另外使地球的自转变慢。几百万年以前，月球自转周期较短。正是由于长期的潮汐摩擦作用才使它的自转周期慢慢等于公转周期，达到了目前的稳定状态。研究表明，几百万年以后，由于这种潮汐作用，地球的自转周期将变为现在的几十倍。

地球和月球本身是不发光的，太阳光在地球和月球后面都投出长长的影子。当月球绕地球转动中走进地影时，就发生月食；当月球的影子投到地球上时，在月影遮蔽部分的观测者就能看到日食。图 2-8 是日食、月食的示意图。

(a) 日食

(b) 月食

图 2-8 日食和月食示意图

图 2-9 给出了月影的结构示意图。（图 2-8 和图 2-9 未按实际大小比例绘制）。A 区为本影区，B 区为半影区，C 区为伪本影区。日食的类型有日全食、日偏食和日环食 3 种。当地球表面处于月球本影区时，人们看到整个太阳的视圆面都被月球遮挡，称之为日全食。当地球表面处于月球半影区时，人们看到太阳的一部分视圆面被月球遮挡，这一现象称为日偏食。日环食指地球表面某地区处于月球的伪本影区时，月球仅挡住了太阳圆面的中心部分，周围还有一圈明亮的光环，这一现象称为日环食。从图 2-9 中可以看出，当月球距离地球最远时，才可能发生日环食。

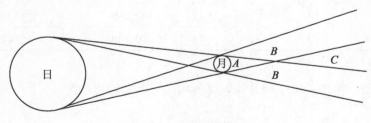

图 2-9 月影结构

日食每年最多可发生 5 次，最少发生 2 次。由于月球自西向东绕地球转动，所以日食总是从日轮的西边缘向东边缘发展。日全食按先后顺序可分为 5 个阶段。

初亏：月轮的东边缘与日轮的西边缘外切。

食既：月轮的西边缘与日轮的西边缘内切，日全食开始。

食甚：月轮的中心和日轮的中心相互重合。

生光：月轮的东边缘和日轮的东边缘内切。

复圆：月轮的西边缘和日轮的东边缘外切。

一个完整的日全食过程可以延续 2 小时左右，但日全食往往只有 2~7 分钟时间。日偏食只有初亏、食甚和复圆 3 个阶段。

月食分为月全食和月偏食两种。这是因为地球直径比月球大 4 倍，地球的本影远比月球的轨道半长径长，所以月球只能穿越地球的本影区，永远不会进入地球的伪本影区。月球进入地球的本影就发生月全食，当月球从地球本影的边缘掠过时，就形成了月偏食。

一个完整的月全食过程为 1~4 个小时，也可像日全食一样分为 5 个阶段，这里不再重复。一年内最多可发生 3 次月食，也有可能 1 年内 1 次月食也不发生，这是因为地球轨道面与月球的轨道面不在一个平面内的缘故。

表 2-1 给出了 2021—2025 年在我国可以看到的月食，其中时间为北京时间。

表 2-1 　　　　　　　　　　　**2021—2025 年在我国可见的月食**

日期	类型	初亏时刻	复圆时刻
2021.05.26	月全食	17：44	20：53
2021.11.19	月偏食	15：18	18：47
2022.05.16	月全食	10：27	13：57
2022.11.08	月全食	17：09	20：49
2023.10.29	月偏食	03：34	04：53
2024.09.18	月偏食	10：11	11：16
2025.03.14	月全食	13：09	16：48
2025.09.08	月全食	00：26	03：56

表 2-2 给出了 2021—2032 年在我国部分地区可以看到的日食。

表 2-2 　　　　　　　　　　　**2021—2032 年在我国可见的日食**

日期	类型	可见地区
2021.06.10	日环食	北方为日偏食
2027.08.02	日全食	新疆、西藏、云南为日偏食
2028.07.22	日全食	广东、广西、海南为日偏食

日期	类型	可见地区
2030.06.01	日环食	大部分区域
2031.05.21	日环食	部分地区为偏食
2032.11.03	日偏食	大部分区域

当人们还不明白天体运动规律的时候，日食、月食这种自然现象曾引起人们极大的恐慌。现在人们已经认识了这种极为普遍的自然现象，并且能计算出上百年甚至上千年的日食和月食发生的时间和地点。日食特别是日全食似乎已经成了研究天体、太阳和地球的科学家的重大节日。因为日食观测，爱丁顿（A. S. Eddington，1882—1944 年，英国）于1919 年验证了爱因斯坦广义相对论的正确性。当日食发生时，月亮遮住太阳表面的光线，这给研究太阳大气带来了绝好的机会。水星的内侧还有没有太阳系的另外一颗行星，这是长时间争论的问题。虽然爱因斯坦早就用广义相对论说明不存在行星，但是还有孜孜不倦的科学家在日食的时候企图找到水星内侧的行星。

2.2.8 日地空间

日地空间是指太阳和地球之间的空间。人们常说，地球是我们的家园，太阳是能量的来源，因此，日地空间就是我们生活的环境。

太阳和地球相距 1.5 亿千米。在这广阔的空间里，有什么形态的物质？有哪些自然现象？它们与人类的生活有什么关系？这些问题很早就引起了人们的兴趣。可是真正成为一门独立的学科，也只是近几十年的事。以前对日地空间的认识，只能通过在地面上进行些间接的观测，所获得的认识比较有限，而且粗糙、片面。自从有了火箭、人造卫星、宇宙飞船、空间站、航天飞机等新的技术手段，人类才有可能直接深入到外层空间里去探索。今天，我们已经在日地空间中发现了许多出乎意料的现象，大大丰富了我们对这个空间环境的认识。

日地空间大体可以划分为两个势力范围：一个属于地球，一个属于太阳。地球的势力范围很小，只有它附近的几十万千米，不到日地距离的 1%，其余的范围全属于太阳。古希腊的亚里士多德曾经主张，月亮以下是地的世界，月亮以上是天的世界。如果把这个界限作为日地空间两个范围的分界线，在今天来看，大体还是正确的。不过亚里士多德接着说，天界是由一种地上没有的、神秘的"以太"构成的，这就可能错了。

天体物理早就证明，构成太阳、恒星以至更遥远的星系的物质丝毫也不神秘，空间的直接探测更证明了在月亮之上的空间中，充满着一种电离了的气体。电离气体由正离子和电子构成，它的行为与通常的固态、液态和气态是大不相同的，故人们把它称为物质的第四态，给了它一个名字——等离子体。等离子体能导电，能够维持自己的磁场，还可能产生电磁波。实际上，在地球表面 50 千米以上就存在由等离子体组成的电离层。

地球就是在这样一种等离子体环境中环绕太阳运行的。这种等离子体介质的密度是每立方厘米 10 个粒子。大家知道，大气在海平面处的密度是每立方厘米 27×10^{18} 个分子。所以在行星际空间，物质密度几乎是等于零的。如果以为如此稀薄的介质不会有什么作用，那就大错特错了。正是这种稀薄气体和磁场的相互作用，产生了形形色色的效应，如对无线电通信的干扰等。

现在知道，日地空间中的这种等离子介质是太阳以"风的形式"吹出来的。太阳大气的日冕部分，温度高达 100 万～200 万开。根据流体力学理论，日冕不可能静止，而是处于流动的状态。因为日冕气体温度极高，即使在离太阳相当远的地方也不可能把气体压力减小到和恒星际气体压力相平衡的程度，于是日冕不断扩张到太阳系外的星际空间中去，而新的物质则从太阳大气低层流入高温日冕区对它进行补充。于是在太阳系空间中，形成了一种不断向外吹的"风"，这就是太阳风。我们的地球就在这"风"中绕太阳不停地运行。太阳风的存在很快就被人造卫星的直接观测证实了。

按照天体演化的理论，目前还是太阳风比较温和的时期。如果回到几十亿年前太阳初生的时候，或者到太阳进入晚年的时候，太阳风要强大得多。现在的太阳风有多大呢？我们知道，地面上的风速不超过每秒几十米。即使风洞实验室中人造的最强风也不过每秒数千米。但是吹向地球的太阳风，速度在 350～800 千米/秒。如此强的风，会把空间中的许多东西刮跑。见过彗星的人，都会对彗尾留有深刻的印象——有的彗尾又长又大，背向着太阳，这就是由于太阳风向外猛吹造成的。地球同样也遭到太阳风的强大压力，所以同彗星相类似，也拖着一条背向太阳的"尾巴"。这条"尾巴"有几百万千米那么长。不过这条"尾巴"主要由磁场和稀薄的带电粒子构成，它不发光，用肉眼是发现不了的。

太阳风中的主要成分是电子和质子，也有少量氦离子。因为它是一种等离子体，所以太阳风夹着磁场。由于太阳本身也在自转，太阳风等离子体和磁场都呈螺线形向外延伸。太阳风中还存在着各种大小不同的结构，如高速粒子流、行星际激波、磁流波引起的起伏、等离子体湍流等，它们与太阳本身的活动密切相关，并对地球附近的环境有着显著影响，如产生地磁暴、极光、电离层暴等地球物理现象。同时，太阳风中那些太阳爆发时发出的高能粒子流，还能摧毁有机体，这是人类进入太空所必须考虑的一个问题。

除了以上太阳微粒以外，危及人类生命的还有太阳光中的紫外线、X 射线等成分。太阳不仅是万物生长的源泉，也可能是扼杀生命的刽子手。不除去对人类有害的成分，暴露在太阳辐射中的生命是难以存活的，这也是其他行星上没有生命存在的重要原因。值得庆幸的是，地球附近的空间把太阳辐射中的有害成分都拒之门外，使生物和人类得以生存繁衍。

地球的空间势力范围是如何完成这一任务的呢？原来，它设置了一道道防线，把不利于生命的成分都挡在外面。

第一道防线是地球磁场构成的。在地面现象中，地磁场的效应是很小的，只有用指南针时才会感到它的存在。但是，在地球上空 1 000 千米以上直到数万或数十万千米的范围，地球的磁场起着主宰的作用。因为在那样的地方，物质都处于等离子体状态，磁场对带电粒子的作用比地球的引力作用要强得多。整个由地球磁场控制的区域叫作磁层。对于太阳风来说，磁层就是一堵挡风的墙。太阳风受阻于磁层，大多数太阳粒子只能沿着磁层的外围滑走而不能进入地球，如图 2-10 所示。而磁层在太阳风的冲击下也形成一种"拖着长尾巴的水滴"形状，在向阳的一侧，它只能伸展到 10 倍地球半径处，而在相反的方向上则可以延伸到 30 倍地球半径处。由于太阳的活动，会产生太阳风中的阵风，磁层与太阳风的界面弓形激波也会随风的强弱而进退。

图 2-10 地球磁层及其作用

日地空间中的高能粒子也有少数能突破磁层屏障而闯进磁层内。但一旦进入磁层，它们会被磁场俘获，囚禁在高空中。这一点已得到美国"探险者 1 号"卫星探测器的确认。

在磁层以下，是地球的第二道防线，这就是地球的大气。阳光中的有害成分主要是靠大气来阻挡的。地球的大气从地面一直延伸到大约 500 千米的高度。日常熟悉的风云雷雨现象，只发生在大气底层十多千米的高度以下。上层大气的物理性质与底层很不一样。在50 千米以上的高空，空气相当稀薄，由于阳光的照射，形成了电离层。电离层削弱了太阳辐射中的有害成分。剩余的紫外线由臭氧层来消灭。在电离层以下的区域，由于太阳辐射的作用，在大气中产生了微量臭氧。尽管臭氧的含量只占空气的四百万分之一，但它吸收紫外线的本领却很强，以致太阳辐射中的紫外线很少能到达地面。在地球的早期，大气中缺乏氧，也就不会有臭氧层。那时，地面上很难维持生命现象。有的演化理论猜想，那时生命现象都发生在水里，因为水也是吸收紫外线的有效物质。对地球早期生物化石的研究证实了这一点。最近几十年来，由于制冷剂氟利昂的大量应用，而氟利昂是高挥发性物质，极易泄漏到空气中，加之它的比重小，逐步上升到臭氧层，致使臭氧还原成氧，从而大大降低了臭氧的浓度，致使两极地区的臭氧层空洞越来越大，已经开始危及地球生命，所以保护臭氧层就是保护人类自身。

总的来说，日地空间是由太阳风、磁层、电离层以及低层大气组成的，各部分依照动力学和热力学的过程相互联系着。因此，只要在一个环节上偏离了平衡，就会影响到其他环节。这里，太阳的状态起着主导的作用。破坏平衡的事件在太阳上是时常发生的。例如太阳时常有大大小小的爆发活动，使太阳风的强度、方向和粒子能量发生变化，太阳风的增强会使磁层收缩，进而又触发磁层中的爆发，致使人造卫星带电而被损坏或击毁。太阳活动对电离层的骚扰会影响短波通信，严重时会使通信中断。太阳活动也会通过一系列环节影响低层大气，造成气候异常或剧变。

为了更好地了解太阳和地球之间各类活动、现象之间的因果关系，并将太阳扰动和地球效应之间相互作用的各个环节联系起来，国际上进行了大规模的科学合作研究计划。从20 世纪 90 年代以来，美国已发射"WIND""EQUATOR"和"POLAR"3 颗探测卫星；欧洲航天局则发射了"SOHO"探测卫星和"CLUSTER"四星探测系统。1996 年 6 月 4日，欧洲航天局用首枚阿丽亚娜 5 型火箭发射"CLUSTER"时，由于火箭故障而使 4 颗卫星均遭损失。2000 年 7 月 16 日和 8 月 9 日，欧洲航天局分两次把 4 颗"CLUSTER"卫星送上了轨道。日本则发射了"GEOTAIL"探测卫星。我国空间中心也于 21 世纪初发射了2 颗探测磁层的小卫星，这就是大名鼎鼎的双星计划。

我国的国家天文台、空间科学与应用研究中心和武汉大学电子信息学院等一直在从事日地关系的研究，并取得了相当可观的研究成果。

这里简单介绍一下现任南昌大学副校长的邓晓华教授，他在日地空间领域的研究成果得到了国际科学界广泛认可。

20 世纪六七十年代有学者认为日地空间存在一种新的能量传输形式——**磁场重联**，但一直没有找到观测证据。20 世纪末邓老师利用在日本京都大学做访问学者的机会，从GEOTAIL 卫星提供的海量数据中找到了磁场重联的观测证据，随后将这一研究成果发表在自然科学的顶级刊物 *Nature* 上，受到了国际学术界的广泛重视，并获得巨大反响，世界空间物理泰斗、太阳风的发现者派克（E. N. Parker，1927—　，美国）教授亲笔来信表示祝贺和赞赏。学术界认为邓教授的这一研究涉及困扰天体物理、空间物理和等离子物理近半个世纪的有关磁能释放机制的重大难题，开辟了磁场重联研究的新领域，对推动磁场重联研究和解释宇宙中的快速爆发现象具有极其重要的意义。

2.3 太阳系的其他天体

2.3.1 八大行星

根据质量、大小和化学组成不同，可将行星分成三类：

类地行星：它们的体积小、密度大、中心有铁镍核。包括水星、金星、地球和火星。

巨行星：包括木星和土星两颗行星。其特点是体积大、密度小，主要由氢氦等元素组成，是无固体表面的流体行星。

远日行星：包括天王星和海王星。它们的体积、密度介于上述两类之间。主要由氢、氦、甲烷、氨等元素组成。由于表面温度很低，可能大部分处于冰冻状态。

八大行星的主要参数按离太阳的距离由近到远排列见表2-3。

表中有关卫星个数的数据截止日期为2019年。

表2-3 　　　　　　　　　　　**太阳系八大行星主要参数**

行星	到太阳距离(天文单位)	公转周期(天)	轨道倾角(度分)	轨道偏心率	质量(千克)	赤道半径(10^3千米)	平均密度(10^3千克/米³)	表面重力加速度(米/秒²)	逃逸速度(米/秒)	已知卫星数(个)
水星	0.387	87.97	7°01′	0.206	3.3×10^{23}	2.44	5.43	3.63	4.3	0
金星	0.723	224.7	3°24′	0.007	4.87×10^{24}	6.07	5.25	8.60	10.3	0
地球	1.000	365.256	0°0′	0.017	5.976×10^{24}	6.378	5.52	9.82	11.2	1
火星	1.524	686.98	1°51′	0.093	6.42×10^{23}	3.395	3.96	3.76	5.0	2
木星	5.205	4 332.6	1°18′	0.048	1.989×10^{27}	71.4	1.33	23.12	60.2	79
土星	9.576	10 759	2°29′	0.055	5.684×10^{26}	60.0	0.70	11.29	35.6	83
天王星	19.28	30 685	0°46′	0.051	8.686×10^{25}	29.6	1.24	11.49	21.4	29
海王星	30.06	60 189	1°46′	0.006	1.029×10^{26}	24.75	1.66	11.59	23.6	14

从表 2-3 中可以看出，行星公转轨道的偏心率都很小，除最内侧的水星外，偏心率都在 0. 01~0. 09 之间，它们都沿同一方向自西向东绕太阳转动，轨道大致在同一平面上。

大部分行星有一个或若干个小天体环绕自己运动着，这些小天体称为卫星。月球就是地球的卫星。随着观测手段的提高，越来越多的卫星将会被发现。

天王星是 1781 年赫歇耳用望远镜发现的。在它被发现后的 40 年里，天文学家逐渐注意到这颗行星的实际观测位置和计算出来的位置不符，而且差距越来越大。1822 年以前，天王星走快了，像有一股力量在拉它向前；1822 年以后，天王星走慢了，像有一股力量在拉它向后。人们便猜测在天王星轨道之外还存在着一颗尚未发现的行星，是这颗行星对天王星施加引力影响：1822 年以前天王星在那颗未被发现的行星后面，因此被拉向前；1822 年天王星追上了那颗行星，以后被那颗行星拖向后退。但这颗新行星是否真正存在呢？这必须通过观测来回答。

为了找到这颗新的行星，需要先根据天王星运动中的不规则性来计算出这颗新行星的轨道参数以及在各个时刻的位置，然后根据计算结果用望远镜来进行寻找。对当时的条件而言，计算是非常繁杂的。英国的亚当斯和法国的勒威耶在不长的时间内完成了这项艰巨的任务，遗憾的是英国和法国的学术权威并不支持他们的工作，他们只得写信给德国人加勒（J. G. Galle，1812—1910 年），请他按照所预报的位置来观测寻找这颗新行星。1846 年 9 月 23 日，加勒在收到信的当天晚上就用 9 英寸口径的折射望远镜在宝瓶座发现了这颗星图上没有的行星，第二天的观测证实了这个结论。9 月 25 日，加勒公布了这一发现，海王星终于被发现了！海王星发现后 17 天，海卫一又被发现了。

考虑到海王星的引力影响后，人们发现天王星的观测位置和计算位置仍然存在小的差别，而且，海王星的观测位置与计算位置也不完全符合，只能认为在海王星之外还存在一颗行星。1930 年 2 月，美国人汤博（C. W. Tombaugh，1906—1997 年，美国）终于找到了这颗预言的行星，并命名为冥王星。可惜冥王星仅为矮行星，而非大行星。

水星、金星在地球轨道之内，故又称为内行星。水星比金星距太阳更近，只有日出以前和日落以后的很短的时间才能看到。水星离太阳太近，所以要看到水星不太容易。金星是易看清和识别的行星，它常常挂在西南方向黄昏的天幕上，有时挂在黎明以前东南方向的天幕上。中国人称之为金星，西方人称之为爱神维纳斯，都是因为它美丽的外表。

按牛顿力学推算二体问题的轨道应该是椭圆，一般的行星运动不是纯二体问题，故应考虑其他行星的影响。对水星而言，除考虑太阳的作用外，还需考虑邻近的金星、地球和木星的影响。水星的绕日运动是如图 2-11 所示的进动。根据计算，每百年有 5 557. 62″ 的进动，实际观测值是 5 600. 73″，比理论计算值多 43. 11″。这个微乎其微的值长期困扰着天文学家。鉴于海王星被发现的经验，1859 年勒威耶如法炮制，将这一误差归因于在太阳附近还存在一颗很小的未知行星，正是由于它的作用才引起了水星的异常进动。

他还预言，这颗行星将随太阳一起升落，所以只能在日全食时观测到，或者当它从太阳面前通过时被观测到。由于它距太阳太近，表面温度很高，所以勒威耶将它取名为火神星。由于当时勒威耶已是巴黎天文台台长，威望极高，大家都很相信他的预言。很多天文学家甚至投入了寻觅火神星的工作，然而几十年里却毫无收获，最终大家只能认为火神星是不存在的。

图 2-11　水星轨道近日点进动示意图

1916 年爱因斯坦的广义相对论发表后，水星进动异常的问题获得了圆满解决。爱因斯坦指出，如果计及广义相对论效应，水星近日点每百年的进动应该有 43.03″ 的附加值，由于此数值与观测结果十分接近，因此被看作是广义相对论创立初期最重要的验证之一。同时这个结论也宣告了勒威耶预言的失败。尽管如此，最近几年仍然还有许多天文爱好者和部分天文学家奔赴各个日全食地区，以寻找心目中的"火神星"，更有甚者说他们已在日全食时找到了火神星……

金星是全天空最亮的星。1610 年伽利略用望远镜首先发现金星也有盈亏的位相变化，这是确立哥白尼日心说地位的重要证据。

金星拥有一个比地球还浓密百倍的大气层，大气中 96% 是二氧化碳，3% 是氮气。这层大气使得金星表面气压高达 88 个大气压，表面温度达 480 摄氏度。金星还有一个与众不同的地方：它的自转周期长达 243 天，而且是自东向西逆转，所以金星上一天相当于地球上 117 天，并且"太阳从西边出来"。金星是太阳系内唯一逆向自转的大行星。

火星的自转情况与地球相似。自从发现火星有稀薄的大气以后，许多人坚信火星上有高等生命存在，"火星人"屡次出现在小说中和屏幕上。其实火星的自然条件比地球差得多，大气比地球大气稀薄得多，相当于地球 30~40 千米处的大气密度，而且 95% 是二氧化碳，3%是氮，1%~2%是氩，氧还不到0.1%。

探测器已成功在火星登陆多次，有的在火星上工作了很多年，并送回许多有用的资料。这些资料无一能说明火星存在任何形式的生命。

火星每年都要刮数次特大尘暴，风速达到每秒180多米，大风暴可以席卷整个火星。

木星是太阳系中最大的行星，相当于地球体积的1 316倍。木星绕太阳一周需要12年，自转周期却只要9小时50分30秒。木星上有很强的磁场，磁场强度大约是地球的10倍，而且磁场与地球磁场的方向正好相反。

木星的内部结构也与众不同：它没有固体外壳，在浓密的大气之下是液态氢组成的海洋。液态氢层厚达14 000千米，大气中的氢占88%，11%是氦。木星背面还发现长达30 000千米的极光，它是除地球以外第二个发现有极光现象的天体。木星是一个发光的行星，它不断辐射红外光和射电波，仅射电部分的辐射能量就达1亿千瓦，它甚至还能发出X射线和高能电子。

木星有66颗卫星，木星的卫星是按发现的先后次序编号的。1610年1月伽利略用自制的望远镜首先发现了4颗木星的卫星，其中木卫一是最著名的，因为在木卫一上有火山爆发，而且它是迄今在太阳系中所观测到的火山活动最为频繁和激烈的天体。

土星是仅次于木星的大行星，体积是地球的745倍，但是它的平均密度为0.7克/厘米³，比水还轻。

土星的显著特征是有一个光环，光环是由直径几厘米至几米的冰块组成的，它们以很快的速度绕土星运转。光环主环的直径约为30万千米，厚度为10米~千米。

2.3.2　木星的卫星和大红斑

对木星卫星的观察可以追溯到伽利略时代。1610年，伽利略注意到有4个天体似乎在围绕着木星旋转。后来它们分别被命名为艾奥（Io，木卫一）、欧罗巴（Europa，木卫二）、盖尼米德（Ganymede，木卫三）和卡里斯托（Castillo，木卫四）。这4颗卫星是最早被发现的木星卫星，又被称为伽利略卫星。它们的半径比任何矮行星都大，是太阳系中除太阳和八大行星以外最大的天体。随着观星技术变得越来越先进，截至2019年人们又发现了木星的更多卫星，使木星的卫星总数达到79颗。值得一提的是，最新发现的12颗新卫星都十分袖珍，大小几乎都在1至2千米之间。木星的卫星并不是千篇一律的，比如木卫一上布满了活火山；木卫二上存在一个隐藏的海洋，那里可能有外星生命；木卫三有火星的三分之二那么大，是整个太阳系最大的卫星。

欧罗巴卫星直径为3 138千米，估计其液态海洋深度为100千米，据科学推测，它是太阳系中有可能存在生命的卫星之一。

欧罗巴将永远处在冰河期中,其表面有一层薄薄的冰外壳,所以其表面看上去比其他木星的卫星光滑。星球上有可能是一个海洋,当然海洋要是液态的话,再加上合适的温度和碳物质,星球上将有可能孕育生命。因为科学家在地球南极的千年冰洞中对冰块取样,在显微镜下发现冰中也有微生物。为了揭开欧罗巴生命之谜,科学家已提出了两种可行的办法:其一是把宇宙飞船派往欧罗巴,待它飞临欧罗巴上空时,向卫星发射一枚导弹,猛烈轰击目标表面,使冰块碎片抛向 50 千米以上的太空,再由宇宙飞船放出凝胶进行收集,带回地球。其二是向欧罗巴发射两个着陆机器人,让他们进行实地勘察,并将探测结果发回地球,但所有的仪器必须完全灭菌,哪怕存有一个地球微生物都会永远地使探测任务失败。

木星大红斑是太阳系最强大的风暴,如图 2-12 所示。研究表明,至少从 19 世纪开始大红斑就一直在缩小,但没有证据表明驱动大红斑形成的漩涡正在发生变化。2019 年最新研究显示,虽然木星大红斑云层明显缩小,但是该风暴强度仍然很强。

图 2-12　木星大红斑

天文学家并不认为大红斑未来会消失,当较小风暴以逆方向旋转接近大红斑时,就形成一个滞点,之后当一个更小风暴以相同方向旋转接近大红斑时,大红斑云层就被打乱粉碎,脱落,或者缩小。

预计大红斑漩涡周围的加热和冷却作用将继续为大红斑提供燃料延长寿命。除非木星上发生某种灾难性变化,否则它将无限期地持续下去。

2.3.3　土星的卫星和光环

截至 2019 年年底，土星因为有 83 颗卫星而赢得太阳系卫星数量桂冠，而且它所拥有的卫种类星种类还真算得上琳琅满目。它有太阳系第二大也是唯一拥有大气层的卫星土卫六"泰坦"，它比水星还大，大气中氮占 98%，甲烷占 1%，大气层厚度为 2 700 千米。土卫六的表面温度很低，在−210～−190℃之间，所以它的表面是液氮的海洋。

还有地外生命最有可能的候选地之一的土卫二"恩克拉多斯"。正是因为土星环和卫星世界非常丰富多彩，才有人把土星称为"小太阳系"，或"太阳系实验室"，可以通过土星来研究太阳系诞生时的情形。

透过望远镜，会看到土星的光环，如图 2-13 所示。1997 年 10 月，重六吨的"卡西尼"（Cassini）号星际探测器被发射到飞往土星的轨道。卡西尼号是卡西尼惠更斯号探测器的一个组成部分，它是美国航天局、欧洲航天局的合作项目，主要任务是对土星系进行空间探测。卡西尼号探测器以意大利出生的法国天文学家卡西尼（G. D. Cassini, 1625—1712 年，法国）的名字命名，其任务是环绕土星飞行，对土星及其大气、光环、卫星和磁场进行深入考察。

对土星环进行探测，是卡西尼号探测器的任务之一。通过分析卡西尼号任务结束前传回的数据，科学家团队对土星环有了新的认识，同时也产生了一些新的疑问。

图 2-13　土星光环

长久以来，围绕土星环的形成有多种假说。其中一种认为土星诞生之初可能就带着光环，这意味着土星环可能有着数十亿年的历史。

卡西尼号携带的宇宙尘埃分析器获得的数据，则支持土星环的年龄约在 1.5 亿~3 亿年之间，或是更加年轻这一结论。既然不是和土星同时形成的，那土星环是如何诞生的呢？科学家推测，可能是一颗彗星或是小行星撞上了土星的一颗卫星，产生的碎屑留在轨道上，被持续撕裂，造就了土星环。

明亮又宽广的土星环，延伸到土星以外辽阔的宇宙空间。从远处看，它是一个柔和、整体的光环。但是，根据探测器近距离拍回的照片显示，这个环并非整体，而是由许多小环组成。土星主环的宽度从 48 千米到 3 万千米不等。

小天体撞击土星卫星时，它被分解成无数个小碎块。其中一些在环内运行时，相互聚拢堆积成密度不太大、体积略微大一点的天体，成为土星的卫星。这和早期岩石类行星形成的过程非常相似。

恒星在由气体和尘埃组成的巨大星云盘中心形成，剩余的物质渐渐凝聚为类似土星环的圆盘，行星则在这个圆盘中逐渐聚集而成。如今的太阳系，已经很难找到形成之初的直接线索了。但借助对土星环的研究，或许能部分还原当时太阳系形成的情形。

如果说，早期岩石类的行星在宇宙中碰撞聚集形成还是一个假说的话，那么，土星环里的小卫星，与环内大量存在的多冰颗粒发生交互作用，则提供了实实在在的证据。

在行星形成演化的过程中，撞击和汇聚是平行的两个重要方式。碰撞让物质重新分布，汇聚让体积逐渐变大，最终形成目前所看到的情形。

随着研究的深入，土星环的面纱被逐步揭开。但关于土星环仍然还有不少待解的谜团。比如，土星环的内环和土星的高层大气已经很接近了，那么它和高层大气之间存在什么样的物质交换作用机制呢？按照目前的动力学过程，土星环会存在多久？土星环里大一点的冰块是否会再次瓦解？等等。想要回答这些问题，还有待进一步的科学研究。

2.3.4 太阳系的小天体

太阳系有很多小行星、彗星、流星等小天体。有些小行星甚至比大行星卫星的体积还要小。

1. 小行星

如果仔细阅读表 2-3 就会发现火星、木星轨道之间的距离异常地大。如果将各行星到太阳的距离大小按比例画于图 2-14 的话，这一现象将更加清晰。地球轨道内还有一颗行星——水星的轨道已无法画出。可见火木之间空隙太大。对比例问题特别敏感的天文学家开普勒发现这一异常后，设想在这个区间还有一颗行星在其中运行。但这一假设由于缺乏观测证据而无法让大家接受。

图 2-14　太阳系行星轨道示意图

　　1764 年德国的一位中学教师提丢斯（J. D. Titius，1729—1796 年，德国）发现行星的排列有一个规律：如果令土星到太阳的距离为 100 个单位，那么：

　　水星离太阳　　4+0＝4 个单位；

　　金星离太阳　　4+3＝7 个单位；

　　地球离太阳　　4+6＝10 个单位；

　　火星离太阳　　4+12＝16 个单位；

　　?　　离太阳　　4+24＝28 个单位；

　　木星离太阳　　4+48＝52 个单位；

　　土星离太阳　　4+96＝100 个单位。

　　当时在离太阳 28 个单位处并未发现有行星。柏林天文台台长波得（J. E. Bode，1747—1826 年，德国）把提丢斯的想法总结成为提丢斯-波得定则，可写成如下的数学公式：

$$R_n = 0.4 + 0.3 \times 2^{n-2},$$

单位是日地距离，即天文单位。序号 n 是从太阳由近及远排列的行星的序号，规定对水星不取 $n=1$，而是取 $n=-\infty$，金星 $n=2$，其他各行星按顺序取为 3，4，…。对木星的距离，计算时不是取 $n=5$，而是取 $n=6$ 才合适，这就启发人们去寻找与 $n=5$ 相适应的位置处的行星，这颗行星应该在 $R_5 = 2.8$ 天文单位处。

　　和开普勒一样，提丢斯和波得坚信在 $n=5$ 处有一颗没有被发现的行星，但是很少有人相信提丢斯-波得定则的正确性，甚至有人认为这个定则不过是一种数学游戏。直到1781年赫歇耳发现了土星轨道以外的天王星，人们才惊奇地发现，天王星与太阳的距离也可用提丢斯-波得定则来描述，只要取 $n=8$ 就行了。这一结果改变了人们对提丢斯-波得定则的看法，并且在欧洲大陆掀起了寻找与 $n=5$ 对应的行星的热潮。

1801年1月1日，意大利天文学家皮亚齐（G. Piazzi，1746—1828年，意大利）找到了这颗新行星，它后来被命名为"谷神星"。由于这颗行星的直径只有770千米，比月球还小，故又称为小行星。小行星能与地球、火星等大行星相提并论吗？

继续寻找是唯一的出路。遗憾的是至今为止，在 $n=5$ 处并未找到一颗大行星，而是陆续找到了智神星、婚神星、灶神星和义神星。这些都是直径为几百千米的小行星。到2019年年底，算出轨道并获得国际编号的小行星已有25 000多颗。人们估计暗至19等的小行星至少有4.4万颗，更小的就更多了，估计总数在100万颗以上。根据统计，95%以上的小行星轨道长半轴是2.17~3.64天文单位，平均为2.77天文单位，符合提丢斯-波得定则。

这么多的小行星从哪儿来的？因为符合提丢斯-波得定则，所以很自然就会想到火星和木星之间存在过一颗大行星，后来爆炸成小块，形成了小行星群。还有一种观点认为小行星起源于原始星云，原始星云在逐渐形成太阳和太阳系的行星的时候，有一部分星云演化不健全，形成小行星群。既然小行星群是发育不健全的产物，那么肯定携带了早年的太阳系信息，于是小行星就成了研究太阳系的原始标本了。

新的发现表明，小行星也可有卫星，如直径243千米的大力神星就有一颗直径为45.6千米的卫星，两者相距977千米。

2. 彗星

彗星是太阳系里一种比较特殊的天体，当它远离太阳时呈现为一个云状小斑点，接近太阳时它会长出尾巴，越靠近太阳，尾巴越大、越长，如图2-15所示。

人们习惯于匀称的天体，所以对一个带有尾巴的彗星自然是不习惯了。在历史上，人们认为彗星总是和灾难联系在一起的，因此出现彗星的时候往往会引起全社会的恐慌。现在人们已经明白彗星只是太阳系中一个"微不足道"的小天体，由冰冻着的杂质组成，故彗星又称为脏雪球。它们与其他行星一样有自己的轨道，沿着这些轨道绕太阳运转。所不同的是，有的彗星的轨道是抛物线或双曲线，即使是椭圆也是极扁的椭圆。彗星中较亮的中心部分称为彗核。彗星在离太阳很远的地方是没有尾巴的。只是进入火星轨道区域之后，太阳的光和热使其表层部分慢慢融化，蒸发出来的气体逐渐形成一个云雾状的包层，这就是彗发。彗发和彗核组成彗头。随着与太阳距离日渐缩短，彗发急剧膨胀起来，在太阳辐射和太阳风的作用下形成长达几亿千米的彗尾。彗尾分Ⅰ型和Ⅱ型。Ⅰ型彗尾的形状

图 2-15　彗星尾巴随距太阳距离的变化而变化

长而直，它是气体彗尾，实际上由电子和等离子组成。这类彗尾结构复杂，活动频繁。Ⅱ型彗尾的成分是尘埃，是中性物质。作者 1983 年 7 月从南京大学天文系本科毕业时，所写的毕业论文就是关于彗星气体分子组分分析。该论文发表在 1983 年 10 月的《空间科学》杂志上。Ⅱ型彗尾形状弯曲、较宽，形状简单。绕过太阳以后，彗星慢慢恢复原来的面貌。彗星的轨道不仅偏心率很大，而且轨道倾角也很大，大约有一半是超过 90° 的逆行彗星。所谓逆行就是公转的轨道运动与八大行星相反。例如哈雷彗星就是一颗逆行彗星。彗星的公转周期一般都很长，在 300 多颗已知轨道为椭圆的彗星中，周期小于 200 年的只有 130 颗左右，已知周期最短的是恩克彗星，周期是 3.298 年。

　　在很长时期内，人们对彗星的认识是不正确的，甚至有人认为彗星不是太阳系内的天体。哥白尼认为它诞生于地球高层大气中。直到 16 世纪末，第谷测出彗星比月亮远，这才纠正了上述的错误认识。20 世纪 50 年代，荷兰天文学家奥尔特（J. H. Oort，1900—1992 年，荷兰）认为彗星来自太阳系的边缘，在离太阳 3 万~10 万天文单位的地方有一个大冰库，大冰库中至少有 1 000 亿颗彗星，但总质量却只有地球质量的 $\frac{1}{100} \sim \frac{1}{10}$。这个冰库现称为奥尔特云。奥尔特云中的彗星偶尔在附近恒星的作用下可能改变原来的运动，进入行星区域，慢慢靠近太阳，形成人们所看见的彗星。能改变运行轨道进入行星区的彗星很少，发生的几率大约只有十万分之一。

　　彗星中最著名的当然是哈雷（E. Halley，1656—1742 年，英国）彗星，因为它是第一颗被预言回归的彗星，如图 2-16 所示。

　　1682 年天空中出现了一颗肉眼可见的彗星，哈雷认为它不是第一次来到地球，它曾经

图 2-16 哈雷彗星（1910 年 5 月 13 日摄）

于 1531 年 8 月 26 日、1607 年 10 月 27 日、1682 年 11 月 15 日通过近日点，之间的间隔为 75.05 年。哈雷预言这颗彗星将于 1758 年年底或 1759 年年初再次通过近日点。1758 年年底这颗彗星果然又回来了，后来这颗彗星被命名为哈雷彗星。现在认为，哈雷彗星的周期为 76 年，下一个回归年是 2061 年。

彗星质量在 $10^2 \sim 10^8$ 亿吨之间，主要集中在彗核内，彗核的大小约为数千米，彗核的密度约为 1 克/厘米^3，而彗尾物质极为稀薄，约为地面空气密度的十亿分之一。1910 年，哈雷彗星的彗尾扫过地球，但并未对地面产生任何能觉察到的影响。彗星在运动，不断散失质量。如哈雷彗星每公转一圈，质量减少约 20 亿吨。另外，彗星的彗核还会分裂成几块甚至完全瓦解。

科学家认为彗星物质仍然是太阳系 45 亿年前形成时的原始状态，因此对彗星的探测研究可获得太阳系初始状态的有关信息。最近的研究表明，彗星最先起源于太阳系中现今天王星和海王星所处的区域，在行星形成时把彗核抛到了几乎超出太阳引力范围之外，现在这些彗星就处在以太阳为中心的巨大云环中，这个云环就是奥尔特云。

1995 年 6 月，美国哈勃太空望远镜找到了位于太阳系边缘的彗星"产房"，那里至少聚集了 2 亿颗彗星。这一观测结果证实了奥尔特云的存在。

1994 年 7 月 16 日发生了一件重大的天文事件，"苏梅克-列维 9 号"彗星与木星发生猛烈撞击。"苏梅克-列维 9 号"彗星是 1993 年 4 月 24 日由美国天文学家苏梅克夫妇和加拿大业余天文爱好者列维在美国帕洛马山天文台一起发现的。发现时的亮度为 14 等，已经分裂为 21 块，一字排开类似一串珍珠项链。1994 年 7 月 16 日 20 点 15 分，"苏梅克-列维 9 号"彗星的第一块碎片以 60 千米/秒的速度撞到木星大红斑的东南方，此后 5 天半内，其他的 20 块碎片像一连串的炮弹相继击中木星。彗木相撞期间，地面上数百个天文台的望远镜以及哈勃太空望远镜、伽利略号空间探测器等都将这一惊心动魄的壮观场面记录了下来。

天文学根据各种观测资料，计算出第一块碎片撞击木星时的能量——2 000 亿吨 TNT

当量（约 4.2×10^{16} 焦），其释放的能量相当于 1945 年美国扔在日本广岛的原子弹的千万倍。撞击时的温度高达 3 万开，在木星大气中撞出的黑斑状窟窿直径达 1 000 千米。而最大的一块彗核碎片撞击木星时产生的能量有 6 万亿吨 TNT 当量，相当于 3 亿颗原子弹同时爆炸，撞出的黑窟窿面积是地球表面积的 80%。

彗星类似大小的碎片可能袭击地球吗？古生物学家认为这是可能的，恐龙的灭绝也许就是彗星撞击地球而惹的祸。

当彗星撞击地球产生的烟尘覆盖了大部分地球表面时，地面上烟云密布，植物无法进行光合作用。如果烟尘的消失耗时数年，巨型食草动物恐龙将得不到足够的食物而灭绝。

1908 年 6 月 30 日，一次巨大的爆炸震撼了西伯利亚通古斯地区的原始森林。这就是震惊世界的"通古斯大爆炸"。这天早晨大约 7 时，通古斯地区的居民目睹了罕见的天空奇观：一颗比太阳还要耀眼夺目的巨大火球，发出难以想象的巨大声响，以泰山压顶之势冲向地球，在通古斯河谷附近的原始森林上空发生剧烈爆炸，一团巨大的火柱拔地而起，升起的黑色烟柱在 450 千米以外也能看到，1 000 千米以内均能听到爆炸巨响。大火吞噬了方圆 60 千米内的大片原始森林，在 400 千米的范围内，强劲的狂风卷走了屋顶，推倒了墙壁，树木纷纷倒地。

幸亏这次惊天动地的爆炸地点在人烟稀少的通古斯地区，才未造成重大人身伤亡。也正因为此以及其他方面的原因，当时科学界并未对此事件进行详细调查研究。直到 1927 年，苏联科学家才首次进入核心区域进行考察。现场发现有 3 个直径 90~200 米的大陨坑，但没有找到，也没挖出任何陨石或碎片，只找到一些嵌入地里的微小而熔凝的金属块。现在，大部分学者认为，通古斯大爆炸是由彗星的彗头撞击地球而引起的，估计彗星的直径为数千米，重量为数十万吨；也有部分学者认为是特大陨星，陨石已钻入地球深处。当然也有人认为是核爆炸，更有甚者认为是外星人的宇宙飞船进入地球大气层其核动力舱发生的爆炸。

1934 年诺贝尔化学奖得主美国科学家尤里（H. C. Urey，1893—1981 年，美国）和英国天文学家霍伊尔（F. Hoyle，1915—2001 年，英国）的研究表明，地球和彗星相撞的可能性是不容怀疑的，碰撞概率是 40 亿分之一。如果平均每年出现 10 颗彗星，在地球诞生的 45 亿年里，这种碰撞已经发生了 500 次左右，以后还会发生彗地碰撞。当今的观测手段可使我们提前若干年预报彗星和大的陨星的来访，通过发射宇宙飞船和火箭拦截或阻止它们的来访，要么将其炸毁，要么使其改变运行轨道，远离地球。

3. 星际彗星

2019 年 NASA 公布了哈勃太空望远镜拍摄的星际彗星"2I/鲍里索夫（Borisov）"的照片，如图 2-17 所示，这是迄今望远镜为这颗神秘星际天体拍摄的最清晰照片。2I 表示其为"第二颗拜访太阳系的星际天体"。第一颗是 2017 年 10 月在太阳系大闹一场，却最终离去的"1I/奥陌陌"。"奥陌陌"看起来像一块岩石；但"鲍里索夫"更像是一颗普通的彗星。

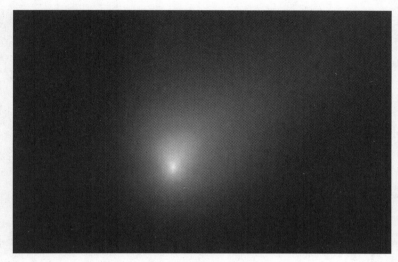

图 2-17　星际彗星"2I/鲍里索夫"

2019 年 10 月，天文学家利用哈勃望远镜对"2I/鲍里索夫"彗星进行了更好的观察，那时，它距地球约 4.2 亿千米。图像显示，这颗星际彗星与我们太阳系中的彗星非常相似。可它来自另一个恒星系统，尽管那个恒星系统可能与我们的恒星系统迥然不同，但这颗彗星的特征似乎与太阳系中彗星的特征非常相似。

这颗彗星超快的行进速度和轨迹表明它来自星际空间，并将再次回到那里。天文学家们估计，它以 177 027 千米/小时的惊人速度行进，它的行进速度如此快，根本不受太阳的影响。

虽然迄今为止，天文学家在太阳系只发现两个星际物体，但实际上在任何时候都可能有数千名神秘星际游客穿越在我们周围，只是大多数因亮度不足，用当前的技术还无法探测到它们的存在。

4. 流星和陨石

夜晚，人们有时会看到一道亮光划破夜空，这就是常见的流星现象。

在太阳系空间存在无数尘粒和小固体块，总称为流星体。它们都绕太阳公转，大小为 $10^{-6} \sim 10$ 米。地球绕太阳公转时常会和流星体相遇，它们闯入地球大气层后，摩擦生热、燃烧、发光。流星体进入大气的速度从每秒几千米到几十千米不等，流星现象一般出现在离地面 80~120 千米高度处。当流星体速度降到每秒 1 千米、高度为七八十千米时便不发光了。估计每天进入大气的流星体总质量为 20 万吨，其中绝大部分穿过大气后被气化了。质量在 5 千克以上的流星体在停止发光时还会有残余的未气化部分，假如它落到地面上就成为陨星或陨石。

除了上述单个、零星的流星外，还有一类周期性流星，在每年大致相同的日子里，可以看到较多流星从天空某一点向外辐射状射出，这种现象叫作流星雨或群发流星。流星群体以相同的速度冲进地球大气，与地球的高层大气摩擦，生热发光，便形成了壮观的流星雨。

由于人的眼睛有透射效应，会把遥远的做平行运动的流星，看成从一个辐射点发射出来的，这如同我们看到的两条平行铁轨，似乎在遥远的地方汇聚在一起一样。这个辐射点在哪个星座，就用哪个星座的名称来命名这个流星雨。如辐射点在狮子座的流星雨叫狮子座流星雨。

一般来说，流星体的密度较低，是一种多孔性的、松散结构的固体。流星光谱资料表示它由氢、氧、钠、镁、铝等元素组成。

流星雨实际上就是彗星碎裂或瓦解后的残骸。当彗星接近太阳时，由于太阳的高温、辐射压力和太阳风的作用，彗星的脏冰物质蒸发升华，并抛撒出气体和尘埃颗粒。彗星抛撒的尘埃颗粒或残片由于速度和方向都不同，加之互相碰撞，从而形成很宽的椭圆轨道流星群区。当地球穿过流星群区时，流星雨现象就产生了。

大的陨星在下落过程中通常会发生爆裂，分成许多小块，一齐飞流直下，宛如冰雹一般，这就是陨石雨。1997 年 2 月 15 日深夜，在山东省鄄城县董口乡发生了陨石雨现象。直径在半米左右的一块流星体自东向西以 200 千米/秒的速度冲入地球大气层。该流星体在大气层中先后发生过两次爆裂。爆裂后的陨石块降落在大约 15 千米^2 的椭圆形地带。1983 年 4 月 11 日，江苏无锡市还发生过一起罕见的陨冰事件，流星体的主体为冰块。

陨石按化学成分可分为三种：以硅酸盐为主的石质陨石，以金属铁和镍为主的铁质陨石，以磁石为主的磁陨石。最常见的陨石是石陨石。目前世界上最大的石陨石是在我国发现的吉林 1 号陨石，重 1 770 千克，最大的铁陨石是非洲纳米比亚的戈巴陨铁，重约 60吨。

此外，地球上还发现了来自月亮和火星的陨石。1981 年在南极洲发现的陨石 ALH81005，重 0.03 千克。经科学家辨认，它与地球上的岩石不同，而与阿波罗宇宙飞船从月球带回的岩石成分类似，可能是月球上发生了碰撞或爆裂事件，使之落到地球上，形成月亮陨石。1984 年在南极洲发现的陨石 ALH84001，重 2 千克，则是来自火星的陨石。科学家对此陨石石缝中存在的气体成分进行分析，发现与地球大气中的成分不同，而与从火星探测器中采集并分析的火星岩石中气体的成分一致，进而得出火星陨石的结论。

　　陨石冲击地面形成的坑穴称为陨石坑。最著名的陨石坑位于美国亚利桑那州温斯洛，直径达 1 240 米，深达 170 米。研究表明，此坑形成于 25000 年前，由一颗直径约 50 米、重 20 万吨的流星体撞击而成。而最大的陨石坑则位于墨西哥湾尤卡坦半岛奇克休卢镇附近。此坑的直径为 180 千米，年龄为 6 500 万年。而这正是恐龙灭绝的年代。或许正是这次撞击改变了地球的物种构成。

　　每天能到达地面的陨石平均重约 10 吨，科学家已经在这些陨石中发现了有机物质。这就是说，形成地球生命的有机物有可能是被陨石带入地球，并在地球适宜的环境下不断发展、演化的。

2.3.5　柯伊伯带和矮行星

　　荷兰美籍天文学家柯伊伯（G. Kuiper，1905—1973 年，美国）在 20 世纪 50 年代根据观测结果指出在太阳系边缘存在一个由冰冻物质组成的带状区域，为了纪念柯伊伯的发现，这个区域被命名为"柯伊伯带（Kuiper Belt）"。柯伊伯带是太阳系在海王星轨道外黄道面附近、天体密集的中空圆盘状区域。

　　柯伊伯带被认为包含许多微小天体，它们是来自环绕着太阳的原行星盘碎片，它们因为未能成功地结合成行星，因而形成较小的天体，最大的直径都小于 3 000 千米。柯伊伯带大约从 30 天文单位伸展到 55 天文单位。那里有大约 10 万颗直径超过 100 千米的星体。柯伊伯带被认为是太阳系的边界区域，是太阳系大多数彗星的来源地，尽管柯伊伯带的复杂结构和精确的起源仍然还不清楚。

　　2002 年 10 月，美国加州理工学院的行星科学教授布朗（M. E. Brown，1965—　，美国）和特鲁希略（C. Trujillo，1973—　，美国）在美国天文学会行星科学部的一次会议上宣布，他们在太阳系的最外缘发现了一个新的球形天体。

　　新天体代号为 2002LM60，被命名为夸欧尔（Quaoar）。夸欧尔绕太阳公转的周期为 288 年，直径约为 1 070 千米，相当于冥王星的一半，位于太阳系边缘的柯伊伯带，距地球 64 亿千米。夸欧尔由冰和岩石组成。这是自 1930 年发现冥王星以来，太阳系中最重要的发现。夸欧尔又称创神星。

　　柯伊伯带是比冥王星绕太阳轨道更远的一个带状区域。天文学家认为彗星就是从这一地带起源的，所以这一带状区域又被称为是彗星的"产房"。早先的天文观测表明，柯伊伯带中存在着大量由冰和岩石组成的天体，但天体体积普遍较小。天文学家们一直推测，这一区域中可能存在着体积接近行星的更大天体。布朗和特鲁希略的新发现在某种程度上证实了这一推测。

　　布朗等的发现使得有可能在柯伊伯带中找到一些新的大天体，其中某些天体甚至可能比冥王星还大。事实上冥王星就是在柯伊伯带中发现的一颗行星，也就是说，冥王星是在柯伊伯带中发现的"大"行星。正如谷神星是在对应 $n=5$ 时的小行星带中发现的行星一样（但它被称为小行星），因此冥王星也只能算是柯伊伯带中的"大行星"。布朗的发现动摇了冥王星作为太阳系中大行星的地位。

布朗他们最初是在 2002 年 6 月 4 日利用加利福尼亚州帕洛马山天文台的巨型望远镜发现 2002LM60 的。随后，他俩又用哈勃太空望远镜对这一天体进行了详细观测。

1992 年，人们找到了第一个柯伊伯带天体（KBO）。如今已有约 1 000 个柯伊伯带天体被发现，直径从数千米到上千千米不等。天文学家认为：由于冥王星的大小和柯伊伯带中的小行星大小相当，所以冥王星应排除在太阳系大行星之外，而归入柯伊伯带小行星行列当中。

2006 年，在布拉格召开的第 26 届国际天文学联合会会议上通过决议，剥夺了冥王星作为太阳系大行星的地位，将其降为矮行星。此次会议还给出了大行星的三个基本要求：位于围绕太阳的轨道上；有足够大的质量来克服固体应力，达到流体静力平衡的形状（近于球形）；具有清空自身轨道附近区域杂物的能力。显然冥王星不能满足第三条要求。

矮行星体积介于大行星和小行星之间，它不是卫星，现在已经被命名的矮行星有 6 个：

冥王星：直径约 2 370 千米，1930 年发现；

卡戎星：直径约 1 200 千米，1978 年发现；

阅神星：直径约 2 326 千米，2003 年发现；

谷神星：直径约 950 千米，1801 年发现；

鸟神星：直径 1 800 千米，2005 年发现；

妊神星：直径约 1 400 千米，2004 年发现。

除了谷神星位于小行星带外，其余矮行星都属于柯伊伯带，且阅神星、鸟神星、妊神星均由加州理工学院布朗参与发现。亡神星（Orcus）直径为 946 千米。塞德娜星（Sedna）直径约为 995 千米，和创神星都有可能成为矮行星。

2.3.6　太阳系有其他大行星吗？

数百年来，不断有人宣称发现了太阳系的第十大行星，这里既有天文学家，也有天文爱好者。2005 年 7 月 29 日，发现"夸欧尔"的美国加州理工学院行星科学教授麦克·布朗再次向新闻界宣布他发现了太阳系内的第十大行星。布朗说这颗行星位于太阳系外围的"柯伊伯带"，距离太阳约为 145 亿千米，是地球距太阳距离的 79 倍。从亮度判断，它的直径至少相当于冥王星的 1.5 倍，也即其赤道半径大于 1 700 千米，与月球相当。这一发现被认为有可能刷新人类已知的太阳系星空图，在天文学界引起了不小的轰动。

这颗行星根据发现的时间编号为"2003-UB313"，是布朗等人在 2003 年 10 月第一次发现并拍到了这颗行星。2005 年 1 月布朗等再次发现了它并认识到它的与众不同。原来他们准备在更精确地计算出它的尺寸和轨道后再宣布这一发现，但 7 月 28 日另一个天文学家小组宣布在柯伊伯带发现了高亮度的星体，同时布朗等发现他们保存研究资料的网站被黑客侵入，不得不在 7 月 29 日下午仓促发布"2003-UB313"的消息。布朗等已为这一新天体想好了名字，叫 Lila（他女儿名字为 Lilah）。

如前所述，柯伊伯带只有小行星和彗星出没，但这颗新行星的尺寸已超过了冥王星，故布朗等人将其定义为太阳系中的第十大行星。显然，"2003-UB313"比"夸欧尔"（2002LM60）要大很多。布朗等是根据"2003-UB313"的亮度，也就是它反射太阳光的多少来判断其尺寸的。从地球上观测，这颗新星是柯伊伯带中亮度第三的星体。第一和第二分别是冥王星和"夸欧尔"。注意，尽管"2003-UB313"比冥王星和"夸欧尔"大，但由于其距太阳的距离比后两者大 1 倍以上，故亮度反而小些。

布朗等认为，"2003-UB313"表面与冥王星类似，由固态甲烷构成，之所以这颗行星以前没有被注意到，是因为它的轨道平面和其他行星的轨道平面成 45 度角，从地球上看起来它有点出没无常。现在天文观测者可在凌晨时分，在天穹东部的鲸鱼座看到它的存在。

尽管这一发现对天文学界震动不小，但大部分学者认为要确定"2003-UB313"为太阳系第十大行星还为时太早。

自 1930 年冥王星被发现以来，很多人都宣布发现了太阳系第十大行星，但他们发现的天体没有一个直径是大于冥王星的。此次发现打破了这一记录。但随着观测资料的进一步完善，"2003-UB313"的直径被确定为 2 500 千米左右，仅比冥王星略大，无法成为大行星，事实上，它就是矮行星——阋神星。可见要在太阳系中找到更大的未知天体，还须更长的时间，也许它根本就不存在。

人类对太阳系的了解已经相当详细了。我们生活的地球是一颗多岩石的内行星，而在 4 颗内行星（水星、金星、地球和火星）以外，有一条主小行星带，然后是两颗气态巨行星（木星和土星）和两颗冰巨星（天王星和海王星），再然后是由大量较小冰体组成的第二条小行星带，即柯伊伯带。然而，研究人员怀疑，遥远的外太阳系区域可能存在着一个隐秘的巨大天体。

有理论认为这可能是一颗巨大的行星，称为太阳系"第九行星"，其质量可能是地球的十倍。正是它的存在，使邻近较小的天体轨道极不规则。多年来，人们一直在努力寻找这个隐秘的天体。随着研究的深入，各种不同的想法也层出不穷。例如，一个由更小天体组成的巨大圆盘可能也会产生同样的效果。其他研究人员则另辟蹊径，认为这个神秘天体可能是一个垒球大小的黑洞。

第九行星理论面临的一个挑战是，尽管它解释了天文学家观测到的奇怪天体轨道，但从理论上，天文学家并不确定如此巨大的行星如何能存在于太阳系外围边界，因为在边界处形成的巨大行星应该会被路过的恒星夺走。

不管是一颗位置完美的行星，还是一个特别大的圆盘，抑或是两者的某种结合，天体物理学家们都倾向于这样的结论：外太阳系确实发生了一些不太可能的现象。

2019 年有学者指出这个神秘的质量可能是宇宙形成时遗留下来的一个小黑洞。天文学家至今还没有探测到这样的"原始"黑洞，但一项研究已经发现了间接证据，表明"流浪"行星或质量类似第九行星的黑洞可能就在银河系中漫游。如果太阳可以捕获流浪行星的话，为什么不能捕获黑洞呢？

这类黑洞体积太小，因此不会对太阳系的其他区域造成威胁。但在太阳系的遥远地带，它造成的影响相当巨大。科学家猜测，原始黑洞是最古老的一类黑洞，在大爆炸发生后便立即形成。早期宇宙中的密度波动可以迅速形成质量各异的黑洞。这些古老的天体会在宇宙中四处运动，随着时间的流逝，它们会通过霍金辐射缓缓地蒸发掉，其中体积较小的黑洞将会率先蒸发而消失掉。

对于天文学家来说，在这些并非不合理的想法中做出选择是一项艰巨的任务。加州理工学院的行星科学家布朗是第九行星理论的有力支持者，2016 年以来他一直在领导一项针对这一隐秘天体的研究，希望能在不久的将来+结束这场争论。

2.4 系 外 行 星

太阳系外行星（简称"系外行星"）泛指在太阳系以外的行星。早在 16 世纪，布鲁诺在《论无限的宇宙和世界》中就提出了他对于系外行星的预言。他认为，天空中的恒星应该都像我们的太阳一样，它们的周围也会环绕着行星，而这些行星也可以孕育自己的生命。18 世纪时，牛顿在他的旷世巨作《自然哲学的数学原理》一书中也提到了系外行星存在的可能性。

尽管历史上天文学家一般相信在太阳系以外存在着其他行星，但如何寻找它们存在的证据却一直困扰着科学界，想知道它们存在的普遍程度和性质更是难上加难。直至 20 世纪 90 年代人类才首次确认系外行星的存在，而自 2002 年起每年都有超过 20 个新发现的系外行星。现在估计不少于 10% 类似太阳的恒星都有其行星系统。

2.4.1 行星系统

1995 年 10 月，瑞士日内瓦大学教授马约尔（M. Mayor，1942—   ，瑞士）与自己的学生奎洛兹（D. Queloz，1966—   ，瑞士）（图 2-18），在法国南部的普罗旺斯天文台，使用特制的精确天体径向速度测量仪器，首次发现太阳系外的一颗行星，它围绕银河系中的一颗类似于太阳的恒星运行。这是一颗类似于木星的天然气态巨行星，并将其命名为"飞马座 51b"（Peg51b）。

图 2-18　马约尔（右）与奎洛兹

马约尔及其团队提出的检测方式在系外行星探测中得到广泛应用。马约尔与奎洛兹因为发现第一颗系外行星而分享了 2019 年诺贝尔物理学奖。颁奖理由是因为他们"发现了一颗围绕类太阳恒星运行的系外行星"。很多人可能会有疑惑，发现一颗系外行星也能拿诺贝尔奖？

由于行星自身不发光，所以我们很难直接在其他恒星周围找到可能存在的系外行星，根据牛顿的万有引力定律，行星自身的质量使得行星和恒星围绕着它们共同的质量中心在转动，那么在地球上的望远镜，就有可能看到行星引力对于恒星的影响，行星让恒星在天空中轻轻"摇摆"。在视线方向上，恒星受行星引力作用，时而远离时而靠近我们，这种细微的摇摆反映在光谱上，就会造成恒星光谱整体不断的红移和蓝移。我们称这种探测系外行星的方法为径向速度法。也就是说他们发明了一种方法可以用来确定系外行星是否存在，并且用这种方法第一次发现了系外行星"飞马座 51b"，证明这种方法是真实有效的，这才是他们获奖的真正原因。后人再用这种方法找到系外行星就不会获奖了。

Peg51b 位于飞马座，距地球约 40 光年，其行星的颜色呈深红色，大小约为地球的 1 000 倍，但表面温度较高，约有 1 000 开，绕 Peg51b 公转一圈约需 4 天时间。

Peg51b 的发现有两个重大意义。第一，证实了行星系统的存在不是太阳系的专利，随着各种处于不同时期的行星系统的发现，将使太阳系起源和演化的理论得到发展和完善。第二，为人类寻找宇宙中的"知音"提供了可能。尽管 Peg51b 的行星温度太高，不适合生命的存在，但不能排除在该恒星附近存在与地球相仿的行星的可能性，生命现象有可能在该恒星的其他行星上发生，也就是说，生命的存在也不应是太阳系的专利。

自 1996 年以来，天文学家已发现了一批距地球 70 光年以内的具有行星系统的恒星。如距地球 46 光年的大熊 47 星，它有 2 个木星大小的行星。

1998 年，哈勃太空望远镜在猎户座火星云中发现一盘状物。据推测，这很可能是行星系统，并且该行星系统的恒星与我们的太阳大小相当。

1999 年，天文学家发现仙女座 V 星有 3 颗行星，同年还发现 HD209458 恒星有行星"凌日"现象。2000 年又探测到 HD209458 恒星由于被行星掩食而发生的光度变化。

2007 年，发现第一颗适合人类居住的类地行星，Gliese581c，质量约为地球的 5.5 倍，大小约为地球的 1.5 倍，距离地球约 20.5 光年，中心天体为 Gliese581，是一颗红矮星。

2014 年 9 月，天文学家在天鹅座中发现了具有水蒸气存在的系外行星，并还含有氢气和一些未知分子。这为系外生命的存在提供了科学证据。

2.4.2 系外行星的探测方法

太阳系外行星的探测方法多种多样，这里做一些简单介绍。

1. 天体测量方法

天体测量方法，主要通过精密追踪恒星在天空中运行轨迹的变化，来确定受其引力拖曳的行星是否存在。这与径向速度法的原理很类似，只不过天体测量学并不涉及恒星光谱中的多普勒（C. A. Doppler，1803—1853 年，奥地利）频移。2010 年 10 月发现的 HD 176051b，是唯一一颗已经确认的、借由天体测量方法发现的系外行星。

2. 狭义相对论法

恒星的亮度因行星运动而发生变化，行星的引力作用引发相对论效应，导致恒星运动方向光子能量发生变化。应用这种方法发现了开普勒-76b（Kepler-76b）行星。开普勒-76b 是距离地球 2 000 光年外天鹅座一颗质量大约是木星两倍的太阳系外行星，作为第一颗应用爱因斯坦的狭义相对论发现的系外行星，它还得到一个别名——"爱因斯坦行星"。

3. 脉冲星计时法

这种方法特别适用于发现围绕脉冲星运动的行星。所谓脉冲星，是由恒星衰亡后的残余形成的密度极高的星体，也就是中子星。它在高速自转的同时，会发射出强烈脉冲。1992 年，沃尔兹森（A. Wolszczan，1946—　，波兰）等使用这种方法发现了环绕着脉冲星 PSR 1257+12 的行星。随后他们的发现很快就获得证实，现普遍认为，这就是人类在太阳系之外第一次确认发现的行星，可惜这颗行星围绕着的中心天体不是恒星，而是脉冲星。

4. 直接成像法

这种方法最大的特点，就是使用功能强大的望远镜，直接给距离遥远的行星拍照。直接成像原则上就是观察系外行星的最重要方式，但该方法要求行星的自身尺寸要足够巨大，与母恒星的距离还不能近到被其光芒所掩盖。这实际上也是对观测技术的巨大挑战，实现起来非常不易。所有人类迄今已在太阳系外确认的行星中，能直接确认其形态的还不到 10 颗。

5. 重力微透镜法

重力微透镜法，是指科学家们根据从地球上观察巨大星体路经一颗恒星正面时发生的现象，进而寻找行星的方法。这是唯一有能力在普通的主序星周围检测出质量类似地球大小行星的方法。该方法的原理在于，当这种现象发生时，附近星体的重力场会发生弯曲，并会如透镜一样放大目标恒星发出的光。由此便会产生一个光变曲线，即遥远恒星的光线随时间由亮渐衰。

6. 径向速度法

径向速度法是指恒星相对地球发生远近运动时，其行星受其影响所产生的微小波动。变化虽然小，但使用现代的光谱仪已可以检测出低至 1 米/秒的速度变化。这种方法通常又叫作"多普勒效应法"，因为它测量的就是恒星发出的光受引力拖曳而产生的变化。这是最具有成效的确认行星的方法。它的主要缺点是只能估计行星的最低质量，其通常只是真实质量的 20% 左右。

7. 凌日法

凌日法就是观察恒星亮度在有行星横穿或路经其表面时发生的细微变化。它的好处是可以从光变曲线测定行星的大小。

这种现象只有在行星的轨道与观测的天文学家的观测点对齐时才能观测到，机会其实并不大。但若能同时扫描成千上万乃至数十万颗恒星，则在如此大面积范围内，发生该现象的系外行星数量就变得很可观了。美国航天局的开普勒探测器自 2009 年 3 月升空以来，已经使用这一方法搜寻到了 4 000 多颗系外行星。

目前，我们寻找系外星系的方法主要有两种，即径向速度法和凌日法。而如果一个由径向速度法发现的没有完整质量信息的行星，再用凌日法来加以佐证，那么天文学家就可以利用这两种方法相结合的方式来评断行星的真实质量和密度，进而对行星的物理结构有更多的了解。由于凌日法虚假率很高，由凌日法所检测出来的待定行星，通常还需要再通过径向速度法来确认。

2.5　太阳系的起源和演化

至此，我们考察了太阳系的各类成员——大行星、矮行星、小行星、卫星、彗星和陨星的主要性质。摆在我们面前的任务是把这许多孤立的信息编织成一幅统一的太阳系图景，以便了解它的起源和演化。注意，太阳系的起源和演化是指太阳系中除太阳以外的其他天体的起源和演化，它不涉及太阳的起源和演化，因为太阳的起源和演化属于恒星问题。

太阳系作为一个整体，其最惊人的特点之一是行星轨道的规律性。行星轨道不仅同正圆相差很少，而且它们几乎全都位于同一个平面内。所有行星的轨道对太阳系平面的倾角没有一个超过 7° 的，参见表 2-3。如果把海王星以内的整个行星系统放入一个直径为 100 厘米的盒子里，那么这盒子的高度仅有 2 厘米。另外，所有的行星都朝着相同的方向绕太阳转动，而这个方向又正是太阳绕轴自转的方向。

所有的这些规律性我们还不能作出完整的解释，我们正是希望通过研究这种规律性来获得一种能对太阳系起源作出解释的理论。但有一点是肯定的，太阳系的有序性代表着一种有效的自动调节方式。行星的接近正圆的轨道保证了其运行的安全性。不遵守这些"交通规则"的天体或早或迟要同其他天体靠得过近，其结果或者是被潮汐力撕碎，或者是被加速到彻底离开太阳系——这是彗星常常遭到的下场。

太阳系的另一个明显特点是质量和角动量的分布：质量占太阳系质量 99.86% 的太阳，其角动量只占太阳系总角动量的不到 2%，而只占太阳系总质量 0.14% 的行星、小行星、卫星等，它们的角动量却占了太阳系总角动量的 98.4% 以上。太阳系角动量的异常分布，是各种太阳系起源学说最难说明的一个观测事实。

一个合理的太阳系起源理论，首先要能解释下列事实：

（1）各行星沿共同的方向在同一平面内在接近正圆的轨道上运动。

（2）行星分布的提丢斯-波得定则。

（3）太阳系角动量的荒谬分布。

（4）无论是质量还是组成都有很大不同的两类行星——类地（球）行星和类木（星）行星。

（5）类地行星的自转速度比类木行星的自转速度慢得多。

（6）在火星和木星的轨道之间有几十万颗小行星，且都顺行，该区域预计应有一颗大行星。

（7）卫星和彗星是如何产生的？特别是彗星，既有顺行又有逆行。

2.5.1　太阳系起源的研究简史

自哥白尼提出日心说以后，人们开始研究太阳系的起源。关于太阳系起源和演化的学说有很多，本质来说可分成两大类：灾变说和星云说。

灾变说的核心是太阳系诞生于某种偶然的和不可测事件，这个事件使原来的天体系统发生了灾难性的巨变。

法国博物学家布封（Buffon，1707—1788 年，法国）在 18 世纪提出了第一个灾变说。他认为，在几万年前天空中出现了一颗巨大的、轨道特别扁长的大彗星，在经过太阳近日点时和太阳表面碰擦了一下，使得固态的太阳自转起来。这颗彗星撞破了太阳的表层，使内部炽热的物质流溢出来，速度大的物质逃逸出太阳的控制形成行星，行星在凝固以前又分裂出一些小块物质，这些物质形成卫星。现在看来，布封理论的错误是明显的，因为太阳并不是硬壳包着炽热的物质，而且再大的彗星和太阳相撞也不会改变太阳的运动。因为彗星的动能太小了。但是布封是位勇敢的人，他在考虑太阳系起源的时候没有把上帝放在眼里，因此教会曾经传讯过他。布封的灾变说虽然没有被接受，但是 19 世纪甚至到了 20 世纪 40 年代还有人不断提出灾变说，不同的是把彗星改成恒星。灾变说最终没有作为正确的理论被人们接受，是因为在宇宙中两颗恒星相撞的几率几乎为零，两颗恒星长达 10^{15} 年才有一次碰撞，而宇宙的年龄只有 10^{10} 年。

最先提出星云说的是法国科学家笛卡尔（R. Descartes，1596—1650 年，法国）。他认为在太初的混沌中，由于粒子互相迭代运动使它获得了旋涡，各种大小的涡流运动通过相互摩擦和作用，有的物质流向中心形成太阳，有的物质向四处散开形成行星和卫星。在笛卡尔时代，哥白尼的日心说还没有确立，望远镜太小，所以人们对太阳系的了解很少。笛卡尔的旋涡星云理论和古希腊哲学家的思想一样带有很浓的思辨色彩。

牛顿发现万有引力以后，人们理解了哥白尼日心说和行星的运动，同时也认识到太阳系的起源和演化应该以牛顿万有引力为立足点，任何离开万有引力的太阳系起源和演化的理论都是错误的。

1745 年，德国哲学家康德提出了真正科学意义上的星云说。康德认为，太阳系内所有天体都是由同一星云通过万有引力作用而形成的。他认为，星云主要由固态的尘埃微粒构成，其中较大的质点由于引力会把小质点吸引过去而先变成更大的团块。星云中心团块越变越大，最后集聚成太阳。太阳形成以后，外面的团块和尘埃在太阳引力的作用下向太阳中心坠落，坠落过程中和别的团块相撞，团块越来越大。在相撞过程中若发生偏离，就可形成绕太阳公转的云团。大的团块发展成行星，行星对周围的团块起着相同的吸引作用。同样的过程会形成卫星。康德的星云说开始并没有引起人们的注意，只是在康德成为伟大的哲学家以后，他的早期著作得以重版，才使得人们注意到他的星云说。

获得很大成功的是拉普拉斯提出的星云说。拉普拉斯认为星云是一团庞大的、炽热的气体星云。这团星云在宇宙中缓慢自转，由于温度下降而收缩，自转加快，在引力与离心力的共同作用下，星云逐渐变为盘状。当离心力增大可与引力抗衡时，一部分星云留在原处形成圆环状的星云，如此的过程可以形成与行星一样多的圆环。中心物质形成太阳以后，环内物质集聚在密度最大的地方演化成一颗行星。拉普拉斯在计算中还考虑了温度变化，其理论几乎可以解释当时所知道的太阳系的一切重要性质，以至于使许多人认为太阳系起源的问题已经解决了。康德、拉普拉斯的星云说被称为古典星云说。

康德和拉普拉斯的理论在提出后的一百多年时间内并未受到重要挑战。尽管有些前提得到修正，它们仍然是现代模型的基础。我们收集到的陨星物质，年龄都在 46 亿年左右，有理由认为它们是同一过程的产物。但康德和拉普拉斯星云说不能说明太阳系角动量分布极不均匀的原因。

除了上述灾变说和星云说，还有一些其他假说。如星子说，潮汐说，双星说，但它们都具备某种灾变的味道。

星子说：当一颗恒星走到太阳附近，在太阳的正面和反面都形成很大的潮，抛出的物质向恒星走过的方向偏转，形成螺旋状的两股气流，逐渐汇合成一个环绕太阳的星云盘。气体最终凝结成为固体质点，固体质点集聚成星子，较大的星子成为行星胎，逐渐长大而成为行星。开始时行星轨道的偏心率很大，行星过近日点时，太阳对行星的潮汐作用导致卫星的形成。行星后来由于常和残余的星子碰撞使得偏心率变小，轨道变圆。那颗恒星在离开太阳时吸引了从太阳抛出的物质，由这种物质形成的行星才具有比太阳大得多的角动量。

潮汐说：当另一颗恒星走近太阳时主要从太阳正面拉出物质，因为太阳反面的潮小得多。从太阳正面出来的物质未散开，而是形成一长条。在那颗恒星的吸引下，"雪茄"形长条朝恒星离去的方向弯曲，并形成了行星。由于长条中部较粗，两头较细，所以由中部形成的木星、土星较大。

双星说：认为太阳是双星的一个子星，另一个子星曾经被第三颗星碰了一下，碰后两星拉出的长条物质形成了行星。

2.5.2　太阳系起源的现代观点

自20世纪40年代以来，随着大量观测资料的积累以及恒星演化理论的建立，有力地支持了星云说，现代星云说成为太阳系起源的主要理论。

迄今为止，世界各国科学家提出的新星云说有三十多个。这些星云说大体上可以分为两类：

俘获说：认为太阳从恒星际空间俘获物质，形成太阳周围的星云，然后星云再集聚成行星和卫星。

共同形成说：认为太阳和行星、卫星由星云同时形成。它又包括旋涡学说、原行星说、电磁说等。

人类对太阳系起源的认识经历了一个长期的曲折发展过程。虽然对它的真实过程的认识在不断提高，但至今还没有一个假说能够圆满地说明太阳系的所有特征，还没有一个公认合理的学说。

所有的星云理论都认为，首先存在一团质量巨大、密度均匀的恒星际气体——尘埃云，气体中的粒子处于无序运动状态，因而湍动得以存在，结果使净自转和角动量却很小。星云在自身引力场的影响下逐渐收缩并在不断收缩过程中越转越快。大概在这时，有一部分气体和尘埃旋转到外面，它们在星云的外缘形成彗星。

星云继续收缩，自转速率增高以维持角动量不变。星云早已不再是当初那样一团混浊的物质，而成为一个扁平的球形，密度很大的中央隆起后形成了原太阳。这时，整个星云的密度已开始增大，于是尘埃粒子得以集结成更大的粒子。原太阳的引力势能转变成为热能时便开始辐射热量，结果靠近正在辐射热量的原太阳的粒子丧失了它们的挥发性物质，而距离较远的粒子由于中间有星云阻挡而没有受到中心辐射的作用。

当这种过程继续进行时，粒子吸积成像小行星那样大的星子。由于引力吸引不断增大，星子的体积也不断增大。当这些星子把位于它们的轨道所在区域的星云吸引过来时，便成长为原行星。原行星通过引力吸引获得了气态外壳，而靠近原太阳的那些原行星由于受到原太阳的潮汐力其速率减慢下来。后来把内侧的类地行星和外侧的类木行星分开的那个区域，受到了来自类木原行星的引力摄动，因而在这个区域没有行星形成，而是形成了小行星带。

原太阳不仅减慢了类地行星的自转速度，而且由于它当时产生了大量的辐射热，因此还使类地行星周围的气体电离。电离气体同太阳发生了磁耦合。当这些气体逃逸到宇宙空间时便把太阳的大部分角动量带走。最后，原太阳点燃了热核反应，从此变成了一颗稳定的恒星。

2019 年，西班牙天文学家表示，太阳的诞生是由于 50 亿年前银河系与体积较小的人马座矮星系碰撞所致。对太阳系邻近恒星年龄的分析表明，银河系曾多次碰撞人马座矮星系，每次碰撞事件发生不久银河系恒星就会爆炸式增长。该发现是基于欧洲航天局盖亚卫星的观测结果，该卫星的目的是创建银河系 3D 地图。基于现有模型发现，人马座矮星系曾先后 3 次与银河系发生碰撞，第 1 次发生于 50 亿~60 亿年前，第 2 次发生于 20 亿年前，第 3 次发生于 10 亿年前。

如果不是因为人马座矮星系与银河系碰撞后破坏了银河系的星系盘，太阳和太阳系其他行星就不会诞生。由于人马座矮星系 50 亿~60 亿年前首次接触银河系，从而孕育了太阳等一批恒星。这一事件为后续地球生命的孕育拉开了帷幕。

是不是因为人马座矮星系崩溃产生的部分气体灰尘云导致太阳的形成，尚无定论。但天文学家认为，人马座矮星系可能会被银河系完全吸收，且这一过程已经开始了。

大约 30 亿年以后，银河系将与仙女座大星云发生碰撞（参见第 4 章），那时又会产生什么后果呢？

2.5.3 太阳系的演化

太阳系自从 46 亿年前形成以来一直是非常稳定的，当然这并不是说太阳系是静止的。根据我们的证据，如月岩和陨石样品告诉我们，太阳系的形成用了 1 亿年左右的时间。有的证据还表明，在行星形成的时代，太阳风要比现在强一千万倍。这些证据来自对地球和月亮外壳中的岩石分析：这些岩石含有非常多的放射性物质，外壳中非放射性元素可能是由于受到太阳风中的原子和亚原子粒子的轰击而变成放射性的。

对古代岩石的分析也表明，行星的形成是在高度富氢的条件下发生的。类木行星保留着它们的以氢、氮为主的原始大气。类地行星可能是通过缓慢放出其内部的气体而形成它们现在的大气的。当长寿命的放射性元素开始衰变时就会缓慢地积累起热量，衰变生热的多少是与行星的大小成比例的，地球和金星按照这个方式达到的温度比水星和月亮的要高。

地质记录还指出，地球在 35 亿年前已存在液态水，年代如此久远的变质岩令人信服地证明地球当时的温度高于水的冰点。然而在 30 亿年前，太阳的体积仅为它现在的 50%，这就意味着当时地球表面温度应该不会超过水的冰点。解决这个矛盾只有两种可能性：要么在 35 亿年前地球到太阳的距离比现在要近 10%；要么地球上当时存在"温室"效应，致使太阳的辐射热更有效地由像二氧化碳这样的气体储藏起来。

另外，月球的岩质表明，月球曾经受巨大陨星和大小如小行星的天体的猛烈撞击，这些撞击造成了月海的巨型盆地并触发了充满熔岩的火山喷发。类似的地质形态在其他类地天体上也有发现。地球上的撞击盆地大都面目不清了，这些盆地的产生大多在40亿年以前，类地天体的这些"疤痕"全都是由在太阳系形成后遗下的碎块撞击而成的。

关于太阳系小天体的形成和演化至今也无统一的说法，特别是规则和不规则的卫星的存在，使得理论更为复杂，难以给出完美的结论。

从空间探测发回的资料表明，许多行星、卫星的表面都像月球那样，具有圆形的环形山或凹坑，这是因为经历了星子频繁撞击的结果。

如果现代星云理论是正确的，人们应该在宇宙中看到某个行星系统形成的某一阶段。现在有一些观测似乎证明存在这样的阶段：1983年1月，世界上第一颗红外天文卫星升空，不久它便发现在天琴座（织女星）旁有一个特殊的红外源。经分析，这个发出红外线的奇特天体很可能是一个较大的行星系统。1984年，美国天文学家宣称在矩尺座内沃尔夫630星附近探得一个尚未成形的行星胎，并且算出它的质量为木星的30倍，温度达1 000开。而绘架β是一颗年轻的恒星，人们发现在这颗恒星周围有一个由粒子组成的圆盘，这和现代星云说中的星云盘很相似。

从形成开始至今，太阳系经历了相当大的变化。行星的一部分卫星在环绕其母星的气体和尘埃组成的星盘中形成，另一部分卫星据信是俘获而来，或者来自巨大的碰撞（地球的卫星月球属此情况）。早期行星的位置经常迁移，某些行星之间可能已经彼此交换了位置。这种行星迁移现在被认为对太阳系早期演化起了决定性作用。太阳系中天体间的碰撞至今仍在持续发生，并将影响太阳系演化的进程。

就如同太阳和行星的诞生一样，它们最终将走向灭亡。大约50亿年后，太阳会冷却并向外膨胀，吞噬掉水星和金星后成为一个红巨星，再爆发抛射它的外层成为行星状星云，并留下被称为白矮星的恒星尸骸。在遥远的未来，太阳的环绕行星中的一些会被毁掉，另一些则会被抛向星际太空，并会逐渐被经过的恒星的引力带走。最终，太阳终将会独自一个，不再有其他天体在现在的行星轨道上陪伴它。

2.5.4 太阳系起源和演化的哲学思想

康德在他的星云说里基本上坚持了唯物主义的观点，宣扬了无神论的思想。他有一句名言："给我物质，我就用它造出一个宇宙。"这就是说，只要给我"原始星云"，我就可以向你们指明，怎样从"原始星云"开始，得到一个井然有序的太阳系的诞生过程。这都是大自然中物质自身自行发展的结果，没有任何超物质的成分，无须"上帝"插手。

康德在他的《宇宙发展史概论》一书中坚持了辩证法的观点，批判了宇宙不变论，阐述了宇宙的进化理论。大家知道，牛顿的经典力学体系尽管是唯物的，但却是形而上学的。按照牛顿理论，宇宙间充满了由原子组成的各种天体，它们依靠万有引力互相联系在一起，恒星永远固定在一定的位置上，行星、卫星由于上帝的"第一次推动"而运转起来，并且沿着固定的轨道永恒地运转下去。针对牛顿的宇宙不变论，康德提出两点批判：

第一，批判了牛顿的外因论，强调了内因论。他指出，行星、卫星绕中心天体旋转的原因并非来自上帝的"第一次推动"，而是由于原始弥漫物质内部的引力与斥力的相互作用所引起的运动及其转化造成的。

第二，批判了牛顿的永恒不变论，强调了发展论。他指出，在宇宙中，包括太阳系在内的一切天体，既是有生有灭的，又是有灭有生的，它们处于永恒的生死成毁的循环发展过程中。

200 年来太阳系起源和演化的研究史表明，假说在人们探索太阳系起源和演化的客观规律中具有重大的方法论意义。自从康德提出了一个科学的太阳系起源假说之后，又有几十种假说相继提出，从不同的角度揭示了太阳系起源的秘密。

所谓假说，就是根据已知的科学事实和科学原理，对未知的自然现象及其规律所作的一种推断和解释。人们对客观的真理性认识，总是有一个过程的。它往往需要借助假说的形式，不断地积累观测资料，综合地运用已知的各种科学理论去探索未知的客观规律，增加假说中的科学内容，减少假定的成分。随着新的观测事实的发现，又会出现原先的假说所不能解释的新现象，这就需要提出新的假说。这就是科学的世界观和方法论，它是指导我们探索宇宙，进行科学研究的唯一有效的认识过程。

思　考　题

1. 太阳系包括哪些成员？
2. 试述太阳的主要特征参数。
3. 你能在地球上找到地球自转的证据吗？
4. 试述日食和月食发生的条件是什么？
5. 提丢斯-波得定则的内容是什么？
6. 太阳系天体的运行轨道有哪几种形式？
7. 天王星和海王星是如何被发现的？
8. 日地空间有哪些现象？
9. 类地行星和巨行星的主要区别是什么？

10. 估计一下地球上的山能"长"多高。

11. 康德、拉普拉斯星云说的核心是什么？

12. 关于太阳系起源和演化有哪些理论？

13. 如果太阳的质量突然增大了一倍，地球轨道会怎样改变？

14. 月球的质量约为地球的1/80，月球的半径是地球半径的1/4，计算两者的重力加速度之比。

15. 为什么彗星的彗尾背向太阳？

16. 如果某一小行星进入地球轨道附近，如何消除它对地球的威胁？

17. 你会区分陨石和普通石头吗？

18. 一年最多发生几次日食或月食？说明理由。

19. 如何解释中微子失踪之谜？

20. 为什么中微子有没有质量非常重要？

21. 更多系外宜居行星的发现对人类有什么意义？

第3章
恒　　星

前面已经介绍了太阳系。太阳系只是宇宙空间的极微小的部分，下面我们将进入到浩瀚的宇宙空间。

在浩瀚的宇宙空间，存在着无数的恒星和其他天体，以及由它们构成的巨大的恒星系统。研究恒星和恒星系统有很重要的意义。首先，它是解决现代最基本的理论之一——天体的起源和演化问题所不可缺少的。其次，恒星和恒星系统是巨大的天然物理实验室。在这个实验室里有着目前地球上的实验室无法达到的条件，如持续高温、高压、高密度、大尺度等。对其中的物理过程的研究有助于解决现代物理学中的一些基本理论，如基本粒子理论、引力理论等，并启发我们寻找新的能源。目前，对恒星和恒星系统的研究越来越受到人们的重视，并已取得了很大的成就。再次，这个问题的研究，对哲学的进步起着积极的作用，因为恒星和恒星系统是唯物主义宇宙观和唯心主义宇宙观激烈斗争的重要方面。

恒星是指由内部核反应产生辐射而发光的大质量球状天体。太阳就是一颗典型的恒星。自古以来，恒星世界一直是人们探索自然界规律的一个重要对象。人们对恒星世界的认识是随着观测工具的改进而深入的，而观测工具在很大程度上反映了科学技术水平的高低。人们用来研究天体的最原始的工具是人的眼睛，最"好"的眼睛最多只能看到 6 000 余颗恒星。望远镜发明以后，人们可以看到眼睛看不见的恒星。早先用美国帕洛马山天文台直径为 5 米的望远镜可以观测到的恒星达 20 亿颗，哈勃太空望远镜升空以后已经把人眼识别天体的能力提高了 40 亿倍。人们利用这样的观测工具大大扩展了人们所能观测的宇宙的范围。人们逐渐认识到恒星不仅仅发出可见光，还发出其他波段的电磁波，它通过可见光给人们的信息较之它发出的总信息实在太微不足道了。射电天文学、X 射线天文学、γ 射线天文学、中微子天文学、红外线天文学、宇宙线天文学的兴起和发展使人们能够充分地利用恒星所给出的信息。人们逐渐认识恒星的组成、状态以及它的过去和将来，人们认识恒星的过程也是人们认识自然界规律的过程。20 世纪物理学发生的革命性的变化帮助人们更清楚地认识恒星，而认识恒星的过程又检验和推动人们对自然的认识过程。

对恒星光谱的研究表明，恒星主要是由氢组成的气体球。氢聚变成氦而放出能量，然后氦又可聚变成更重的元素放出能量，因此，恒星的化学组成同它的年龄有关。有关恒星大小、温度、质量、光度等参数的变化范围见表 3-1 所示。其中 $M_\odot$ 为太阳质量，$R_\odot$ 为太阳半径，$L_\odot$ 为太阳光度。

表 3-1 　　　　　　　　　　　　　　　　**恒星的主要参数范围**

参数	变 化 范 围
质量 M	$10^{-1}M_\odot \leqslant M \leqslant 10^2 M_\odot$
半径 R	$10^{-3}R_\odot \leqslant R \leqslant 10^3 R_\odot$
表面温度 T	$10^3 \mathrm{K} \leqslant T \leqslant 10^5 \mathrm{K}$
光度 L	$10^{-4}L_\odot \leqslant L \leqslant 10^6 L_\odot$

恒星的光度并不是固定的，许多恒星的光度甚至在短期内出现大的变化，这类恒星被称为变星；另一些恒星的光度则是发生突发性变化，变化的幅度高达 $10^4 \sim 10^8$ 倍，这类恒星被称为新星或超新星。

恒星往往组成各种大大小小的集团。两颗恒星在一起互相绕转的双星占全部恒星的 1/3，另外还有多颗甚至几万颗恒星组成的星团。

恒星与恒星之间也非绝对真空，而是处于极稀薄的星际气体和尘埃之中，这些平均密度只有每立方厘米一个原子的物质被称为星际物质。星际物质比较密集的地方则形成了常说的星云。星际物质既是形成恒星所需的原料，也是恒星在演化过程中向宇宙空间抛射物质的余迹，又是恒星消亡的余烬。

严格来说，恒星的质量范围是 $0.1 \sim 70M_\odot$。质量小于 $0.08M_\odot$ 的天体靠自身引力不能压缩它的中心区达到足够高的温度，从而使氢点火，因而它们不能靠核反应产能而发光。这种天体，不能称为恒星。如木星 $M = 1.989 \times 10^{27}$ 千克 $= 0.001M_\odot$，它无法成为恒星。

质量大于 $70M_\odot$ 的天体，由自身引力压缩，它的中心可达到极端高温。在如此条件下，辐射压开始大大超过物质压，使得超大质量恒星很不稳定。目前已经观察到少量 $M > 70M_\odot$ 的恒星，表 3-2 为大质量恒星表。

表 3-2　　　　　　　　　　　　　　　　　　**大质量恒星表**

恒星名字	太阳质量（太阳＝1）
R136a1	265~315
R136a2	179
HD269810	150
PeonyNebula Star	150
海山二	140
QPM-241	130~200
LBV 1806-20	130
牡丹星	>120
HD 93129 A + B	A：120, B：80
HD 93250	118
A1 in NGC 3603	A：114, B：84
Pismis 24-1 A + B	A：100-120, B：100
Arches cluster	many stars：100~130
Pismis 24-17	100
S Doradus	100
Cygnus OB2-12	92
WR20 A + B	A：83, B：82
Melnick 42	80~100
HD 97950	80
Sk-71 51	80
R 66	70
Companion to M33 X-7	70

　　研究发现，宇宙中 70% 的恒星是微小的红矮星，它们暗淡、光线微弱。但恒星的特征各不相同，有的体积很大，有的体积很小，有的运行速度特别快，这些恒星的存在甚至超出了科学家的认知范围。

1. 最大的恒星

　　红色特超巨星 UY Scuti 是迄今发现最大的恒星，其直径约是太阳的 1 700 倍，相比之下，太阳半径大约是地球的 110 倍。该恒星距离地球 5 100 光年，位于南方盾牌星座，将以超新星爆发的形式结束生命。

2. 最重的恒星

R136a1 是当前观测到的质量最大的恒星，其质量大约是太阳的 300 倍，尽管它的质量很大，但是其半径仅约为太阳的 30 倍。它位于大麦哲伦星系的蜘蛛星云中，是 R136 超星团中的一员。R136a1 同时也是最热的恒星之一，其表面温度高达 50 000K，将来它很可能成为一颗超新星。由于其质量足够大，最终将成为一个黑洞。

3. 最小的恒星

最小的恒星仅略大于木星，它就是 EBLM J0555-57Ab，简称 57Ab，它的质量刚好能使氢原子核聚变成氦，约为 $0.081M_\odot$。57Ab 距离地球大约 600 光年，是一个双星系统的一部分，当它从更大的伴星前方经过时能被识别和发现。由于类似的恒星体积小、亮度低，很难被观测到，因此人们对那些质量不到太阳 20% 的恒星了解甚少。

4. 最快的恒星

超速星是以非常快的速度穿越银河系的恒星，其速度足以摆脱银河系的引力束缚，到目前为止，科学家仍认为，恒星达到这种速度的唯一途径是通过双星系统与银河系中心超大质量黑洞的相互作用。

2019 年发现的超高速恒星 PG 1610+062 是一颗缓慢脉动的明亮蓝星，它是伴星演变为超新星爆炸后才形成如此惊人的运行速度的。此外，这两颗双星可能是通过与年轻、密集的恒星群引力相互作用而获得速度的，如果两颗恒星被锁定在彼此环绕的轨道上，它们与其他恒星的相互作用会使双星中质量较小的恒星进入超速运行轨道。

最近几年有发现超级大质量恒星的报道，质量高达 $1\,000M_\odot$ 以上，但还没有得到科学界的公认。

3.1　恒星参数的测定

3.1.1　恒星的距离

恒星离我们非常遥远，除太阳外，距我们最近的恒星是半人马座比邻星，距离约为 4×10^{13} 千米，其他恒星的距离比这还要远。如此遥远的距离是如何测量的呢?

恒星的距离可以借助于测定所谓周年视差而获得的。如图 3-1 所示，S 代表太阳的位置，E 为地球的位置，T 为某恒星的位置，选择 E 的位置，使 TE⊥SE，这时∠STE 就定义为恒星 T 的周年视差或视差角，记为 π。这就是说，周年视差 π 是从恒星 T 处看地球轨道半径的最大张角。如果太阳到恒星的距离为 r，日地平均距离为 a（天文单位），则根据图 3-1 得

图 3-1　利用地球公转测定恒星的视差角

$$r = \frac{a}{\sin \pi}. \tag{3-1}$$

由于 π 很小，故 $\sin \pi = \pi$，这里 π 用弧度来表示，于是

$$r = \frac{a}{\pi}, \tag{3-2}$$

r 的单位，天文学上不用千米或天文单位，因为用这两种长度单位表示恒星的距离，必然造成数值过于庞大。天文学中取光年或秒差距（记为 pc）作为 r 的单位。光年是指以光的速度走一年的距离。秒差距是指从恒星角度看日地平均距离 a 的张角为 1 弧秒时的距离，

$$1 \text{ 弧度} = \frac{360°}{2 \times 3.14} \approx 57.3° \approx 206\,265''. \tag{3-3}$$

从而得换算关系：

$$1 \text{ 秒差距(pc)} = 206\,265 \text{ 天文单位(au)} = 3.259 \text{ 光年(ly)},$$

$$1 \text{ 光年} = 0.307 \text{ 秒差距} = 9.5 \times 10^{15} \text{ 米}.$$

当利用（3-2）式进行计算时，π 由观测求得，以弧秒为单位，记为 π″，a 用天文单

位为单位，$a=1$，r 以秒差距为单位，则（3-2）式变为

$$r = \frac{1}{\pi''}（秒差距）. \tag{3-4}$$

若 r 以光年为单位，则（3-2）式变为

$$r = \frac{3.295}{\pi''}（光年）. \tag{3-5}$$

前面说过周年视差 π 可由观测得出。如果相隔半年在地球轨道直径两端 E 和 E' 分别测得该恒星在天球上的位置即视线 ET 和 $E'T$ 的方向，如图 3-1 所示，则此两方向的夹角近似为周年视差 π 的两倍，这种直接测量定出的视差称为三角视差。

现给出三个著名恒星距离，如表 3-3 所示。

表 3-3　　　　　　　　　　　**三个著名恒星距离**

名称	视差	距离
比邻星	0.76″	4.3 光年
织女星	0.12″	27 光年
天狼星	0.37″	8.6 光年

由于三角视差测量法误差较大，故可改用其他方法测量，如分光测量法、造父变星法、星团视差法和统计视差法等。

分光测量法是利用恒星中某些谱线的强度比和绝对星等的线性经验关系，即由测定一些谱线对的强度比求绝对星等，进而求出距离。这种方法也称为分光视差法。关于光谱和绝对星等的概念在本章后面部分介绍。

常见的谱线对有：一次电离锶线 Sr Ⅱ 407.8 纳米与中性铁线 Fe Ⅰ 707.2 纳米谱线的强度比 I_1/I_2；Sr Ⅱ 421.6/Fe Ⅰ 425.0；Ti Ⅱ 416.1/Fe Ⅰ 416.7 等。

分光测量法的关键在于定标。通常选取一批已知三角视差的恒星，以它们的绝对星等 M 为纵坐标，谱线对的强度比为横坐标，绘图求出直线的截距 a 和斜率 b。当知道 a 和 b 后，即可利用公式 $M=a+b(I_1/I_2)$，对一些可以测定谱线强度比的恒星就可以求出绝对星等了。再通过观测它的视星等，最终可求出恒星的距离。能利用分光视差法测定距离的恒星在 6 万颗以上。

造父变星法则是利用造父变星的周期和光度关系来确定恒星的距离。详见 3.3 节。

3.1.2　恒星的亮度和视星等

用肉眼看恒星就会发现，恒星并不是一样亮的，有的较暗，有的较亮。恒星的这种看

起来的明暗程度称为视亮度，简称亮度，用 E 表示。在天文学上，星的亮度用星等表示。星等的概念对不是恒星的天体也适用。古人按照星的明暗程度把星分为 6 个亮度等级，天球上约 20 颗最亮的星称为一等星，肉眼刚刚能看到的星称为六等星。通常以拉丁字母 m 表示星等。这个星等系统原则上保留到现在，并给予标准化后推广到特别亮的天体以及肉眼看不见但用望远镜能看见的暗星上去。星等数越大，对应的星越暗；对很亮的星，星等数可以为零或负数。

太阳的星等为 −26.8 等，满月的星等为 −12.7 等，天空中最亮的恒星（太阳除外）为 −1.6 等，织女星为 0.1 等，牛郎星为 0.9 等。用 5 米望远镜能看到的最暗的星为 21 等。

根据长时间的观测，发现星等和亮度间有如下的关系式：

$$\frac{E}{E_0} = \rho^{m_0 - m} \tag{3-6}$$

式中：E, m 为某颗星的亮度和星等；E_0, m_0 为另一颗星的亮度和星等；ρ 为常数，可由观测确定。

观测表明，当两颗星的星等相差 5 等时，亮度的比值为 100，将这些数字代入式 (3-6) 可得

$$\rho = \sqrt[5]{100} = 2.512. \tag{3-7}$$

于是式 (3-6) 化为

$$\frac{E}{E_0} = 2.512^{m_0 - m}.$$

取对数：

$$\lg E - \lg E_0 = 0.4(m_0 - m), \tag{3-8}$$

即

$$m - m_0 = -2.5(\lg E - \lg E_0). \tag{3-9}$$

以零等星的亮度为单位，即 $m_0 = 0$，$E_0 = 1$，则

$$m = -2.5 \lg E. \tag{3-10}$$

根据式 (3-10)，只要由观测定出了某星相对于零等星的亮度，就可求出它的星等，反之也一样。

上面所谈的星等都是针对目视观测而言的，称为目视星等。而对不同的辐射接收仪器，它们对各种颜色的光线的敏感程度不同，所以用不同的辐射接收器测量同一天体得到的星等往往是不一样的，如用照相底片得到的星等称为照相星等。

3.1.3　恒星的光度和绝对星等

在实际生活中往往有这样的经验：同一光源，从远处看它觉得暗一些，从近处看它，

觉得亮一些。实验证明，任一光源的视亮度与该光源到观测者的距离的平方成反比。因此，恒星视亮度并不代表恒星真正的发光本领。恒星真正的发光本领称为光度，用 L 表示。它是恒星每秒钟向四面八方发射的总能量。

既然恒星的视亮度与距离有关，因此单从视亮度就不能得出恒星的光度。为了比较不同恒星的光度，可以假想地把恒星都移到同样的距离，然后比较它们的亮度。天文学中把这个标准距离取为 10 秒差距，相应于 10 秒差距距离上的星等值称为绝对星等，用字母 M 表示。

若以 E 表示某恒星的视亮度，r 表示距离，以秒差距为单位，E_1 表示该恒星被假想地移至 10 秒差距处所具有的视亮度，由于视亮度和距离的平方成反比，所以有

$$\frac{E_1}{E} = \frac{r^2}{10^2}.$$

将此式代入式（3-8），以 M 和 m 分别表示该恒星的绝对星等和视星等，则得到

$$M = m + 5 - 5\lg r. \tag{3-11}$$

再利用式（3-4），则式（3-11）变为

$$M = m + 5 + 5\lg \pi''. \tag{3-12}$$

式（3-11）和式（3-12）表示，若知道某恒星的 r 或 π'' 及 m，则可求出其绝对星等。反之，若用某种方法测得 M，又由观测定出 m，则可求出恒星的距离 r。

太阳的绝对星等是 4.75 等，天狼星的绝对星等是 1.4 等。M 越大，恒星半径也越大。一般把 M 是 9 等左右的恒星叫**矮星**，M 是 −2 等的恒星叫**巨星**，M 为 −4 等以上的恒星叫**超巨星**。如天蝎座 ξ，$M = -9.4$ 等，它的光度比太阳大 50 万倍，是一个超巨星。佛耳夫 359 星，$M = 16.68$ 等，光度仅为太阳光度的五万分之一，是一个白矮星。

3.1.4　恒星的大小、质量和密度

恒星的大小用其角直径的大小来表示。恒星的角直径非常小，即使用最大的望远镜也看不出恒星的视面，因而不能用望远镜直接测量的方法定出恒星的大小，只能用间接方法求出。

恒星角直径测量的主要方法有三种，即月掩星法、干涉法、光度法。

月掩星法：当恒星被月球边缘掩食时会产生星光的衍射图像，用快速光电光度计将图样变化记录下来，并与模拟不同角直径光源被月球掩食的理论衍射图样对照，从而定出被掩食恒星的角直径。为了减少太阳光的干扰，通常利用月球黑夜的那面进行测量。另外，由于恒星在天空的位置分布各不相同，并非所有恒星都能用月掩星法测得其角直径，此法仅限于在月球白道附近分布的恒星。

干涉法：用一带有两个小孔的光阑把望远镜的物镜盖住，并使两孔大小相等、对称地位于物镜光学中心的两侧，这就相当于一架恒星干涉仪。当测定恒星的角直径时，把恒星的圆面看作是两个半圆，并假定每个半圆面的光都是由半圆的中心射出的。当两个半圆的光束通过两小孔光阑时，分别产生两组明暗干涉条纹。调节两孔间的距离，获得所需条纹的宽度，并记取两孔间距离的数值，代入相关公式进行运算，即可求得恒星的角直径，此法对遥远的恒星有一定的局限性。

光度法：利用恒星的半径与恒星的光度、温度之间的关系，可以推算恒星的大小。设恒星的光度为 L，表面的有效温度为 T，半径为 R，则有关系式

$$L = 4\pi R^2 \sigma T^4, \tag{3-13}$$

其中 σ 为斯芯藩-波尔兹曼常数，可见由恒星的光度 L 和有效温度 T 可以求出半径，加上恒星的距离就可换算出恒星的角直径。此法具有较好的普遍性。但可靠性则不如前两种方法。

恒星的大小相差很大，有的直径比太阳大，有的直径仅为太阳的几十分之一，20 世纪 60 年代发现的中子星，其半径仅有十几千米。当然中子星已不是完全意义上的恒星了。太阳的大小在恒星中处于中等地位。典型数据如表 3-4 所示。

表 3-4　　　　　　　　　　　　　　　　部分恒星的参数

星名	视差（弧秒）	角直径（弧秒）	线直径（太阳直径为 1）
猎户座 α	0.005″	0.047″	1 000
鲸鱼座 α	0.023″	0.056″	480
金牛座 α	0.048″	0.021″	94
御夫座 α	0.073″	0.004″	13
天狼 A	0.375″	0.006″	1.85
太阳			1.00
天狼 B	0.375″	0.000 077″	0.044
范玛伦星	0.235″	0.000 019″	0.009

恒星的质量是很重要的一个参量，但是，除太阳外，目前只能对某些双星进行直接测定，其他恒星的质量都是间接得到的，如通过质光关系来测定。

测定双星质量的基本原理是依据开普勒第三定律——双星系统的总质量与轨道半长径的立方成正比，与轨道周期的平方成反比，即

$$m_1 + m_2 = \frac{a^3}{P^2}, \qquad\qquad (3\text{-}14)$$

其中 m_1 和 m_2 为两子星质量（单位为太阳质量 $M_\odot$），a 为轨道半长径（单位为天文单位 au），P 为周期（单位为回归年）。

利用观测得到的周期 P 及轨道半长径 a，就可算出两颗子星的质量和，若结合天体测量法测出两子星相对质心的距离 a_1 和 a_2，则可知两子星的质量比

$$\frac{m_1}{m_2} = \frac{a_2}{a_1}, \qquad\qquad (3\text{-}15)$$

从而可求出每个子星的质量。

对于质量大于 $0.2M_\odot$ 的主序星（见 3.6 节），恒星的质量和光度之间有很好的统计关系，称之为"质光关系"。恒星的质量越大，其对应的光度越强。观测表明，恒星中 90% 的主序星符合如下的质量和光度关系

$$\lg \frac{L}{L_\odot} = 3.8 \lg \frac{M}{M_\odot} + 0.08, \qquad\qquad (3\text{-}16)$$

式中 L 为恒星的光度，$L_\odot$ 为太阳的光度。通过观测求出恒星的光度 L 后，利用式（3-16）可求得它的质量。

观测和理论都表明恒星在质量上的差别不是很大。质量最小的恒星，其质量约为太阳质量的 1/15；质量最大的恒星，其质量不超过太阳质量的六七十倍，大多数恒星的质量在太阳质量的 0.2 倍到 4 倍之间。

恒星的平均密度相差很大，太阳的平均密度（1.4 克/厘米³）在恒星中处于中等地位。有的恒星密度仅为水密度的百万分之一，如参宿四的平均密度为 6×10^{-7} 克/厘米³；有的恒星密度很大，为水的百万倍；中子星的密度大得惊人，达到原子核的密度——$10^{14} \sim 10^{15}$ 克/厘米³，即 10 亿吨/厘米³。

3.2　恒星光谱及其相关性质

大家知道，三棱镜可把太阳光分解为七种颜色。复色光通过棱镜或光栅分解成的、按单色光波长大小排成的光带，称为**光谱**。太阳的光谱是红、橙、黄、绿、蓝、靛、紫七色。那么究竟是什么原因使太阳具备七彩光谱呢？

3.2.1　光谱概念的物理基础

从研究天体的运动到研究天体的物理状态，从利用牛顿万有引力到利用所有的物理规

律作为研究天体的理论基础，从主要的研究对象是太阳系到几乎已经是宇宙的边缘，这是天体力学作为天文学单一内容发展成天文学包括天体力学、天体物理等数十个分支的漫长的艰难过程。19 世纪恒星光谱的发现和照相技术的应用是这个过程的起点。在 19 世纪以前，说起天文学，人们就会想这是研究天体运动的科学。事实上从事天文研究的天文学家同时也是数学家、力学家。现在谈到天文学，人们会认为它是一门物理学，因为天文学家大量的工作是利用物理学来研究恒星和天体。20 世纪 20 年代量子力学的建立，使人们能正确地认识微观世界，爱因斯坦狭义相对论和广义相对论的建立改变了人们对时间和空间本质的认识，同时也给了天文学家更深入认识恒星和天体的一个理论工具。

量子力学创立于 20 世纪初，它是研究电子、质子、中子以及原子和分子内其他亚原子粒子运动的一门科学。相对于量子力学，牛顿力学称为经典力学。量子力学和经典力学有完全不同的概念。用经典力学来描述物体的运动有完全确定的性质，在经典力学规律的支配下，物体的速度和位置是完全确定的。然而海森伯（W. K. Heisenberg，1901—1976 年，德国）提出在原子和亚原子组成的微观世界里，粒子的位置和速度是不能同时精确确定的。这是量子力学的一个基本原理，称为海森伯测不准原理，后改为不确定原理。显然，再也不能用牛顿力学来描述微观粒子的运动状态了。利用牛顿力学，人们认识了太阳系。用同样的概念，人们想象一个原子就是一个小太阳系：核在中心，电子在固定的轨道绕核“公转”。但按量子力学的说法，原子中没有电子运动的轨道，只能说电子可能出现在什么地方。

光是什么？光是波还是粒子？从牛顿开始，这个问题就在不断的争论之中。按量子力学的说法，光既是波也是粒子，称为波粒二象性。不仅光是如此，任何看似粒子的物质都具有波动性。量子力学是如何把粒子和波统一起来的呢？在 19 世纪末，一个看起来非常普通的黑体辐射实验却使所有的物理学家都无法解释清楚。普朗克于 1900 年把电磁波辐射的能量量子化以后才比较轻松地解决了黑体辐射给物理学家带来的难题。但是普朗克引入的概念却并不轻松。按经典物理的思想，电磁波是以连续的形式辐射能量的，普朗克则认为电磁波是以一份一份的形式辐射能量的，每一份是 $h\nu$，这里的 ν 是电磁波的频率，h 为普朗克常数。1905 年爱因斯坦在研究光电效应的时候提出光还具有粒子的性质，它所携带的最基本的能量是 $h\nu$，并称它为**光量子**，简称**光子**。1923 年，康普顿（A. H. Compton，1892—1962 年，美国）散射实验确认光具有波和粒子的二象性，因为康普顿测出光子的动量 $p = \dfrac{h}{\lambda}$，动量 p 是粒子具有的物理量，波长 λ 是波具有的物理量。1924 年德布罗意（L. V. de Broglie，1892—1987 年，法国）把光的波粒二象性推广到一切物质，不论是微观粒子还是宏观物体都具有波动性，只是宏观物体的波动弱到无法测试。不久以后，电子衍射的图像说明电子确实具有波动性。这种波称为物质波，也称德布罗意波。1926 年薛定谔

（E. Schrödinger，1887—1961 年，奥地利）用波动方程从数学上描述了量子力学的基本规律，提出所谓的波动是一种几率波，它和经典物理中机械波和电磁波是完全不同的概念。1924 年，泡利（W. E. Pauli，1900—1958 年，美国）提出不相容原理，根据这个原理，一个原子中不可能有两个电子处于同一个能级，后来又发现只要自旋是 1/2 奇数倍的粒子（例如电子、中子、质子）都遵循泡利不相容原理，这样的粒子称为费米（E. Fermi，1901—1954 年，美国）子。这个原理也是量子力学的一个基本原理。

关于量子力学中的不确定性，有两种对立的见解，以玻尔（N. H. D. Bohr，1885—1962，丹麦）为首的哥本哈根学派认为这是最后的、基本的规律，以后只能靠获得不确定性更详细的知识来丰富量子力学。而以爱因斯坦为代表的一些科学家则反对这种观点，他们认为这是目前知识不完备的结果，将来会有新的理论来恢复严格的决定论。

3.2.2 恒星光谱与氢原子谱线

1666 年，牛顿用棱镜将日光分成七色光，而且七色光是连续变化的，这是人们第一次得到恒星光谱。人们认识了电磁场的规律以后，知道光波也是一种电磁波，是一种能被人的眼睛感觉到的电磁波，称为可见光。可见光波长的范围是由波长 4 000 埃的紫光到波长 7 600 埃的红光（1 埃 = 10^{-10} 米 = 0.1 纳米）。牛顿看见的是连续光谱，这是因为太阳能发出所有波长的可见光。

利用摄谱仪可以把光谱拍成照片。人们进一步研究光谱发现，除了连续光谱外，还有线光谱和带光谱。线光谱是指在连续光谱的背景下有一些黑线，或者在光谱照片中只有几条亮线。前者称吸收光谱，后者称发射光谱。经研究发现，这些线光谱都对应一定的波长，而且都与单一元素有关，所以把线光谱称为原子光谱。如果让太阳光通过氢气后由摄谱仪把它拍成照片，就会发现原先连续的光谱有很多条黑线，只要太阳的光线通过的是纯氢气，这几条黑线的位置是不会改变的。也就是说，氢原子有固定波长的吸收光谱。如果把纯氢气作为光源，发出的光通过摄谱仪拍成照片，则这些照片是黑背景下有很多条亮线，这是发射光谱。将氢的发射光谱和吸收光谱对照就会发现，亮线和黑线的位置一样，也就是说所对应的波长一样。

图 3-2 是氢光谱的巴耳末线系。H_α 是红线，波长是 6 562.2 埃；H_β 是深绿线，波长是 4 860.74 埃；H_γ 是青线，波长是 4 340.10 埃；H_δ 是紫线，波长是 4 101.20 埃。巴耳末线系并不是只有 4 条，越接近粗黑线谱线越密，粗黑线所在的位置似乎是这些线的极限，斜线部分是连续光谱。这个线系是 1885 年由巴耳末发现的，以后发现氢还有一些其他的线系，如赖曼系、帕邢系等。当时人们并不知道氢为什么具有这样的线系，但是人们知道每一种元素的原子具有自己独特的光谱线和光谱线系，任何两种元素的原子光谱不会混淆

不清，所以光谱的一个很明显的用途是利用光谱确定原子的种类。光谱线还因为磁场、压强和温度的不同有一个微小的变化，这些变化可以用来确定光源所在位置的物理环境。

图 3-2　氢原子光谱的巴耳末线系

20 世纪初已经建立了一个粗糙的氢原子模型，原子的半径大约为 10^{-10} 米，原子中有一个带正电的原子核，因为原子是中性的，所以原子核的外面有一个带负电的电子。电子是如何环绕原子核运动的？按经典物理理论，电子环绕原子核运动就像行星环绕太阳运动一样。按电磁学规律，这种运动可以辐射出电磁波，辐射出电磁波的能量是连续的，即是连续光谱，不可能有线光谱。

1913 年玻尔提出一个新的氢原子构造理论。他认为氢原子核外面的电子并不是像行星环绕太阳那样运动，因为尽管按牛顿力学，行星在任意大小的椭圆轨道上运动都是合理的，但氢原子中的电子却只能在一些固定的轨道上运动。图 3-3 就是这样固定的轨道，称为量子化轨道。电子运动的最小半径 $a = 0.529\ 166 \times 10^{-10}$ 米，称为玻尔半径，其他各个轨道的半径为 r_n：

$$r_n = n^2 a, \tag{3-17}$$

其中 n 为整数，量子力学中称为主量子数，可见不仅轨道是量子化的，电子在各个轨道上的能量值也是量子化的，可能的轨道有无限多，但彼此都是分立的。电子在 $n = 1$ 的能量最小，记为 E_1，其次为 E_2……顺次增加，无穷远的能量定义为零。氢原子只有一个电子，图 3-3 说明这个电子可能所处的轨道。例如电子处于 $n = 3$ 的轨道，它的能量 E_3 比处于 $n = 2$ 的轨道的能量 E_2 大，这个电子从 $n = 3$ 轨道迁移到 $n = 2$ 的轨道，减少的能量 $E_3 - E_2$ 转化成 $h\nu$ 的光子，也就是图 3-2 的亮线 H_α，其他的亮线都是由同样的迁移过程而产生的。相反的迁移，也就是从能量低的轨道迁移到能量高的轨道必须要吸收能量，在光谱上留下一条吸收黑线。随着量子力学的不断发展，不仅可以解释各种原子的吸收光谱和发射光谱，而且也提供了光谱的计算方法。

3.2.3　光谱在恒星研究中的应用

光谱理论的应用是天文学发展必不可少的工具，天体物理的发展离不开光谱的应用。

图 3-3 氢原子电子轨道

人们利用恒星光谱确定了恒星的化学成分和物理状态，利用谱线的红移确定了宇宙在膨胀。没有恒星光谱的研究，天文学就不可能取得如此大的成果，天文学的进一步发展还必须依赖光谱理论的进一步应用。

1. 确定恒星的化学组成

每种元素都有它自己的特征谱线，对应的特征波长均可在实验室中测出。若将所拍的恒星光谱和已知元素的特征波长相对照，便可确定天体中所含的化学成分。同时，还可根据恒星光谱中各谱线的相对强度来确定各元素的含量。在恒星光谱中，元素周期表中90%以上的天然元素已被确认。进一步的研究表明，不同主序星中元素丰度基本相同，氢约占70%，氦约占27%，这一结论告诉我们，主序星的能量来源与太阳一致，也是通过核聚变产生的。

2. 确定恒星的温度

不同恒星光谱之间有较大的差异，而恒星的化学成分差别并不大，这就意味着恒星光谱之间的差异只能来源于恒星自身物理状态的不同。研究表明，恒星的光谱与恒星的外层温度有关。外层温度的差异直接影响恒星外部各种元素原子的电离程度和激发状态，电离的原子发出的光与同种元素未被电离的原子发出的光不一样，处于不同激发状态的同种原子发出的光也不一样。利用光谱的上述性质，就可确定恒星的表面温度。

3. 确定恒星的视向速度和自转

根据多普勒效应（见 4.2 节），波长的改变量与光源和观测者之间的相对运动速度有关。由此就可推算恒星的视向速度。如果恒星存在自转运动，只要自转轴与我们的视向有一定的夹角，便可测定它不同侧的红移或紫移，从而推算出它的自转状况。

另外，根据恒星的光谱还可确定恒星外层大气的厚度和压力、恒星的磁场等，在此不再一一列举。可以说，我们对恒星性质的了解，绝大部分是从光谱研究获得的。

3.2.4　恒星的光谱、颜色和表面温度之间的关系

恒星的光谱和太阳光谱一样，也是由连续光谱和吸收线组成的。但是，不同恒星的光谱并不完全一样。根据对大量恒星光谱所进行的研究，大体上可以把恒星光谱分为 7 种主要类型（称为**光谱型**），这 7 种类型记为 O，B，A，F，G，K，M，此外还有 R，N 和 S 型。

$$O—B—A—F—G—K—M$$
$$\begin{array}{c} S \\ R—N \end{array}$$

这是取一句英文"Oh! Be A Fair Girl Kiss Me."的字首构成的，称为**哈佛分类**，由美国哈佛天文台首先确定。

对每一种光谱，还可将它分为 10 个次型，如 B 型就可以分为 B0，B1，B2，…，B9 等 10 个次型。显然 B0 和 O9 相差不是很大。O，B，A 称为**早型**；F，G 称为**中型**；K，M 称为**晚型**。

根据对恒星光谱进行的大量研究，发现恒星的光谱与恒星的颜色以及恒星的表面温度有很密切的关系。恒星表面温度较低时（2 000～3 000 开），光谱中红光较强，于是恒星就带红色；如果温度增至 5 000～6 000 开时，则光谱中黄光较强，恒星就带黄色。其变化关系如表 3-5 所示。

表 3-5　　　　　　　　**恒星的光谱型与颜色、表面温度的关系**

光谱型	颜色	表面温度（开）	典型星
O	蓝	40 000～25 000	参宿一
B	蓝白	25 000～12 000	参宿五
A	白	11 500～7 700	织女星
F	黄白	7 600～6 100	小犬座 α

续表

光谱型	颜色	表面温度（开）	典型星
G	黄	6 000~5 000	太阳
K	橙	4 900~3 700	牧夫座 α
M	红	3 600~2 600	心宿二

前面说过，不同恒星的光谱各不相同是由于恒星表面的条件，如温度、压力、密度、化学成分、电场、磁场等互不相同导致的必然结果，因此，通过对恒星光谱的研究反过来可以测得恒星的温度、压力、密度等参量。事实上，我们关于恒星的绝大部分信息是从分析恒星的光谱获得的。

3.2.5 恒星的赫罗图

天文工作者已经对大量的恒星测定了它们的光谱型和光度。1911 年丹麦天文学家赫兹伯伦（E. Hertzsprung，1873—1967 年，丹麦）、1913 年美国天文学家罗素（H. N. Russell，1877—1957 年，美国）分别研究了恒星在光谱-光度图上的分布情况。他们取恒星的光谱型为横坐标，恒星的绝对星等为纵坐标，结果得到一幅如图 3-4 所示的图形。这个图称为恒星的光谱-光度图或恒星的赫罗图，常写为 H-R 图。这张图不仅在恒星的分类中，而且在研究恒星演化方面起着重要作用。

图 3-4　赫罗图

赫罗图的横坐标是按 O，B，A，F，G，K，M 排列的光谱型，它对应恒星的温度。纵坐标是恒星的绝对星等，与光度相对应，反映恒星本身辐射能量的多少。对一颗恒星来讲，表面温度和绝对星等可以通过观测严格地确定，因此可以在赫罗图上找到一点与它对应。

从图 3-4 中可以看到，恒星在赫罗图上的分布不是杂乱无章的，而是形成几个星数较密集的序列。主要的序列如下：

1. 主星序

从图 3-4 中可以看到绝大部分恒星分布在左上角到右下角的对角线上，这个序列称为**主星序**，属于主星序的恒星称为**主序星**，太阳就是一颗主序星。我们观测到的恒星中，90%属于主序星。

2. 巨星和红巨星

在图 3-4 右上方可以看到有一组恒星，它们的光度相差不多，这一组称为**巨星**。顾名思义，巨星即大个儿的恒星都在这一区域。在巨星的上面，还有一组恒星，光度更大，称为**红巨星**。

3. 白矮星

在图 3-4 左下角有一组恒星，它们的光谱型大多属 A 型，颜色发白，光度很小，称为**白矮星**。

主序星、巨星和白矮星是 H-R 图中最主要的三群星体。赫罗图是 20 世纪初提出来的，提出来不久天文学家就注意到它的重要性。赫罗图深刻地反映了恒星的物理性质：温度相对比较低的恒星却很亮，很可能是因为它的体积很大，所以称之为巨星；温度高的恒星理应很亮，但它却很暗，则很可能是因为它的体积很小，所以称之为矮星（"矮"与"小"同义）。如果把已经测得质量的恒星标在赫罗图上，我们会发现，在太阳上方都是比太阳质量大的恒星，在太阳下方都是比太阳质量小的恒星。经过研究，赫罗图上这些恒星的特点和恒星的演化紧密相连，赫罗图实质上反映了恒星的演化过程。

3.3　变星和新星

天上的恒星，尽管明暗的程度有很大的差别，但大多数在相当长的时间内亮度没有什么变化，处于一种相对稳定的阶段。但也有相当多的星，亮度在较短的时期内有显著的变化。我们称亮度变化的星为变星。有少数星的亮度可在几天内猛增几万倍，较原有星等减少 10~14 等，我们把这些突然爆发的星称为新星。变星和新星都是不稳定星。

研究变星和新星有重要的意义：如变星的物理状态不稳定，有些变星是很年轻的天体，对它们的研究有助于解决恒星的结构、起源、演化等问题；造父变星可用来测定距离，这对于研究银河系和其他星系的结构、运动等十分重要；新星、超新星爆发时释放巨大的能量，对它们爆发原因的探讨有可能启发人们找到新的能源。

根据变星亮度变化的原因，变星又可分为食变星（又称几何变星）、物理变星（内部性质发生变化）。有一种变星，它的亮度变化很可能是由于它们一会儿膨胀，一会儿收缩造成的，这种变星称为脉动变星。另一种变星，它们的亮度变化突然，也很厉害，我们称之为爆发性变星。

3.3.1 造父变星

造父变星又称长周期造父变星或经典造父变星，是脉动变星的一种。这类变星的亮度变化是周期性的，周期在 1.5~80 天之间。光度变化幅度在 0.1~2.0 等之间。它的典型代表是仙王座 δ 星。由于仙王座 δ 星的中文名称是"造父一"，故称这类变星为**造父变星**。而造父则是春秋时代一位星官的名字。

根据对大量造父变星研究的结果，发现了一个有趣的现象：造父变星的周期越长，它的平均光度就越大。如果我们以造父变星的周期 P 的对数 $\lg P$ 为横坐标，以其平均绝对星等为纵坐标，每颗变星用一小点表示，如图 3-5 所示，就会出现大多数的点分布在一条直线附近的情况。也就是说，造父变星的平均绝对星等 M 与其周期的对数 $\lg P$ 近似地成直线关系。周期和绝对星等的这种关系称为**周光关系**。

周光关系有很重要的意义，因为任意一颗未知其距离的造父变星，只要测出它的光变周期，则按周光关系可以求出它的绝对星等，再按（3-12）式便可求出视差 π''（或距离 r）。这种方法是测定离我们极为遥远的球状星团和河外星系的距离的主要方法，因此，造父变星常被誉为"量天尺"。当然，利用周光关系测距，零点的确定极为重要。20 世纪初沙普利（H. Shapley，1885—1972 年，美国）利用造父变星的周光关系确定仙女座大星云到地球的距离为 75 万光年。后来发现原先的零点有问题：因为没有充分考虑星际物质的消光作用，将零点定大了 1.5 等。20 世纪 50 年代经巴德（W. Baade，1893—1960 年，德国）等努力，调整零点后重测得到仙女座大星云到地球的距离约为 150 万光年，正好增大了一倍多。20 世纪 50 年代以前由于距离定得过小，曾给爱因斯坦宇宙模型带来了致命的困难，从而引起了很多有趣的争论。最新测得的仙女座大星云到地球的距离为 200 万光年。

图 3-5　造父变星的周光关系

3.3.2　新星和超新星

有时在天空中会突然出现一颗很亮的星，它的亮度在很短的时间内（一两天）迅速增加，达到极大后慢慢减弱，在几年或十几年后恢复到原来的亮度，这种星称为新星。实际上，新星并非真正的新生成的星，它们原来就存在，只是因为太暗，不为人们所注意，待其亮度突然增加很多时，才为人们所重视。

新星爆发时，亮度增加很多。新星最亮时绝对星等可达 −7.0 等。新星的爆发过程中，其光谱型不断变化着。爆发前可能是一颗 O 型或 B 型白矮星，从发亮到达到极大值前光谱型是 A 型或 F 型。亮度极大时光谱中没有发射线，只有吸收线；在下降阶段，光谱经过类似星云光谱的变化，最后成为 O 型谱。

新星爆发时，会抛射少量物质到周围空间，爆发后，仍保留它们的恒星形式和它们的大部分的物质。有的新星在恢复原样后可能再次爆发，这样的新星称为**再发新星**。

除了新星，还有些恒星爆发时规模比新星更为巨大，光变幅度可达 20 等，即光度增加 1 亿倍，亮度极大时的绝对星等达 −15 ~ −17 等，这种星称为**超新星**。超新星在突然增亮后，或是它的大部分物质抛射到周围的空间中，留下致密的核心，此核心可能是一个中子星；或是将恒星物质完全抛撒，变为星云遗迹。1054 年金牛座超新星爆发在我国古代文献里有详细的记载。据记载，这颗超新星在最亮时比金星还亮，甚至在白天都可以用肉眼看到。这颗超新星爆发后的余迹就是著名的蟹状星云。目前，这个星云正以 1 300 千米/秒的速度在膨胀着，并且是一个很强的射电源。最近的研究发现，这个星云中间还有一颗快速旋转的中子星。

新星、超新星爆发的机制是什么？尽管这是一个长期进行研究的重大课题，但其理论并不完善。

据认为新星发生在密近双星之中，密近双星的两颗子星年龄各不相同，一颗是红巨星，一颗是白矮星。当红巨星膨胀到白矮星的引力范围以内，白矮星就会把红巨星外层的氢物质吸过来，当吸过来的物质积累到一定程度的时候就会产生核爆炸，导致白矮星的一次喷射。喷射以后白矮星恢复平静，然后重复上面的过程，几年、几十年或几百年后又会触发新的爆炸。

对超新星的爆发机制有多种多样的观点，如中微子沉淀、核爆炸、简并态物质的热不稳定性、快速自转等，而核爆炸被认为是可能性最大的一种成因。

天文学家已把船底座 η 星看成银河系中下一颗超新星爆发的候选星，因为这是一颗年老的恒星，而且是银河系中已知恒星质量最大的一颗。按恒星演化的理论，质量大演化过程快，寿命也短，因为在核反应中消耗的核燃料快。然而我们需要等待的时间很长，据说要几万年以后它才可能成为一颗超新星。

1987 年 2 月 24 日，位于大麦哲伦星云的超新星 1987A 在爆发后的数小时内就被发现，是现代超新星理论第一次可以与实际观测进行检验的机会。它距地球约为 51 400 秒差距，最亮时视星等为 3 等。

2006 年 9 月 18 日，距地球 2.38 亿光年的超新星 SN 2006gy 爆发，是有史以来观测到的最强烈的超新星爆发。

2015 年由北京大学科维理天文与天体物理研究所研究员东苏勃领导的一支国际团队发现了超新星"ASASSN-15lh"，它距离地球 38 亿光年，属于罕见的"极亮型超新星"家族中的一员。它的发现有望为天文学家揭开极亮型超新星的爆发之谜提供重要线索。

近两千年前，中国天文学家在《后汉书》中记载了人类历史上最早的超新星爆发。这颗现称为 SN 185 的超新星被天文学家划归为 Ia 型。自那以来，人类记录了数千颗超新星的爆发，其中最常见的类别就是 Ia 型。而东苏勃发现的超新星其爆发强度超过了 Ia 型超新星约两百倍，是纪录保持者 SN 2006gy 的两倍以上。

ASASSN-15lh 达到的最高光度比太阳要强 5 700 亿倍，是整个银河系千亿颗恒星总光度的 20 倍左右。ASASSN-15lh 是迄今为止人类记录到的最强的超新星爆发。由于它辐射的能量太高，目前超新星理论还难以对它的爆发机制和能量来源给出令人满意的解释。

2016 年美国圣母大学天文学家用了 3 年时间分析开普勒太空望远镜所观测的 50 万亿颗恒星的光谱，结果找到两颗超新星，其中一颗名为 KSN2011a，大小相当于约 300 个太阳，距地球约 7 亿光年；另一颗名为 KSN2011d，大小相当于约 500 个太阳，距地球约 12 亿光年。

3.4 恒 星 集 团

恒星世界中，一些恒星之间存在着物理联系。最简单的是由两颗星组成的系统，称为**双星**。两颗以上到十多颗星组成的系统，相互间有力学关系，称为**聚星**。更大的恒星系统称为**星团**。

3.4.1 双星

有的恒星，用肉眼看起来似乎是一颗星，但用望远镜观测时却发现它是两颗靠得很近的恒星。组成双星的两颗星之间的关系如何？有无物理联系？大量的研究表明：有的双星的两个成员星实际上相距很远，彼此之间没有物理联系，只是由于从地球上看它们差不多在同一个方向上，在天球上靠得很近。这种双星称为**光学双星**。大多数双星的确是一对具有物理联系的恒星，两个成员星按引力定律互相绕转。这种双星称为**物理双星**。今后我们提到双星时都是指物理双星。双星的两个成员都称为**双星的子星**，较亮的子星称为**主星**，较暗的称为**伴星**或**辅星**。

双星的每一子星绕它们共同的质量中心旋转，轨道是一个椭圆，但大小不同。质量小些的子星轨道长半轴长些。由于双星的两子星按引力定律互相绕转，根据天体力学的原理，可以确定两子星的质量。这是目前唯一的由观测直接确定恒星质量的方法，其他方法都是间接的。有的双星的两子星靠得很近，互相影响很厉害，有的甚至有物质交换，这种双星称为"密近双星"。对这些双星的研究提供了关于恒星结构（如大小、形状、恒星大气的物理状况等）的重要资料。另外，在离我们较近的恒星旁边，人们发现了一些即使用大望远镜也看不见的伴星。根据主星的运动情况来推算，这些看不见的伴星很可能是这些主星的行星系统。这说明，像太阳系这样的行星系统在宇宙中并不是唯一的。因此，研究双星在天文学和哲学上都具有重要意义。

物理双星又可分为目视双星、分光双星、交食双星 3 种。

1. 目视双星

在望远镜里能直接用眼睛看出是两颗星的双星称为目视双星。目视双星两子星大多相距较远，因而互相绕转的周期较长。对伴星相对于主星位置的测定，可以确定它们的运动轨道。天狼星就是一目视双星，主星-1.6 等，伴星$+7.1$ 等。

2. 分光双星

当双星的两子星距离较近，互相绕转的周期较短时，就不能用目视方法发现它。然而可用其他方法来发现双星。用光谱分析的方法发现的双星称为分光双星。人们通常是通过观测它们光谱线的多普勒位移来发现它们的绕转情况的。大熊座 ρ 星就是分光双星。

3. 交食双星

当双星轨道面的法线与我们的视线交角接近 90°时，会看到双星的一颗子星掩食另一颗子星的现象，如图 3-6 所示。A 为主星位置，B 为伴星位置。EA 为视线方向，NA 为双星轨道面法线方向。当两子星互不掩食时，如图 3-6 中 A，B_2 位置，观测到的双星的亮度为两子星亮度的叠加；当主星挡住伴星时，如图 3-6 中 A，B_3 位置，则只有主星的光射到地球，由于主星比伴星亮得多，所以双星的亮度稍微变弱些；当伴星挡住主星时，如图 3-6 中 A，B_1 位置，只有较弱的伴星的光射到地球，双星的亮度就变暗很多。互相掩食的结果使得双星的亮度作周期性变化，这种双星称为交食双星，又称食双星。英仙座 β 星是最著名的交食双星，它的亮度变化周期为 2 天 2 小时 49 分。当然，实际观测中，由于主星和伴星的大小不同或夹角不为严格的 90°，就会出现偏食、环食等现象。

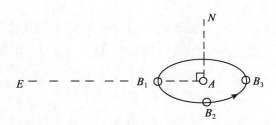

图 3-6 交食双星

3.4.2 聚星

前面说过，三颗到十来颗恒星聚合在一起，彼此间有着一定的物理联系，这样的恒星集团称为聚星。

北斗七星中的开阳星是一个著名的聚星。用肉眼可以看到开阳星近旁有一颗较微弱的暗星，称为辅星。用望远镜看开阳星，容易看出它本身也是一个双星。进一步的光谱分析和光度测量表明，开阳星的一个子星和辅星都是密近双星，而开阳星的另一个子星是三合星。所以开阳星实际上是由 7 颗星组成的一个聚星系统，可写成如下形式：

3.4.3　星团

由几十颗到几百万颗恒星聚在一起，有着某些共同的物理性质，这样的恒星集团叫作星团。星团分为银河星团和球状星团两大类。两类星团的成员星彼此间有相对运动，同时星团作为整体也在空间运动着。

1. 银河星团

银河星团又称疏散星团。它们的形状不规则，由几十颗到几百颗恒星组成，结构比较松散。已发现的银河星团约 1 200 个。它们大部分都分布在银道面附近。已知的银河星团的直径从 2 秒差距到 20 秒差距，平均约为 4 秒差距。离太阳的距离从 40 秒差距到 500 秒差距。银河星团里恒星的空间密度从里向外逐渐减小，通常我们看到的只是星团的核心部分。

金牛座中的昴星团和毕星团是最著名的银河星团。昴星团用肉眼可以看见其中的 7 颗，用大望远镜可看到它的成员星约有 300 颗，它是一个很年轻的星团。

2. 球状星团

它是由几万颗到几十万颗老年恒星所组成的具有紧凑球对称外形的恒星集团。球状星团的核心部分，恒星密度很大，在银河系中它们通常分布在银晕里。球状星团直径从 20 ~ 100 秒差距，平均为 30 秒差距。

人们在球状星团中发现了大量变星。银河系中已发现的球状星团有 130 多个，最著名的是武仙座球状星团，离我们 2.5 万光年，质量为 $3 \times 10^5 M_\odot$。

3.4.4　星协

观测发现，某些类型的恒星，如 O 型星和 B 型星，它们在天空中的分布并不是均匀的，而有聚集成团的倾向，并且聚集在一起的 O 型星、B 型星彼此之间具有物理联系，形成集团，这种特殊的恒星集团称为**星协**。星协和星团不同，在星团里一般可以找到各种光谱型的恒星，而星协则由光谱型大致相同、物理性质相近的恒星组成。

星协可分为两类：一类主要由 O 型星和 B 型星组成，称为 **OB 星协**；另一类叫 **T 星协**，主要由金牛座 T 型变星组成。星协极不稳定，整个星协在向外膨胀，因此，星协是非常年轻的恒星集团，它们的年龄估计不超过一千万年。

3.5 星云和星际物质

在恒星之间的空间中存在的各种各样的物质统称为**星际物质**，其中包括各种星云。

3.5.1 星云

除了以恒星形式出现的天体外，用望远镜观测还可发现很多云雾状斑点的天体，这称为**星云**。星云由气体和尘埃组成。星云可分为两大类：

1. 行星状星云

这种星云在望远镜中呈现为中心有亮点而四周为一圆环状气壳的外形，类似于行星与其大气，所以称为行星状星云。行星状星云中央都有一颗很热的恒星（O 型或 B 型），称为**星云的核**，环状外壳是一个由透明发光物质构成的球或椭球。已发现的行星状星云有一千多个。其直径在 0.3~3 光年之间，质量为太阳质量的几百分之一到几分之一。

行星状星云是自己发光的，温度在 6 000~10 000 开之间，它的物质密度很小，每立方厘米只有几十个原子。观测还发现，行星状星云正以 25 千米/秒的速度不断向外膨胀。

2. 弥漫星云

弥漫星云是星际气体或尘埃的不规则形状的云，没有明确的界限。一般来说，它比行星状星云大得多也稀薄得多，平均直径为几十光年，质量为太阳的几分之一到几千倍。

按发光情况可把弥漫星云分为两类：亮星云和暗星云。如果弥漫星云近旁有很亮或很热的恒星，则它就会反射星光或被星光激发而自己发光，成为亮星云。如果弥漫星云近旁没有很亮或很热的星，则星云就不会发光，成为暗星云。暗星云由于吸收位于其后的星光而被发现。

20 世纪 40 年代以来，在一些亮星云的背景上发现一些小的、多为正圆形的暗黑天体，我们称之为**球状体**，其直径由几千到几万天文单位。球状体是差不多完全不透明的球状天体，它们有可能是正在形成中的恒星。

3.5.2　星际物质和星际有机分子

过去有人认为星际空间是绝对真空，其实并非如此。在没有恒星也没有星云的地方，充满着比弥漫星云还要稀薄许多的物质，这就是星际物质。和暗星云一样，星际物质也是由于吸收恒星的光而被发现的。

星际物质并不是均匀地分布在空间里，而是聚集为一块块的"小云朵"。它们由气体和尘埃组成，平均密度为每立方厘米 0.1 个原子。星际气体中的主要成分是氢，此外还有少量氦和其他元素的原子。据估计，银河系中 10% 的总质量由星际物质提供。

从 19 世纪起，天文学家们就观测到某些迹象，表明星际空间不是一片真空。1930 年，美国天文学家特朗普勒（R. J. Trumpler，1886—1956 年，美国）通过对银河星团的研究，证实了星际之间的确存在星际物质。星际物质中 90% 以上是气体，其余是尘埃微粒，温度通常在 $-200℃$ 以下，用光学望远镜根本观测不到。

1944 年荷兰科学家胡斯特（V. de Hulst，1918—2000 年，荷兰）从理论上算出中性氢原子在能态改变时会辐射出波长为 21 厘米的电磁波。21 厘米谱线是氢原子的一条特征谱线，是探索宇宙中中性氢原子分布的重要信息源。

20 世纪 50 年代，微波雷达技术被用于射电天文观测，1951 年来自银河系的 21 厘米谱线首次被射电天文学家观测到，开创了人类射电天文谱线观测的历史。

由于星际物质非常稀薄，天文学家们起初认为星际气体都是单个原子或离子，分子是根本不可能存在的。1957 年，美国物理学家汤斯（C. H. Townes，1915—2015 年，美国）指出宇宙空间可能存在的 17 种星际分子，并提出探测到它们的射电方法。随后，科学家们 1963 年在仙后座探测到了羟基（-OH），1968 年在银河系中心区探测到了氨（NH_3）和水，1969 年发现了甲醛（HCHO）。到 1991 年，科学家已经陆续发现了超过 100 种星际分子。

科学家还在星际云中发现了一种九个原子的有机分子，分子式为 HC_7N，分子量达99。这种含有长碳链的直链分子，结构比较复杂，接近于有机化合物，至今地球上天然化合物中尚没有发现它的存在。后来又有科学家发现了十多种十个原子以上的星际分子，有的分子量已达 128。随着科学技术的发展，发现星际有机分子的记录还会不断被刷新。

20 世纪在星际空间还发现了许多种分子，特别是 1969 年观测到的有机分子甲醛。这一发现的意义重大，它把天体物理同生命起源的理论联系起来，被誉为 20 世纪 60 年代天体物理的四大发现之一（其他是脉冲星、类星体、3K 宇宙背景辐射）。实验证明，用氢、水、氨、甲烷以及甲醛等，在模拟宇宙空间的加热条件下，可合成几种氨基酸，它们是组成生命基本单元——蛋白质、核糖核酸的主要原料。

到 2017 年，发现的星际分子数量已近 200 种，其中有相当一部分是有机分子，包括复杂有机分子乙醇（CH_3CH_2OH）也在银河中心附近被大量发现。

地球生命的起源一直是困扰人类的话题之一。星际有机分子的发现给地球生命起源问题提供了重要的研究线索。星际和星系际间广泛存在的有机分子，会不会有一部分落在地球上，在长期的演化过程中这些有机分子先组成了氨基酸，进而演变成地球上最原始的生命体？宇宙是如此之大，星际有机分子不可能仅仅降落在地球上，从这个角度看，宇宙中其他天体上必定也存在着某种形式的生命体。

星际有机分子即存在于星际空间的有机分子。星际有机分子的发现有助于帮助人类了解星云及恒星的演变过程，同时增大了外星生命存在的可能性，也是星际化学的研究基础。

星际有机分子的研究是三大基础理论（天体演化、生命起源与物质结构）研究的一个重要交叉点。地球到底是不是宇宙中唯一存在高级生命的天体，需要深入研究各种类型的星际有机分子，去获取更多与更可靠的宇宙信息才能下结论。

3.6　恒星的起源和演化

尽管我们在第 2 章里已经谈到过太阳系的起源和演化问题，这里还是要给出天体起源和演化的一般定义。

天体的起源：指宇宙物质从另一种形态转化为这种天体形态的过程。

天体的演化：天体在其存在时期内在不断地变化着，不断地进行着机械运动、物理运动和化学运动，天体的质量、大小、光度、温度、磁场、结构、自转等都在变化，某些时期甚至与外界还有物质交换，这些统称为天体的演化。

与太阳系起源和演化学说相比较，恒星起源和演化学说比较成熟和完整。这是因为迄今为止人类所观测到的太阳系只有一个，有行星系统的恒星不过数百个，而观测资料又非常不完整，无法对类似太阳系的系统的起源和演化作系统分析；但观测到的恒星又何止千千万万！更重要的是，对这些恒星的年龄进行分类，我们发现了处于相对于人类而言的胎儿期、婴儿期、少年期、青年期、中年期、老年期的恒星，甚至恒星死亡后留下的灰烬我们也能把它从"坟墓"里挖出来，因此恒星的一生也就明明白白地摆在我们面前了。

有关恒星起源和演化学说的发展，大体上可分为三个阶段：

第一阶段，又称初期阶段，1850—1920 年。代表理论：

亥姆霍兹（H. L. F. von Helmholtz，1821—1894 年，德国）、开尔文提出的恒星演化收缩说，认为恒星因自身引力作用而缓慢收缩，释放的引力能以光的形式辐射出去。

赫茨伯伦和罗素共同创制了赫罗图，赫罗图成为后人研究恒星起源和演化的重要工具。作为天文学发展的一个里程碑，它也标志着初期阶段的结束。

第二阶段，1925—1960 年。代表理论：

爱丁顿奠定了恒星内部结构的理论基础。

巴德、茨维基（F. Zwicky，1898—1974 年，瑞士）研究了超新星和中子星的演化关系。

魏茨泽克、贝特提出了恒星能源的新理论——氢核聚变。

奥本海默（J. R. Oppenheimer，1904—1967 年，美国）对中子星的结构进行了计算并研究了黑洞。

斯比茨提出恒星由星际尘埃物质通过辐射压作用凝聚而成的假说。

伽莫夫（G. Gamow，1904—1968 年，美国）提出恒星演化中的中微子理论。

马丁·史瓦西（M. Schwarjzschild，1912—1997 年，美国）建立了史瓦西学说，指出了质量不同恒星的演化方式、演化速度的几种可能情况。

第三阶段，1960 年至今。

20 世纪 60 年代以来，随着宇宙飞船的发射、空间观测手段的提高，新的观测成果不断出现，极大地推动了恒星起源演化理论的发展。

这一阶段的代表人物及其理论较多，限于篇幅，不便一一叙述，可参见本书附录 4。值得一提的是伯比奇夫妇、福勒（W. A. Fowler，1911—1995 年，美国）、霍伊尔等人关于元素合成的理论。这一理论说明了宇宙中的各种元素及其同位素的形成过程以及对应于恒星的不同演化阶段元素合成的发展变化过程。正是元素的合成及其能量释放与恒星自引力的矛盾形成了恒星演化的动力。

要了解恒星的起源和演化，首先要知道恒星的内部结构。

3.6.1　恒星的内部结构

恒星的内部结构包括以下几个问题：恒星内部的温度、密度、压力由中心至表面是如何分布的；恒星的能量是如何产生的，又是如何由内向外传输的；恒星内部的化学成分、元素分布、元素合成等。

主星序的星是处于稳定状态的星。所谓稳定可以这样来理解：就恒星整体而言，既不膨胀也不收缩，恒星内部每一点所受到的引力与该点处的压力（气体压力和辐射压力）相平衡。由于恒星是一个炽热的气体球，所以这种稳定状态称为流体静力学平衡态。

现代天文学家认为，主星序上的恒星，其内部能量来自核心区的热核反应。通过质子-质子反应、碳氮循环，把氢核转变为氦核，同时释放出热能和辐射能。

热核反应所产生的能量是如何传输到恒星表面的？一般说来有 3 种方式：对流、辐射、热传导。当一个系统下部温度高、上部温度低，上下形成一个温度梯度时，下部气体受热膨胀向上升起，上部气体因较冷，向下沉降，这就形成了对流。恒星从内到外，温度由高到低，所以就可以对流形式来传输能量，太阳光球的米粒组织就是对流形式的直接证明。第二种传输方式是辐射：能量以电磁波的方式进行传输。辐射对早型恒星尤为重要，这是因为早型恒星核心区温度很高，内部辐射压强比中型恒星大得多。第三种能量传输方式——热传导，是通过气体粒子的磁撞和推挤传输能量的。热传导主要发生在红巨星核心区、白矮星的整个内部。

从恒星的一生来看，早期阶段，收缩释放的引力能是主要的能源。当星云物质因自身引力收缩时，引力能减小。减小的能量，一部分使恒星的温度升高，一部分转化为辐射能耗散到周围的空间。主星序阶段，热核反应是主要能源，晚期阶段核燃料已全部消耗，靠冷却维持发光。

3.6.2 恒星的年龄

前面说过，有的恒星年龄不超过一千万年，而有的则达几十亿年。确定恒星年龄的方法有两种：一是球状星团法，二是放射性同位素法。

球状星团法是根据球状星团的演化特征来确定恒星的年龄，这里不多说。放射性同位素法相对简单易懂。我们来看如何用放射性同位素法确定太阳系的年龄（这也是考古学家确定文物年代的常用方法）：铀元素（U）有两种同位素 U^{235} 和 U^{238}，它们的半衰期分别是 7 亿年和 45 亿年。所谓半衰期是指放射性原子由于衰变而使数目减少到一半时所经历的时间。因 U^{235} 的半衰期比 U^{238} 的半衰期短，所以 U^{235} 比 U^{238} 更快地蜕变，这就使地球上的铀中，主要成分是 U^{238}，而 U^{235} 的含量很少。U^{238} 约为 99.273%，U^{235} 约为 0.727%，这两个数值之比称为 U^{235} 与 U^{238} 的相对丰富度。随着时间的推移，U^{235} 的含量会变得更少。如果我们知道太阳系诞生时 U^{235} 与 U^{238} 两者的相对丰度，再根据二者的半衰期和现在的相对丰度，就可以计算出太阳系的年龄了。

现代恒星起源演化理论把恒星的一生分为如下几个阶段：引力收缩阶段、主星序阶段、红巨星阶段、爆发阶段、临终阶段。

3.6.3 引力收缩阶段

形成恒星的星云物质，初始在空间的分布是不均匀的，形成大小不相同的星云。当星云的温度达到 100 开，又小于 173 开，密度达到 $10^{-23} \sim 10^{-22}$ 克/厘米³，质量达到金斯

（J. H. Jeans，1877—1946 年，英国）质量，即 $10^3 \sim 10^4$ 太阳质量 $M_\odot$，且化学成分主要是氢时，则星云开始在自身引力的作用下收缩（小于金斯质量的星云无法收缩成原恒星）。收缩又分为快收缩阶段和慢收缩阶段。

快收缩阶段：这是从星云过渡到恒星的阶段。在这个阶段里，物质几乎是向中心自由降落的，在几万年到上百万年时间内密度增加十多个数量级，收缩中引力势能转化为热能，使温度增高，内部压力逐渐形成和加强。当中心密度达到 10^{-13} 克/厘米^3 后，气体不透明度增加，产生的热量不容易散开而使得中心温度不断提高。再进一步收缩到一定程度时，由于中心温度的提高，引起剧烈运动，大云团会碎裂成许多小云团，一块块小云团开始形成恒星的雏形，它们被称为原恒星或恒星胎。形成原恒星的整个过程是一个引力势能转化为热能的过程。一个 $1\,000M_\odot$ 的原始星云并非只形成一颗恒星，也不是全部质量都可形成恒星，一部分小云团质量太小无法变成恒星胎。

慢收缩阶段：当内部压力与引力几乎相等时，原恒星处于准流体力学平衡状态，便开始慢收缩过程。但此时吸引力仍是矛盾的主要方面，所以恒星仍然收缩，但收缩得比前一个阶段要慢得多。处于这一阶段的时间要比前一个阶段长得多。当中心温度升高到 700 万开以上时，氢聚变为氦的热核反应开始，这种热核反应的能量与以辐射方式向外传输的能量相等时，原恒星就不再收缩了，达到了流体力学平衡状态，一颗主序星就诞生了。

进一步的研究发现，不同质量的原恒星收缩为恒星经历的时间是不相同的，质量大的原恒星，慢收缩时间短；质量小的原恒星，慢收缩时间长。质量为 $5M_\odot$ 的原恒星收缩时间约为 60 万年，而质量为 $0.5M_\odot$ 的原恒星则需 4 亿年。

近年来运用红外技术观测到的红外源，相当大一部分是正处于快收缩阶段晚期的原恒星。

3.6.4　主星序阶段

恒星进入主星序阶段后，就开始了一个比较长的相对稳定的时期，恒星基本上不膨胀也不收缩。质量越大，光度也越大，能量消耗越快，恒星停留于主星序的时间越短，最短的只有 10^7 年，最长的约 10^{13} 年。太阳停留在主星序阶段的时间约为 100 亿年。对于质量小于 $1.5M_\odot$ 的恒星，内部核反应以质子-质子（PP）反应为主；对于质量大于 $1.5M_\odot$ 的恒星，内部核反应以碳氮（CN）循环为主。对于太阳，目前 PP 反应约占 96%，CN 循环约占 4%。根据恒星内部结构理论，在恒星中心部分氢聚变为氦的过程中，当氦的质量逐渐增到总质量的 12% 时，恒星就开始离开主星序进入下一阶段。

著名天文学家史瓦西曾把小质量恒星比作一群穷人，他们钱少，但花钱很节俭，日子过得就长些；大质量恒星是富翁，他们钱多，但花钱很铺张，日子反而过不长。恒星停留在主星序的位置，也是由原恒星的初始质量决定的：大质量原恒星停留在赫罗图主星序的上部，质量比太阳小的原恒星则停留在赫罗图主星序的下部。

若星体的质量小于 $0.08M_\odot$，则内部温度和密度将不够高，不足以开动氢聚变循环反应，只能靠引力收缩来发光。这种星体不经过主星序阶段，而是直接由红矮星转化为黑矮星。一个天体，没经历相对稳定的主星序阶段就不能称为恒星。

3.6.5 红巨星阶段

恒星结束主星序阶段后，开始向红巨星演化，质量特别大的恒星则向红超巨星演化。

红巨星在赫罗图上的光谱型多为 K 型和 M 型。位于 H-R 图右上部分。它们多数具有较大的光度、较大的体积、较低的表面温度。

对质量大于 $1.5M_\odot$ 的脱离了主星序阶段的星，由于其中心部分氢含量的减少，氦含量的增多，中心逐渐形成了一个由氦组成的对流核心，在氦核心的外围继续进行着氢核聚变反应。当恒星中心氢含量消耗到只剩 1%~2%时，由于氦核聚变的热核反应还没有点火，恒星核心部分开始收缩。收缩的引力一部分能使氦对流核心的温度升高，以恢复力学平衡；另一部分使包围着氦对流核心的氢壳层膨胀，这种膨胀导致红巨星体积增大，表面温度降低，就总的向外发射的辐射能来说，是增加了，因而表现出较高的光度。这样，脱离主星序的星演化成红巨星。当核心处氦聚变为碳的反应开始时，反应非常猛烈，使得核心膨胀，外层收缩，表面温度升高，恒星在赫罗图上从红巨星区域向左方移动。

质量小于 $1.5M_\odot$ 的恒星离开主星序阶段后，向红巨星的演化不同于大质量的星。

到 20 世纪 60 年代科学家才最后确定了大部分脉动变星都是处于红巨星阶段演化后期的恒星。恒星内部在进行氦聚变时期内，都有可能出现脉动，只要受到微小的扰动，就会周期性地膨胀和收缩。为了维持脉动，在恒星表面之下一定深度必有一个氦电离区。

3.6.6 爆发阶段

恒星演化晚期，在经过脉动阶段以后，很大一部分恒星可能还要经过一个爆发阶段。随着条件的不同，爆发方式不止一种。

到 20 世纪 60 年代后期科学家才肯定了行星状星云的核心是演化到晚期的恒星。其核心由碳核组成，外层还有氦和氢。当外层物质落入内部后，便迅速聚变，释放出大量能量，引起大量的物质抛射。也可能是氦聚变区域由内部向外层延伸，当其接近恒星表面时，光度迅速增大，辐射压力超过引力，导致物质大量流出。这是爆发的一种方式。

另一种爆发方式是新星爆发和超新星爆发。当恒星演化到晚期时，内部温度已高达几十亿开，密度已达到水的 1 亿倍以上。这时候恒星的内部会产生大量的中微子，中微子的穿透力很强，大量逃逸出恒星，导致恒星的引力收缩。恒星以极快的速度收缩，引力能转化为爆发能量，这很可能是超新星爆发的原因。当然也可能是其他原因，如核爆炸，碳、氧聚变成更重的元素等。超新星爆发后会留下许多碎片。如最强的射电源仙后 A，其光学照片上只看到很多从一个中心点以每秒 7 440 千米的极高速度朝四面八方飞奔的碎片。射电源仙后 A 是约 300 年前爆发的一个超新星的遗迹。另外，脉冲星、X 射线源都可能是超新星爆发的遗迹。

3.6.7　临终阶段

现代大多数天文学家认为白矮星、中子星、黑洞是恒星演化的最后阶段，它们都是高密天体，故临终阶段又可称为**高密阶段**。关于这三种天体的性质将在本书第 5 章中讨论。恒星经爆发或经其他途径后演化成上述三种天体中的哪一种天体，取决于星的质量。

恒星在核能消耗尽后，如果它的质量小于 $1.44M_\odot$（$M = 1.44M_\odot$ 称为钱德拉塞卡（S. Chandrasekhar，1910—1995 年，印度裔，美国）极限，就可能演化成白矮星；如果它的质量在 $1.44\sim 3M_\odot$ 之间，就可能演化成中子星；如果它的质量大于 $3M_\odot$（$M = 3M_\odot$ 称为奥本海默极限），就可能演化成黑洞。

白矮星、中子星内部没有核能，都是靠它们的剩余热量逐渐冷却而发光的。中子星的温度比白矮星高，能量消耗较快，寿命只有几亿年，而白矮星的寿命可达数十多亿年。当白矮星、中子星内部的热能消耗完后，它们就演化成为不发光的黑矮星。黑矮星已不再是恒星，而是恒星的残骸。恒星的一生，到黑矮星就算结束了。但黑矮星作为一个天体，还将进一步演化。例如，它们可能由于互相碰撞而粉碎，转化为弥漫物质，以后弥漫物质在一定的条件下重新集聚成恒星；它们也可能由于碰撞而结合成为较大的天体，重新活动起来；它们也可能吸积周围的星际弥漫物质，发出 X 射线辐射和引力辐射，当吸积的物质足够多时，达到使内部发生重核裂变的条件，使熄灭了的天体重新热起来，重新成为发光的恒星。以上的几种可能性，还有待观测事实的检验。

3.6.8　小结

恒星是不断向空间辐射能量的气体球。它的主要能源是在其内部深处发生的热核反应所释放的能量，其星核收缩或坍缩时也释放能量。恒星的结构和演化受两种相反作用力的支配：力图使恒星坍缩的引力，企图使恒星膨胀的压力。某些时期中一种力稍占上风，那么恒星便呈现为膨胀或收缩，但最终引力将使恒星变为冷的、致密的、走向死亡的星。

恒星的一生可用图 3-7 表示。

图 3-7　恒星演化示意图

一个质量约等于太阳质量的恒星离开主星序后的演化路线如图 3-8 所示。

处在红巨星阶段的恒星，氢聚变为氦的热核反应仍然在进行。由于核心内部的氢已经用完，发生反应的区域将逐步向外推移，核心里堆积的氦会越来越多，而且这部分氦还要不断地收缩，因此核的温度在不断升高。当温度升到 1 亿开，密度达到 10^5 克/厘米^3 时，氦开始进行核反应，主要过程是两个氦核碰成一个铍核，铍核和氦核碰成碳核。氦点火是一个相当猛烈的过程，所以又称为"氦闪"。氦闪开始之后，核心又会膨胀，使温度降低，氦闪随之停止。一次氦闪的时间往往持续几千年。氦闪以后，氦仍可以缓慢地燃烧。恒星氦闪的发生可以不止一次，因而恒星在巨星区的位置来回摇摆。恒星在红巨星阶段究竟能停留多长时间，目前还没有肯定的结论，但比之在主星序上停留的时间要短得多。太阳变成红巨星之后，可能停留 10 亿年左右。

质量比太阳大很多的恒星到后来会产生爆发。恒星爆发的形式有很多种：新星、超新星、各种爆发变星、再发新星等。恒星内部的热核反应是一个持续不断的过程，先是燃烧

图 3-8　离开主星序以后的演化路线

氢，氢燃烧后变为氦；氦还可以燃烧，燃烧以后变成碳；碳还可以燃烧变成氧……每次反应的过程总是这样的：当一种燃料烧完之后，核心缺少能量辐射，便开始收缩，收缩后使温度进一步提高，达到下一种燃料的燃点，便又开始新的燃烧。这些热核反应有一个特点，它们都是聚变，原子核越滚越大，滚到铁核便停止了。铁的原子量是 56，它有 26 个质子，30 个中子。铁核不能参加聚变了，但可以反过来发生裂变。裂变会产生大量中微子。中微子的穿透本领很强，产生以后便很快跑掉，带走能量，同时也带走与引力收缩抗衡的斥力，这样会导致核心坍缩般地收缩，从而引起爆炸。

猛烈的爆炸不仅产生向外的强大压力，还会向里产生强大压力，这个强大压力可能产生中子星。

前面说过，恒星最终的归宿是白矮星、中子星或黑洞。恒星的演化过程总是在不断损失质量，最后剩下的质量当然不能和最初的星云相比，也不能和原恒星相比，但就是这点质量决定了恒星的归宿。

太阳是一颗中等质量恒星，图 3-9 就是这类恒星演变的全过程。

当然，恒星的起源和演化还有大量问题需要研究。如双星的起源是一个未解决的问题。双星占了恒星总数的 1/3 左右，它的产生有三种可能性：

（1）弥漫物质里出现两个凝聚核心，最后发展成一对恒星。

（2）一颗恒星由于自转太快而分裂成两颗子星。

（3）一颗恒星俘获接近它的另一颗恒星。

事实上，我们对宇宙的了解还很少，只不过是沧海一粟罢了。

图 3-9 一颗中等质量恒星演化过程示意图

3.7 恒星起源与演化中的哲学思想

辩证法的规律是自然界实在的发展规律，现代恒星起源和演化的研究成果，为此提供了有力的证据，我们将从三个方面来阐明恒星起源与演化过程中的辩证规律。

3.7.1 新陈代谢是恒星演化的基本规律

新陈代谢是宇宙普遍的永远不可抵抗的规律。不仅生命是如此，无机物质也遵循这一规律。恒星的演化就是一个生动的例证。

首先，恒星的演化是有生有灭的。这里的"生"是指宇宙中的物质从一种物质形态（星际弥漫物质或星云）转化为另一种物质形态（恒星）的过程，也就是恒星的起源过程。而"灭"则是指从恒星这种物质形态再转化为其他的物质形态的过程，也就是恒星的死亡过程。

大多数学者认为恒星是由星云形成的，许多观测事实也为这种说法提供了有力的证据。例如，比较年轻的 O 型和早 B 型恒星常和弥漫物质在一起。1946 年才被发现的球状体，就是一种似云非云、处在收缩阶段、还没有发光的原恒星。后来又发现了似星非星、被称为赫比格-哈罗的天体。它们呈云状，但其内部却包着一个类似恒星的核心。20 世纪 60 年代以后，还发现了一批红外源，其中的一部分已被认为是年轻的、正在形成的恒星，其表面温度只有几百开。这些事实告诉我们，星际弥漫物质、星云和恒星之间，在一定条件下是可以互相转化的。

一切产生出来的东西都一定要死亡。恒星也不例外。恒星在经历了产生和发展过程后，最后进入衰亡阶段，成为黑矮星或黑洞，从此了却自己的一生。

其次，恒星的演化又是有灭有生的。所谓有灭有生，就是指物质从新的弥漫物质或恒星的残骸这种物质形态，再转化为另一种物质形态，即新一代恒星的过程（尽管由弥漫物质变成新一代恒星的大部分细节目前人们还不太清楚）。

这里还有一个问题比较重要——从原来恒星上放射到宇宙太空中去的热量能否重新集中，从而使新的弥漫物质不但能转化为新一代的恒星，而且能转化为"灼热"的恒星呢？热能的消散和热能的集中是对立的统一，双方在一定条件下是可以互相转化的。恩格斯（F. Engels，1820—1895 年，德国）曾预言："放射到太空中去的热一定有可能通过某种途径转变为另一种运动形式，在这种运动形式中，它能够重新集结和活动起来。"这个预言尽管还没有得到最后的确认，但是现代自然科学的发展已经为此提供了一些有力的证据。1933 年，科学家发现电子偶（正负电子）在一定条件下可以转化为光子，反之亦然。星际空间不是绝对透明的，有大量星际物质存在，恒星的辐射大部分在银河系内就被星际物质吸收，当这些吸光物质重新参加新天体的形成过程时，必然伴随着能量的集中。因此我们相信，随着能量集中问题的最终解决，星云再转化为新恒星的困难也就随之迎刃而解了。

再次，恒星的演化又是无限循环的，这是恒星演化中新陈代谢的又一个特点。整个自然界已被证明是在永恒的流动和循环中运动着的。在有生有灭和有灭有生的过程中，使得恒星从星际弥漫物质转化而来，又回到星际弥漫物质中去，最后又转化为新一代的恒星，从而构成了宇宙中物质的一次巨大的循环。由于物质与运动转化的能力是无限的，所以在这个循环中恒星的生与死的转化也是无限的。

应当指出，这个循环不是简单的重复，因为新一代恒星与上一代的恒星在化学组成上是有区别的。每一次的循环都是在更高的基础上进行的，既重复上一代恒星的某些因素又加进了许多新的内容，因而是一个否定之否定的过程，是旧的不断死亡、新的不断产生的新陈代谢的过程。

3.7.2　吸引与排斥的对立统一是恒星演化的动力

一般来讲，在恒星演化中吸引主要是指恒星各部分之间万有引力的作用，即自吸引，这种作用由外向里使恒星收缩；排斥主要是指微观粒子的热运动所产生的气体压力和恒星内部的电磁辐射所产生的辐射压力，这种作用由里向外使恒星膨胀。吸引与排斥这对矛盾始终贯穿在恒星演化的各个阶段中。因此，研究恒星的演化主要就是分析吸引与排斥这对矛盾在不同阶段的特殊表现，以及矛盾主要方面的转化过程，因为每一次的转化，往往标志着一个新阶段的到来，从而不断推动恒星演化的进程。

引力收缩阶段是恒星的幼年期，它又分为快收缩阶段和慢收缩阶段。总的来说，星云中物质的自吸引占优势，是矛盾的主要方面。到慢收缩阶段后期，排斥增强到与吸引相抗衡时，原恒星就转化为恒星。然后恒星进入主星序阶段，此时吸引和排斥处于势均力敌的局面，恒星既不收缩也不膨胀。当恒星中心的氢消耗完以后，由里向外的辐射压力和气体压力抵挡不住由外向里的自吸引时，吸引再次上升为矛盾的主要方面。最后再经过一系列反复的膨胀、收缩过程，恒星最终走向死亡。

如果恒星死亡后成为黑洞，那么黑洞中是否只有吸引而没有排斥呢？吸引能不能转化为排斥呢？

有些学者认为在黑洞里吸引占绝对统治地位，再也找不到其他排斥力量能够抵抗它而保持平衡的局面了，因此星体将会无限制地收缩下去，最后星体成为一个时空奇点。这种无限收缩论的观点是值得怀疑的。第一，它违反了辩证法，只讲矛盾的一方面，而不讲矛盾的另一方面，所以是片面的。第二，它违反了运动不灭原理，运动是既不能消灭也不能创造的。第三，霍金的研究表明，黑洞以稳定的速度向外发射粒子，这种发射粒子具有热辐射的性质，并且随着辐射的不断加快，黑洞最后会被完全"蒸发"或爆炸。吸引与排斥的辩证统一，也应能适合黑洞这样的特殊天体。

3.7.3　质量互变是恒星演化的主要规律

恒星演化的阶段性还说明了恒星演化也是遵循质量互变规律的。自然界中一切物体的质变或者基于物质组成的成分和数量的变化，或者基于其运动量的变化，或者基于其能量的变化，或者同时基于这三者。因为影响恒星演化质变的主要量变因素是质量、能量、化学成分、温度等物理量，所以上述自然法则基本上也适用于恒星的演化。

这里只看 3 个例子。① 只有当星云质量的数量界限大于金斯质量时，这块星云才能收缩、碎裂成为原恒星。如果这块星云的质量小于金斯质量，那么星云只能成为星云，而不能转化为原恒星，不能引起质变。② 如果星体的质量小于 $0.08M_\odot$，其内部的温度和密度将不足以开动氢氦聚变反应，星体只能靠引力收缩而发光，到了不能再收缩时就不再发光了。这种星体将不经过主星序阶段，而直接从红矮星转化为黑矮星并引起质变。所以，星体的质量不同，演化中量变的路线不同，因而质变的结果也不同。③恒星爆发后剩下的质

量 M 决定着它的最终去向：

$$0.08M_\odot \leqslant M < 1.44M_\odot \longrightarrow 白矮星$$

$$1.44M_\odot \leqslant M < 3M_\odot \longrightarrow 中子星$$

$$3M_\odot \leqslant M < 70M_\odot \longrightarrow 黑洞$$

值得一提的是，如果恒星原来的质量小于中子星的极限而大于白矮星的临界质量，则它可以不经过爆发而直接演化为中子星。如果原来恒星的质量大于中子星的临界质量，则可通过爆发方式使其质量减小到这个临界质量以下而成为中子星。当然，如果爆发后质量仍然大于中子星的临界质量，则此恒星最后的归宿为黑洞。

综上所述，辩证法的基本规律正是自然界发展和演化所必须遵守的规律。事实上，哲学的基本规律正是从自然规律中总结和概括出来的。

思 考 题

1. 已知天狼星的距离是 2.7 秒差距，试求这个距离相当于多少光年，多少天文单位，多少千米？

2. 天狼星的视星等是 −1.46 等，它的伴星的视星等是 8.68 等，试求出它们的亮度比是多少？（可认为它们到地球的距离相等）

3. 已知半人马座比邻星视星等是 11.05 等，视差是 0.762″，试求它的绝对星等。

4. 天琴座 RR 星的绝对星等是 0.6±0.3 等，问由于绝对星等的误差引起的距离的偏差有多大？

5. 观测一颗食分光双星，子星轨道运动周期是 10 天，设其轨道是圆形的，两颗星距离为 0.5 天文单位，一颗星的质量是另一颗星质量的 1.5 倍，求两子星的质量。

6. 恒星的光谱分析有何作用？

7. 恒星的赫罗图是怎么回事？它的内涵是什么？

8. 主星序的恒星有何特点？

9. 试说明恒星的质量在恒星演化各阶段中的作用。

10. 恒星的能量来源在恒星的产生、发展和灭亡过程中是怎样变化的？

11. 恒星的演化包括哪几个阶段？

12. 恒星集团有哪几种形式？

13. 形成亮星云和暗星云的条件是什么？

14. 试述太阳的一生。

15. 为什么质量太小和太大的天体都不能成为恒星？

16. 说说你所知道的恒星距离测量方法。

17. 为什么不同质量的恒星死亡方式不一样？

18. 如果太阳质量是现在的两倍，那地球上会有生命吗？

19. 星际有机分子的发现有什么意义？

20. 宇宙中大概有多少颗恒星？

第 4 章
星　　系

　　星系是几十亿颗至几千亿颗恒星以及星际气体和尘埃物质等组成的天体系统，它占据了几千光年至几十万光年的空间距离。

　　一直到 19 世纪，人们的视野才从太阳系扩展到银河系。但对银河系面貌的认识到 20 世纪初才搞清楚。银河系之外还存在其他星系吗？答案是肯定的。随着天体照相术的发展，以及望远镜口径的增加，这方面的研究越来越深入。1924 年，哈勃（E. P. Hubble，1889—1953 年，美国）用威尔逊山 2. 5 米望远镜确定了仙女座大星云到我们的距离，这才肯定仙女座大星云是银河系之外的一个星系。我们把银河系外的星系统称为**河外星系**。

　　河外星系是不是与银河系属同一等级的天体系统呢？回答也是肯定的。所有资料和研究结果都表明，银河系仅仅是一个很普通的星系，无论从大小还是质量来说都不处在特别优越的地位。

　　最近半个世纪，由于射电天文学的发展，人们观测到了一大批非常奇特的星系，它们有极高的发光度，在很短的时间内有过剧烈的爆发现象，有的星系甚至在只有日地距离这样大小的范围发出比整个银河系还要强上万倍的光度，我们把这种星系叫作**活动星系**。

　　星系的运动包括两方面：一是星系内部恒星的运动，如太阳绕银河系核心高速旋转；二是星系整体的运动，如成对的星系绕公共质心的运动，星系彼此远离，进行着宇宙膨胀运动。

　　目前观察到的河外星系已达 4 千亿至 5 千亿个，观测距离达 140 亿光年以上。

　　人类所能观测到的所有星系统称为总星系。天文学所指宇宙往往就是指总星系，是有限的；而哲学上的宇宙无论是时间还是空间都是无限的。

　　人们开始认识星系时并没有认识到它是由恒星组成的系统，而认为它是由弥漫物质组成的星云，所以像典型的旋涡星系仙女座大星云被称为"星云"。法国天文学家梅西叶（C. Messier，1730—1817 年，法国）把当时已发现的星云搜集在一起，编制了世界上第一个关于星云和星团的星表。英国天文学家赫歇耳经过大量艰苦的观测，把梅西叶星表中的103 个星云增加到 2 500 个。赫歇耳用他的大望远镜居然把星云分解成恒星，所以他断言所有的星云都能分解成恒星，只要有足够大口径的望远镜就可以了。现在我们知道有的星云确实不能分解成恒星，例如蟹状星云，它是超新星爆发的遗迹。另外，还存在由弥漫物质组成的处于恒星形成早期阶段的星云。直到 20 世纪 20 年代美国天文学家哈勃测定星系的距离以后，才为我们描绘出一幅由星系组成的宇宙的粗糙图像。

很长一段时间内在人们头脑中的宇宙的概念是指太阳系和银河系，因为牛顿力学在解释天体运动方面的成功，确立了它在自然科学中不可动摇的地位，所以以牛顿时空观为基础的宇宙模型自然就被人们接受了。20 世纪初爱因斯坦发表了广义相对论，这个理论改变了人们固有的时空观念，构造出了一个使人很难理解的宇宙膨胀模型。哈勃观测到的河外星系具有红移又说明宇宙确实在不断地膨胀。既然宇宙在膨胀，所以有的天文学家认为宇宙起初会处于一个范围很小、密度和温度又很高的状态。反对这种说法的天文学家给这种理论取了一个带有讽刺味道的名字"宇宙大爆炸"。到 20 世纪 60 年代发现了 3K 宇宙微波背景辐射后，说明宇宙确实是由高密度高温度状态不断膨胀、不断冷却而发展到如今的状态的，其间经历了大约 140 亿年。"宇宙大爆炸"反而成了这种理论非常形象的名称了。

4.1 银 河 系

在晴朗的夜晚，可以看到天空中有一条明亮的相当宽的星带，它环绕整个天空。这条光带称为银河。

4.1.1 银河系的结构

用望远镜观测，可以看出银河系是由许多恒星组成的，也有不少星云，很多的星体密集在一起，因而形成一条光亮的带子。

恒星高度集中于银河系内，而在其他方向上分布得较稀疏，这个现象很自然地使人们认为，恒星可能组成一个圆盘状的庞大系统，观测资料也已证实了这个看法。

研究银河系结构的一个重要方法就是分析各类天体在空间的分布。测定了天体的方向和距离，便确定了它们在空间的位置。对大量各类天体进行统计，便能得到各类天体在空间的分布状况，由此可对银河系的形状、大小等概况作出判断。

银河系大体上可以分为银盘和银晕两部分，如图 4-1（a）所示。银盘是圆盘状的恒星密集区，形如一块铁饼。属于银盘的天体有 O 型星、B 型星、长周期造父变星、银河星团、星云等。太阳也位于银盘中，位置如图 4-1（b）所示。银盘的直径约 30 000 秒差距，银盘中心部分的厚度约 3 000 秒差距。太阳离银河系中心——银心的距离约10 000 秒差距。在太阳附近，银盘的厚度约为 1 500 秒差距。另外，太阳并不处在银盘的对称面银面上。

银晕是一个范围更大的、比较接近球状的区域，其直径约 50 000 秒差距。属于银晕的天体有天琴座 RR 型变星、球状星团、某些巨星和矮星。这些天体也渗透到银盘中去。银晕中的星际物质比银盘中的少得多。

图 4-1　银河系侧视结构图

银盘和银晕的中心有一恒星特别密集的部分，称之为银核，其直径约 3000 秒差距。银核的本质和结构还有待进一步研究。

分析恒星空间分布得到的另一重要结果是发现银河系有几条旋臂，因而银河系具有旋涡状的结构，是一个旋涡星系，旋臂位于银盘内，如图 4-2 所示。

图 4-2　银河系俯视结构图

银河系的恒星无法用直接计数的方法数出来。从理论上推算，估计银河系里有 1 000 多亿颗恒星，最新报道认为有 3 000 亿颗恒星。银河系的质量也是从观测资料结合理论推算出来的，约为 1 400 亿个太阳质量。

银河系的基本参量可概括如下：

银河系总质量：$10^{11} \sim 10^{12} M_{\odot}$

银河系恒星数：1.2×10^{11} 颗

银河系年龄：10^{10} 年

银河系直径：30 000 秒差距

太阳距银心距离：10 000 秒差距

肉眼可观察恒星：6 000 颗

2013 年 6 月，NASA 公布了 1.6 亿像素容量为 457MB 的最清晰银河图。

4.1.2 银河系的运动

大家知道，运动是物质的永恒属性，卫星、行星、恒星无一不是运动着的天体。银河系里的恒星以及星团、星云等在以很大的速度运动着。它们的运动可以分为两种：一种是绕银河系中心的转动，即银河系的自转，这种运动是有规律的，转动的速度随离银心的距离而变化。在太阳附近，银河系的自转速度为 250 千米/秒，考虑到太阳离银心的距离为 10 000 秒差距，则可算出在太阳处银河系的自转周期，也就是太阳绕银心转一圈的时间，等于 2.5 亿年。另一种是杂乱无章的运动，运动的方向没有规则，速度一般为每秒几十千米。如太阳除了同邻近的恒星一起绕银心转动外，还相对于邻近的恒星以 19.5 千米/秒的速度向着位于武仙座中的某一点方向奔驰。

4.1.3 银河系最新观测结果

本世纪初，中国、美国、德国等 8 国的天文学家筹划建立了"银河系棒和旋臂结构遗珍巡天"（Bar and Spiral Structure Legacy Survey，简称 BeSSeL 计划）重大科学计划研究团队。该计划用等效口径大小为地球直径的甚长基线干涉阵直接测量大质量恒星的位置和运动来确定银河系的结构特征。

2020 年 4 月，BeSSeL 计划参与者美国哈佛—斯密松天体物理中心里德（M. Reid）和南京大学天文与空间科学学院郑兴武教授联合发表文章，总结了由他们及德国马普射电天文研究所门滕（K. Meten）教授所领导的国际团队历经 15 年对银河系结构的研究成果。

该团队用甚长基线干涉技术精确测量位于银盘上近 200 个大质量恒星的距离和自行，得到银河系旋臂的结构、太阳系的位置以及它绕银河系中心旋转的速度，并绘制出尺度为 10 万×10 万光年的全新银河系结构图，如图 4-3 所示。这是迄今最精确的银河系结构图。

图中清晰地展示出银河系是一个具有四条旋臂的棒旋星系，基本解决了银河系究竟有

图 4-3 郑兴武和里德绘制的银河系结构图

几条旋臂这个天文学中长期悬而未决的重大科学问题。从 2003 年开始，研究团队测量了银盘上 163 个大质量恒星中脉泽源的距离和自行，结合国际上其他团组测量的 37 个脉泽源，共获得了银河系中近 200 个大质量恒星的距离和自行。这些大质量恒星在银盘上的分布清晰地勾画出 4 条主旋臂，它们分别是英仙臂、人马-船底臂、矩尺臂和盾牌-半人马臂。研究团队结合红外、一氧化碳和大量年轻天体的观测资料，最终绘制出了银河系结构图。

从图 4-3 能看出，除了四条几乎可以环绕银河系一周的旋臂之外，银河系还有至少一个额外的旋臂段（本地臂），并且各主要旋臂都可能有许多分叉。这些旋臂特征使得银河系显得相当普通，大约三分之二的旋涡星系都有中心棒结构，因此银河系属于占旋涡星系绝大多数的棒旋星系。但银河系拥有四条清晰、明确且相当对称的旋臂，显得比较独特，因为大多数旋涡星系的旋臂都少得多，并且旋臂也比较凌乱。

图 4-3 还显示，太阳非常接近银河系的第五条旋臂，这似乎是一段孤立的旋臂，即本地臂。通过绘制大量年轻恒星的三维位置，并对它们的运动速度进行测量建模，可以推算出银河系的基本参数：太阳到银河系中心的距离为 8 150 秒差距（26 600 光年），这比几十年前国际天文联合会建议的 8 500 秒差距的值要小。他们还发现银河系在太阳位置处以 236 千米/秒的速度旋转，这大约是地球绕太阳旋转速度的 8 倍。根据这些参数值，可以知道太阳绕银河系旋转一周需要大约 2.12 亿年。

处于太阳位置之内的银河系内盘非常薄,几乎是一个平坦的平面。但太阳相对于该平面的垂向高度一直存在争议。他们确定太阳仅比该平面高约 6 秒差距(20 光年)。这一高度仅为太阳到银河系中心距离的 0.07%,这意味着太阳非常靠近银盘的中平面。

尽管 BeSSeL 计划得到了一些新的答案,但仍有很多悬而未决的重要问题。天文学家仍在争辩旋臂是如何产生的。关于这个问题有两种相互竞争的理论,一种理论认为,整个银河系尺度上的引力不稳定性会形成持久的螺旋形旋臂图案的密度波;另一种理论则认为,一些旋臂片段会随着时间的流逝,因为小尺度上的不稳定性而被拉伸、放大,进而连接起来,形成更长的旋臂。在前一种理论中,旋臂可以持续数十亿年,而在后一种理论中,虽然旋臂的寿命较短,但新的旋臂在银河系的整个演化历史中会出现多次。

4.1.4 星族

最新的观测发现,旋涡星系旋臂中的恒星的赫罗图与核心部分的恒星的赫罗图之间有很大的不同。这表明银河系及其他旋涡星系的天体可以分为两大类,分别称为星族 I 和星族 II。

属于星族 I 的天体有 O 型星、B 型星、长周期造父变星、银河星团、星云等,太阳也属于星族 I。星族 I 的天体比较靠近银河系的对称面,分布在银盘里,但在星系的核心部分却很少。这些天体中的重元素含量较多,且多为较年轻的天体。

属于星族 II 的天体有星系核心部分的恒星、天琴座 RR 型变星、球状星团等。星族 II 的天体分布在一个以星系核心为中心的球体或扁球体内。这些天体中重元素含量较少,且多为较古老的天体。

4.1.5 银河系中心有巨型黑洞

银河系的中心凸出部分即银核是一个很亮的球状物,这个区域由高密度的恒星组成,主要是年龄为一百亿年以上的老年红色恒星。很多观测证据表明,在银核中心存在着一个巨大的黑洞,从而使银核的活动十分剧烈。

12.8 微米的红外观测资料指出,银核中心直径为 1 秒差距的银核所拥有的质量为 500 万~600 万个太阳质量,其中约有 100 万个太阳质量是以恒星的形式出现的。科学家们认为余下的 400 万~500 万个太阳质量可能被一个巨型黑洞所拥有,这个黑洞观点现已被天文学家们普遍接受,并命名为**"人马座 A"巨型黑洞**。有学者甚至认为巨型黑洞的存在是银河系作为旋涡星系的重要条件,详见第 5 章。

4.1.6　银河系经典理论与起源学说简介

人类认识银河系经历了一个漫长的阶段，而且至今还无法完全认识它。18 世纪中叶，人们普遍认为银河系中的恒星是对称分布的。1785 年，赫歇耳用恒星计数法描绘出银河的结构。他认为银河是一个扁平状的系统，该系统沿银面方向的尺度是垂直于银面方向的 5 倍，太阳位于银河系的中心。19 世纪末，从研究恒星的位置和运动中，人们得出银河系是一个直径约 7 000 秒差距、厚度约 1 850 秒差距的扁平系统的结论。1918 年美国天文学家沙普利推断出太阳不是位于银河系的中心，而是位于银面附近，距银心约为 3 万光年。然而他高估了银河系的规模，直到 1930 年才最终确立了现代银河系的模型。

银河系的起源理论同宇宙起源理论紧密相关。按照大爆炸宇宙论，原星系（包括银河系）是由于宇宙中物质密度起伏以及和起伏有关的引力不稳定性形成的。若按稳恒态理论，物质创生于密度最高的星系核处，因而星系是连续形成的。从研究太阳附近年老恒星的运动资料得出结论：由原银河系坍缩成银河系的特征时间为 2×10^8 年。富含金属的恒星在坍缩过程中最先形成，原银河系中的大部分物质则保持气态并继续沉降，在损失若干能量后变成银盘。

根据迄今为止的有关银河系的观测资料，可大致给出银河系可能的起源和演化史：100 多亿年前，有一个巨大的星系际云，在自身引力的作用下收缩，在收缩过程中分成了若干云块，其中一块大云形成了后来的银河系，其他云块则形成大、小麦哲伦星系和其他河外星系。

大云块在自身的引力作用下不断地收缩凝聚，内部逐渐形成许多密度较大的球状团块，即球状星团的前身。每一个球状团块至少有 10 万倍的太阳质量，这些团块在自身引力的作用下进一步收缩，而且比银河系整体收缩得更快，最终团块破碎成许多更小的碎块——原恒星产生了。

大云块在收缩的过程中，云中心的密度增加最快，逐步形成一个中心密集区，即银心产生了。受到银心的引力作用，球状星团向它靠拢。随着大云块的收缩，内部运动渐趋一致。由于角动量守恒，伴随着气体云的坍缩，引力能的释放加速了旋转运动，这就形成了银河系的自转。自转的存在和加快使尚未形成恒星的小云块互相碰撞，损失能量，扁化为银盘，而银盘内逐渐形成了大量的恒星，它们都在大致圆形的轨道上绕着银心转动。

这是一个粗略的模型，很多细节不便多说。银河系并不是孤立的，它的起源和演化会受到邻近星系的作用和影响。最近哈勃太空望远镜发现距银河系中心 5 万光年的人马座矮星系正朝着银河系方向运动，预计将在几亿年内被银河系吞食掉。可见，银河系与河外星系的碰撞与合并将在演化过程中起重要的作用。

哈勃太空望远镜已经拍摄到两个星系发生碰撞的照片，两个星系的碰撞或相互吞噬会形成一个更大的星系。如果星系核相遇会形成一个质量更大且高速旋转的新核，旋转的星系核会在两极产生喷流，由小喷流变成喷流带，最后形成旋涡星系的两条旋臂。

4.2　河　外　星　系

自伽利略首先用望远镜观测天体以后，人们开始用望远镜来观测肉眼看不见的天体，并且有了许多重大发现。人们发现了无数个凭肉眼看不见的暗弱天体，它们大多数并不是单个天体或者并不是单个面光源，人们称之为**非星天体**。例如，行星状星云、气体尘埃云、星团。还有一些云状星云，这些星云的距离和属性都不清楚，这样的天体被统称为星云。

这些星云是银河系之内的天体，还是银河系之外的天体？是恒星世界中我们的近邻，还是遥远的宇宙之岛？判定这些星云的距离似乎成为 20 世纪初天文学的首要任务。当然，要确定星云的距离，首先应该确定银河系的范围和形态。经过长期努力，20 世纪 30 年代，一个比较符合实际的现代银河系的模型已经被人们普遍接受，于是天文学家有了观测和研究星云的前提。通过不太长时间的艰苦工作，一门新的天文学分支——河外星系天文学诞生了。人们终于知道银河系实际上只是空间上有限的恒星、尘埃、星团和行星状星云、星际物质的集合体，仅仅是宇宙中的一个小岛。在银河系之外，还有更深远的空间，那里分布着与银河系类似的天体系统——星系、星系群和星系团。河外星系的观测和研究改变了人类对宇宙的认识。

美国天文学家哈勃被公认为是河外星系天文学的奠基人。哈勃于 1924 年在威尔逊山天文台通过直径为 2.5 米的反射式望远镜发现仙女座大星云里存在着造父变星，利用造父变星的周光关系得出仙女座大星云的距离是 690 000 秒差距。我们知道银河系直径是 25 000~30 000 秒差距，这是人类第一次测得河外星系的距离，尽管它并不太精确。

河外星系的直径在 3 000 光年到 50 万光年之间，质量在 $10^7 \sim 10^{14}$ 太阳质量之间。

科学家估计河外星系的总数在千亿个以上。哈勃太空望远镜曾进行过多次哈勃深视场（Hubble Deep Field）拍摄，引起天文学界的极大关注。哈勃深视场是一张由哈勃望远镜所拍摄的小区域夜空影像，哈勃望远镜选择看似空无一物的深空景点，进行 342 次曝光，最终照片上竟然出现数以千计的遥远星系，可见宇宙之浩大，星系之众多。

4.2.1　河外星系的分类

河外星系的数量非常多，按照形状的不同，河外星系可分为以下四类：

椭圆星系：呈椭圆形，扁度差别较大，有的几乎是圆形，有的呈梭状。这类星系以拉丁字母 E 表示。

旋涡星系：具有一个核心部分，又有两条或更多条旋臂从核心延伸出去，呈旋涡状。这类星系以拉丁字母 S 表示。

棒旋星系：具有长长的像棍棒那样的核心部分，在"棒"的两端有旋臂延伸出去。这类星系以拉丁字母 SB 表示。

不规则星系：形状不规则。这类星系以拉丁字母 Irr 表示。它的数目不多，仅占很小一部分。

图 4-4 给出了星系形状的四种不同类型。

图 4-4　星系形状的四种不同类型

从图 4-4 中可以看出，各种类型的星系还可分为各种子类，以便更好地区分它们的形状。

椭圆星系字母 E 后附带一个 0 到 9 的数字。数字代表 $10 \times \left(1 - \dfrac{a}{b}\right)$ 的整数部分，其中 a 和 b 是星系在照片上的像的长半轴和短半轴。E0 相当于星系的像是一个圆，它是椭圆星系的特例——圆状星系。椭圆星系约占星系总数的 10%。

旋涡星系有一直径 50 000～150 000 光年、厚度约为直径 $\dfrac{1}{10}$ 的主星系盘。旋臂"镶"在星系盘中，从中心向外旋出。旋臂中包含星系中最密集的星际气体和尘埃，其中可能存在新生的恒星。在星系盘的中心是一个通常呈球状的大核球，直径可达星系盘的一半。天空中的亮星系中约 60% 是旋涡星系和棒旋星系。

由图 4-4 可以看出，从 Sa 经过 Sb 到 Sc，旋臂的形状有很大的变化：先是缠绕一圈，非常紧密，这是没有结构的旋臂，比较开放，再到有结构的旋臂，直到短而破碎非常分散的旋臂。旋涡星系和棒旋星系的数目大致相等。棒旋星系的旋臂从通过核心、由恒星和星际介质组成的"直棒"两端，或是从围绕"直棒"的圆环开始。（注：有些文献将棒旋星系看成旋涡星系的一种，这样星系就分成三大类。）

这四类星系不仅形状不同，在组织上也是有差别的。例如椭圆星系的成员是属于星族 II 的天体。而旋涡星系则不一样：盘和旋臂上的天体属于星族 I，而核心部分和星系晕里的天体属于星族 II。

河外星系的研究与银河系的研究密切相关，相辅相成。我们位于银河系之中，看不见银河系的全貌，对河外星系的全貌反而看得清楚些。我们从河外星系的研究可得到很多启示。例如，我们观测到很多旋涡星系，才会联想到我们的银河系是不是旋涡星系的问题，随后便为观测资料所证实。反之，我们身在银河系中，对银河系的各个细节看得较清楚，可以作为研究河外星系的借鉴。

当然，不同时期认识的局限性会影响到我们对客观存在的具体判断。很长时期以来银河系被看做一个典型的旋涡星系。1995 年以来，一个由美国、英国和澳大利亚科学家组成的研究小组大胆地采用微引力透镜的分析方法，揭示出银河系并不是严格的车轮状旋涡星系，而是一个有棒状结构核心的棒旋星系，这一观点被越来越多的空间观测所证实，特别是近两年宇宙背景探测卫星的探测结果表明，银河系核心区有着"花生"状的短棒结构。

4.2.2　星系团

河外星系大多不是单独存在的，而是组成大小不等的集团，叫作"星系团"。一个星系团包含有数十个、数百个甚至上万个河外星系。比星系团更高一级的称为超星系团，其中包含的星系以百万计。银河系所在的星系团称为本星系群，因为在银河系附近 200 万光年范围内已发现由 26 个星系组成的一个小的星系团，其中最大的成员就是仙女座大星云和银河系。本超星系团是包含本星系群在内的一个超星系团。它是扁球形的星系大集团，中心在后发座、室女座方向，直径将近 6 000 万光年，银河系处在离它的边缘 200 万～300 万光年处。

4.2.3　银河系附近的三个著名星系

在望远镜发明之前，人们已经看见三个星系，即仙女座大星云、大麦哲伦星云和小麦哲伦星云。

仙女座大星云位于仙女座，是用肉眼可以看见的星系之一，外表是一个模糊的光斑。用望远镜不难发现它是一个旋涡状的星云。既然肉眼可见，因此自古以来对仙女座大星云的猜测很多，特别是有关它在银河系外还是在银河系内的问题。在哈勃测出其距离以前还有人坚持仙女座大星云在银河系内。

人们之所以相信哈勃测出的仙女座大星云的距离是正确的，是因为人们相信哈勃建立的测量星系的方法。哈勃发现在距银河系比较近的星系中有造父变星，利用造父变星的周光关系可以确定这些星系的距离。对于许多看不见造父变星的遥远星系，哈勃假定星系中最亮的那些超巨星大致有相同的绝对光度，因此从它们的视光度就可以知道它们的距离，并且把这种方法应用到已经由造父变星测量出距离的较近的星系上，以此来检验这种方法，然后再把它应用到更遥远的星系。

在离银河系最近的二十来个星系中，仙女座大星云是最大的和被研究得最多的。它的直径比银河系大一倍，即 60 千秒差距，约含有 4 000 亿颗恒星，在结构上同银河系相似，也属旋涡星系。与我们的距离为 200 万光年。也就是说，我们今天看到的仙女座大星云是 200 万年之前的情况，而今天的情况，我们是无法知道了。

大麦哲伦星云和小麦哲伦星云这两个星系分别位于剑鱼座和杜鹃座。

大麦哲伦星云的距离为 5.2 万秒差距，为不规则星系或棒旋星系，直径约为银河系的 1/4，质量为 $10^{10} M_\odot$。小麦哲伦星云的距离为 6.3 万秒差距，为不规则星系，直径约为银河系的 1/10，质量为 $2 \times 10^9 M_\odot$。

4.2.4　多普勒效应和谱线红移

河外星系有一个很重要的现象——谱线红移。在讲述这个现象之前，先看看什么是多普勒效应。

不少人有这样的经验，在站台上候车的时候，如果一列火车鸣着汽笛呼啸而过，就会感觉到随着火车的接近和离开，汽笛的音调有明显的变化。当火车接近我们时，汽笛的音调尖锐些；当火车离开我们时，汽笛的音调变得低沉了。这是因为声源和观测者的连线方向上有相对运动时，观测者接收到的声波的波长会发生变化。当声源接近观测者时，观测者感到波长变短（频率变高），声调升高；当声源远离观测者时，观测者感到波长变长

（频率变低），声调降低。这就是多普勒效应。

光源和观测者在两者连线方向做相对运动时，也有多普勒效应。当天体离开我们时，天体光谱中的谱线都向光谱的红端位移，波长变长；当天体接近我们时，谱线向光谱的紫端位移，波长变短。波长的变化由（4-1）式确定：

$$\frac{\lambda' - \lambda}{\lambda} = \frac{V}{c} = Z, \tag{4-1}$$

其中 λ' 为天体光谱中某条谱线的波长，λ 为谱线的正常波长（相对静止时测定的波长），V 为天体的视向速度，c 为光速，Z 为红移值。$\lambda' - \lambda$ 称为波长差，可用 $\Delta\lambda$ 表示。

多普勒效应在天文学上的应用非常广，可以用它来研究恒星的空间运动、恒星的自转、星系的自转等。

恒星和天体的运动是天文观测的一个主要内容。恒星和天体的运动可以分解成两种运动：在天球切线方向的分量称为自行，在视线方向的分量称为视向运动。视向运动所具有的速度称为视向速度。利用多普勒效应测得的天体的运动速度就是视向速度。有了天体分光方法，视向运动原则上只需要将一张质量良好的天体光谱照片和静止的光谱照片进行对照，就能定出天体的速度。测量天体的自行就没有这样容易了。这需要用同一架望远镜对同一天区的星空进行拍照，把不同时间拍的照片进行比较才能确定天体的自行。对于自行很慢的天体则需要比较 10 年、15 年甚至更长间隔的照片才能取得结果。

拍摄天体的光谱、测量和研究它们的视向速度，成为 19 世纪末和 20 世纪初天文学发展的重要标志。通过大量的观测资料得知，恒星对于太阳的空间运动速度平均为 20～30 千米/秒，达到和超过每秒 100 千米的是少数。借助视向速度方法，能准确地测定分光双星的轨道运动、行星状星云的膨胀、新星气壳的抛射等。依据多普勒效应还能研究太阳、行星、恒星的自转，恒星大气湍流运动。银河系的旋涡结构也是利用多普勒效应得出的，只是还利用了射电波段 21 厘米中性氢的波谱线的观测资料。目前观测精度已达到惊人的程度，视向速度的误差可以达到 1 千米/秒。

在 20 世纪最初二十多年的一段时间内，许多天文学家致力于研究星系。美国天文学家斯莱弗（V. M. Slipher，1875—1969 年，美国）用观测到的光谱来测定星系的视向速度。他利用 60 厘米折射望远镜和自制的摄谱仪，从 1912 年起着手研究河外星系。星系的表面亮度暗淡，要成功地拍摄它们的光谱非常困难。斯莱弗经过十余年的努力，终于测定了 41 个星系的视向速度，他的测量结果引起很大的震动。首先是星系的视向速度大大超出人们所能理解的值，星系的速度有-300 千米/秒，也有+1 800 千米/秒，"-"表示驰近地球，"+"表示远离地球，这比银河系内恒星的视向速度平均值高出几十倍。另一点使人费解的是，在 41 个星系中，谱线紫移的是少数，多数为红移，也就是说，多数的星系是远离地球的，我们称之为退行。与银河系内的恒星比较，太阳附近恒星的光谱有紫移的也有红移的，我们看不出在众多恒星中退行占有优势。每秒上千千米的运动速度意味着喷射和爆发。星系以如此高的速度退行显然给人们出了一个难题。

进一步的研究表明，只有离银河系较近的几个星系是紫移的，其余都为红移。星系愈弱，距离愈远，谱线红移愈大。谱线红移的原因虽说目前没有定论，但通常还是用多普勒效应来解释。利用（4-1）式计算星系的视向速度，发现星系的视向速度与距离成正比：离我们愈远的星系，视向速度愈大，距离每增加 100 万秒差距，视向速度约增加 50 千米/秒。

4.2.5　星系碰撞和合并

星系碰撞并非一般意义上的碰撞，如图 4-5 所示，而是一种引力相互作用，因为恒星和恒星发生实体碰撞的概率近似于零。星系碰撞在宇宙中相当普遍，也是星系演化的关键。星系碰撞带来的不是只有毁灭，还有新生。

图 4-5　星系碰撞

星系碰撞很可能导致星系的合并。当两个星系发生碰撞后，若缺乏足够动能来让自己在碰撞之后继续运动时，它们就会彼此坠向对方，在多次碰撞-分离之后最终合并成一个星系。如果参与碰撞的一个星系比另一个大得多，那么前者在碰撞后基本上能保持原样，而后者则被撕裂，成为前者的组成部分。

　　在大多数情况下，星系碰撞不会直接发生，且只是损失一些星系外部的恒星，它们被强大的引力牵扯走，然后被抛掷到太空。两个旋涡星系直接相撞，可能会合并成更大更亮的椭圆星系。科学家认为宇宙中的棒漩星系、不规则星系都是几个星系碰撞或相互影响的产物。小星系坠向大的星系，直到被大的星系吞噬掉为止，这些大的星系则变得愈来愈大，继续吞食比它们小很多的星系。

　　1980 年，美国、英国、荷兰合作发射的红外天文卫星首次探测到极亮红外星系的强烈红外辐射，它比银河系的红外辐射强 100 倍以上。天文学家估计，这些很亮的红外光是由于星系相互碰撞时，尘埃物质将碰撞中产生的新生恒星的光吸收并再辐射所致。哈勃太空望远镜在近 3 年的时间里对 30 亿光年内的 123 个极亮红外星系进行搜索，结果发现其中 30% 有明显可见的多重合并迹象。

　　1990 年 4 月哈勃太空望远镜向地球传送回编号为 AM0644-741 的环状星系的独特照片，如图 4-6 所示。该星系位于南半球剑鱼星座方向距银河系约 3 亿光年的地方。看上去像一条钻石项链的 AM0644-741 星系，由年轻而又非常炽热的恒星环组成，其直径为 15 万光年。该环状星系是由两星系碰撞而形成的，碰撞时其中一个星系恰好从另一个星系平面中穿过。

图 4-6　AM0644-741 环状星系

　　2004 年欧洲 XMM-牛顿天文台的天文学家们观测到了有记录以来规模最大的一次星团碰撞。在两个发生碰撞的星团中，其中一个由近千个子星系组成，另外一个中也包含有约 300 个子星系。在浩瀚的宇宙中，星系间发生碰撞的情况并不罕见，但像这次同时出现数百个星系相互渗透、碰撞区域绵延超过 300 万光年的情况还是极其罕见的。

2005 年美国航天航空局的一颗人造卫星观测到明显是从遥远星系传来的一次激烈的能量爆发，这是首次观测到的两颗中子星激烈的碰撞。

2007 年美国天文学家宣称，他们借助"斯皮策"太空望远镜成功观测到四个巨大的星系团相互发生碰撞，并合并成一个人类迄今为止观测到的最大规模的星系，质量大小约为银河系的 10 倍。

质量巨大的物体由于引力的作用可以将身后的光线弯曲，我们将之称为"引力透镜效应"。天文学家就是通过这样的"宇宙放大镜"来研究原本不可见的天体的，并且通过引力透镜捕捉到它们的碰撞图像。

天文学家通过观测星系的相撞，发现人类所居住的银河系未来的可能情景。距银河系 220 万光年的仙女座星系，是距我们最近的一个星系，而且是唯一可以用肉眼看到的旋涡星系。仙女座星系正一步一步地向我们逼近。科学家预测，银河系将在大约 30 亿年后同仙女座星系开始"亲密接触"，并用 10 亿年的时间融为一体，形成银河仙女大星系，这是个椭圆星系。我们所在的太阳系并不会受到太大干扰，因为星系中恒星之间的距离十分遥远，并不会像我们想象中的那样发生恒星之间的碰撞。问题是这还是我们的太阳系吗？

4.2.6　河外星系的起源演化简介

星系的起源演化是个过于庞大和复杂的问题，目前虽然流派很多，但都不太完善和全面，没有一种理论能被大多数学者所接受。这里介绍几个有代表性的理论。

关于河外星系的起源较流行的看法是：在宇宙大爆炸后的膨胀过程中，分布不均匀的星系前物质收缩形成原星系（类似于第 3 章所说的原恒星），再演化成星系。而星系前物质到底是什么则有两种看法：一种认为是弥漫物质，另一种认为是超密物质。关于原星系的诞生也有两种主要观点：一种是引力不稳定假说，另一种是宇宙湍流假说，它们的共同点是认为星系形成时期约在 100 亿年前。其他还有正反物质湮灭说、超密说等。

引力不稳定假说认为宇宙在早期由原子核、电子、光子和中微子等组成，在温度降到 4 000 开以前，处于以辐射为主的辐射期，此时在各种相互作用中，引力不处于主导地位。当温度降到 4 000 开左右，复合时期开始，宇宙等离子体开始形成中性化原子，宇宙从辐射期转入实物占优势期。在复合期前后长达 30 亿年的跨度内，星系团规模的引力不均匀性开始出现并逐渐增长，这时宇宙物质就因为引力不稳定而聚成原星系。研究表明，如果天体形成于复合前或复合初期，则先形成星系团或超星系团，再碎裂成星系或恒星。如果天体形成于复合晚期，则先形成 $10^5 M_\odot$ 的结构，一小部分保留至今成为球状星团，大部分则聚合成星系和星系团。

宇宙湍流假说认为在宇宙等离子物质复合以前，强辐射压可引起湍动涡流。物质中性化以后，辐射不再影响物质运动，涡流在碰撞混合中产生巨大的冲击波，并导致团块群的形成，团块再进一步演变为星系。这一学说较自然地说明了星系和星系团的自旋起因。

关于河外星系的演化也有多种不同的观点。早先的观点主要有两种。一种观点认为星系形成之初是形态最简单的球状气团，由于自转逐渐变扁，同时发生收缩，密度增大，气体凝聚为恒星，扁平部分形成旋涡，旋涡逐渐松散以致消失。也就是说星系是从椭圆星系，经过旋涡星系，最后演化为不规则星系。另一种观点认为星系形成之初是不规则星系，经过旋涡星系到椭圆星系。

目前对星系演化过程比较流行的看法认为：原始星系云在收缩过程中，出现第一代恒星，在原星系的中心区，收缩快、密度高，恒星形成的几率就大，最后变为旋涡星系的星系核或形成整个椭圆星系。星系的自转离心力阻止恒星在星系赤道面上的进一步收缩。气体的随机运动和恒星辐射加热等因素，会使部分气体无法聚合成恒星胚，并因碰撞作用而沉向赤道面，形成旋涡星系和不规则星系，也就是说星系形态从形成之初就已经定形并保持下来，不再有显著变化。

旋涡星系和棒旋星系的旋臂以及棒旋星系里的"棒"是如何形成、如何演化的问题，目前仍然是星系起源演化理论的难解之谜。

4.3　正常星系和特殊星系

在 20 世纪前半叶，人们建立起的星系概念是一个由数百亿颗恒星和气体构成的系统，尽管偶尔有新星、超新星爆发的现象，但整个星系可以说是平静的，这种星系称为正常星系。20 世纪 50 年代以后，由于射电天文学、紫外天文学、红外天文学、X 射线天文学的发展，发现了一些有特殊性质的星系，它们约占星系总数的 1%，我们称之为特殊星系或活动星系。

4.3.1　正常星系

正常星系有两个基本特点：第一是它基本上处于引力平衡状态，可以用引力平衡理论去分析研究；第二是它发出的辐射可以认为是热辐射，从而可用热辐射定律去描述。

银河系是一个典型的正常星系。正常星系为什么会形成 E，S，SB，Irr 四类，它们之间存不存在演化关系？大部分学者认为这是由初始条件不同造成的。由于旋涡星系又占了正常星系的大部分，所以有必要分析一下旋涡星系的结构。

最初，人们认为旋臂是由一些确定的物质组成的，但在测量星系自转时发现其内部角速度比外部角速度大，旋臂是应该越缠越紧的，如图 4-7 所示。据计算，在星系年龄内，旋臂将会完全缠绕在一起，所以最后将看不到旋臂图。为了解释维持旋涡结构的原因，1942 年，瑞典科学家林德布拉德（B. Lindblad，1895—1965 年，瑞典）提出了密度波的概念。他认为旋臂并不是由一些固定的物质构成的，而只是一种波动现象。恒星各自在自己的轨道上运动，由于某种原因，轨道出现密集现象，从而造成了旋臂图案。美籍华裔科学家林家翘（1916—2013 年，美国）1964 年以来在林德布拉德的密度波概念基础上建立了系统的密度波理论。这一理论被公认为是对旋涡结构的较好解释。

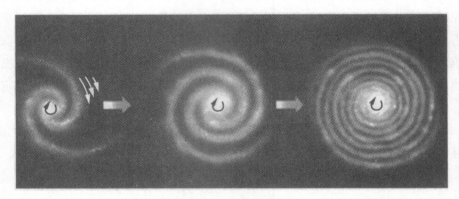

图 4-7　旋臂越旋越紧

密度波理论认为，恒星在绕中心旋转时，绕转速度和空间密度都是波动变化的，运动慢则恒星密集，反之则稀疏。因此，空间密度也呈现波动变化。这种波既绕中心环行传播，同时又沿半径方向传播；密度的极大波峰是旋涡状分布的，从而形成旋臂。恒星进入旋臂后，因为恒星密集，引力场加强，引力使得恒星运动速度变慢；速度变慢又使恒星挤在一起，密度增大，引力场又得以加强，因而使得这种状况得以维持。密度波的一个重要特点是，旋臂中恒星有出有进，川流不息。这里有个简单的比喻：有一段马路在翻修，人、车经过时速度变慢而出现拥挤现象，但人、车在更换；随着马路翻修段的推移，拥挤图案也在移动。

4.3.2　特殊星系

特殊星系也有两个共同的特点：第一是引力不平衡，演化进度大大高于正常星系的演化速度，伴随有高速膨胀、物质抛射和爆炸现象。第二是有非热连续光谱，无法用热辐射定律去描述，特别是在紫外、红外、射电波段有极强的辐射。

特殊星系可分为类星体、塞佛特星系、N 型星系、射电星系等。从尺度上看，射电星系是扩展源，其他的是致密源。

广义而言，有明显射电辐射的星系都可以叫作射电星系。一般正常射电星系的射电功率为 $10^{30} \sim 10^{34}$ 焦/秒，我们这里所说的特殊射电星系的辐射功率达到 $10^{36} \sim 10^{40}$ 焦/秒，寿命约 $10^7 \sim 10^9$ 年，其结构约有一半是双源结构。如 1979 年发现的最大射电源 3C236，它的两个射电瓣的总长达到 200 万光年，扩展得相当大。

20 世纪 40 年代美国天文学家塞佛特（C. K. Seyfert, 1911—1960 年，美国）发现一些星系具有反常的发射线和明显的星系核，且星系核有剧烈活动现象，这种类型的星系后来被命名为塞佛特星系，截至 2013 年，天文学家已发现了 2 000 多个塞佛特活动星系。这类星系距我们比较遥远，大多位于几百兆秒差距处。

塞佛特星系的最明显的观测特征是中心有明亮的恒星状活动星系核，其大小约为 1pc，星系核的亮度比银河系高约 1 万倍。星系核的周围有暗弱的旋涡结构，星系一般是 Sa 型或 Sb 型的旋涡星系。此外，星系核有很强的紫外、红外及射电辐射，甚至喷流现象。有学者认为塞佛特星系中心是个具有强磁场的、高速旋转的大质量星体或者黑洞。

N 星系的主要特征是中心有一个亮的恒星核，周围被低亮度的星云包围，中心亮核的颜色和类星体相似，而延伸云的颜色和亮度分布类似一个巨椭圆星系。由于此类活动星系核周围有星云（Nebula）包层，故称为 N 星系。

前面说过，特殊星系又称活动星系。活动星系大致具备如下的结构：中心区大小为 1~100 个天文单位，这是活动的源泉；稍外到 10^{-2} 光年处，为产生强偏振的射电辐射和红外辐射区域；再往外延展，为从核喷出的气流区域，核的大小可达到 1 000~10 000 光年。另外，活动星系的剧烈核心活动，既可能发生在星系形成的早期，也可能出现在以后的演化过程中。有迹象表明，正常星系也会变成活动星系，并且不止是一次。银河系就可能在 1 300 万年前就被激发过，目前正处于相对宁静阶段。

4.3.3 哈勃定律和哈勃常数

哈勃，如图 4-8 所示，美国著名天文学家，是研究现代宇宙理论最著名的学者之一，也是河外天文学的奠基人和发现宇宙膨胀观测证据的第一人。

1. 哈勃定律

1929 年，哈勃利用威尔逊山的 2. 5 米口径胡克望远镜观测了 24 个星系，得到了他一生中最伟大的发现：星系离我们的距离 D 与星系的退行速度 V 成正比，即

图 4-8　美国著名天文学家哈勃

$$V = HD,\qquad\qquad (4\text{-}2)$$

其中，H 为比例常数，称为哈勃常数。这个定律已为大量的星系资料所证实，称为哈勃定律。

谱线红移和哈勃定律被人们称为是对广义相对论最成功的验证，并且确定了广义相对论在宇宙学研究中的主导地位。

哈勃定律告诉我们：星系的退行速度越大则它的距离越远。也就是说，星系的红移越大，它的距离也就越远。

哈勃定律表明，星系的退行速度等于它们间的距离乘上哈勃常数。哈勃通过测量发现，远处星系的红移比近处星系的红移要大，且哈勃常数在所有方向上都是相同的，这正是均匀膨胀宇宙模型所预测的结果。现代巡天观测证实了这条基本原则：宇宙在大尺度上是均匀的。

2. 哈勃常数

哈勃常数 H 是宇宙学的基本常数，哈勃最初确定的 $H = 558$ 千米/（秒·百万秒差距）。这个值导致了一个令人吃惊的结果：如果假定每个星系的退行速度不变，那么整个宇宙在 20 亿年以前都是拥挤在一起的。这个结论是不成立的，因为地球和太阳的年龄比这个值大得多。然而广义相对论的主导地位似乎不能动摇，而且红移现象是无法改变的观测事实，

所以 $H=558$ 千米/（秒·百万秒差距）带来的矛盾并没有产生危机。相反，许多天文学家相信是因为测量上的问题使得哈勃常数超出了它应该有的值。

为了得到正确的哈勃常数，天文学家沿着两条途径来修正哈勃常数：一是重新修订宇宙距离尺度标准。确定宇宙尺度标准的每一环节都可能引起很大的误差，如果能精确测定作为定标用的星系距离，就可以比较精确地确定宇宙距离尺度，进而来确定哈勃常数。另一条途径是寻找更暗弱的星系，取得它的红移，检验哈勃定律可适用的范围。

第一个重大突破于 1952 年实现。德国天文学家巴德在加州的帕洛马山天文台用新建成的 5 米海尔望远镜所取得的近距离星系中造父变星的观测资料认为，过去所用的河外星系宇宙尺度定小了，应该加倍。新的数据揭示，造父变星的光度定标零点应再暗 1.5 个星等，即相当于原亮度的 1/4。我们知道，亮度是与距离的平方成反比的，所以星等差 1.5等，距离应该远上 1 倍。根据距离尺度的这一变动，哈勃常数的值定为 290 千米/（秒·百万秒差距）。

哈马逊等人经过三十年的艰苦工作，于 1956 年完成了包括 500 多个星系的红移总表，其中最大的退行速度超过 60 000 千米/秒，达到光速的 1/5。科学家根据这些丰富的新资料，将哈勃常数修订为 180 千米/（秒·百万秒差距）。

20 世纪 60 年代，许多天文学家从多方面改进宇宙尺度，把哈勃常数定为 100 千米/（秒·百万秒差距）。帕洛马山天文台的桑戴奇一直用海尔望远镜观测，取得了丰富的第一手观测资料，并致力于星系距离的重新定标。20 世纪 70 年代，他和塔曼测定的哈勃常数是 55 千米/（秒·百万秒差距），是 50 年前哈勃的最初测定值的 1/10，也就是星系的距离扩大了 10 倍。

哈勃定律之所以具有重大意义，不仅因为它描述了宇宙的膨胀，还因为它能用来计算宇宙的年龄。哈勃定律的第一个含义是，已知星系的退行速度，可以求它的距离，或者反过来已知距离求退行速度。而第二个含义是如果宇宙中所有的物质最开始聚集在一起，假如宇宙的膨胀速度不变，根据哈勃定律，退行速度 = 哈勃常数×距离，则退行时间 = 距离/退行速度 = 1/哈勃常数，即退行时间正好是哈勃常数的倒数。这个时间称为"哈勃年龄"，也就是通常所说的宇宙年龄。

目前，用现代更精确的方法估算，哈勃常数在 70 ± 20 千米/（秒·百万秒差距），由这个哈勃常数决定的宇宙年龄为 100 亿~200 亿年。新的观测资料还表明，在能观测到的宇宙范围内，退行速度和距离的线性关系仍然是成立的。

2009 年 5 月 7 日，美国航天局（NASA）发布的哈勃常数为 74.2±3.6 千米/（秒·百万秒差距），不确定度小于 5%，这一结论是根据对遥远星系 Ia 超新星的测量结果。

2012 年 10 月 3 日，NASA 根据斯皮策红外空间望远镜测得哈勃常数为 74.3±2.1 千米/（秒·百万秒差距）。

2013 年 3 月 21 日，欧洲航天局（ESA）根据普朗克卫星观测数据给出哈勃常数为 67.80±0.77 千米/（秒·百万秒差距）。

精确的宇宙年龄需要用复杂的宇宙演化模型结合现在观测得到的哈勃常数和宇宙密度参数来计算，2017 年前宇宙年龄估计值是大约 138 亿年。如果宇宙在加速膨胀，那么这个结论还得修正。

最近几年关于哈勃常数又出现了一些新的研究结论。2019 年德国科学家利用引力透镜效应计算出了新的哈勃常数为 82.4，得到的宇宙年龄为 114 亿岁，比目前主流观点认为的 138 亿岁年轻 20 多亿岁。哈勃常数越大，宇宙膨胀得越快，意味着它更快达到现在的大小，因此越年轻。

2019 年初诺贝尔奖获得者、太空望远镜科学研究所的天体物理学家里斯（A. G. Riess，1969—　，美国）使用美国国家航空航天局的超级望远镜，得出哈勃常数的值为 74。

综上可知，哈勃常数测定极其复杂，不同的观测方法给出的结果有所不同，具有一定的不确定性。

4.3.4　类星体

星系中活动最剧烈的要数类星体了。类星体是 20 世纪 60 年代天体物理的四大发现之一，它的发现应归功于射电天文学。

借助射电天文望远镜可以发现很多射电源。有的射电源能找到它们的光学对应体，它们是一些特殊的气体星云和一些特殊的河外星系。但是也有许多射电源找不到它们的光学对应体，这当然是射电望远镜的分辨率太低的缘故。然而要提高射电望远镜的分辨率，在技术上是相当困难的。为此，射电天文学家采用月掩射电源的技术来确定射电源的位置：当月亮把某一个射电源掩盖时也就掩盖了射电源所发出的射电信号，当然也就确定了该射电源的位置。这是一种简单可行的方法。天文学家就是用这种方法发现了类星体———一种特殊天体。

1960 年，利用月掩射电源的方法比较准确地定出了射电源 3C48 的位置，它的光学对应体是一个 16 等左右的天体。从照相底片上看，它很像暗弱的恒星，但是它的光谱既不同于普通恒星光谱，也不同于气体星云的光谱。它的光谱很特殊，包含几条又宽又强的发射线。1962 年，采用月掩射电源的方法又准确定出了射电源 3C273 的位置。这个射电源光学对应体类似 3C48，从照相底片上看像一颗恒星，星等大约为 13 等，光谱里也有又宽又强的发射线。1963 年，人们终于弄清楚了 3C273 的光谱，实际上也还是地球上熟知的光谱，只是红移值很大。对 3C273 而言，$Z = 0.158$，如图 4-9 所示，波长 $\lambda = 486.1$ 纳米的

氢元素 H_β 谱线红移到 $\lambda' = 486.1$ 纳米×$1.158 = 562.9$ 纳米，原来在绿色区的谱线竟移到了橙红色区。只要把红移量改正过来，所有的谱线都一一归位，3C273 的光谱就再没有任何怪异之处了。如果它的红移是由多普勒效应引起的，其退行速度可达 47 000 千米/秒。用同样的方法又确认了 3C48 的红移值是 $Z = 0.367$，其退行速度高达 110 000 千米/秒。用类似的方法又发现了一些与 3C48，3C273 相似的射电源，人们称它们为类星射电源。

图 4-9 3C273 的谱线红移

以后，天文学家又用光学方法发现了一些有很强紫外辐射的天体，除了这种天体不是射电源以外，它具有和上述类星射电源同样的性质，特别是具有很大的红移，这种天体人们称之为蓝星体或类星天体。

类星体是类星射电源和蓝星体的总称。目前发现的类星体中蓝星体占多数，射电源占少数。

由于类星体的照片很像一颗恒星，所以给它取名为类星体。实际上，类星体并不属于恒星这一层次，而属星系这一层次。到现在为止，发现的类星体已有 6 000 个之多。

类星体虽然看上去像恒星，但是与一般恒星的差别很大：首先是光谱有很大的不同；其次，银河系内的恒星大多数没有探测到射电辐射，少数恒星有射电辐射但其强度不能与类星体相比。由于类星体的光谱都具有红移的性质，所以可以认为类星体不是河内星体。

类星体的主要特征可归纳如下：

（1）有类似恒星的像，有些有微弱星云状包层，还有的有喷流。

（2）它们的光谱中有很强、很宽的发射线。

（3）它们的光谱线具有非常大的红移，多数 $Z \geqslant 1$。目前测得的最大红移值 Z 已超过 6，是已知天体中红移最大的。

由于（4-1）式中的 Z 是在 $Z \ll 1$ 时的近似公式，当 $Z \geqslant 1$ 时，要考虑到相对论效应，准确公式应为

$$\frac{V}{c} = \frac{(1+Z)^2 - 1}{(1+Z)^2 + 1}.$$ (4-3)

当取 $Z = 4$ 时，退行速度为 $0.92c$，这是一个极为重要的问题。

（4）有很强的紫外辐射，故多数类星体的颜色都显得很蓝。

（5）一般有光度变化，光度周期可以从几小时到几十年。

（6）不少类星体是强射电源，部分是强 X 射线源。

（7）体积不大，但是具有极端高能辐射和极端高速运动的遥远天体，距离地球多在 100 亿光年以上。

类星体之所以引起人们如此大的关注，主要是由于它的巨大红移。

如果将哈勃定律推广到类星体，也就是说，类星体的红移是由类星体的运动引起的，则类星体的距离非常遥远，是处于宇宙距离上的天体。由此而求得的光度也是无与伦比的。而类星体又是恒星状的，且有以年甚至以小时计的光变现象，这意味着类星体的致密部分大小只有若干光年甚至更小。这么小的范围竟可发出比整个银河系还要高上万倍的辐射能量，不能不成为宇宙中最令人惊叹的事情，这就是所谓能源问题。

近年来还测得类星体有分裂运动。由分裂角度和利用哈勃定律得出的距离可求出分裂速度可能超过了光速。作为速度极限的光速是不能超越的，如何来解释类星体的分裂速度呢？另外，由于类星体的光线到达地球需经历很远很远的路程，在这期间必将带来宇宙的许多其他信息，这些信息也是人们感兴趣的。

当然，避免上述棘手问题的最好办法是不认为红移是由退行运动产生的，那么有没有其他可行的解释方案呢？

4.3.5　类星体红移的可能机制和能量来源

由（4-3）式确定的红移和退行速度之间的关系可用图 4-10 表示。退行速度的单位为光速 c。

由哈勃定律所确定的红移称为宇宙学红移。对某个类星体，如果其红移 $Z = 4$，则可算出其退行速度 $V = 0.92c$；再由 $V = HD$，可算出距离 D 约为 100 亿光年。前面说过，宇宙的年龄在 100 亿年到 200 亿年之间，较公认的值是 140 亿年，可见人类能观测到的宇宙尺度应小于 140 亿光年。距离为 100 亿光年的类星体应该是处于宇宙边缘的天体了。

有一些天文学家认为类星体的红移不是宇宙学红移，有可能是引力红移。按照广义相对论，在引力场中时间要变慢，作为周期性的物理现象的辐射频率就要变低。于是就产生

图 4-10 红移和退行速度关系曲线

了红移。引力场中红移为

$$Z \approx \frac{GM}{Rc^2},$$ (4-4)

其中 G 为引力常数，M 为引力质量，R 为引力范围。

目前的观测表明，类星体直径约为 1 光年，按所观测到的典型的红移可以算出 M 为 $10^{12} M_\odot$。我们应该记得银河系的范围约 10 万光年，而它的总质量是 $10^{11} M_\odot$。这样一比较，类星体的质量是无法理解的，而且理论研究指出，如果类星体是单个的天体，它的引力红移不能大于 0.62，看来引力红移是无法解释类星体的红移的。

为了便于分辨，再对物理学公认的三种红移解释如下：

多普勒红移：由于辐射源在固定的空间中远离观测者而造成；

引力红移：由于光子摆脱引力场向外辐射而造成；

宇宙学红移：由于宇宙空间自身的膨胀而造成。

有人认为，类星体并不位于宇宙学的距离上，它可能就在银河系内，它的红移是因为抛射出去的物质的多普勒效应产生的。这样的分析似乎不能使人信服：首先，银河系没有这么大的能量能抛射如此多的类星体；其次，既然是抛射，显然应该有产生红移的抛射，也应该有产生紫移的抛射，但是目前没有观测到紫移的类星体。看来抛射的图像不能解释类星体的红移。

综上所述，宇宙学红移是类星体红移最可能的产生机制。当然，我们不排除还存在其他未发现机制的可能性。

虽然宇宙学红移的观点被很多人接受，但在解释类星体能量来源时却遇到了极大的困难。

由类星体的亮度能算出类星体射电源辐射总功率达到 10^{38} 焦/秒。如果把光学波段和红外波段的辐射也包括进去，总功率达到 $10^{39} \sim 10^{41}$ 焦/秒，这比一般星系的辐射总功率要高好几个量极。但是类星体的直径只有 1 光年左右，甚至可能更小些，比如 0.1 光年或者 0.01 光年。这么小的体积内要释放比整个正常星系总能量还大许多倍的能量，实在是很难想象的。

人们设想了许多物理机制来解释类星体的能量来源。一种理论认为，类星体中心部分主要由恒星组成。恒星密度很高，经常发生碰撞，碰撞的结果使动能转化为辐射能，或者在中心形成质量达到几百个太阳的大恒星。大质量恒星演化很快，演化到晚期产生超新星爆发。只要每年能爆炸几十颗超新星，类星体就能维持目前观测到的能量。还有一种理论认为，类星体中心就是一颗大恒星，质量达到 $10^8 M_\odot$，它所辐射的能量也能达到类星体的能量。有人甚至认为，类星体中心不是一颗大恒星，而是一个大黑洞，每年只要有一个太阳质量的恒星掉入黑洞，类星体的能量就能维持。这些理论只能从某一方面解释类星体，而且都存在随这些理论产生的不可克服的困难，所以至今还没有为人普遍接受的理论。

产生这些困难的关键还是红移。虽然宇宙学红移被人们普遍接受，但能量问题带来的困难又使得占上风的宇宙学红移成为疑问。我们对类星体的了解都是来自类星体边缘的信息，对类星体中心的情况，我们实际上一无所知。所以，类星体的发现虽然是观测天文学的伟大成果，但也给观测天文学带来了挑战，同时也给近代物理和现代天文学带来挑战。战胜这种挑战的意义不仅使得人们能认识类星体的本质，更重要的是将使人类对自然规律的认识有一次飞跃。

4.3.6　类星体研究的最新成果

经过几十年来的不懈努力，科学家们基本上揭开了类星体的秘密：它们是遥远的活动星系的亮核，我们所观测到的类星体并不是这类天体的全貌而仅是其核心特别明亮的部分，因为过于遥远，亮核区以外的暗弱部分难以被观测到。哈勃太空望远镜观测到的所有类星体中已经有 75% 找到了其对应的基底星系，其余的 25% 不是没有基底星系，而是尚未观测到。

从 1991 年到 1998 年，美国综合孔径射电望远镜 VLA 连续拍摄类星体 3C279（位于室女座，距离地球 60 亿光年）的喷流变化，7 年居然延伸了 25 光年。每年流动 3.5 光年，比光速还快。但学者们认为这是一种似超光速现象，而非真正意义上的超光速。

值得一提的是，类星体曾被认为是宇宙中最遥远的因而也是最古老的天体，但这种观点也被最近几年的观测证据否定了。虽然红移值略大于 6 的类星体已被发现，但红移值更大的天体却被认定为是正常星系而不是类星体。1998 年，10 米口径的凯克 II 望远镜发现了一个名为 0140+326RD1 的星系，$Z = 5.34$。1997 年才安装在哈勃太空望远镜上的近红外照相机与多天体摄谱仪 NICMOS 在大熊座发现了一批 $Z > 5$ 的星系，特别是 1999 年发现了 $Z = 6.68$ 的星系。

2015 年北京大学物理学院天文学系教授吴学兵领导的团队发现了一颗距离地球 128 亿光年的超亮类星体 SDSS J0100+2802。它的发光强度是太阳的 430 万亿倍，中心黑洞质量约为 120 亿太阳质量，是宇宙中目前已知最亮、中心黑洞质量最大的类星体。这一宇宙早期的超级 "怪物" 是中国学者利用云南丽江的 2.4 米口径望远镜首先发现的，它也是世界上唯一用 2 米级别的望远镜发现的红移 6 以上的宇宙早期类星体，类星体 SDSS J0100+2802 的红移达 6.3。

现有模型认为在星系的核心位置通常有一个大质量黑洞，在黑洞的强大引力作用下，附近的尘埃、气体以及一部分恒星物质围绕在黑洞周围，形成了一个高速旋转的巨大的吸积盘。在吸积盘内侧靠近黑洞视界的地方，物质掉入黑洞里，伴随着巨大的能量辐射，形成了物质喷流。而强大的磁场又约束着这些物质喷流，使它们只能够沿着磁轴的方向，通常是与吸积盘平面相垂直的方向高速喷出。如果这些喷流刚好对着观察者，就观测到了类星体；如果观察者观测活动星系核的视角有所不同，活动星系核则分别表现为射电星系、赛弗特星系等。这样一来，类星体的能量来源问题就初步得到了解决。

2020 年美国堪萨斯大学一个研究团队宣布了一项重要发现：有些星系的中心存在类星体，但因其内部含有丰富的低温气体，因而仍然可以持续产生出新生的恒星。这是一大突破，它将推翻现有关于星系成熟的理论并可能代表了星系生命周期内的一段此前不为人知的阶段。

所谓低温类星体现象，实际上可能是星系临终前演化的一个短暂阶段，持续时间可能在 1 000 万年左右。在宇宙尺度上，这是属于转瞬即逝的概念，因而难以捕捉。处于这一阶段的星系很罕见，而研究团队刚好捕捉到了恒星新生过程彻底停止之前的这一短暂时刻。在过去，类星体的形成通常被视作一个星系丧失孕育新生恒星的能力而逐步迈向死亡的标志。

最新研究发现，在拥有吸积盘与超大质量黑洞的星系中，大约有 10% 的星系在进入这一阶段之后仍然拥有低温气体供应，因而仍然可以持续产生新的恒星。研究团队最早是在分析美国斯隆数字巡天项目的数据时产生相关研究设想的。斯隆数字巡天数据库是目前世界上现有的最全面精细的星系数字地图。在一个编号为 82 的天区内，研究团队调用欧洲航天局 XMM 牛顿空间望远镜在 X 波段拍摄的这一天区的图像数据鉴定出了这些低温类星体。

类星体在被发现后的几十年里，人们提出了众多试图解释类星体的假说，比较有代表性的有以下几种：黑洞假说，白洞假说，反物质假说，巨型脉冲星假说，近距离天体假说，超新星连环爆炸假说和恒星碰撞爆炸假说。而越来越多的证据显示，类星体是一种活动星系核，且在星系的核心位置有一个超大质量的黑洞。

当然，还是有学者认为类星体红移不是宇宙学的，应该还存在其他红移机制，甚至提出横向多普勒红移效应。2013 年 1 月来自斯隆数字巡天项目的数据表明：存在创纪录的类星体集群结构，其延伸超过 90 亿光年，超出了我们所知晓的宇宙中最大结构尺度。老的问题没有完全解决，新的发现和问题又来了，这就是宇宙学的困难所在。

思　考　题

1. 试述银河系的形态和结构特征。
2. 星系的主要分类是哪几种？
3. 试述正常星系和特殊星系的根本区别是什么。
4. 什么是谱线红移？它表达什么样的物理意义？
5. 类星体的主要特征是什么？
6. 你能说出银河系呈扁平状的原因吗？
7. 如果旋涡星系的旋臂是由确定不变的成员构成的，那么，在什么情况下旋臂会越绕越紧，什么情况下不会出现缠绕现象，什么情况下会越来越松？
8. 什么叫引力不稳定假说？
9. 河外星系是怎样起源和演化的？发挥你的想象，给出一个可行新观点。
10. 为什么银河系不稳定？
11. 什么是多普勒效应？
12. 星系碰撞会导致恒星碰撞吗？
13. 哈勃定律表达了什么样的物理意义？
14. 为什么哈勃常数的测定那么重要？
15. 类星体是什么？

第 5 章
致 密 天 体

在第 3 章恒星世界里，我们曾经提到了一系列的特殊天体，如脉冲星、中子星、白矮星、黑洞等。如果从恒星演化的近代理论来看，它们都是恒星演化到晚期形成的产物，但它们已不再是恒星。这一章就来较详细地讨论一下它们的情况。

白矮星、中子星和黑洞与正常恒星有两个最大的差别：第一，由于它们的核燃料已经耗尽，因此它们不再继续燃烧核燃料，也无法靠产生热压力来抵抗自身的引力坍缩；第二，它们是尺度非常小的天体，与相同质量的恒星相比，其半径要小得多，因此其表面引力场很强，星体的密度很大。正是由于这些原因，它们又被称为致密星或高密天体。

最早被天文观测发现的是白矮星，它是在天文学家对它还一无所知时无意中被发现的。科学家是在它被发现之后很久才完成对它的理论描述的。

中子星的发现则与白矮星完全不同。科学家们对中子星的理论分析在它被发现前三十年就基本完成了。这么晚才发现中子星的原因很简单，因为它太小了。如果一个天体的直径仅有 10 千米，即使它与我们的距离同最近的恒星一样近（数光年），那么就是用最大的望远镜也无法识别它。天文学家是通过脉冲星进而发现中子星的。这两个例子很好地说明了理论和实践在科学进步中的辩证关系。

5.1　白矮星和黑矮星

5.1.1　白矮星

白矮星是 20 世纪 20 年代末发现的一类天体。它们具有较高的表面温度、较低的光度，处于赫罗图的下方。其密度很大，为 $10^5 \sim 10^8$ 克/厘米^3。这是人类观测恒星首次得到的最大密度，曾使人迷惑不解。经反复核算，观测是可靠的。白矮星的质量约等于太阳的质量，半径近似等于地球的半径。

天狼星的伴星——天狼 B 星是最早被发现的白矮星。早在 19 世纪 30 年代，人们就发现天狼星在天球上的视运动的轨迹并不是一条直线，而是波浪式起伏的曲线，从而确定天狼星是一个双星。

由开普勒第三定律可推算出天狼 B 星的质量在 $0.75M_\odot$ 到 $0.95M_\odot$ 之间，公转周期约50 年。1862 年，人们终于用望远镜发现了天狼星的这颗伴星，它是颗 7 等星。又过了六十多年，人们才确认天狼 B 星是一颗白矮星。

白矮星之所以称为白矮星，是因为最初确定的几颗星都呈白色。由此也确定了白矮星有较高的表面温度。

目前已发现的白矮星达 1 000 颗以上，多数白矮星的光谱型为 A 型。白矮星的表面温度相差较大，从 5 000~50 000 开。它们的目视绝对星等在 7~14 等之间，有相对低的自转速度。

白矮星的密度很大。根据近代物理知识，量子理论认为，白矮星的物质处于一种特殊的状态，这种状态称为简并态。简并态是指在高温、高压、高密的条件下，原子的电子壳层已不复存在，电子成为自由电子，自由电子组成电子气体。由于气体的压强与其温度、密度成正比，而对于处于简并态的电子气体，它的压强只与密度有关，而与温度无关。

白矮星的物理状态满足了形成简并态的物理条件。白矮星与主星序的星相比较，在白矮星内部，气体热运动所产生的压力、辐射压力都成为次要的，而电子气体所产生的压力很大。正是简并电子气的压力与引力抗衡，使白矮星不至于坍缩。

理论计算表明，白矮星的质量和半径有一定的对应关系：质量越大，半径越小。如果太阳变成一颗白矮星，则它的半径要缩小到现在的 1/100。

1931 年，钱德拉塞卡发现白矮星的质量有一个上限，超过这一上限，白矮星就不存在了。他指出这个极限为 $1.44M_\odot$。当然，其精确值依赖于物质的成分。后人为纪念这一伟大发现，将此极限称为钱德拉塞卡（质量）极限。只有当白矮星是双星或三合星的成员之一时，才能较准确地确定其质量。

白矮星是从质量为 2~4 个太阳质量的恒星演化而来的。它由主序星演化到红巨星，等到氢燃烧和氦燃烧熄灭以后，再次到达红巨星。在快接近第二次红巨星阶段的末尾，恒星由于一次灾难性的爆炸丧失了向外膨胀的包围层，剩下一个高密、高温和发光的核心，外面包围着一层炽热的光壳，这就是行星状星云。在演化的整个过程中，恒星由于红巨星阶段的星风和抛射包围层而失掉大部分质量，剩下 0.5~1 个太阳质量的行星状星云的核心，这个核心继续冷却而成为一颗白矮星。这个过程需要几十亿年。白矮星本身已经没有核能源了，人们看到的光亮是核心区非简并离子的余热提供的能量。白矮星固有光度很低，只有处于距地球数百秒差距的范围内才能被观测到。

根据观测资料统计，不同的白矮星化学成分有很大的差异，据此可将白矮星分为 DA、DB、DC、DF 和 DP 5 个次型，各次型的特性如下：

DA 型白矮星：含氢丰富；

DB 型白矮星：含氦丰富；

DC 型白矮星：含碳丰富；

DF 型白矮星：含钙丰富；

DP 型白矮星：磁场特强。

天蝎座 ZZ 变星是颗 DA 型白矮星，而天狼 B 星则属于 DB 型白矮星。

白矮星还有一个奇异的引力红移现象。这是爱因斯坦广义相对论的一个推论：在远离引力场的地方观测引力场中的辐射源发射出来的光时，光谱中谱线会向红端移动。即同一条原子谱线在强引力场中比没在强引力场中波长更长，且波长红移的大小与辐射源和观测者两处的引力势差成正比。这种红移不是由于光源运动而引起的多普勒红移，而是由引力场引起的红移，故称为引力红移。白矮星满足了产生引力红移的条件：白矮星的强大引力场使得光子离开其表面时需克服引力而损失部分能量，而光子的能量与它的振荡频率成正比，能量减少即意味着光子频率降低，波长变长。

5.1.2 黑矮星

电子的简并压强能够阻止住白矮星的坍缩，并允许白矮星一直冷却下去。前面说过，简并压强与温度无关，所以这种冷却不会影响到简并压强，从而在此过程中白矮星的大小不发生变化。尽管它的半径保持不变，但当它慢慢损失掉热能时，会变得越来越红和越来越暗。或早或迟，白矮星会成为一堆余烬，只发出微弱的红外线。最后它会隐匿不见，变成一颗黑矮星。

黑矮星是寒冷的、死气沉沉的、高度致密的、一团基本上属于简并态的物质，除了其引力可能作用于邻近的伴星外，再也找不到关于它存在的迹象。对于黑矮星更多的理论探讨显得更为困难，这里就不便多述了。

5.2 中子星和脉冲星

1932 年英国卡文迪许实验室发现了一种新的基本粒子，叫作中子。中子是不带电的，质量比质子略大一点点。这个消息传到了哥本哈根。当时的哥本哈根，在著名物理学家玻尔周围有一群年轻的、但又是世界上最优秀的科学家，他们对量子力学的建立和发展做出了重大贡献。中子的发现使这些科学家大为激动，其中苏联科学家朗道（L. D. Landau，1908—1968 年，苏联）预言宇宙中应该有以中子为主要成分的天体，后来人们把这种天体称为中子星。很长一段时间，中子星成了一个热门话题：有的科学家经过计算描绘出中子星的模型，有的科学家预言中子星应该在超新星爆发的过程中产生，如果找到超新星爆炸的遗迹，里面应该有一颗中子星。因为很长时间没有找到中子星，科学家的研究热情也逐渐减弱了。

5.2.1　脉冲星

1967 年，英国剑桥大学的休伊什（A. Hewish，1924—　　，英国）设计了一架射电望远镜，用来研究太阳风对来自宇宙其他天体射电信号的影响，从而研究太阳风的运动和结构。记录工作由休伊什的研究生贝尔（J. Bell，1943—　　，英国）小姐担任。望远镜 7 月投入使用，8 月，贝尔在观测中就发现了异常的现象。她注意到半夜仍然有射电信号的闪烁，而且是周期为 1.337 秒的脉冲规则信号。起初她以为是外星人发出的规则电码，因为当时科学界相信自然信号大多是不规则的。后经多次重复观测后，他们终于确定这是来自某一天体的脉冲信号。不久他们又发现 3 个类似的发射脉冲的天体，他们断定发现了一种新的天体，并取名为脉冲星。1968 年 2 月 24 日，他们在英国的《自然》杂志上公布了这一发现。这一发现轰动了世界。有些科学家甚至称这一发现为 20 世纪天文学最重大的发现。到 1968 年底，休伊什等已发现了 23 颗脉冲星。为表彰这一开创性发现，诺贝尔委员会将 1974 年诺贝尔物理学奖授予休伊什，这是第一次给天文观测的成果颁发诺贝尔奖。

脉冲星有两个最基本的特点：第一，脉冲是射电信号，它是在无线电波段收到的；第二，脉冲信号的时间间隔（也即周期）很短，且相当稳定。

已知的脉冲星周期在 0.03 秒到 4 秒之间。脉冲持续时间更短，大部分在 0.001~0.05 秒之间。

图 5-1 是脉冲星 PSR0329+54 的脉冲曲线。其脉冲周期为 0.714 秒。从图 5-1 中可以看出，脉冲的强度是变化的，脉冲的形状十分复杂。脉冲星采用统一编号，PSR 是 Pulsar（脉冲星）的缩写，后面加上坐标位置。例如，PSR1919+21 脉冲星的赤径为 19^h19^m，赤纬是 +21°。

脉冲星按其脉冲辐射的形状可分为三类：S 型、C 型、D 型。S 型脉冲星具有简单的脉冲外形，C 型脉冲星具有复杂的脉冲外形，D 型脉冲星具有漂移的亚脉冲。

脉冲星一次脉冲发出的能量约为 10^{28} 焦，这一数值比地球上最猛烈的火山爆发所释放的能量还要大几亿倍。

图 5-1　脉冲星 PSR0329+54 的脉冲曲线

脉冲星发现不久，天文学家从蟹状星云里也找到一颗脉冲星——PSR0531+21。它的周期是 0.033 1 秒。其脉冲周期减缓的速率表明它大约起源于 900 年前，也就是说，与中国天文学家在公元 1054 年记录到的那颗超新星联系了起来。那次超新星爆发形成了蟹状星云，并且留下了这颗脉冲星。

除了射电波段的脉冲星外，后来又发现了光学脉冲星、X 射线脉冲星和 γ 射线脉冲星。

5.2.2　中子星

要找一个辐射出脉冲星那样的射电脉冲的天体是不容易的，只有借助于中子星的模型才能理解脉冲星。图 5-2 就是中子星的模型。

现在公认脉冲是一种"灯塔"发出的，"灯塔"是快速旋转的中子星，自转一周仅需要 1 秒左右。只有中子星才能承受这样的高速旋转，因为中子星的密度达到 1 亿吨/厘米^3。中子星磁场很强，达到 10^{12} 高斯。在这样强的磁场下，它的南北两个磁极不停地向外喷射着强大的电磁波束。如果接收这个信号的天线在这个电磁波束的方向上，就能接收到这个信号。一般认为中子星的自转轴和磁轴有一个夹角，如果地球处于磁轴延长线上，就能接收到脉冲信号。这也是把脉冲星模型称为灯塔模型的原因。

许多学者认为中子星是超新星爆发的产物。由于爆炸后核心部分的急剧收缩，星体内部的巨大压力把电子"挤入"原子核内与质子结合，形成高密的中子物质，成为中子星。

图 5-2　快速自转的中子星不断地向地球发射脉冲信号

　　很多恒星具有靠得很近的伴星。当这样一对恒星中的一员变成一颗超新星,爆发后留下一颗中子星时,其伴星的演化往往会因之而大大加快。由于中子星对伴星的引力作用很强,所以该伴星可能会从它的大气倾泻出可观的质量,而以致密气体云的形式包围那颗中子星。致密气体会扑灭脉冲星发出的射电发射。但随着气体在中子星周围的强引力场中被吸积和加热,又会产生很强的 X 射线发射。这也给科学家提供了一种观测中子星存在的可靠方法。

　　脉冲的周期除逐渐减慢之外,个别脉冲周期也会突发性地加快。通常认为,中子星的自转频率加快是由于"星震"造成的。星震就是中子星的外壳发生突然的断裂和变形。正像地震波的探测可以告诉我们地球内部的信息一样,这种星震造成的转动加速也能告诉我们许多中子星内部的情况。

　　图 5-3 给出了中子星的内部结构。

　　理论计算表明,中子星的最外层是铁壳,密度为 10^4 克/厘米^3。铁壳的密度还不算大,所以电子还没有脱离原子。里面是中子星的内壳,由重元素的核和简并电子气体组成。再往深处,电子被压到核内,与质子结合而成中子。一定深度以下,就全部是中子了。前面说过,其密度高达 10^{15} 克/厘米^3,但这些高密度的物质却能像处于接近绝对零度的液态氦一样,表现出超流动性。在核心处可能是超子构成的物质。

　　中子星的主要特征参数如下:

　　半径:10~20 千米;

　　质量:1.5~3$M_\odot$;

　　中心密度:10^{14}~10^{15}克/厘米^3;

　　表面温度:10^7 开以上;

　　中心温度:60 亿开;

图 5-3　中子星的内部结构

中心压力：10^{28}大气压（10^{30}千帕）；

表面磁场强度：10^{12}高斯。

中子星依靠中子简并压力来阻止强大引力造成的进一步坍缩。与白矮星类似，中子星也有一个质量范围。原子弹之父奥本海默的研究表明，若恒星爆发后剩余的质量大于$3M_\odot$，则中子简并压力无法阻止引力坍缩的进一步进行。为纪念奥本海默的这一发现，后人把 $M = 3M_\odot$ 称为奥本海默极限。

小小的中子星竟有这么多极端的物理条件：超高密度、超高温、超高压、超强磁场和超辐射。中子星的这些极端物理条件在地球上是无法实现的，所以中子星就成了极端物理条件的实验室，它能帮助人们了解物质在极端条件下的运动变化规律。

到 2019 年底，银河系中已发现的脉冲星已有 2 000 多颗。在这些脉冲星中，与总共 200 多个超新星遗迹对得上号的有 18 颗，其原因可能是有些超新星的残骸不是中子星而是黑洞，或根本没有留下任何致密天体，或者是在超新星爆发中形成的中子星被推到了别处，已不在残留的星云遗迹中。当然还有一种可能性就是中子星的寿命比超新星遗迹的寿命要长得多，使得仅占中子星寿命中有限一部分时间的脉冲星，仍可以在许多星云遗迹已经完全消失的地方被观测到。

根据脉冲星的"灯塔"模型，如果地球不在脉冲"灯塔"磁轴的扫射范围内，地球上就不可能观测到这颗脉冲星，所以银河系中实际存在的中子星数目要比观测到的脉冲星数量多得多，保守估计应在数万颗以上。

1999 年以来，科学家已经开始发现河外星系中的脉冲星，如位于大麦哲伦星云中的超新星遗迹 G21.5-0.9，是 4 万年前爆发的，初步判断其中有中子星。

注意脉冲星和中子星的关系：脉冲星都是中子星，但中子星不一定是脉冲星。

我国的 FAST 射电望远镜近几年发现了 50 多颗脉冲星，详见第 10 章。

2019 年美国西弗吉尼亚大学科学家宣布发现有史以来质量最大的中子星，其质量约是太阳质量的 2.17 倍，它正处于成为黑洞的边缘。

当一颗至少有 8 个太阳质量的恒星爆炸时，它会产生一颗中子星，其最大质量为 3 个太阳质量。如果中子星超过那个质量，它将最终坍缩成一个新的黑洞。新近发现的中子星直径只有约 24 千米，距离地球 4 600 光年。这颗中子星是由西弗吉尼亚州的绿岸望远镜（Green Bank Telescope）发现的，天文学家正在为寻找引力波进行常规观测，希望找到来自脉冲星的引力波。

过去 40 年，证实中子星内部存在夸克是中子星物理学最重要的目标之一。芬兰科学家在 2019 年宣布已经找到有力证据，证明迄今最大中子星内核存在奇异的夸克物质。

在中子星内部，原子会坍塌成密度极高的核物质，科学家一直不清楚，质量最大的中子星内核中的物质是否会坍塌成更奇特的夸克物质。

最新研究发现，最大质量中子星核内的物质，与夸克物质的相似度远高于与普通核物质的相似度。计算结果显示，被确认为夸克物质的核的直径可能超过整个中子星直径的一半。

研究人员表示，促成这一新发现的关键在于天体物理学研究近期取得的两个重要成果：中子星合并和产生的引力波的测定，以及对质量接近两倍太阳质量的大型中子星的探测。

2017 年秋，美国 LIGO 和欧洲 Virgo 天文台首次探测到两个中子星合并和产生的引力波，并推导出发生碰撞的中子星的半径上限约为 13 千米。此外，在过去 10 年中，科学家观测到 3 颗中子星的质量达到甚至可能略微超过两倍太阳质量。

5.2.3　脉冲双星和引力波间接探测

1974 年美国天文学家泰勒（J. H. Taylor，1941—　，美国）和他的研究生赫尔斯（R. A. Hulse，1950—　，美国）利用波多黎各阿雷西博那个著名的、直径 305 米的射电望远镜发现了脉冲双星 PSR1913+16。PSR1913+16 位于天鹰座，距离地球 17 000 光年，本身是一颗质量为 $1.4M_\odot$ 的中子星，脉冲周期为 0.059 秒。前面说过脉冲星的主要特征是脉冲周期极为稳定，但赫尔斯发现 PSR1913+16 的脉冲周期却不太稳定，相隔两天周期就相差 27 微秒。这不是脉冲星应有的特性，脉冲星不可能在这么短的时间里周期会有这么大的变化。问题出在哪里呢？在随之而来的观测中，赫尔斯发现了 PSR1913+16 周期变化的周期性，他立即感悟到它在作轨道运动。与我们的视向距离产生周期性的增减。当它与我们的距离在增大的时候，后一个脉冲比前一个脉冲要走较长的距离才会到达我们这里，因而周期变长；当它与我们的距离在减小的时候，后一个脉冲比前一个脉冲要走较短的距离即会到达我们这里，因而周期变短。也就是说，脉冲频率变化存在多普勒效应。而什么原因使 PSR1913+16 作轨道运动呢？答案只有一个，那就是它是双星中的一颗子星，在围绕共同的质量中心做绕转运动。

根据 PSR1913+16 的频率变化，可以确定其轨道运动的周期和轨道运动速度，轨道大小及另一颗子星的性质。另一子星是与 PSR1913+16 质量相近（$1.387M_\odot$）的中子星（无法找到其对应的光学图像），两者相距有数百万千米，以 7 小时 45 分（或 $T = 0.322\,997\,462$ 天）的周期相互绕转，运动速度达到 300 千米/秒。

如果泰勒和赫尔斯对 PSR1913+16 的研究到此为止，那么他们就不可能获得 1993 年的诺贝尔物理学奖。他俩对 PSR1913+16 进行了多年的追踪观测，发现其轨道周期每年减小76 微秒，与周期相比，年变化率为 -2.422×10^{-12}。这一结果表明双星系统的能量在慢慢损失。又是谁将系统的能量带走了呢？理论研究表明，只有引力波辐射才能将系统的能量慢慢带走，使整个双星系统的能量变小，绕转周期越来越短，两子星距离越来越近。利用广义相对论可算出周期变化率为 -2.6×10^{-12}，与观测值惊人地吻合。

泰勒和赫尔斯的长期（前后将近二十年）观测结果不仅仅间接证明了引力波的存在，而且对广义相对论和狭义相对论以前所未有的更高精度给予了验证。他们的这些杰出贡献也就使诺贝尔奖的获得顺理成章了。获奖并不是目的，随后的几年中他俩一直致力于研制探测引力波的干涉仪计划。引力波能够作用于一切有质量的物体，穿透力很强，和电磁波的性质大不相同。在这以前，世界各地的引力波探测装置的灵敏度都太低，没有达到能测量到达地球的引力波强度的最低要求。但愿泰勒和赫尔斯对引力波的探测能再次获得成功。

2004 年，科学家用澳大利亚帕克斯天文台 64 米射电望远镜首次探测到一颗有完整结构的双脉冲星——PSRJ0737-3039A/B。注意，这里所说的双脉冲星是同时收到两颗子星的脉冲。而前面所说的脉冲双星仅收到其中一颗子星的脉冲。PSRJ0737-3039A/B 两颗子星的质量分别为 $1.337M_\odot$ 和 $1.251M_\odot$，相距约 100 万千米，绕转周期 2.4 小时，它比 PSR1913+16 更准确地验证了爱因斯坦的引力波理论。

到 2019 年年底已发现脉冲双星 120 多个，大多数是一颗中子星和一颗白矮星的组合，两颗都是中子星的仅有十多对。

5.3　黑洞和白洞

前面我们谈到质量较小恒星的自引力相对较弱，靠电子简并压力即可抗衡其自身的引力，从而成为白矮星。如果恒星的质量超过一定的界限，那么它便会强烈地收缩到核物质密度的高密状态，此时依靠从这种状态下产生的中子简并压力来抗衡引力的收缩作用。现在的问题是：中子简并压力是否一定能顶住最强的引力作用？如果顶不住怎么办？白矮星和中子星是否就是一切恒星在走向死亡后的最后归宿？

要解决上述问题，首先必须对物体在自身引力作用下产生的一种猛烈收缩过程——引力坍缩作较深入的了解。

5.3.1 引力坍缩与黑洞

相信大家对逃逸速度一词并不陌生，它是指地球表面上的火箭要飞出地球的引力控制所必须具有的速度，对称第二宇宙速度，其大小为 11.2 千米/秒。其数学表达形式为

$$V_{逃} = \sqrt{\frac{2GM}{R}}, \tag{5-1}$$

其中 G 是万有引力常数，其数值为

$$G = 6.67 \times 10^{-11} \text{ 牛顿 · 米}^2/ \text{ 千克}^2,$$

M 是地球的质量，R 是物体至地心的距离。式（5-1）对其他天体也是成立的。

假定地球的半径由于某种原因缩小到原来的 1/4 而质量不改变，那么其表面的引力就会增强到原来的 16 倍，此时所要求的逃逸速度是 22.4 千米/秒。为了理解引力坍缩，我们设想将地球的周长从 40 000 千米缩小到 10 千米，这时火箭的速度要达到708 千米/秒才能逃出地球。如果进一步把地球周长缩小到 5.58 厘米，则逃逸速度就达到了光速——每秒 30 万千米。这时不要说火箭，连自然界中速度最快的光也逃不出弹丸般的"地球"的引力束缚了，地球上的任何信息都不可能送到外界去了。从外面的世界看来，它已经死了，只留下一个周长为 5.58 厘米的"墓穴"。

当然，我们不必担心人类会成为地球坍缩时的殉葬品。不过广阔宇宙中无奇不有，我们已经看到直径只有几十千米、密度达 10^{15} 克/厘米^3 的中子星在自然界里普遍存在。上述密度并非极限。计算表明，如果临终前恒星质量超过 3 倍太阳的质量，那么中子简并压力也不能抵抗它自身的巨大引力，将会继续自动收缩下去而走向最后的墓穴——这就是无限引力坍缩，或称完全引力坍缩。

这样形成的"墓穴"是一个无底洞，因为它的强大引力会把一切掉进去的物质和辐射吞下去，再也不会让它们跑出来。由于所有的光线只能进不能出，所以它是"黑"的，因此人们给它取了个名字叫"黑洞"。黑洞的边界也就是外界观测者视线的边界，所以叫作事件视界。黑洞的半径就是其引力半径。从而有黑洞的定义：时空曲率大到光都无法从其视界逃脱的天体。

根据式（5-1），令 $V_逃$ 为光速 c，则可得引力半径 R_g 为

$$R_g = \frac{2GM}{c^2}. \tag{5-2}$$

从式（5-2）中可以看出，引力半径与质量成正比。引力半径 R_g 的物理意义是：如果某天体的半径 R 小于其对应的 R_g，则此天体发出的光也逃不出去。注意，黑洞的视界并不是物质面，它的物理意义是指外部观测者（$R>R_g$）不可能知道其内部（$R<R_g$）的任何信息。

R_g 为临界半径，它是由德国天文学家卡尔·史瓦西（K. Schwarzschild，1873—1916年，德国，马丁·史瓦西的父亲）首先导出的，故 R_g 又称为史瓦西半径。

事实上 R_g 的获得并非只是将式（5-1）中 $V_逃$ 用光速 c 做代换那么简单。1915 年 12 月，爱因斯坦广义相对论发表不久，史瓦西即得到了一个用广义相对论的弯曲空间概念描述的球状物体周围引力场的精确解。史瓦西的解指出，如果致密天体的全部质量压缩到某一半径范围内，它周围的空间就因强大的引力而弯曲到任何物质和辐射都逃不出来，这一天体就是黑洞。这一临界半径由式（5-2）所确定。

根据广义相对论，光子根本不可能离开黑洞视界，最多只能贴着视界环绕飞行。有必要再次指出，视界不是黑洞物质的实体边界，而仅是一种几何描述。黑洞物质可能全部集中在黑洞中心的一个几何点，这个只有质量没有体积的几何点称为**奇点**。

图 5-4　时空弯曲示意图

黑洞是如何具备这种只进不出的能力的呢？广义相对论告诉我们，时空会由于大质量的物体的存在而发生畸变，物质的质量弯曲了时间和空间，如图 5-4 所示。而空间的弯曲又会反过来影响穿越空间的物体运动。这里有个形象的比喻：将一重物放在席梦思床垫上，则床垫上会出现一个凹坑。重物越重则凹坑越深。如果一个小球在床上滚动时，不慎

经过凹坑的边缘，则小球将被吸入凹坑。

在黑洞内部，一切物质只能径直落向中心奇点，因此空间是一维单向的，一旦进入视界的物质到达中心奇点则时间已经终结。一切物理定律在奇点会变得毫无意义。可以说奇点是时空都不复存在的终极之点。

哲学思想告诉我们，如果一个理论出现了奇点，就意味着它的破产。这说明，在奇点附近这样极端的物理条件下，我们现有的理论是不能应用的，必须用新的理论来描述。物理学发展到这一步，也希望数学上有新的突破。

一个太阳质量的物体的引力半径是 2.9 千米，此时的密度为 2×10^{16} 克/厘米^3。不过，在如此高密度、强引力的条件下，经典的牛顿引力理论已不再适用，而应当改用爱因斯坦的广义相对论。

表 5-1 给出了不同质量黑洞的半径和密度，以给读者一个较为形象的认识。

表 5-1　　　　　　　　　　**不同质量黑洞的半径和密度**

质量		引力半径		平均密度
千克	相当的物体	R_g	相当大小的物体	（千克／米^3）
10^{12}	山岳(微黑洞)	3×10^{-12}毫米	电子半径	8.8×10^{45}
7.35×10^{22}	月球	0.11 毫米	细砂	1.36×10^{34}
6×10^{24}	地球	8.9 毫米	豌豆	2.03×10^{30}
2×10^{30}	太阳	2.96 千米	步行半小时路程	1.80×10^{19}
2.0×10^{32}	最大的恒星	296 千米	约沪宁铁路长度	1.80×10^{15}
2×10^{35}	球状星团	2.96×10^5 千米	地月距离的 78%	1.8×10^9
2.2×10^{41}	银河系	0.03 光年	比邻星距离的 0.7%	0.002

我们以一颗 10 倍太阳质量的恒星为例，看它发生引力坍缩时会产生什么情况。这颗星经过约 3 000 万年的核燃烧，核燃料已经烧尽。由于它质量很大，电子和中子简并压力都阻挡不住这样的坍缩，坍缩由慢变快。由于恒星表面引力场强的增高，根据业已证实的广义相对论预言，星体表面上以某个角度发出的光会沿弯曲的轨迹运动。随着坍缩的进行，轨迹的弯曲会日益严重。在星体收缩到 1.5 倍引力半径之前，表面发射的光都能逃脱到外界空间去；但是在此之后，表面按切线方向射出的光将被俘获在星体上空的一层球状云中，然后再慢慢泄漏出去。所以远处的观测者在坍缩过程的以后阶段，始终能看到这颗星在 1.5 倍引力半径时的光圈。当星体继续坍缩进入引力半径时，便没有光子可以逃出去

了。然而远处的观察者并不会看到它突然消失，因为当这颗星进入 1.5 倍引力半径以后，被俘获在光子云中的光还在逐渐泄漏出去；而在星体进入引力半径前夕，垂直于星面发出的光也在冲破引力的束缚，慢慢泄漏出来。由于这部分光要摆脱较强的引力，从而失去较多的能量，并且光的强度衰减得很快，所以实际上将看到这颗星在逐渐变暗变红的过程中消失掉。

有人认为高密度并非形成黑洞的先决条件，因为黑洞的质量是随半径成正比增加的，但它的体积是与半径三次方成正比的，所以反而与半径平方成反比，也就同质量平方成反比。这一点从表 5-1 中可以看得很清楚，随着质量的增加，密度快速下降。一个 1 亿倍 $M_\odot$ 的大黑洞的密度只不过与水的密度相等。我们现在所能观测的范围约为 100 亿光年。照此推理，以这么大的距离为半径的一个黑洞，其密度将是非常小的，同实际观测到的平均密度相差无几。所以有人认为，我们自己就处在一个大黑洞中，而我们所观测到的仅是这个黑洞的一部分。这一观点会带来两个无法理解的问题：第一，我们所处的整个宇宙在一个大黑洞的视界内，那么视界外必定还有更广阔的世界，而人对宇宙的理解是包容一切的。不允许宇宙还有外面，如何解释？第二，假定我们真处在一个黑洞的视界内，但我们并没有压缩成为一个只有质量没有大小的奇点，广义相对论所预言的黑洞内的性质难道全都不对吗？

前面已经说过，质量不太大的恒星是不会坍缩为黑洞的。但是，如果我们的宇宙在其演化的历史中经历过一个超密度的阶段，那么当时炽热致密的介质中有可能出现受压缩的区域，这种区域坍缩会形成比太阳质量小得多的黑洞。例如形成一个小行星质量（十亿吨）的黑洞，这样的黑洞大小只有中子或质子那么大。这些小黑洞可能正在太阳系和银河系中游荡。这种黑洞被称为**太初黑洞**，这一概念是由霍金提出来的。

5.3.2 黑洞的性质

显然，关于黑洞的研究，对物理学和宇宙演化理论有着重要的意义。那么，一个黑洞应具有什么性质呢？

说来很奇怪，黑洞这样一个超乎常人想象的物体，性质却非常简单。它可以用质量、电荷和角动量三个量来完全确定。

黑洞可以分为四大类：最简单的无电荷、无转动的球状黑洞只需质量一个参数就可描述，又称为史瓦西黑洞；有电荷、无转动的球对称黑洞，又称为雷斯勒-诺斯特诺姆黑洞；无电荷但有转动的黑洞，又称克尔黑洞；带电荷又有转动的旋转黑洞需要质量、电荷和角动量三个参量来描述，又称为克尔-纽曼黑洞。

对两个克尔-纽曼黑洞而言，如果上述三个参量完全相同，那么这两个黑洞就是一模一样的。

如果告诉你一个人的年龄、身高、体重，那无论如何也不算对此人的全面了解。而黑洞却只要用三个量就可完全决定了，这个结论叫作黑洞无毛发定理，此定理已被广义相对论所证明。可见，物理学中的三个守恒物理量——质量、电荷和角动量在黑洞中仍成立。

黑洞无毛发定理表明，引力坍缩前千差万别的物体，坍缩为黑洞之后便玉石俱焚了，各自的细节全都消失了。我们无法根据黑洞的现状来推断它坍缩前的具体性状。事实上，黑洞内部的一切细节对外界来说都是毫无意义的。

黑洞具有电荷的原因是作为黑洞前身的恒星都有电磁场，黑洞形成以后还可从星际介质中吞噬带电粒子，因此在黑洞视界周围形成带电的外部时空，但黑洞的大部分电磁属性已被引力波带走，只留下总电荷这一个与电相关的参量。黑洞具有角动量的原因是因为作为黑洞前身的恒星都有自转，形成黑洞以后按角动量守恒定律依然要保持转动特性。

当一颗自转的恒星坍缩成黑洞时，将以更高的转速成为克尔黑洞。一个质量 $3M_\odot$ 的旋转黑洞，转速可达每秒 5 000 转，黑洞视界上的转动线速度接近光速。按照广义相对论，所有大质量的转动物体都要拖带着周围的时空同它一起转动，旋转黑洞产生的这种拖带效应，将使其所处的时空扭曲，形成巨大的时空旋涡。

水面上的旋涡使其周围的水流作高速的圆周运动，旋涡中心处的水流则径直落向深深的涡底。黑洞周围的空间旋涡也会产生类似的效应。旋转的克尔黑洞比静止的史瓦西黑洞在视界外多了一个临界面，称为静止界面。黑洞对静止界面以外的物体，几乎没有什么影响。进入静止界面的物体，将在时空旋涡的作用下，做圆周运动，越接近中心则运动速度越快。当物体进入视界时，就好像落入水面旋涡中心，任何物体都将径直落向奇点，再也不能逃脱出来。

没有电荷的黑洞容易理解，或许正负电荷刚好中和。没有转动的黑洞则有些费解。我们这样来解释：视界与静止界面之间的区域叫能层。进入能层的物体将获得很大的能量和角动量，随黑洞一起高速旋转，但由于物体还处在黑洞视界之外，所以这些物体仅是黑洞的半俘获物，它既可能进一步落入视界成为黑洞的"美食"，也可能在特殊条件下逃出能层。这些逃出能层的物体，因曾随黑洞一起转动而附加了能量，此能量被物质带离能层，带离黑洞。这样黑洞就损失一部分能量，并且是以黑洞的旋转角动量减少为代价的。这种有可能从旋转黑洞中提取能量的方式称为彭罗斯过程。如果黑洞的全部角动量都被提取完毕，黑洞将停止转动，能层消失，只剩下质量，旋转的克尔黑洞变为静止的史瓦西黑洞。

黑洞无毛发的比喻是物理学家贝肯斯坦（J. Bekenstein，1947—2015 年，以色列）和惠勒（J. A. Wheeler，1911—2008 年，美国）在 20 世纪 60 年代和 70 年代初提出的，他们认为，黑洞形成之后，仅剩下不能变成电磁辐射的三种守恒量：质量、角动量和电荷，其他一切信息都束缚在黑洞引力中，科学家无法观测到。假设两个黑洞在三个守恒量上匹配，从功能上就不可能区分它们。1973 年霍金等从理论上证明了黑洞无毛发定理。

虽然许多黑洞被认为是恒星坍缩的残留物，但也有一些黑洞被认为是大爆炸后不久形成的，是在宇宙早期异常稠密区域合并形成的，称为原始黑洞。多年以来，科学家一直致力于寻找能将原始黑洞和恒星黑洞区分开来的证据和方法，如果能够发现一些特征，就能揭晓黑洞起源和形成之谜。

最新研究表明，一些黑洞可以"长出毛发"，但是不能持续太长时间。依据这项最新研究，接近最大旋转速度的黑洞显示出一些独特属性，但是这些特性并未持续多久，最终又使得黑洞变得"光秃秃"，与其他同类黑洞难以区分。

有学者甚至提出我们宇宙中的信息也是守恒的，宇宙中的信息从来不会被创造出来，也从来不会被毁灭，也就是说信息也是守恒量。

黑洞似乎对信息守恒带来威胁：物质一旦落入黑洞，它所携带的信息一起被消灭掉。但从一个外部观察者的角度看上去，其实没有任何东西落入了黑洞——它们只是越过了一个边界。因此对于信息来说这似乎并非什么大事，它没有被毁灭，也没有被创造。

黑洞还有一个特别的行为，就是当两个黑洞相撞而合二为一时，合成的黑洞的视界表面积一定不小于原来两个黑洞视界表面积之和，这种黑洞的合并还会释放出巨大的能量。合成后的黑洞还可以再合并，再释放能量。那么黑洞一分为二能不能发生呢？著名的黑洞理论家霍金证明，这是办不到的。他的"面积不减定理"规定，黑洞在变化中视界表面积只能增加，不能减小。而黑洞分裂将导致表面积减小，所以是禁止发生的。

对日常所见的物体，如果两个小球合并成一个大球，则大球的表面积一定小于两个小球的表面积之和。证明如下：设有两个由同种材料（密度为 ρ）组成的同样大小的小球，半径为 R_0，则合并前的两小球表面积为

$$S_0 = 2 \times 4\pi R_0^2 = 8\pi R_0^2.$$

合并成一个半径为 R 的大球，表面积为

$$S = 4\pi R^2.$$

又两小球的质量等于大球的质量，即

$$2 \times \frac{4}{3}\pi R_0^3 \rho = \frac{4}{3}\pi R^3 \rho,$$

所以，$\frac{R}{R_0} = 2^{\frac{1}{3}}$.

设 $S < S_0$，即 $4\pi R^2 < 8\pi R_0^2$，即 $\frac{R}{R_0} < 2^{\frac{1}{2}}$，又 $2^{\frac{1}{3}} < 2^{\frac{1}{2}}$，故原命题 $S < S_0$ 成立。

再来证明黑洞的面积不减定理，以球状的史瓦西黑洞为例，黑洞的视界面积为

$$S_0 = 4\pi R_0^2,$$

其中 R_0 为视界半径，又 $R_0 = \dfrac{2GM}{c^2}$，所以

$$S_0 = 4\pi \left(\frac{2G}{c^2} M \right)^2 = \frac{16\pi G^2}{c^4} M^2.$$

为简单起见，令两个小黑洞的质量相同均为 M_0，大黑洞质量为 $2M_0$，视界表面积为 S，则

$$S = \frac{16\pi G^2}{c^4}(2M_0)^2 = 2 \times \left(\frac{16\pi G^2}{c^4} M_0^2 + \frac{16\pi G^2}{c^4} M_0^2 \right) = 2 \times 2S_0 > 2S_0.$$

当两个小黑洞的质量分别为 M_1，M_2，视界面积分别为 S_1，S_2 时，则

$$S = \frac{16\pi G^2}{c^4}(M_1 + M_2)^2 = \frac{16\pi}{c^4}G^2 M_1^2 + \frac{16\pi}{c^4}G^2 M_2^2 + \frac{32\pi G^2}{c^4}M_1 M_2 > S_1 + S_2.$$

在上述证明中要求大黑洞的质量等于两小黑洞的质量之和，而这一条件在黑洞的合并过程中并不满足。按照广义相对论，在两个具有强引力场的黑洞猛烈碰撞的过程中，将有引力波发射出来。由于能量守恒，引力波的能量是由两个黑洞的总质量的亏损来提供的。霍金从理论上证明即使两个黑洞碰撞时，通过引力波发射能量的形式损失掉的质量多达总质量的 50%，黑洞的面积不减定理仍然成立。

霍金在研究量子力学对黑洞附近物质的行为的影响时，发现黑洞似乎总是以稳定的速度发射粒子，而且发射的粒子具有热辐射的性质。黑洞的辐射看起来好像是一个普通的热物体在辐射，所以黑洞并非绝对的"黑"，它有一个温度。可以证明，表面引力可以作为黑洞温度的标志。

正如物理学其他领域一样，黑洞也要受到量子力学效应的影响。例如经典物理认为，黑洞只能吸收，不能有发射；而量子力学却允许辐射从强大的黑洞引力势垒中钻出来。当然，同物理学的其他领域一样，量子效应只是在微观领域中才表现出显著的影响。对于通常的黑洞，它的辐射实在太小而完全可以忽略。例如，对于一个太阳质量的黑洞，它的辐射所对应的温度只有 6×10^{-8} 开。这种温度下的热辐射是微乎其微的。

我们看到，黑洞当初进入物理学，是作为引力战胜一切排斥因素的产物出现的，它是绝对的吸引、收缩，是恒星或其他物体的坟墓，没有任何起死回生的希望。但是一旦和量子力学相结合，就发现这些结论不对了。黑洞也能发射，小型黑洞甚至能够向周围发射高能粒子和辐射而最后自身归于消亡。这些推论启示我们：黑洞并不是物质演化的终点，被吸进黑洞的物质有可能被重新发射出来。尽管这种量子效应在大质量黑洞的情况下是微不足道的，但是我们没有理由认为量子力学不会在其他场合、以其他方式影响黑洞。

有人认为，在黑洞中心的"奇点"处，物质不可能被压缩到无限大的密度，在小于 10^{-33} 厘米的空间尺度上，广义相对论也要失败，而应代之以量子化的引力理论，物质在新规律的支配下可以避免奇点。尽管新的理论还没问世，但可以预料，新的理论将统一相对

论和量子论这两个现代物理的支柱。这个理论的建立，肯定是人类认识自然界的又一次重大突破。细心的读者已经可以从上述论述中发现哲学思想的火花了。

5.3.3 黑洞视界

黑洞中心可以看作一个密度无穷大的奇点。但是，你看不到奇点本身，因为它被黑洞视界所笼罩，黑洞视界又称为事件视界。我们通常认为事件视界就是黑洞的"表面"，要想看清黑洞内部，必须先穿透这层视界。

事件视界不是一个真实的物理边界，它既不是膜，也不是某种表面。事件视界的简单定义就是一段到奇点的特定距离，如果落到这个距离以内，你就无法逃脱。

在这段特定的距离中，引力是如此之大，以至于任何东西，甚至光本身，都无法逃脱黑洞引力的控制。从视界到达奇点的时间取决于黑洞的质量，对于一个质量只有几倍太阳质量的小黑洞，可能甚至都不到一眨眼的时间；而如果是一个巨大的、至少比太阳大一百万倍的黑洞，还有几秒钟的时间，来感受这个宇宙中的神秘角落。在事件视界内，没有什么是静止的。你被迫一直运动，而奇点存在于你所有可能的未来中。

在黑洞的事件视界之外，你可以向空间中的任意方向移动，然而，到了事件视界之内，这种常识就被打破了。此时，奇点就存在于你的未来，你只能够一直向奇点运动。向左、向上、转身，这些都不重要，因为奇点总在你前方。然后，你会在有限的时间内到达奇点。

当落向奇点时，你并不会被笼罩在黑暗中。来自周围宇宙的光会与你一起坠落，并在你之后继续坠落。由于极端的引力，光会迁移到更高的频率，而且由于时间膨胀，外部宇宙似乎加速了。

奇怪的事情还不止于此。由于黑洞的所有质量都集中在一个无限小的点上，所以引力的差别非常极端。从接近黑洞视界开始，从头到脚，你的身体会被极度拉伸，这个过程被称为"意大利面化"。此外，你的躯干中部会被挤压。这种挤压也会作用在你周围的光束上，使入射的光线集中到你腰部的明亮带。

你眼中的奇点也会变得怪诞和扭曲。它漆黑一片——你看不到它，因为它存在于你的未来，就像你的肉眼无法看到未来一样。只有到达奇点，你才能知道它是什么样子。然而，奇点并不会呈现为一个小点，巨大的引力差异会使奇点延伸，并吞噬你大部分的视野。

当你接近奇点时，你可能会像降落在一个巨大的、没有特征的、空无一物的黑色星球表面。当奇点完全从一个视界延伸到另一个视界时，你就成功到达了奇点。

5.3.4　寻找黑洞

知道了黑洞的性质，就可以根据这些性质来制定寻找和确定黑洞的方案了。

黑洞内部的辐射虽然发射不出去，但黑洞还有质量、电荷、角动量，它还能够对外界施加万有引力和电磁作用。物质被黑洞吸积而向黑洞下落时会发出引力辐射，如果被吸积的物质是带电的，还会产生电磁辐射，所以从这个意义上讲，黑洞将是引力辐射源、X 射线源、γ 射线源。一些密近双星的光谱里只有一套谱线，称为单线双星。光谱未出现的那颗子星就可能是黑洞。引力透镜法就是可以用来确定黑洞的一种方法。

图 5-5 给出了引力透镜示意图。其中 S 为恒星，E 为观测者所在的地球，B 为正好处于待观测恒星 S 和地球 E 连线上的想象中的黑洞。从 S 发出的两束光在接近黑洞 B 时，由于 B 强大的引力作用使这两束光发生了弯曲，也即改变了传播方向，这两束光都进入了观测者的视线。由于观测者并不知道 SE 中存在黑洞 B，反向延长所观测到的两束光，得到了两颗恒星 S_1 和 S_2。

图 5-5　引力透镜示意图

前面说过，对恒星光谱的分析是恒星天文学必不可少的内容，所以必须拍摄 S_1 和 S_2 的光谱照片，结果是可想而知的：S_1 和 S_2 的光谱照片完全一样。

众所周知，地球上没有两个人的指纹完全一样，也没有两片树叶会完全一样。将这个结论推广到宇宙中，也就是说，宇宙中不可能有两颗恒星的光谱会完全一样。如果有两颗恒星的光谱完全一样，则这两套光谱必来自同一颗恒星。为此我们只能假定在恒星和观测者之间存在一个看不见的黑洞，它的引力类似于一个透镜，将 S 发出的两束光会聚到观测者 E 处。

能产生引力透镜效应的天体称为前置天体，它们均是具备强引力场的天体。除黑洞外，星系或星系团也可成前置天体。引力透镜效应会产生双重或多重像，这些像都有相同的光谱结构和谱线位移量。引力透镜效应还可能改变像的亮度。

1985 年地面望远镜的巡天观测发现了著名的"爱因斯坦十字"引力透镜效应：由 5 个光斑呈对称形簇拥在一起，中央光斑是一个距离我们 4 亿光年的亮星系，周围 4 个光斑是远在 80 亿光年外的一个暗弱星系，因中央亮星系的引力透镜效应，亮度得到增强并分裂成 4 个像。图 5-6 是由哈勃太空望远镜拍摄的"爱因斯坦十字"引力透镜图像。

图 5-6 "爱因斯坦十字"引力透镜图像

引力透镜仅仅利用了黑洞质量对外界提供引力这一性质。如果能再配合其他性质，将会对黑洞的确认提供有效的证据。

根据量子力学理论，小黑洞会发射光和粒子而逐渐消亡，因此探测它们的存在及其发射，不仅能证实黑洞的存在与否，而且也能检验新发展的黑洞量子力学的正确与否。各国天文学家在 20 世纪 70 年代末就开始了小黑洞的搜寻工作。根据理论预言，质量小于 10^{15} 克的小黑洞到今天都已消失了，质量在 $10^{15} \sim 10^{16}$ 克的小黑洞正在走向死亡。这种死亡过程是很迅速的，最后将以猛烈爆炸告终，爆炸放出的能量非常巨大，并以高能 γ 射线的形式放出。第 2 章中提到的"通古斯大爆炸"，有学者认为是一个小黑洞惹的祸。

5.3.5 天鹅座 X-1 的特征

如果说巨型黑洞和小型黑洞的存在还有争议的话，那么我们对由恒星坍缩而成的常规黑洞的存在却有把握得多。中子星已被公认是存在的，那么大于 $3M_\odot$ 的恒星在坍缩时除非设法抛掉多余的质量，否则就不可能成为稳定的中子星，难以逃脱成为黑洞的厄运。

在实际观测方面，天鹅座 X-1 是人类发现的第一个黑洞。

黑洞是看不见的而且是尺度很小的天体，所以直接观测是很困难的。如果黑洞有一颗能观测到的伴星，那么根据黑洞对其伴星的影响，也许可以推断黑洞的存在。由于黑洞的质量较大，所以对可见伴星的多普勒位移有一定的要求，仅根据光谱还很难判断黑洞是否存在。幸而人们知道，在密近双星中的黑洞的强大引力场能把气体从伴星那里吸过来，这些气体落进黑洞时会加热到能发射 X 射线的程度，所以 X 射线辐射将是判断黑洞存在的强有力证据。X 射线是波长为 0.001~10 纳米的电磁辐射。其中波长为 0.001~0.1 纳米段称为硬 X 射线，0.1~10 纳米段称为软 X 射线。德国物理学家伦琴（W. Röntgen，1845—1923 年，德国）在 1895 年无意中发现了 X 射线，并因此获得第一届（1901 年）诺贝尔物理学奖。

但是 X 射线是不能穿透大气层的，必须依赖卫星或空间探测器来探测。根据观测资料，天鹅座 X-1 成为黑洞最有希望的候选者。天鹅座 X-1 的质量约为 $16M_{\odot}$。天鹅座 X-1 是 1965 年被高空 X 射线探测火箭首次发现的。

为了鉴别一个 X 射线源究竟是不是黑洞，首先要了解从被黑洞吸积的气体中发出的 X 射线应有哪些与众不同的特征。值得庆幸的是，科学家们根据广义相对论作出的关于黑洞产生的 X 射线的特征都被装在火箭上的大型 X 射线探测器所证实了。

1971 年 3~4 月间，用于 X 射线探测的美国乌呼鲁卫星记录到天鹅座 X-1 的 X 射线光度有快速变化，同时发现它还是一个射电源。用射电望远镜精密定位的结果显示它的位置与一颗光学可见的恒星（编号为 HDE226868）相对应。这颗恒星亮度为 9 等，光谱型为 O 型，是一颗高温蓝色超巨星，半径约为 $100R_{\odot}$，质量在 25~40$M_{\odot}$ 之间，距离太阳约 8 000 光年。光谱分析表明，它是双星系统中的一员，双星间距约为 3 000 万千米，绕转周期为 5.6 天。经过精密的方位测定发现，它就是天鹅座 X-1 中与 X 射线源为伴的可见星 HDE226868，而且在这个方位上还有一个射电源。射电源强度在一段时间内逐渐上升，与此同时，X 射线源的强度下降为原来的 1/4，这样的同时性并非巧合。1972 年上天的哥白尼卫星在天鹅座 X-1 的 X 射线强度中发现了 5.6 天为周期的变化，这正是 X 射线源受到周期性的遮掩造成的。从光谱的比较分析还可看出，有迹象表明气体正从可见星流到它的伴星上去，如图 5-7 所示。

除天鹅座 X-1 外，20 世纪 70 年代以后还找到了很多是黑洞的 X 射线源，如 LMCX-1、LMCX-3、AO620-00 等。

5.3.6 黑洞研究的最新成果

20 世纪 90 年代，科学家发现了多对新的 X 射线黑洞候选者，其中天鹅座 V404 是从测定视向速度的变化而推知其旋转轨道的情况，再用力学方法求得两子星的质量而断定其一为黑洞的。

图 5-7 天鹅座 X-1

1994 年夏天，哈勃太空望远镜观测到 M87 星系中心存在着有超大质量（30 亿个太阳质量）的天体的证据，它很可能是黑洞。

1997 年，中国天文学家张双南测出黑洞有自旋的特性。他依据观测到的银河系内两个超光速喷流源 GROJ1655-40 和 GRS1915+105 的 X 射线特性，揭示了在此 X 射线双星系统中包含的黑洞是快速自转的。

1998 年，哈勃太空望远镜发现了一个距地球 1 000 万光年的巨大黑洞，其质量约 $10^9 M_\odot$，位于半人马座 A 射电源中央。

2000 年发现多个黑洞双星候选者，如 XTEJ1500-564，位于矩尺座，距太阳 1.7 万光年，天鹅座 X-3 射电双星，距太阳 3.2 万光年。

2002 年 11 月，钱德拉 X 射线天文台在距我们约 3 000 光年的 NGC6240 星系中发现两个巨大的黑洞正相互靠拢，预计几亿年后，两者会合并为一个更加巨大的黑洞。

有人估计，在过去 100 亿年中银河系中平均每 100 年有一颗超新星爆发，而每 100 颗超新星中有一颗会导致黑洞形成，如果这个估计是正确的，则银河系里应该有数百万个由恒星坍缩而成的黑洞，而我们根据 X 射线双星系统来确定的黑洞或黑洞候选者仅仅数十个，问题出在哪里呢？

第 4 章中我们说过银河系中心有个巨型黑洞，不仅如此，近年来科学家认为宇宙中的大部分星系，中心都隐藏着一个超大质量的黑洞，这些黑洞质量大小不一，大约 100 万~100 亿个太阳质量。特别是，2012 年天文学家发现位于英仙座星系群的小型星系 NGC1277 中心可能存在质量达到 170 亿太阳质量的超级大黑洞。表 5-2 给出了目前获广泛认可的几个黑洞及对应质量。

表 5-2   几个极可能的黑洞

名称	对应黑洞质量（$M_\odot$）	对应伴星质量（$M_\odot$）
MGROJ1655-40	5.5	1.2
大麦哲伦云 X-3	6.5	20
J0422432	10	0.3
A0620-00	11	0.5
天鹅座 V404	12	0.6
天鹅座 X-1	16	30

科学家并不满足于在宇宙中寻找黑洞，也正在尝试在地球上制造"黑洞"。

2005 年 3 月，美国布朗大学物理学教授纳斯塔西在地球上制造了第一个"人造黑洞"。尽管这个黑洞体积很小，却具备了真正黑洞的许多特点。人造黑洞的设想由加拿大不列颠哥伦比亚大学的昂鲁教授在 20 世纪 80 年代提出。

2008 年 9 月，随着欧洲大型强子对撞机的正式启用，有科学家认为这个对撞机在工作过程中可以产生瞬间微小的黑洞，并立刻分解掉。

2010 年德国马克斯普朗克物理研究所和亥姆霍兹柏林中心的研究人员使用柏林同步加速器在实验室成功产生了黑洞周边的等离子体。通过这项研究，之前只能在太空由人造卫星执行的天文物理实验，也可以在地面进行，诸多天文学难题有望得到解决。

2013 年，中国东南大学的科学家崔铁军和程强教授首次制造出可以吸收周围光线的人造电磁"黑洞"，这个黑洞可以在微波频率下工作，预计不久后它就能够吸收可见光，一种把太阳能转化为电能的全新方法可能因此产生。

2014 年 1 月，英国著名学者霍金发文认为黑洞其实不存在，不过"灰洞"的确存在，具体内容详见《第 8 章　霍金的宇宙》。

1990 年哈勃太空望远镜发射之前，天文学家们只在双星系统中证实了黑洞的存在。而哈勃太空望远镜的工作却发现了星系中心潜藏着一种令人震惊的黑洞类型——超大质量黑洞，它的质量为从一百万个到几十亿个太阳质量。

天文学家们后来又用哈勃太空望远镜探索许多星系的中心，寻找超大质量黑洞，这次宇宙普查使天文学家们发现超大质量黑洞其实非常普遍，即使不是每个大星系都有，也是绝大多数大星系中心都拥有一个。更惊人的是，中央黑洞的质量和星系中心由恒星构成的星系核质量直接相关，星系核质量越大，黑洞质量就越大。

20 世纪 90 年代以来，天文学家陆续在遥远星系中发现了一批 X 射线光度极高的天体，它们可能是人们一直寻找的中等质量黑洞，也可能是具有特殊辐射机制的几个或几十个太阳质量的恒星级黑洞。由于这类天体距离我们十分遥远，通常为几千万光年，同时 X 射线照射黑洞吸积盘而产生的光污染也非常强，因此测量极其困难。

2013 年中国科学院国家天文台研究员刘继峰领导的国际团队在世界上首次成功测量到 X 射线极亮天体的黑洞质量，在该领域获得重大突破，增进了人们对黑洞及其周围极端物理过程的认识。刘继峰团队选取有特色的天体目标，成功申请到位于美国夏威夷的 8 米大型双子望远镜以及 10 米凯克望远镜各 20 小时的观测时间，在 3 个月的时间跨度上对漩涡星系中 X 射线极亮源 M101ULX-1 进行了研究，并确认其中心天体为一个质量与恒星可比拟的黑洞。这个黑洞加伴星形成的黑洞双星系统位于 2200 万光年之外，是人类迄今发现的距离地球最遥远的黑洞双星。

2017 年 12 月 7 日，美国卡耐基科学研究所科学家发现有史以来最遥远的超大质量黑洞，该黑洞质量大约是太阳质量的 8 亿倍。

2019 年 11 月，中国天文学家利用郭守敬望远镜（LAMOST）发现了一颗迄今为止最大质量的恒星级黑洞，并提供了一种利用 LAMOST 巡天优势寻找黑洞的新方法。这颗 70 倍太阳质量的黑洞远超理论预言的质量上限，颠覆了人们对恒星级黑洞形成的认知，有望推动恒星演化和黑洞形成理论的革新。

2019 年科学家在距离地球 7 亿光年的霍尔姆 15A 星系团中，发现了一个质量为太阳 400 亿倍的超大黑洞。如果得到证实，将是这一半径约为 10 亿光年的区域中最大的超大质量黑洞。

2019 年天文学家使用美国航天局钱德拉 X 射线天文台观测到迄今最遥远的隐形黑洞，它属于宇宙最早期被气体隐藏的黑洞。

超大质量黑洞的质量通常是太阳的数百万至数十亿倍，通过大量吸入周围物质，使黑洞快速增长，并在黑洞周围产生大量辐射，科学家称这个极其明亮、紧凑的辐射源为类星体。

依据当前的理论，在一个超大质量黑洞的早期成长阶段，稠密的气体云将物质送入周围的盘状区域，盘状区域遮掩或者隐藏了类星体的大部分强光，当黑洞消耗物质变得更大的时候，气体云中的气体就会耗尽，直到黑洞及其明亮的圆盘被探测到。

在这个隐蔽的阶段发现类星体是非常具有挑战性的，因为它们的大部分辐射被吸引了，目前的仪器无法探测，基于钱德拉 X 射线天文台穿透云层的观测能力，天文学家才成功找到了这个被隐藏的黑洞。

这一最新发现来自对类星体 PSO167-13 的观测，这颗类星体是由"泛星计划（Pan-STARRS）"首次发现的，泛星计划共发现大约 200 颗闪烁发光的类星体，但泛星计划仅在探测无遮掩黑洞时有效，因为探测到的辐射可能被稀薄气体云和尘埃所抑制。

对于类星体 PSO167-13，可能存在一个紧密的伴星星系，之前阿塔卡马大型毫米波阵望远镜（ALMA）和哈勃太空望远镜探测到过该现象，由于它们距离很近，并且 X 射线源较微弱，研究小组无法确定新发现的 X 射线释放是与类星体 PSO167-13 有关，还是与伴星星系有关。

如果 X 射线来自已知类星体，则天文学家需要解释为什么类星体在 X 射线中高度隐藏，而在可见光范围内却并非如此。另一方面，如果 X 射线来自伴星星系，那么它代表着类星体 PSO167-13 附近发现一个新的类星体，这一对类星体将是迄今为止探测最远的类星体。钱德拉 X 射线天文台探测到的类星体可能是迄今最遥远的隐形类星体，诞生于大爆炸之后 8.5 亿年，目前研究人员计划展开更多的观察，以便揭晓更多的宇宙谜团。

天文学家猜测早期宇宙中大多数超大质量黑洞都是隐蔽的，因此对它们进行探测研究是至关重要的，便于更好地理解它们是如何迅速地成长为 10 亿倍太阳质量的。

5.3.7　黑洞视界成像

1979 年，法国物理学家卢米涅（J. P. Luminet，法国）第一次描述了假如人类能直接看到黑洞，将会出现什么效果。他认为人类将看到黑洞的阴影，除了圆盘状的边缘之外，黑洞背后的部分也会显示出来。

根据爱因斯坦的广义相对论和德国物理学家史瓦西的研究成果，黑洞的阴影面积是可以计算的。因此十多年前，科学家开始尝试成立研究团队给黑洞视界成像，他们想通过这次观测，来验证爱因斯坦的理论是否正确。

由于光线一旦进入黑洞便无法逃离，但可以拍摄黑洞的边缘，就是那些即将落入黑洞之前的气体物质喷流和它们发出的辐射。若能找到一个快速旋转的超大质量黑洞，大量物质正在快速被吞噬，并同时以接近光速的速度向两侧释放喷流，穿越整个星系，理论上就可能看到此黑洞的视界。

通过观察光线在黑洞附近时的弯曲情况，我们可以看到单个光线会绕着事件视界转圈。随着黑洞周围的高温气体产生的光线越来越多，大量光线会从黑洞后方照射过来。

黑洞边缘的光线，要穿越黑洞旁的高温气体，穿越宇宙空间中的恒星际物质，穿越地球的大气层，并最终被我们观测到，研究发现现在只有一种波长为 1 毫米左右的光线有可能被观测到。而要想对其进行观测，需要一个地球那么大的射电望远镜，"甚长基线干涉"（VLBI）的技术能够帮助我们实现这一目标：将分布在世界各地的望远镜连接起来，用极为精准的原子钟校准时间，开展同步观测，其误差每 1 000 万年不超过 1 秒。这样就相当于构建了一台口径和地球直径相当的巨型射电望远镜。

2017 年 4 月，事件视界望远镜（EHT）项目组就开始了对黑洞的联合观测，事件视界望远镜团队负责人由哈佛大学教授杜勒曼（S. Doeleman，美国）担当，如图 5-8 所示。笔者认为若干年后，杜勒曼很可能获得诺贝尔物理学奖。

图 5-8　哈佛大学教授杜勒曼

　　EHT 项目组协调所有参与观测的 8 台望远镜在精准的同一时间，对同一个黑洞进行了同步观测，如图 5-9 所示。这些望远镜分布在高海拔地区，包括美国夏威夷和墨西哥的火山、美国亚利桑那州的山脉、西班牙的内华达山脉、智利的阿塔卡马沙漠以及南极点。

图 5-9　EHT 8 台望远镜在全球的位置

　　每台望远镜都会获得海量数据，用硬盘来存储，通过快递硬盘的方式来传输数据，因为数据量太大，超过了 10PB（1PB＝1024TB），在线传输根本满足不了需求。数据中心有两个，一个位于美国，另一个在德国。得到数据以后，科学家们进行相关分析，采用不同的方式对图像进行确认。确认以后，进行重构，最终得到我们所看到的黑洞视界照片。在得到黑洞视界照片的同时，科学家们已经做了大量数值模拟，与数值模拟库相比较，从而可以推断黑洞的性质。

2019 年 4 月 10 日，EHT 项目组宣布，已经成功获得 M87 星系核心超大质量黑洞的图像，如图 5-10 所示。首张黑洞视界照片显示的是相当于 65 亿倍太阳质量的物质，聚集在一个圆形的光学边界区域范围内的场景，其大小完全符合爱因斯坦的理论预期。图像的中间黑色区域的边界就是事件视界，在其内部，就连光线都无法逃脱；图像的下方比较明亮，这是因为你正在目睹以接近光速的速度，围绕黑洞周围运行的超高温气体物质。当它朝向我们的视线方向运动时，它看上去会更明亮；而在图像的上方，情况反过来，物质远离你而去，它会变得暗淡一些。

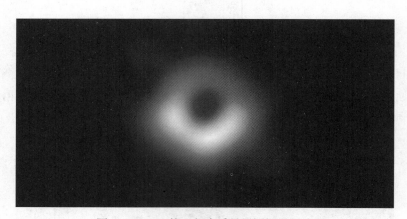

图 5-10　M87 核心超大质量黑洞视界照片

这是迄今为止，超大质量黑洞存在的最佳直接证据。而上下不同区域的亮度变化反映了物质运动情况，可以让我们估算出黑洞转动的自转轴方位。我们也第一次有机会弄清楚，这个质量高达 65 亿倍太阳质量的巨无霸，在不断吞噬气体物质的同时，其自身方位朝向是如何的，因而可以产生我们在开始时向大家所展示的那种强大喷流。这张照片也验证了爱因斯坦引力理论对黑洞的预测：由于光线无法挣脱黑洞的引力，在黑洞周围，存在一个由光线构成、环绕中心黑色区域旋转的亮环。

数十年来，科学家只能通过计算机去模拟黑洞形象，而现在可以确定之前我们所做的模拟都是正确的。

首张黑洞视界照片的问世，离不开"事件视界望远镜国际项目组"的整体努力，这项工作是由来自超过 20 个国家和地区、60 多家大学和研究机构的超过 200 名科学家共同参与的结果。其中包括中国科学院下属的上海天文台、云南天文台等机构，以及华中科技大学、南京大学、中山大学、北京大学、中国科学院大学、台湾大学等高校。

EHT 项目组目前正在处理拍摄到的银河系中心黑洞照片，也就是所谓"人马座 A ＊"的图像数据。因为银河系中心的黑洞质量比 M87 的那个黑洞要小 1 000 倍以上，这也就意味着围绕它转动的速度也要快上 1 000 倍。

银河系中心的黑洞的影响范围，相比于巨大的银河系来说是非常小的，因此对于这个 400 万倍太阳质量的黑洞大可不必担忧。但这个黑洞确实会和银河系共同演化，不断吸积物质，吞噬，成长，合并，这其中仍然有很多谜团尚未揭开。因此，关于银河系中央的超大质量黑洞究竟如何与星系共同演化，今天仍然是一个值得探讨的问题。

EHT 项目组目前有 8 台望远镜，它们位于 6 处不同的地点。现在正在另外 3 处不同地点建造新的望远镜，这样一来就将拥有 11 台望远镜了。而在未来，除了拍摄更加高清的黑洞静止图像之外，我们还希望能够拍摄黑洞的视频。因为视频可以揭示黑洞演化的实时过程，比如黑洞是如何吞噬物质的？黑洞是如何在其南北两极产生喷流的？黑洞如何自转？黑洞如何与它所在的星系共同演化？等等。

或许大家会对 2014 年科幻电影《星际穿越》中的黑洞印象非常深刻，为什么我们这次看到的第一张黑洞照片和《星际穿越》电影当中的照片竟然差别如此之大（如图 5-11 所示）？主要的原因是我们看的黑洞视角不一样，拍摄 M87 是沿着黑洞转动的方向去看的，但是《星际穿越》电影中是沿着赤道方向展示的黑洞模样，这是两者之间最大的差别。

图 5-11   电影《星际穿越》中的黑洞（左）和 M87 的照片

杜勒曼认为未来团队想做的有两点：一是能拍摄更多更好的黑洞照片，二是未来 10 年里能拍摄到黑洞视频。依靠现有的数据和计算机模型，EHT 团队已经在模拟黑洞的运动影像。

5.3.8　白洞

前面我们谈了黑洞问题。按照宇宙通常存在的对称性，如物质、反物质，电子、正电子，也许应该还有与黑洞相对应的天体存在，也就是恒星坍缩的逆过程，这就是宇宙物质的"火山口"，大量物质和能量从那里涌出来，这样的天体称为白洞（White Hole）。

俄罗斯宇宙学家诺维科夫（I. Novikov，俄罗斯）在 1964 年提出了白洞理论，他认为一个黑洞连接着一个存在于过去的白洞。与黑洞相反，光和物质能够离开白洞，但却无法进入。我们来看一个简单的类比。我们社会中有两个重要的经济部门，一个是税务局，负责收钱；一个是财政局，负责花钱。可以肯定的是，财政局花的钱是税务局收来的。一个进一个出，财政局不可能无中生有。

那么，进入黑洞的物质，会不会在另外什么地方冒出来呢？我们假设上述质量转移是通过隧道或桥梁进行的，而这种隧道或桥梁严格来说不具有我们所熟悉的宇宙的那种时空概念，人们称这个通道为虫洞（或虫眼），如图 5-12 所示。关于虫洞详见 5.4 节。

图 5-12　黑洞、白洞和虫洞

上述概念的理解可能有些使人感到不可思议。作为一个正常的人，生活在这个四维世界里，很难使自己的思维更开阔。就像一个平面人很难想象立体人的某些运动途径。比如平面人做不到就地转身 180 度，尽管他可以通过拓扑平面翻过来。对我们来说就地转身易如反掌。如果宇宙并非我们想象的那样是四维的，而是五维或更多维的，通过未知的这一维进行质量交换未尝不可，这一维也许就是虫洞。

如果质量通过虫洞突然在十亿光年以外的太空里再次出现的话，那一定会有某种东西来平衡这种距离上的大转移。也许这种空间上快得不可思议的运动是通过时间上的补偿作用来达到平衡的，也就是说，那个质量出现在十亿年以前。当然，实际的时空转换可能还要复杂得多。

1988 年索恩等在《物理学评论通讯》上发表的文章中指出，虫洞是宇宙中相距遥远的两个奇点之间的一条神秘通道，这条通道开在现实的三维空间之外的第四维超空间里。为了用图来描述，采用降一维的方法。图 5-13 画出了只剩二维的现实空间和超空间示意图。地球与织女星的空间距离（表达在二维曲面上）为 27 光年，但这个空间是弯曲的。如果在地球和织女星附近有一对"共轭"奇点（这里的"共轭"笔者把它定义为有联系），分别对应黑洞和白洞，有可能存在一条穿越超空间的捷径——虫洞来连接这对奇点。注意我们在二维曲面中观察织女星并没"感觉"到空间的弯曲。

图 5-13 穿越超空间的虫洞

物质一旦在虫洞的另一端出现，它就再次突然膨胀成了普通的物质。膨胀时，它发出炽烈的辐射能，而这种能量原先是陷在黑洞里的。也就是说，我们眼前出现了一个白洞。

如果这一切是真实的，白洞应该是能够被发现的。当然，这取决于白洞的大小以及离我们的距离。有没有什么关于这种大白洞的迹象呢？

在 4.3 节中我们曾讨论过类星体。类星体具有极小的体积和极高的亮度，这种情况使类星体这种天体和我们所知道的任何东西都不同。类星体的发现使天文学家感到宇宙可能存在着目前还不了解的、规模巨大的现象，并促使他们去考虑包括白洞在内的那些天体。

也许黑洞和类星体之间本身就有一种联系。有些学者认为类星体是虫洞某一端出现的一种巨大的白洞，其物质来自宇宙另一部分的一个巨大的黑洞。

宇宙里可能有许多大大小小的白洞，每个白洞和它的黑洞连接在一起。如果把所有的黑洞、白洞都考虑进去的话，我们会看到连接它们的那些虫洞在宇宙里相当稠密地交织在一起。

能否张开想象的翅膀，设想有个物体能接近黑洞，并设法使它保持完整，让它穿过虫洞从白洞里钻出来……也许高度文明的世界会设计出这种飞船，利用虫洞交通网来完成星际旅行。

虫洞创造的闭合回路真的存在吗？

5.3.9 白洞的性质

事实上，爱因斯坦的相对论就预言了白洞的存在。白洞只允许洞内的物质和辐射向外运动，而不允许任何外来的物质和能量进入它的内部。根据广义相对论，白洞内的时空有着一种奇异的特性，其中所有物体的运动都只能从中心向外，而不能反向进行。那是一个只准许物质膨胀而不能收缩的区域。白洞也有一个视界，与黑洞相反，所有物质和能量都不能进入视界，而只能从视界内部逃逸出来。

白洞的这些特性完全是用广义相对论来描述引力时得出的，它不像黑洞那样有经典的对应体。正如前面所述，这会带来想象困难。白洞和黑洞在广义相对论中是以时间上的反演互为对偶的。

对于外部区域来说，白洞也是一个引力源，它可以被普通恒星所吸引，也可以吸引其他物质，而且在白洞附近，引力场极强，因此它像黑洞一样，会把周围的尘埃、气体和辐射不断吸引到它的边界上来。不过这些物质是不能进入白洞内部的，它们只能在边界外徘徊，形成一个包围白洞的物质层。

白洞内中心附近的物质是一种超高密态物质，可能包含各种基本粒子，甚至引力子，并聚集着异常巨大的能量。开始时，这些物质可以处于某种平衡态，但它们具有向外膨胀的趋势。一旦膨胀发生，物质密度将不断降低。当达到某一阶段时，就可能引起粒子、反粒子的复合以及超子和介子的衰变等过程，并将各种高能粒子、光子、中微子等发射出来。这些粒子连续地注入白洞周围的介质中，又将引起次级发射。同时，由于落向白洞的物质和从白洞内出来的物质都具有极高的速度，它们在白洞边界上的碰撞将是极其猛烈的，将释放异常巨大的能量。

如果从白洞内出来的物质是反物质，它们与外部正物质碰撞时会产生湮灭过程，使产能效率达到 100%。因此，如果类星体和活动星系核的中心有大质量白洞存在的话，它们所释放的巨大能量就可以看成白洞向外喷射物与其边界上吸积物相互作用的结果。若是这样，类星体的能源之谜就解开了。

对于白洞的起源，除了前面所述黑洞、虫洞、白洞的理论外，比较流行的观点是：白洞是在局部宇宙形成时的一次大爆炸中产生的。部分学者认为，我们的局部宇宙本身在以前就是一个超巨型白洞。它爆发时，可能遗留下一些致密的、暂时尚未爆炸的超密态核心，要等待一定的时间以后才开始膨胀和爆发。有些核心的爆发时间已延迟了数十亿年。它们一旦爆炸，就变成我们今天所观测到的类星体和其他高能天体。

另一个关于白洞起源的观点认为白洞是由黑洞直接转变而来，白洞中的超高密度物质和能量是由引力坍缩形成黑洞时获得的。记住白洞仅是一种科学假说，宇宙中是否真的有白洞存在？白洞是如何形成的？宇宙在它诞生之前是否就是一个巨型白洞？一切都是未解之谜。

如果黑洞能够通往宇宙的另一端或者另一个宇宙，那么出口需要有与黑洞相反的东西。那会是白洞吗？科学家一直都在探索黑洞与白洞之间的潜在联系。2014 年，有物理学家认为有一个经典度规可满足有限时空区域之外的爱因斯坦方程，在那里物质坍缩成黑洞，然后又从白洞中出现。也就是说黑洞吞下的所有物质都可能被抛出，而黑洞死亡后有可能变成白洞。

对黑洞进行的研究发现越接近中心引力越大，但穿过中心后引力变弱，任何落入黑洞的物体都会在宇宙的另一端被抛出。这项研究支持了黑洞只是个入口的假说。在这项研究中，奇点不存在，所以落入黑洞的物体不会因为撞上奇点而毁灭。

5.3.10　银河系中心黑洞

20 世纪后期科学家指出银河系作为稳定漩涡星系必须具备两个条件：星系整体绕着中心大质量天体旋转；星系本身质量大幅度增加。不然银河系就要散架、垮塌。自此，很多科学家就开始研究这两个问题。经过几十年的努力，银河系中心大质量天体已经被找到：巨型黑洞。星系本身质量的增加现有理论也已经解决：暗物质。

银河系中心天体研究的代表人物是美国加州大学洛杉矶分校天文学教授盖兹（A. Ghez，美国），如图 5-14 所示。她手中的图片显示银河系中心的恒星围绕星系中心的运动完全等价于太阳系中行星围绕太阳的运动，根据这些恒星的运动周期等特性计算出中心黑洞的质量约为 400 万太阳质量，首次给出了银河系中心黑洞的观测证据。

从 20 世纪 90 年代盖兹就开始关注银河系中心黑洞的问题，并尝试用望远镜来观测、寻找银河系中心黑洞存在的证据。

如果要在星系中心找寻这些隐藏的黑洞，最好的地方就是我们所在的银河系。如果能证明在银河系中心的一个小的空间内也存在大量的恒星和大质量天体，并计算出恒星的运行速度，便可推断出大质量天体的质量。尽可能选择接近星系中心恒星的原因是必须在尽可能小的空间内证实黑洞的存在。这就是盖兹采用世界上最大的凯克望远镜来做这个实验的原因。

凯克望远镜是两台口径为 10 米的光学望远镜，望远镜口径越大就能观察到越小的细节。但是地球大气层对天文学家来说，是相当有挑战性的，因为他们需要透过大气层来观测外部的世界。

就像看一块小溪底的鹅卵石一样，在看溪底的鹅卵石时，溪水不断流动，使得观察底

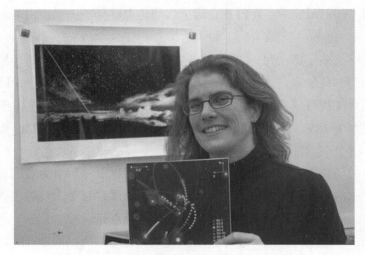

图 5-14　盖兹和她给出的银河系黑洞观测证据

部的鹅卵石变得异常困难。同样，因为大气层不停地流动，我们很难观测到清晰的银河系中心。

盖兹花费了职业生涯中很长的时间来研究如何克服这一困难，最后找到了解决问题的方法：使用最尖端特技的自适应光学技术来提高成像质量。如果没有这项技术，我们就无法看清星系中心天体，增加了自适应光学系统就能清晰地看到它们。这项技术在望远镜的光学系统中增加了一块反光镜，这将持续消除大气层带来的副作用，这就像给望远镜戴上了一副眼镜。

盖兹团队主要观察星系中心小方块内的恒星。他们用了 15 年时间观测这些恒星是如何运动的。在这个观测实验过程中，恒星运行了相当惊人的距离，团队给出了这些恒星的运行轨迹。

团队还发现了围绕星系核的运行周期仅为 16 年的恒星 S2。太阳需要 2.5 亿年才能环绕星系一周。大部分靠近星系中心的星体需要 500 年以上才能完成同样的环绕。

盖兹用了近 20 年时间最终解开了银河系中心特大质量黑洞之谜。笔者认为盖兹也很有可能获得诺贝尔物理学奖：她发明了进行银河系中心天体观测的新方法。

根据定义，黑洞是宇宙中密度极为巨大的天体，因此具有极其强大的引力，以至于光都无法逃脱。但黑洞又是宇宙中最明亮的物体之一，因为黑洞并不是单独存在的，位于星系中心的超大质量黑洞通常被灼热的气体云所包围，而当这些物质流入黑洞时，就能在星系最黑暗的地方产生宇宙光环。

奇怪的是，银河系中心的黑洞却不像天体物理学家预期的那样明亮。弄清银河系中心黑洞为何如此昏暗的原因，将有助于我们了解光线与落入黑洞的物体之间的联系。

有学者认为可能有某种机制可以阻止物质到达银河系中心。另一种观点认为，当气体落入黑洞并被加热时，压力的增加会将气体推出。2020 年公布了对钱德拉 X 射线天文台观测数据的统计分析结果。在长达一年的时间里，该卫星对银河系中心黑洞人马座 A ∗ 进行了持续观测。研究发现，人马座 A ∗ 附近的热气体正在向外移动并逐渐冷却。

最早在 2017 年时，EHT 开始用 8 台射电望远镜观测人马座 A ∗，目前天文学家还没有公布这些数据。每年春天，EHT 的所有望远镜只能观测 10 天，这是一个极其短暂但能够极大减少误差的观测窗口。不幸的是，2018 年的恶劣天气限制了观测，而在 2019 年，技术故障迫使天文学家取消了观测计划。原定于 2020 年 3 月开始的观测活动因新冠疫情的爆发而取消，天文学家将不得不推迟到 2021 年再对人马座 A ∗ 进行下一次观测。

2020 年天文学家观测到一颗恒星环绕银河系中心超大质量黑洞运行，而这颗恒星在黑洞周围闪烁舞动，如图 5-15 所示，这正符合爱因斯坦的广义相对论的预测结果。广义相对论再次被验证！

图 5-15　恒星在黑洞周围闪烁舞动

天文学家利用欧洲南方天文台甚大望远镜观测到这颗恒星，发现该恒星的运行轨迹犹如玫瑰花瓣。广义相对论认为宇宙空间、时间和引力存在相互作用，并且像黑洞这样大质量天体能够扭曲其周围的空间，影响周围恒星的运行轨迹。

牛顿的引力理论认为恒星运行轨道应当像一个椭圆，但事实并非如此，这种玫瑰花瓣的恒星轨道支持着爱因斯坦的广义相对论。广义相对论预测若某天体围绕另一个天体的束缚轨道运动，轨道不是封闭的，不像牛顿万有引力定律那样是封闭的椭圆。

100 年前广义相对论第一次用空间弯曲解释水星轨道异常的原因，反过来水星轨道异常也是支持广义相对论的第一个观测证据。今天，我们发现环绕银河系中心人马座 A＊致密射电源的一颗恒星存在类似的特征，该观测进一步验证了人马座 A＊是一个质量为 400 万倍太阳质量的黑洞。

这颗恒星位于高密度恒星群，它被命名为 S2，就是盖兹团队发现的 S2，在不足 200 亿千米的直径范围内与黑洞保持"亲密接触"。

S2 是距离黑洞最近的恒星之一，当它接近黑洞的时候，该恒星以 3% 的光速运动，绕黑洞运行一周需要 16 个地球年。马克斯·普朗克天体物理研究所在跟踪分析这颗恒星在其轨道上运行 25 年后，通过精密测量技术在人马座 A＊周围探测到了 S2 恒星的史瓦西进动。

恒星轨道通常不是完美的圆形，在恒星运动过程中，会向内或者向外移动。S2 恒星与黑洞的最近距离每次都会改变，这将促进其形成玫瑰花的轨道结构，证实了该黑洞的强大引力作用。广义相对论也使我们更深入了解银河系中心的空间环境，由于该区域被银河系的气体和尘埃笼罩，因此我们很难从较远的距离进行观测。

未来的新型望远镜，如欧洲南方天文台的极大望远镜，将观测到那些更靠近黑洞的微弱恒星。如果足够幸运的话，就能观测到非常接近黑洞的恒星，它们能够真正感受到黑洞的旋转，这将为检验广义相对论提供一个完全不同的实验支持。

天文学家表示，银河系中心的大黑洞正在扭曲着恒星，并将它们结合成奇怪的新天体。

5.4　虫洞和时空隧道

虫洞和时空隧道是当今世界最让人着迷的两个科学假说，它们既能说明一些物理现象，也会带来更多的理论困难，同时又带来了更多的科学幻想。

5.4.1　虫洞

虫洞（Wormhole），又称爱因斯坦-罗森桥，是宇宙中可能存在的连接两个不同时空的狭窄隧道，也可能是连接黑洞和白洞的时空隧道，参见图 5-12 和图 5-13。虫洞的概念是 1930 年爱因斯坦和美籍以色列裔物理学家罗森（N. Rosen，1909—1995 年，美国）在研究引力场方程时引入的，他们认为通过虫洞可以做瞬间的空间转移和时间旅行。

现代人赋予虫洞更多的功能。虫洞就是连接宇宙遥远区域间的时空细管。负能量维持虫洞的存在，暗物质维持着虫洞出口的敞开，虫洞可以把平行宇宙和婴儿宇宙（见第 6

章）连接起来，并提供时间旅行的可能性。虫洞也可能是连接黑洞和白洞的多维时空隧道。所以上面所说的虫洞仅是虫洞可能的一种行为。虫洞也可以是人类无法觉察的时空中的第五维。

最新的研究表明，虫洞可能存在于遥远的恒星之间，它们并非时空隧道，虫洞中还包含着接近完美程度的流体，这种流体可以在两颗恒星之间来回流动。

天文学家认为虫洞也许就是一种天然的时间机器，维持虫洞的开放可以使我们回到过去或者进入未来。

霍金认为虫洞就在我们四周，只是小到肉眼无法看见，它们存在于时间和空间的裂缝中。三维的空间一维的时间都有细微的裂缝。比原子的空间更小的空间被命名为"量子泡沫"，虫洞就存在于其中。如果某一天人类能够抓住一个虫洞并将它尽可能放大，人类就可从这个虫洞实现穿越。

虫洞概念最早是奥地利物理学家弗莱姆（L. Flamm，奥地利）1916 年提出来的。

虽然爱因斯坦的广义相对论从数学上预测了虫洞的存在，但迄今为止还没有人发现它。多年来，科学家一直在探索，黑洞是否有可能成为通向其他星系的虫洞的入口。有人甚至猜测，虫洞可以通向另一个宇宙。

虫洞是宇宙中的捷径，可以避免漫长的星际旅行。想象一下，在一张平铺的纸上，一只蚂蚁要从 A 点到 B 点，爬过的最短路程即 A 点到 B 点之间的直线距离。如果纸张弯曲，那么 A 点和 B 点之间的空间距离就变得更近。如果 A 点和 B 点重叠，距离就缩短为零了。

从地球出发到织女星，如果仅仅限定在现有的三维宇宙中，最短的距离也有 25 光年，但在高维空间中可能只是几米。虫洞相当于高维空间的一个未知通道，给我们提供了一个便捷的方式，让我们能够进行星际旅行。

2019 年扬州大学教授戴德昌和美国凯斯西储大学教授斯托伊科维奇（D. Stojkovic）的研究表明，恒星的一些特殊"小动作"可能会揭示出虫洞的存在。研究者称，如果虫洞两边各有一颗恒星，引力流会穿过虫洞，那么一侧的恒星引力会对另一侧的恒星产生影响。因此，我们可以通过寻找恒星细微但特殊的运动来寻找虫洞。

科学家认为黑洞和虫洞外部结构相同，区别在于虫洞的一端可以存在物质，而黑洞则不行。从而推测，围绕虫洞运行的恒星轨道可能与围绕黑洞运行的恒星轨道略有不同。具体而言，如果引力场可以通过虫洞传播，那么恒星的轨道将受到影响，并偏离标准的史瓦西轨道。

研究人员建议在银河系检验这一想法。他们认为寻找这些时光隧道的最佳地点是超大质量黑洞附近，例如银河系中心的人马座 A＊。因为虫洞需要极大的时空扭曲，而时空扭曲程度又取决于引力的大小。

研究人员一直在观测人马座 A＊附近的那颗著名的 S2 恒星。如果虫洞确实存在于人马座 A * 附近，S2 就会受到虫洞另一边的恒星引力的影响，那么随着时间的推移，S2 会轻微偏离预期的轨道。如果检测到 S2 轨道上的扰动，则最有可能的解释是其附近存在虫洞，但不能肯定地说这一定是虫洞造成的，因为其他因素也有可能扰乱这颗恒星的运动。

戴德昌和斯托伊科维奇领导的研究团队发现，虫洞入口与普通黑洞存在区别，而且这些差异可以通过远距离观测发现，不需要飞临或钻入黑洞。

两位研究者从考察虫洞口附近时空区域守恒律出发，分别计算了电荷、引力和标量场，检查这三者是否可以穿过虫洞，并影响虫洞另外一侧的时空。计算结果显示，标量场的影响无法穿过虫洞，但电荷和引力的影响都可以透过虫洞，在另外一侧时空中留下痕迹。

想要穿越虫洞并非轻而易举，一方面，虫洞存在与否这一问题本身没有得到解决，我们不知道虫洞是否存在，又在何处。另一方面，即便找到了虫洞，在穿越虫洞时还要面临许多未知的挑战。

最大的问题就是虫洞的稳定性难以保证。虫洞对于星际旅行或许毫无用处，因为它们会很快崩溃。稳定虫洞需要某种非常特殊的物质，但目前尚不清楚这种物质是否存在于宇宙中。

根据索恩的设想，具有"负能量密度"的奇异物可以作为保持虫洞持续开放的物质条件，由此虫洞将被改造成违背因果律的时间机器用于星际航行。

通常认为的虫洞很有可能自然存在于黑洞中心，但我们到不了这个中心。即使黑洞的中心可能产生所谓的虫洞，也还有一个非常大的问题，那就是虫洞的时标只有 10^{-48} 秒，尺度大约只有 10^{-35} 米，如何让虫洞达到非常大的尺度，让飞船能够进入，还要支撑足够长的时间，让飞船有足够多的时间穿过，这都是需要解决的问题。

即使虫洞可穿越，人与飞船也很可能无法通过。我们需要负能量来保持虫洞的持续开放，但目前我们什么也做不到。

从理论上创造一个虫洞的方法相当简单：根据爱因斯坦的广义相对论，质量和能量可以使时空发生扭曲。只要能准确把握质量和能量的值，就可以在宇宙的不同部分之间形成一个虫洞。科学家通过精妙计算给出了一个可能的答案：给黑洞充电。黑洞可以携带电荷，且这种黑洞的内部结构十分奇妙：正常黑洞的奇点为点状，但带电荷的黑洞的奇点则被拉长和扭曲了，因而可以与另一个带相反电荷的黑洞相连，这样一来，我们就得到了一个虫洞。

但这个虫洞仍不稳定，所以我们需要一根张力极大的宇宙弦来穿过虫洞两端，保持虫洞两端的持续开放；同时还需要另一根宇宙弦穿过虫洞，然后往回绕成环形，来抚平这个虫洞的震颤，这种振动会使周围空间中的能量变为负能量，在虫洞内部发挥负质量的作用，或许可以使虫洞稳定下来。如此，一个稳定的虫洞便"制造"成功。

宇宙弦是一种假设性的、存在于时空纹理之上的裂隙，有点像水冻结成冰时产生的裂纹。它们是宇宙大爆炸刚刚发生时产生的遗留物，有着十分奇异的性质，直径不超过一个光子，一厘米的宇宙弦比整座喜马拉雅山的质量还要大，且其质量是可变的，取决于其张力：拉得越长，绷得越紧，质量越大。它的强度也极大。不用担心，因为我们还不确定宇宙弦是否真的存在，也从未在宇宙中观测到过它们。

虫洞需要有一个入口和一个出口。从理论上来说，我们可以将一个黑洞和一个白洞联结在一起，从而构成一个虫洞，如图 5-16 所示。

图 5-16　黑洞、虫洞和白洞

你可以从这条隧道的任意一端跳进去，然后毫发无损地从另一头出来。但这种由带电黑洞形成的虫洞存在两个问题。首先，它仍然不稳定，假如有某个东西或者某个人试图穿越，它就会分崩离析。其次，两个带相反电荷的黑洞会受引力和电场力的双重吸引，一旦它们相遇，电荷就会中和，变成一整个更大的黑洞。

因此，我们需要确保这两个带电黑洞之间离得足够远，还要确保整个虫洞隧道能够支撑住自己。需要宇宙弦来实现这一点。

就虫洞而言，宇宙弦还有一个非常有用的性质：它们的张力极大。换句话说，宇宙弦不容易被挤压到一起。假如将一根宇宙弦从虫洞中穿过，从两个黑洞外侧穿出，弦的张力就会阻止两个黑洞互相吸引靠近。简而言之，这根宇宙弦的两端就像参加拔河比赛的两组对手一样，把两个黑洞拉得远远的。

5.4.2 时空隧道

时空隧道是指从一个时间一个地点到另一个时间另一个地点的通道，也就是能实现穿梭过去回到未来的神秘路径。它被认为是一种超自然现象。很多学者认为在时空世界存在着许多一般人用眼睛看不到的，然而却是客观存在的时空隧道，历史上神秘失踪的人、船、飞机等，实际上是进入了这个神秘的时空隧道。（1992 年 11 月 10 日早上 6 点半，中科院紫金山天文台陈彪院士从南京市北京东路家中出发去南京大学天文系参加学术会议，从此失踪，至今下落不明。在紫金山天文台的网站可以看到对陈彪院士的介绍——陈彪：他大步走向太阳。）

美国科学家布凯里给"时空隧道"提出过以下几点理论假说：① 时空隧道是客观存在的，是物质性的，它看不见，摸不着，对人类而言它以关闭为主，偶尔开放。② 时空隧道和人类世界不是一个时间体系，时空隧道中的时间具有方向性和可逆性，它可以正转，可以倒转，还可以相对静止。③ 对于地球上物质世界，进入时空隧道，意味着神秘失踪；而从中出来，又意味着神秘再现。

时空隧道理论的最大用处是给地球上的大量离奇事件找到了可能的答案，比如百慕大三角失踪者 8 年后再现等。

如果时空隧道现象真的应用到现实生活中，可能对生活造成巨大的影响。一个人或物从一个地方消失，瞬间又出现在很远的地方，真有这样的"隧道"吗？1997 年中国科技大学教授潘建伟等首次完成了人类对单光子量子态隐形传输。所谓"量子态隐形传输"，用通俗的话来说，就是将粒子从一个地方瞬间转移到另一个距离遥远的地方，如同穿越时空隧道一般。潘教授的这一成就引起了国际同行的广泛关注，随后的研究使他成为量子物理方面的杰出学者。2011 年，42 岁的潘建伟成为中科院最年轻的院士。

思 考 题

1. 哪些天体被称为致密天体，它们有何特征？
2. 白矮星和黑矮星有什么联系？
3. 中子星和脉冲星是同一种天体吗？
4. 试述什么是引力坍缩。
5. 黑洞的性质有哪些？
6. 为什么说天鹅座 X-1 中可能存在黑洞？

7. 假设太阳坍缩为一个半径为 20 千米的天体，它的平均密度是多少？属于哪种致密天体？

8. 质量为 100 万个 $M_\odot$ 和 10 亿个 $M_\odot$ 的黑洞的史瓦西半径分别是多少？

9. 计算一个 $2M_\odot$ 半径为 10 千米的中子星的逃逸速度。

10. 试述白洞的基本特征。

11. 关于连接黑洞和白洞的桥梁——虫洞，你有什么看法？

12. 如果多年以后，发生在 2014 年 3 月 8 日的马航 MH370 航班飞机失踪事件仍无结果，是否可用时空隧道来解释呢？

13. 白矮星和中子星是如何被发现的？

14. 间接探测到引力波有什么意义？

15. 恒星级黑洞有多重？

16. 你会想到如何给黑洞拍照吗？

17. 说说你所知道的黑洞视界照片。

18. 银河系中心黑洞是如何发现的？

19. 如果有时空隧道，你想用它来做什么？

第6章
宇　宙　论

宇宙论是研究宇宙大尺度结构和演化的学科。宇宙中除了空间、时间、物质以外，再没有任何其他的东西了，所以宇宙论也就是研究空间、时间、物质关系的一门科学。

随着观测手段和理论研究的不断发展，人类对宇宙的认识越来越深入。而宇宙中存在的种种离奇事件，或多或少披着神秘的面纱，天文学家该如何根据一大堆观测资料和理论方法去描述宇宙的现状，去推知浩瀚宇宙的行为，预测其未来呢？

由于人类无法在宇宙之外对它进行观测，因而难以给出全面、客观的描述。身处宇宙之中的人类只能通过科学的假设来逐步认识宇宙。没有假设，科学就无法前进。忘记了这是假设，把未经检验的假设当做永恒不变的真理，也会使科学陷入泥潭，成为伪科学。历史在这正反两个方面都给了我们深刻的教训。宇宙不仅比我们知道的更丰富，甚至比我们能够想象的还要丰富多彩。

6.1　两种不同的时空观

在 1.2 节中我们已对天文学的起源及发展做了简单的描述。早期人类对宇宙的认识有一个共同的特点，那就是绝对的"天"，绝对的"地"，绝对的"上"，绝对的"下"。这种对空间的认识至今还在影响着人类的思维。

宇宙二字的中文含义就是空间和时间，因为早期的文明并不知道物质的存在会影响时间、空间的性质。所谓时空观就是人类对时间、空间的看法。本节仅对时空观发展史上影响最大的两位科学巨人——牛顿和爱因斯坦的相关理论做些简单介绍。

6.1.1　牛顿时空观

艾萨克·牛顿爵士，如图 6-1 所示，英国皇家学会会长，英国著名的全才科学家。在力学上，牛顿阐明了动量和角动量守恒的原理，提出牛顿运动定律，并对万有引力进行了深入研究。这些贡献奠定了此后两个世纪物理学的科学基石，并成为现代工程力学的基础。他通过论证开普勒行星运动定律与引力理论间的一致性，展示了地面物体与天体的运动都遵循着相同的自然规律，为太阳中心说提供了强有力的理论支持，并推动了科学革命。

图 6-1　艾萨克·牛顿

在光学上，他发明了反射望远镜，并基于对三棱镜将白光发散成可见光谱的观察，发展出了色彩理论。他还系统地表述了冷却定律，并研究了音速。在数学上，牛顿与莱布尼茨（G. W. Leibniz，1646—1716 年，德国）分享了发明微积分的荣誉。他证明了广义二项式定理，为幂级数的研究做出了贡献。

万有引力是如何发现的有这样一个传说：牛顿坐在苹果树下，看到下落的苹果，意识到在宇宙中应该存在一种普遍的力的作用，现在我们称之为万有引力。牛顿的伟大在于他不仅仅想到了这一点，还让这个想法成为理论，他根据这个想法写下了非常经典的万有引力方程式。这个公式告诉我们引力是因为物体有质量而存在的。他把这一理论总结在经典的《自然哲学的数学原理》一书中。这一理论不仅可以很好地解释天体在天空中的运动，而且可以完美地预测天体未来的运动状态。

牛顿在开普勒行星运动三定律的基础上，借助于微积分，证明了万有引力定律：任意两个质点都在相互吸引，引力的大小和两个质点的质量乘积成正比，与它们之间的距离平方成反比，用公式可表示为

$$F = -G \frac{m_1 m_2}{r^2}, \qquad\qquad (6\text{-}1)$$

其中 m_1，m_2 为两质点的质量，r 为两质点间的距离，G 为万有引力常数，它等于 6.67×10^{-11} 牛顿·米^2/千克^2，负号表示力的方向。

严格来说，牛顿的万有引力定律仅适用于质点，但当天体的半径远小于两天体之间的距离时，万有引力定律可用于天体运动的研究。

牛顿的万有引力定律使人们成功地研究了所能观测到的太阳系中的各个天体的运动状态，并且还帮助人们成功地预见尚未观测到的太阳系中的天体的存在，人们还能利用万有引力继续研究太阳系外和银河系外的天体的运动。从数学上讲，牛顿的万有引力以及牛顿力学都是以欧几里得空间作为框架的。在牛顿力学里，时间和空间是相互独立的，时间是均匀流逝永不停息的，空间是平直刚性、无头无尾、无边无际的，这称为牛顿时空观。这种时空观和人们的经验是符合的，所以很自然也很容易理解。

牛顿的力学方程中没有宇宙中心的位置，任何时空点都是平等的，即相对于任何时空点来计算，物理规律都是一样的。这就是牛顿时空观中的相对性。也正因为有了这种相对性，认识宇宙才有可能。

宇宙的范围应该随着人类观测能力的增强而扩大。当人们研究太阳系的运动、起源和演化的时候，太阳系就是人们心目中的宇宙。如果用研究太阳系时积累的知识去描述和想象更大范围的宇宙，则是没有科学根据的。牛顿所发现的万有引力曾经被人们认为是能描述宇宙万物运动的自然规律，这就大错特错了。事实上，万有引力定律仅仅适用于空间范围不太大也不太小、运动速度不太快（与光速相比）、物质密度也不太大的情况，也即所谓宏观范围。

牛顿对时间的认识是"绝对的、纯粹的、数学的时间，就其本身和本性来说，均匀地流逝而与任何外在的情况无关"。

牛顿对空间的认识是"绝对空间，就其本性来说，与任何外在的情况无关，始终保持着相似和不变"。牛顿的空间是一个与物质无关的、存放物质的容器。

在牛顿之前的宇宙模型都是有限、有边的。如果用牛顿时空观去解释宇宙，就会得出宇宙是无限无边的概念，且宇宙中天体的数目也是无限的，无论我们走到哪里，周围总是布满了天体。宇宙无限无边的说法可靠吗？

很早就有人怀疑宇宙是无限的这个说法，最著名的莫过于 1826 年德国天文学家奥伯斯（H. W. M. Olbers，1758—1840 年，德国）提出的一个论证，称之为奥伯斯佯谬。

奥伯斯佯谬包括以下几个论点：

（1）空间是无限的，在这无限的空间中，充满了无限多的恒星。

（2）每颗星虽然有生有灭，但从总体看，可以认为宇宙的恒星数密度 ρ 保持为常数。

（3）从统计观点出发，可以假定恒星的发光强度 L 基本不变，光的传播规律（照度 $E \sim \dfrac{1}{r^2}$）在宇宙中处处相同。

（4）时间是无限的，从总体来说恒星可无限期地存在。

（5）在距离地面 r 到 $r+\Delta r$ 的球壳中，恒星的数目为 ΔN，

$$\Delta N = 4\pi r^2 \rho \Delta r,$$

地面接收到的照度 $\dfrac{\Delta N}{r^2}L = 4\pi \rho L \Delta r$。

所以无论何时地面接收到的累积照度都会无限亮，因为

$$E \sim \int_0^\infty 4\pi \rho L \mathrm{d}r = 4\pi \rho L \int_0^\infty \mathrm{d}r \to \infty \, ,$$

或者说白天和黑夜应该一样亮，地球不应该有白天黑夜之分。但地球上存在白天黑夜是不可动摇的事实，如何来弥合佯谬和事实的矛盾呢？

按照牛顿时空模型得到的结论却如此荒唐，这表明牛顿宇宙模型中总有某些东西并非客观事实。

作为伟大的数学家（他和莱布尼兹几乎同时发明的微积分，至今仍是数学物理中最重要的基石）、力学家、天文学家、哲学家，牛顿对人类的贡献是无与伦比的。但在当时的历史条件下，要更深刻地揭露时间、空间的本质，揭示宇宙的物理本质，无论实践还是理论的准备都是不够的。何况牛顿本人在哲学上还受着有神论的影响，他找不到物质变化的根本原因，主张有上帝第一推动力的存在，主张一切变化都是机械地不断重复进行的。牛顿的时空观中仍然保留了亚里士多德式的绝对观念，他把时间、空间和运动的物体三者独立开来。

由哲学家康德带头提出的太阳系起源的星云说对牛顿的理论体系提出了批评，然而牛顿的成就太大，威望太高，这种威望阻碍人们去进一步检验与思考在一个成功的理论所带来的新东西中，究竟哪些是已被检验了的真理，哪些只是假说。

随着越来越多的科学家对牛顿的绝对时空观表示怀疑，人们终于摆脱了时空的绝对性，时空的相对性展现在人们面前。

现在把本应放在6.2节的答案提前给出。在宇宙大爆炸的背景下，对奥伯斯佯谬，就可以给出合理的解答了。为什么夜空是黑的？

（1）可观测宇宙尺度上不是无限的，而且具有有限年龄，在过去某时刻发生了大爆炸，所以到达我们的光只可能来自最大的视界，有限的时间；

（2）恒星仅仅在一段有限时间内发光，并且来自最远的恒星光流量将减小一个因子；

（3）宇宙膨胀导致红移，所有波长的光强都会有所衰减。

其实答案（1）就足以回答为什么夜空是黑的这个问题。

6.1.2 相对论时空观

19 世纪末、20 世纪初是物理学的变革时期。人们的实践冲破了牛顿的宏观范围，一方面原子物理学、量子力学、热辐射现象使人们进入了微观世界；另一方面，天文学的观测使人们开始接触到许多地面上所无法见到的高温、高压、高密现象，观测范围开始进入到宇观世界。

20 世纪初的时候，爱因斯坦，如图 6-2 所示，带来了天文学的又一次革命。

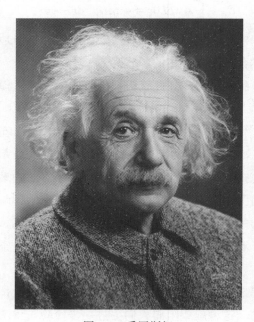

图 6-2 爱因斯坦

在前人的基础上，爱因斯坦作出了革命性的两个假设：相对性原理和光速不变原理。

相对性原理：物理体系的状态据以变化的规律，同描述这些状态变化时所参照的坐标系究竟用两个互相做匀速直线运动的坐标系中的哪一个并无关系。

光速不变原理：任何光线在"静止"的坐标系中都是以确定的速度 c 运动着，不管这束光线是由静止的还是由运动的物体发射出来的。

第一个原理可以这样来理解：假定武广高铁铁路线笔直、平坦，一条线上列车以 36 千米/小时匀速运行，另一条线上列车以 360 千米/小时匀速运行，两列车上有两组同学在做相同的物理实验，则实验结果完全相同，无法根据实验结果来判断是在快还是慢的列车上做的实验。第二个原理则已有实验来证明。著名的实验物理学家麦克尔逊（A. A. Michelson，1852—1931 年，美国）1881 年设计了精巧的麦克尔逊干涉仪用来测量光速随光源运动而发生的变化，终以失败而告终。由此确定了光速不变原理的正确性。

从这两条原理出发，爱因斯坦于 1905 年建立起了他的狭义相对论（Special Relativity）。狭义相对论主要论述电磁波及其在空间和时间中的传播。空间和时间在狭义相对论里被想象成一个统一的四维连续体，即四维时空，时间和空间不仅和运动有关系，而且相互之间不再是独立的。

在狭义相对论里，同时性具有相对的性质。在某个参考系中测量为同时发生的事件，在另一个相对于前一个做运动的参考系看来就不是同时的了，意味着在不同的参考系中时间和空间可以互相转换。对不同参考系来说，物体的尺度也不再是一个常量。如果以 l_0 表示物体相对于仪器静止时测得的长度，以 l 表示物体相对于仪器运动时测得的长度，则 l 将小于 l_0，其关系由式（6-2）决定：

$$l = l_0 \sqrt{1 - \frac{V^2}{c^2}}, \tag{6-2}$$

其中 V 为物体相对测量仪器运动的速度，c 为光速。类似地，可推出两个事件之间的时间间隔也是相对的：

$$\Delta t = \frac{\Delta t_0}{\sqrt{1 - \frac{V^2}{c^2}}}, \tag{6-3}$$

Δt_0 为在静止参考系中用静止的钟测得的时间间隔，Δt 为在运动参考系中用运动的钟测得的时间间隔。这就是我们常说的运动物体发生收缩（$l < l_0$），运动的时钟要变慢（$\Delta t > \Delta t_0$）的原因。

从狭义相对论出发，爱因斯坦还推出物体的质量与它的速度之间的关系：

$$m = \frac{m_0}{\sqrt{1 - \frac{V^2}{c^2}}}, \tag{6-4}$$

其中 m 为物体运动时的质量，m_0 为物体静止时的质量。

在此基础上，爱因斯坦引出了著名的质能公式：

$$E = mc^2, \tag{6-5}$$

其中 E 为物体的能量。

狭义相对论对时间、空间、物质及运动作了深刻的描述，从根本上改变了牛顿以来物理学的根基，成为现代物理的基石。

狭义相对论的建立导致必须考虑引力场的问题。任何物体间的相互作用的传播速度都不可能大于光速，引力也不是超距作用，寻找引力场方程显得更加重要。此外，狭义相对论只适合惯性系（即不考虑加速度），没有讨论惯性和惯性力的起源问题。

这一切随着 1915 年爱因斯坦广义相对论（General Relativity）的诞生而迎刃而解。广义相对论是研究各种物理现象，特别是万有引力的理论，它在数学上极端复杂，以至于论文发表后好多年能完全读懂它的学者寥寥无几。

广义相对论的理论基础是万有引力和某种加速非惯性系作用的等价性。

爱因斯坦根据引力质量与惯性质量相等这一日常现象，把握住了揭示惯性与引力本质的钥匙。在均匀引力场里，一切物体的运动都和一个相对均匀加速的坐标系中不存在引力场而在惯性力作用下的运动一样，所以引力的作用在于改变时空的几何性质，使时空发生弯曲。真实的时空是与物质密不可分的，描述它的几何是黎曼几何。在黎曼几何空间中，三角形三内角之和不再是 180°，两点之间也非直线最短。这一概念对我们来说并不陌生，因为地球近似球形，地面上远距离的两点之间就找不到直线。只能设想以地心为圆心，作连接这两点的大圆弧，把它作为最短的距离，这在大地测量中称为测地线。真实时空中两点间最短距离与之相似，绝对时空再也不存在了。引力场和时空之间的数学关系由爱因斯坦引力场方程来描述。

广义相对论揭示了一个与以往根本不同的时空观，它彻底否定了牛顿的与物质运动无关的绝对时空。牛顿引力理论仅仅是广义相对论在低速和弱引力场条件下的一个特例。

1919 年，爱丁顿证实了爱因斯坦广义相对论所预言的测地（宇）线在引力场中弯曲的事实。他的基本思想是，如果光线可以在太阳引力作用下弯曲，则在直线传播时被挡住了的恒星光线，通过弯曲，可以传到地面上，在日全食天空变黑的情况下，应该被观测到。

图 6-3 给出了爱丁顿实验示意图，E 为观测者。广义相对论预言，引力弯曲的最大角度为 $1.75''$，爱丁顿的测量值为 $1.98'' \pm 0.16$。以后每次日全食几乎都有科学家进行类似的测量，且实验平均值均在 $1.75''$ 附近。

除此之外，广义相对论所预言的水星近日点的进动、光谱线的引力红移、雷达回波在太阳引力场中的时间延迟等，全部与观测的结果基本符合。在广义相对论中时空是弯曲的，而曲率的大小由此处引力场的强弱来决定。也就是说，广义相对论的时空不是刚性和均匀的，其几何性质逐点不同，而且受局部物理性质的影响。

在广义相对论建立的第二年，爱因斯坦建立了第一个以广义相对论时空观为基础的宇宙模型，这是一个有限无边的模型。

首先必须弄清什么是"无边无际"这个概念。在广义相对论中，直线是指光迹或短程线，实际上是光传播的路线。从物理学观点来看，在任一方向具有无限延长的短程线空间

图 6-3　爱丁顿实验示意图

叫"无边无际"空间。

　　其次我们来区别无限和有限之间的差异。事实上无限和有限分别是空间开放和闭合的同义词：开放的空间称为无限的，闭合的空间称为有限的。按照这一判据，二维平面是无边际的和无限的，而曲率 $K>0$ 的二维球面也是无边际的，但却是有限的。爱因斯坦的宇宙模型正是一个有限无边的闭合三维超球面。如果 R 是宇宙半径，可以算得宇宙的体积是 $2\pi^2 R^3$，而不是大家熟悉的 $\frac{4}{3}\pi R^3$。在这个宇宙模型里，物质也是有限的。

　　既然宇宙是有限的，奥伯斯佯谬也就解决了。但是爱因斯坦认为宇宙是静态的，为了平衡引力的作用，宇宙间普遍存在一种斥力，爱因斯坦引进宇宙因子 λ 来描述这种斥力。发现了红移后，爱因斯坦一再宣布放弃宇宙因子，并说引进宇宙因子是他"一生中最大的错误"。

　　1922 年，苏联数学家弗里德曼（A. Friedmann，1888—1925 年）研究了爱因斯坦所作的计算。弗里德曼认为，爱因斯坦的静态宇宙仅仅是场方程的一个解，场方程应该还有一个膨胀宇宙解。他在《论空间的曲率》一文中，求出了不含有宇宙项的引力方程的通解，得到了一个膨胀的有限无边宇宙模型。弗里德曼是一位数学家，他感兴趣的是广义相对论场方程的数学解，但却第一次预见了宇宙是膨胀的。很可惜，他没有看到红移是如何证实了他的科学预见的。1925 年，年仅 37 岁的弗里德曼不幸去世。

　　比利时主教勒梅特（G. Lemaitre，1894—1966 年）于 1927 年独立发现了一族描述膨胀宇宙的爱因斯坦引力场方程最简单解。1929 年哈勃发现星系退行的简单规律时并不知道弗里德曼和勒梅特的膨胀宇宙模型。这些科学家各自独立的工作为人们描述了宇宙的图像，并且推动了宇宙大爆炸学说的诞生。

　　一个伟大的理论并不是一篇文章就能解决的。喜欢看物理学史的读者可能会发现各种不同版本的书刊对爱因斯坦创立广义相对论的年份表述有所不同，有 1915 年、1916 年、1917 年三个不同说法。事实上爱因斯坦用了多年的时间和心血才总结完善成现行的"广义相对论"。他的主要工作分以下几步：

（1）1912 年，爱因斯坦在数学教授格罗斯曼（M. Gross mann，1878—1936 年，瑞士）的帮助下，在黎曼几何和张量分析中找到了建立广义相对论的数学工具。

（2）1913 年，爱因斯坦和格罗斯曼共同发表了论文《广义相对论纲要和引力理论》，提出了引力度规场理论。首次把引力和度规结合起来，使黎曼几何获得实实在在的物理意义。

（3）1915 年底，爱因斯坦发表了《广义相对论》。论文描述了满足守恒定律的普遍协变引力场方程，并根据这一方程计算出了光线经过太阳表面会发生 1.7″的偏转，水星近日点每 100 年的进动是 43′。

（4）1916 年，爱因斯坦发表了总结性论文《广义相对论基础》。1916 年 6 月，他提出了引力波理论。为了让更多的人能读懂和了解相对论，1916 年底，他写了一篇科普文章——《狭义与广义相对论浅说》。

（5）1917 年，爱因斯坦用广义相对论来研究宇宙的时空结构，发表了历史性的论文《根据广义相对论对宇宙所作的考察》，提出了有限无边的宇宙模型，即现实的三维空间无论向哪个方向运动都永远走不到尽头，不可能遇到边界；宇宙中所有各处都具有同等地位，处处是中心，又处处都不是中心——宇宙没有中心可言。

举一个例子来说明牛顿和爱因斯坦对同一个问题的不同回答。

为什么地球要绕着太阳旋转？

牛顿：因为太阳和地球间的万有引力作用迫使地球绕着太阳旋转。

爱因斯坦：因为太阳巨大的质量使太阳周围的时空发生弯曲，任何进入这个弯曲时空的物体（如地球）都将被弯曲时空推着运动。爱因斯坦并没有放弃万有引力，而是认为时空弯曲产生万有引力。

在广义相对论中，爱因斯坦提出了一种对引力全新的看法，他认为引力并非由质量直接产生，而是有质量的天体导致了宇宙时空的弯曲，弯曲的时空会呈现出一种引力效应，如图 6-4 所示。图中大天体可看作太阳，它严重扭曲了周边的时空，小天体可看作地球，它轻微扭曲了周边的时空，扭曲程度由质量的大小决定。可以把时空想象成一种结构，一个质量巨大的物体会拉伸它周围的结构，使得任何经过其附近的物体都不再沿着直线运动。

如果你在一艘以光速飞行的宇宙飞船里，打开船头灯，观察者会发现什么现象呢？答案是，从飞船里宇航员的角度来看，船头灯是正常开着的；但对于站在外面看着飞船飞过的人来说，船头灯似乎并没有打开：他没看到光发出来，因为光的速度与宇宙飞船相同。

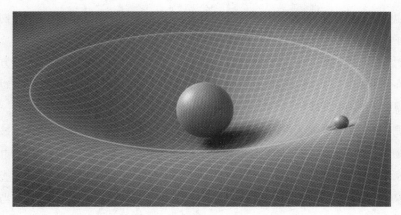

图 6-4　质量导致时空弯曲，弯曲的时空呈现出引力

爱因斯坦指出，对于像空间和时间这样的"物质"，似乎是自然界中稳定的、不可改变的部分；事实上，空间和时间的关系总是保持不变，即使空间收缩和时间膨胀。就像能量和物质一样，空间和时间是哪些更深层次的、不可动摇的基础的可变表现：这些基础的东西无论如何都不会改变。

广义相对论预测了许多现象，其中很多已经得到证实，比如：

- 大质量物体周围光线的弯曲（引力透镜效应）
- 水星轨道的缓慢演变（近日点进动）
- 旋转物体周围时空的参考系拖拽
- 光远离引力场源时频率降低（引力红移）
- 由黑洞碰撞合并引起的引力波（时空结构中的涟漪）
- 黑洞的存在（可以捕获包括光在内的一切）

……

再来看一个大家熟悉的例子——全球定位系统（GPS）。为了让 GPS 导航功能准确工作，卫星时钟必须作相对论修正。这是因为卫星运动速度相当快，并且同一颗卫星在轨道上比在地球上受到的地球引力要小，轨道上的卫星时钟会变快。计算表明 GPS 卫星时钟每天快约 7 微秒，相当于给地面导航带来了 9 千米的误差。

这种差别非常真实：如果不考虑相对论效应，今天告诉你从办公室到家的距离只有 11 千米的 GPS 装置，第二天就会改口说距离是 20 千米了。所以必须对卫星时钟作相对论修正。

爱因斯坦学术遗产中后来对物理学发展影响最大的是对称性理论。科学家们经常把对称性描述为不会真正改变任何东西的变换，不会产生任何影响的变换，不会改变深层关系的变换。在日常生活中很容易找到例子。你可以把一片雪花旋转 60 度，它看起来还是一样的。你可以在跷跷板上调换位置而不会破坏平衡。更为复杂的对称性指引物理学家们发现了从中微子到夸克等基本粒子。

宇宙是对称的，因为它在大尺度上是均匀的，它没有左、右、上、下等方向。最大的问题是，现在所理解的对称性似乎无法回答物理学中一些最大的问题。虽然对称性告诉物理学家去哪里寻找希格斯玻色子和引力波——这是过去十年的两个重大发现。但是基于对称性推理预测的一系列事情还没有在实验中被证实，包括"超对称"粒子，该粒子可以作为宇宙的暗物质，并且可以解释为什么引力与电磁力以及其他力相比会这么弱。

历史学家推测，爱因斯坦在瑞士专利局任职期间与物理学界的隔绝，可能帮助他容易看透物理学家习以为常、经验的但是错误的问题答案，当然这也是他的理论当时不被物理学界普遍接受的原因。

6.2　大爆炸宇宙模型

我们现在已经大概知道了恒星的演化过程，类星体作为星系诞生的一个标志而使我们对星系的演化略知一二。那么，宇宙是如何起源的？起源又是什么时代开始的呢？那个时代有没有什么遗迹留下来呢？1965 年，美国射电天文学家彭齐亚斯（A. Penzias，1933—　）和威尔逊（W. Wilson，1936—　）发现了这种遗迹：3K 宇宙微波背景辐射。这项成就获得了 1978 年度的诺贝尔物理学奖。瑞典科学院在颁奖的决定中指出：彭齐亚斯和威尔逊的发现是一项带有根本意义的发现，它使我们能够获得很久以前，在宇宙的创生时期发生的宇宙过程的信息。

6.2.1　消除不掉的噪声

第 1 章说到，央斯基在美国贝尔实验室发现了来自宇宙的无线电波，微波背景辐射也是在贝尔实验室发现的。

1964 年，贝尔实验室有一架卫星通信用的喇叭形天线开始工作。由于天线是喇叭形的，如图 6-5 所示，因此有很强的方向性。当它朝向天空时，地面和旁边的无线电干扰对它影响很小。因此，这样的天线非常有利于用来测量天空中各种原因造成的噪声。这里的噪声是指通信、广播中影响正常信号传送的各种无规则的信号。一般来说，温度越高，对应的噪声越大。即使不是热运动造成的噪声，也可以给它一个对应的有效噪声温度，以此来表示各种原因的噪声水平。

图 6-5　彭齐亚斯和威尔逊用的喇叭形天线

通信工作者为了提高通信的质量，长期致力于消除各种噪声的工作，或者至少要查明各种噪声的原因。仪器的噪声越低，则其测量的灵敏度就越高。

彭齐亚斯和威尔逊的工作就是利用这架方向性很好的喇叭形天线来查明天空中各种原因的噪声，也就是测量天空的有效噪声温度。当喇叭口指向天空，若地面温度为 27℃，即绝对温度等于 300K（27+273＝300）时，计算表明地面噪声在天线中会造成 0.3K 的噪声水平。在他俩对整个测量装置和线路做了最大限度的降噪处理后，包括用液氦（4K）冷却终端，测得天顶有效噪声温度为 6.7K。扣除大气吸收、天线电阻损耗以及地面噪声的贡献后，得到 3.5K 的剩余。这个结论远大于理论预言的 0.3K。彭齐亚斯和威尔逊检查了整个系统，最终仍不能消除这个剩余的温度。彭齐亚斯甚至清扫了整个天线，以消除白色电介质——鸽粪（一对鸽子在天线喉部筑过巢）。

在此后将近一年的测量中，他们发现这个消除不掉的噪声是各向同性的、无偏振的，而且没有季节变化。这是什么原因造成的呢？他们无法回答，只知道这样的辐射不可能来自任何特定的辐射源，因为它没有方向性。

此时，普林斯顿大学的天体物理学家迪克（R. H. Dicke，1916—1997 年，美国）等正准备制造一架射电望远镜来搜寻"原始火球"辐射。原始火球是他们根据哈勃定律预言的。哈勃定律告诉我们，宇宙中的星系都在互相远离，如果把这种相互远离的运动在时间上向前追溯，就会得出它们过去曾挤在一起的结论。那是一种高温、高密度状态。在该状态中，当然是不会有星系和恒星存在的，有的只是粒子和辐射。普林斯顿大学的科学家们称它为"原始火球"。这火球以一次大爆炸（Big Bang）开始膨胀，物质在膨胀中逐渐冷却而凝聚为星系和星星，此即为哈勃所看到的正在相互远离的星系。但"原始火球"还有一种遗迹，就是其中的辐射也会在膨胀中逐渐冷却，而且波长变长，到今天已经变成了微波（波长从 0.01～1 米的无线电波称为微波），且为强弩之末，温度也只有几开了。

迪克等人在作出这种预言时，并不知道彭齐亚斯和威尔逊的工作，所以，他们决定自己制造一架特殊望远镜来寻找微波信号。这架望远镜还没有开始工作，一个偶然的机会，普林斯顿大学的研究组和彭齐亚斯与威尔逊结识了，并进行了互访。结论非常明确：彭齐亚斯和威尔逊所发现的这种消除不掉的噪声正是迪克等人所预言以及准备寻找的东西——3K 宇宙微波背景辐射。

6.2.2　宇宙起源的大爆炸理论

自从弗里德曼和勒梅特独立地从理论上说明宇宙可能在膨胀，斯里弗发现红移，哈勃发现退行和距离的关系以后，人们普遍接受宇宙在不断地膨胀这样一个事实。很自然，人们必须解决这样两个问题：宇宙的过去和宇宙的未来，所谓宇宙的过去就是宇宙从什么样的状态开始膨胀的。

勒梅特得出膨胀宇宙模型以后曾经预言过宇宙是从原始原子开始膨胀的，这是宇宙大爆炸理论的鼻祖。

关于原始火球的设想也不是迪克他们最先提出来的。早在 1946 年，美国著名天体物理学家伽莫夫就在《物理学评论》发表了一篇文章。他将核物理和基本粒子的知识同宇宙的膨胀相结合，在文章中提出宇宙是从“原始火球”（温度约 10^8 K）膨胀和演化而来的观点，并指出大爆炸以后宇宙具备黑体辐射的特征，随着宇宙的膨胀黑体辐射的温度在不断降低，当前的黑体辐射温度相当于 5K。

尽管伽莫夫的大爆炸理论可以用来说明某些元素的形成，但用大爆炸理论解释所有元素的生成却遇到了相当大的困难。后来，该理论被恒星和超新星合成元素的理论所取代，到 20 世纪 60 年代，伽莫夫的大爆炸理论几乎已经被人遗忘了。

迪克并没有忘记伽莫夫关于“原始火球”的预言，根据这个预言，大爆炸还有辐射遗留到今天。迪克正是沿着伽莫夫的思路去寻找“原始火球”辐射遗迹的，并获得了极大的成功。

到目前为止，我们对辐射的描述一直沿用着电磁波的概念，如果用量子的概念去认识它，将会更加有益。量子概念告诉我们，辐射是由称为光子的粒子组成的，并且每个单独光子的能量 E 总是一个确定量的倍数：

$$E = h\upsilon, \tag{6-6}$$

其中 h 为普朗克常数，υ 为光子的频率。光子的静止质量和电荷都为零，但却是实实在在的东西，每一个光子都携带着确定的能量和动量，甚至围绕着它们运动的方向还有确定的自旋。

一个单独的光子穿越宇宙时会发生什么变化呢？就现在的宇宙而言是不会有很大变化

的。100亿光年以外的物体所发出的光线看来是完全正常地到达我们这里的。这就说明，无论星系际空间中的物质是什么，它都必须足够透明，以致光线经历相当于宇宙年龄的一个可观的时间以后仍然没有被散射或者被吸收。

在宇宙膨胀的初始阶段，宇宙的内容物是如此炽热和紧密，以致它们根本不能团聚成星系或恒星，这时即使是原子也被破裂为组成它的原子核和电子。

在这样不利的条件下，一个光子不可能像在现在的宇宙中那样通行无阻。光子在它的旅程中会碰到大量电子。电子能散射它或者吸收它。一个光子被电子散射，通常要失去或获得一点儿能量。光子在能量发生显著改变之前能飞行的"平均自由时间"是非常短的。尽管宇宙在起初是非常迅速地膨胀的，但对一个光子、电子或者原子核而言，膨胀一点点所需的时间就很长，已经足够使它们被散射、吸收、重新发射很多次了。

任何这类系统，只要每个个别粒子有足够时间碰撞许多次，都可以期望达到平衡状态。这里的"平衡"并不意味着所有的粒子都被冻结了，而是所谓的统计的平衡。这类统计上的平衡通常被称为"热平衡"，因为这种类型的每个平衡状态都有一个确定温度作为它的特征。

有了上述热平衡概念，就可再回过头来看大爆炸是怎么产生这种背景辐射的。

原来，在开始的时候，宇宙的温度和密度都极高，整个范围达到热平衡。随着膨胀，宇宙中的辐射温度和物质密度都相应地降低。当温度降到100亿开左右时，中子会衰变，或与质子结合成氘核和氦核。当温度进一步降低到几百万开时，核反应的过程也告结束，这时物质是以电子、质子、氘核、氦核构成的等离子体。它们对辐射是不透明的，因为那时它们还十分稠密，光子难以穿透它们。大约在大爆炸后50万年，宇宙的温度和密度降低到了使等离子体凝聚为通常气体的状态。此后，物质和辐射便几乎不再相互作用了，光子可以在空间中自由穿行。宇宙在这个时候好像是从一片混沌中豁然开朗，辐射冲破了"乌云"，照遍了寰宇。这种辐射当初是可见光和红外线，波长为$10^{-7} \sim 10^{-5}$米。由于红移，今天已经到了微波波段。也就是说在那个时候，宇宙一切物体都沐浴在一片光辉之中，所以人们称之为宇宙背景辐射，从此宇宙变成透明的了。

在大爆炸的初始阶段，是宇宙辐射为主的时代，光子以辐射的形式存在。随着时间的推移，总有一个时刻，核子、电子等的能量密度与光子能量密度相等。此后宇宙能量密度将以核子、电子等的能量密度为主，因为正是核子与电子这些粒子构成了我们看得见摸得着的物质，我们把这个时期叫作物质为主的时代。

当辐射为主时，辐射与实粒子频繁碰撞，实粒子若出现分布不均匀也会因光子散射而均匀化。当物质为主时，只要不均匀足够大，大到物质团的引力可以克服压力，不均匀性就会增长。

这种不均匀扰动区的最小半径，称为金斯尺度R_J。一旦实际物质密度不均匀受到扰动

的区域半径大于 R_J，那么，这一区域就会在引力的作用下坍缩，密度会越来越大。

是什么原因造成了密度的起伏呢？有人认为可能是宇宙很早期时的量子起伏带来的，有人认为是一般的噪声起伏形成的，至今尚无明确的答案。但有一点是肯定的，从均匀到不均匀必定有某种密度小扰动存在。有人认为，微波背景辐射上小尺度的微量不均匀性，就是在光子、物质脱离平衡态时的不均匀性的反应。此后，光子成为自由光子，这种不均匀性未能得到发展，而物质则在引力作用下使不均匀得以增长。

有了上述不均匀性，星系就可以形成了，接下来就是星系、恒星的演化和发展了。大爆炸理论完成了对宇宙起源和演化的构思。

按照大爆炸理论，甚至可以估计星系大致形成的时间。

最初扰动区的物质一方面由于随宇宙膨胀而膨胀，另一方面又由于引力而坍缩。这里要用到临界质量密度的概念。所谓临界质量密度 ρ_c，是指宇宙曲率 $K=0$ 时质量的密度。

$$\left.\begin{array}{lll} \rho < \rho_c, & K = -1, & \text{宇宙是开放的；} \\ \rho = \rho_c, & K = 0, & \text{宇宙是平坦的；} \\ \rho > \rho_c, & K = +1, & \text{宇宙是封闭的。} \end{array}\right\} \qquad (6\text{-}7)$$

式（6-7）中的曲率 K 作了归一化处理，K 究竟取何值，取决于物质的多少。ρ_c 的理论值约为 5×10^{-30} 克/厘米^3。

如果扰动区的平均质量密度大于扰动区的临界质量密度，则该区在随宇宙而膨胀时，膨胀速度会越来越脱离宇宙膨胀速度，最后完全摆脱宇宙膨胀的影响，成为一团独立的团块，膨胀速度变为零时，半径最大，以后，在引力下坍缩。故今日星系的平均密度应大于星系气体团在达到最大体积时的平均密度。利用银河系的平均密度 3×10^{-24} 克/厘米^3 作为典型值，可算出星系约在大爆炸后 2 亿年开始形成。

图 6-6 给出了大爆炸宇宙模型从开始到现在的演化过程。图中 T 为辐射温度。大约在 140 亿年前宇宙发生一次大爆炸，在 1 秒钟后原始火球处在"轻子时代"。由于大量电子和正电子的存在，物质和辐射之间迅速建立起热平衡。在电子-正电子对完全湮灭之后，如果物质和辐射之间的相互作用可以忽略的话，以后各个阶段上的辐射将都是黑体辐射。初期阶段的原始火球极热。在高温和高密度条件下，质子、中子、电子构成的等离子体因核合成过程转变成氘和氦核，但只有几十分钟的时间，等离子因为膨胀，温度和密度降低而不能维持核反应，所以核合成过程不完全。在这个不完全过程中产生的氢和氦的比值就是现在观测到的氦丰度，为 25% ~ 30%。在这个阶段，等离子体要辐射和吸收电磁波，并受到自由电子的散射和再散射。在大爆炸 10^4 ~ 10^5 年后物质的密度和温度已降低到很低水平，使得离子发生复合，大部分质子和电子结合形成中性原子。在这个持续几千年的过程中，辐射和物质没有相互作用，所以称为"退耦阶段"。宇宙从不透明变成透明，电磁波

不受散射地通过空间。我们现在观测到的微波背景辐射就是这种辐射的遗迹，它所对应的黑体辐射的温度是 2.7K，通常说成 3K。

图 6-6　大爆炸宇宙模型的各个阶段

6.2.3　背景辐射的确认

彭齐亚斯和威尔逊所发现的辐射是否确是大爆炸产生的背景辐射呢？为了最后确认这一点，科学家们提出了一个检验方法：宇宙背景辐射来自热平衡的等离子体，它应当具有热平衡物体辐射的特征，也就是说，这种辐射强度随波长的分布应符合黑体辐射的功率谱曲线。

所谓黑体辐射就是指不透明的空腔内部的辐射。这类辐射的特点是能量对波长有着确定的分布，分布公式只与温度有关，它的准确公式由普朗克在 1900 年给出。普朗克公式可以定性地综述如下：在一个充满黑体辐射的盒子里，任意波长范围内的能量随着波长的减少而迅速增加，达到一个极大值后便急剧地下降。普朗克公式是普适的，与辐射周围的物质的性质无关而只取决于它的温度。现在我们所说的黑体辐射指的是能量对波长的分布符合普朗克公式的任何一种辐射，而不管这个辐射是否由一个真的黑体发出。宇宙的物质至少在最初的 50 万年是处于热平衡的，在此期间内宇宙必然是充满了黑体辐射，其温度等于宇宙所含物质的温度。

　　于是，紧接着彭齐亚斯和威尔逊的发现，射电天文学家开始在各个波长处寻找与黑体对应的辐射，并测量它的强度。结果发现，所测到的背景辐射，强度随波长的变化恰好符合温度为 2.7K 的黑体辐射谱密度。今天，人们已经在 30 厘米到 0.5 毫米的范围内测定了背景辐射，证实它确实是黑体辐射。于是膨胀的宇宙模型在哈勃的红移关系被发现三十多年之后，又获得了第二个实验支柱。

　　最近几十年，科学家们还在做背景辐射的确认工作。1989 年，美国航天局（NASA）开始从空间测量整个宇宙的背景辐射，被称为 COBE 的宇宙背景探测器于 1992 年给出了一个非常理想的宇宙背景热辐射的曲线，如图 6-7 所示。图中的小黑点是观测结果，曲线是温度为 2.73K 的纯热辐射的理论曲线。观测和理论结果吻合之好超出了人们的预期。

图 6-7　　COBE 卫星在地球大气外观测到的微波
背景辐射强度随频率的变化曲线

　　人们还利用高空飞行的 U2 飞机进行了另一项关键性实验，以证实背景辐射并非起源于宇宙中邻近我们的部分。这项发现被称为 "天空大余弦"。它说明背景辐射与地球运动无关，与太阳以及银河系所在的本星系群运动无关，这是一个真正的宇宙背景辐射。

　　另一个对背景辐射的确认来自对氢和氦相对丰度的观测结果。观测表明，恒星和星系中氢和氦的质量占了全部质量的 98% 以上，其中氦的比例占 25%~30%。靠恒星内部的氢-氦反应不可能达到如此高的氦丰度。根据核物理理论的计算，一颗恒星由氢聚变而达到 25%~30% 的氦丰度所释放出来的能量比我们观测到的恒星实际释放出的能量要多得多。也就是说宇宙中广泛存在的氢和氦的来源不能用恒星内部核反应过程来解释，必须同整个宇宙的起源联系在一起。而大爆炸宇宙起源却刚好能解释这一比例。

关于大爆炸和宇宙的膨胀，并不是物质在虚无的空间中膨胀或爆炸，也不能用我们平常的爆炸来理解大爆炸这样一个概念。通常的爆炸可以解释哈勃关系，却不能解释物质辐射在空间中的均匀分布，也不能解释背景辐射的存在，因为在这种爆炸中，辐射总比物质更快地飞离爆炸地点，物质周围怎么还会有辐射呢？

我们说的大爆炸，是指空间自身的膨胀，物质均匀分布在整个空间中，随着空间的膨胀而变得越来越稀薄。这样的膨胀大约在 140 亿年前开始。经过大约 50 万年的膨胀和冷却，成为今天背景辐射的光线才破雾而出。我们的太阳系还要等 100 多亿年才会出生。这些辐射经过将近 140 亿年的长途跋涉，一路上因为宇宙的膨胀而路途越来越长，变成了今天仅有 3K 的微弱辐射。

如果用二维闭合球面不难想象宇宙膨胀的图像：有一个不断在充气的气球，银河系和河外星系都是气球上的许多点。在充气的过程中，这些点都在相互分离远去，从任何一个星系上看，其他所有的星系都在退行，而且距离越远，退行速度越快。我们不能说气球上的点是以某点为中心在膨胀，而是整个球面在膨胀。从这个意义上讲宇宙是没有中心的，地球不是中心，太阳不是中心，银河系也不是中心。这就是哈勃定律给出的宇宙膨胀图像。

6.2.4 背景辐射的均匀性

背景辐射的第一个特点就是其各向同性。精密的测量表明，背景辐射的温度差别不大于 0.015K，也就是说，各向异性不超过 0.5% 的涨落。这样异常均匀的现象，一方面更加说明这种辐射不可能起源于太阳系、银河系或某个特定的天体，而是起源于整个宇宙尺度上的某种过程；另一方面，它也反映了在大爆炸后 50 万年的那个时期宇宙的均匀性，说明我们今天看到的星系、星系团或类星体等天体，在那个时候还完全没有将要凝聚而成的迹象，如果有的话，那么今天的背景辐射也会在天空上出现相应的斑点。所以，宇宙背景辐射告诉我们，在大爆炸的 50 万年以后，宇宙仍是处于十分均匀的状态。星系等的凝聚肯定是这以后的事情。

宇宙背景辐射的高度各向同性还提醒人们建立这样一个参考系：在这个参考系中，宇宙背景辐射是完全各向同性的。对于这个参考系如果有相对运动的话，背景辐射就不会显示各向同性，而会在运动的方向上，显示温度有所升高，在反方向上显示温度降低。我们在地球上测得的高度各向同性说明地球、太阳系以及银河系相对于这个参考系只有十分微小的速度。也就是说，对于远方的观测者来说，我们的地球、太阳和银河系正在参与整个宇宙的膨胀运动，除此之外，它们自身的运动是很小的。

对于极其精密的测量来说，这种背景辐射的微小差异还是可知的。测量的结果表明，大约在离狮子座最亮的星轩辕十四不远的方向上，背景辐射温度最高，比平均值高出 0.003 5K。由此可计算出我们太阳系正以每秒 390 千米的速度向轩辕十四的方向运动，它同时正以每秒 300 千米的速度绕银河系运转。可是这两个速度的方向并不一致。这说明银河系作为一个整体相对于背景辐射也有一个不小的速度，估计约为每秒 600 千米之巨。

2010 年 12 月，英国天文学家发表论文称，他们发现了我们所在的宇宙很久之前曾受到其他平行宇宙"挤压"的证据。他们在研究了宇宙微波背景辐射图后得出了这一惊人的结论，他们在图中发现了 4 个由"宇宙摩擦"形成的圆形图案，这表明我们的宇宙可能至少 4 次进入过其他宇宙。

2009 年 5 月，欧洲航天局的"普朗克"探测器从法属圭亚那库鲁航天中心发射升空，其主要任务是探测宇宙微波背景辐射，帮助科学家研究早期宇宙形成和物质起源的奥秘。2010 年，欧洲航天局根据"普朗克"探测器传回的数据绘制了首幅宇宙全景图，图 6-8 是 2013 年 3 月欧洲航天局公布的根据"普朗克"探测器传回的数据绘制的最新的宇宙微波背景辐射图，这幅迄今最精确的反映宇宙诞生初期情形的全景图几乎完美地验证了宇宙标准模型。所谓**宇宙标准模型**（或称**标准宇宙模型**）是指以弗里德曼宇宙模型为基础，伽莫夫将其运用于早期宇宙的演化而形成的一种宇宙模型，是目前的主流宇宙模型。

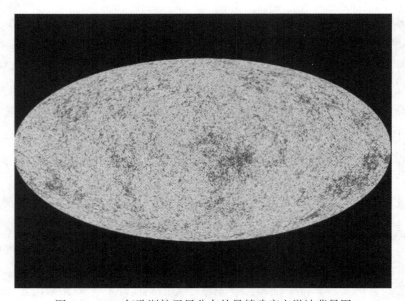

图 6-8　2013 年欧洲航天局公布的最精确宇宙微波背景图

6.3 宇宙的主要特征

在第 2 章关于太阳系的起源和演化问题中，我们指出由于其单一性，没有类比可言，所以对太阳系起源和演化的认识没有我们对恒星起源和演化的认识多。同样，我们对宇宙的了解也没有类比可言。按照定义，宇宙只有一个。由于宇宙的唯一性，在同样的条件下进行比较和重复观测都是不可能的。虽然科学技术的迅猛发展可能会为我们提供研究宇宙遥远部分的更好的方法，但这个基本问题仍然存在。

无论我们能怎样清楚地看到宇宙的轮廓，却永远很难有确定的把握认为，我们关于宇宙的结论是正确的，因为没有可供与之比较的其他宇宙，因而也就无从检验这些结论。

有关宇宙的最终问题很可能要靠逻辑推理和哲学来回答，凭经验是办不到的。一种有效的科学方法就是通过建立宇宙模型来回答宇宙的种种问题。这些模型必须能容纳一切现有的观测证据，而且能够解释这些现象，并且能预言某些可以发现的现象。新发现的资料则用来检验模型的正确与否。如果新资料正是预言中的事，那么这个模型到那时还是成立的。如果新资料不能被某种模型所解释或预言，那么该模型就需要修改。

6.3.1 宇宙的维度

宇宙可能拥有更高的维度，而我们生活的三维空间宇宙，可能只是更高维度空间中的一张膜。研究发现只有引力可以在额外维中传播，因此，科学家希望在不久的将来通过探测微小尺度上的引力效应，来发现宇宙的额外维度。

实验物理学家已经开始研究额外维度对引力的影响。假如额外维理论是正确的，科学家希望在未来的高能实验中，能观察到一些非常特别的量子引力效应，比如在实验中产生短寿命的微型黑洞。额外维理论基于弦论的一些最新进展，有可能解决粒子物理和宇宙学中的一些长期问题。

物理学家一直在尝试理解宇宙中最常见的力——引力。多维理论和弦论等奇思妙想正是在这个背景下应运而生的。虽然距离牛顿提出万有引力定律已有三个多世纪，但物理学家还是不能解释引力为何会比其他种类的力弱那么多。两个电子之间万有引力的大小，只有它们之间电磁斥力的 10^{-43}。

许多科学家都希望能用弦理论来解释宇宙万物。弦理论认为，宇宙中的所有力、所有粒子、所有常量和所有物体都处于同一物理架构之下，我们所见的一切都是无数微小的、不断振动的"弦"的产物。理论学家们自从 20 世纪 60 年代以来就一直在研究弦理论。他们很快意识到，弦理论要想成立，则宇宙中一定不止有我们习惯的四个维度。

在弦理论中，由振动的弦构成的环表现为各式各样的粒子（如电子、夸克、中微子等）和自然力的载体（光子、胶子、引力子等）。这是通过弦的振动实现的。这些弦极其细小，在我们看来就像一个个点，但每根弦都能以多种模式振动，就像用一根吉它弦可以弹出多种音符一样。

科学家认为，每一种振动模式都与一类特定粒子相关。因此，所有以某一种模式振动的弦都可能表现为电子，所有以另一种模式振动的弦都像光子……依次类推。用弦理论的视角来看，我们所见的粒子碰撞其实是一大堆弦相互融合、又重新分裂的过程。

但这套理论要想成立，宇宙中只有四个维度是不够的，因为一般的时空无法为弦提供足够的振动"空间"，导致它们无法表达成为宇宙中所有的粒子。换句话说，这些弦不仅会扭动，而且还是"超维度"地扭动。

当前的弦理论总共需要 10 个维度，此外还有一套更大胆的弦理论（名叫 M 理论）需要 11 个维度。但我们只能看到三个空间维度和一个时间维度。为什么弦理论要求宇宙中存在多个维度，而我们在宇宙之中只能体验到四个维度，这是因为我们无法体会的弦的其他维度具有蜷曲与压缩的能力，这个问题不在这里讨论。

6.3.2　宇宙的形状

爱因斯坦广义相对论把引力场和时空弯曲联系起来，而时空弯曲又取决于物质分布的情况。那我们用什么来描述弯曲时空的几何呢？

几何（Geometry）英文原意为测地术。当我们去测量空间中两点之间的距离时，对于图 6-9 左边的平面，只需要一把直尺就可以丈量，但要测量右边弯曲球面上的距离，直尺就无能为力了，需要一把和球面一样弯曲的尺子。这样，在不同空间丈量"距离"的尺在几何上就称为"度规"，即度量规则。

直尺和弯曲的尺子是两种不同的度规，数学上用一个"度规张量"表示。度规是广义相对论的基本几何量和物理量，确定度规，就确定了时空的曲率、距离、夹角、面积等一切几何性质，所以广义相对论主要研究都集中在确定和研讨时空的度规上。场方程实质上给科学家们提供了一个平台，大家通过不同的物质分布，去解场方程，得到不同的度规，从而了解不同物质分布下时空的几何性质。

例如最早解出来的爱因斯坦场方程精确解史瓦西度规，描述一个静态、球对称的物质分布在其外部造成的时空弯曲；克尔度规、雷斯勒-诺斯特诺姆度规和克尔-纽曼度规分别描述了匀速转动球体、静态荷电球体和匀速转动荷电球体外部的引力场分布，这四种度规也分别对应着四种黑洞。而要描述我们的宇宙，则需要弗里德曼等人提出来的满足宇宙学

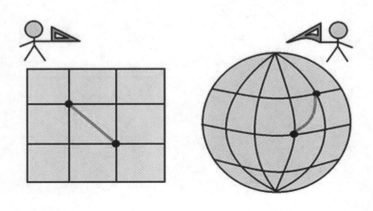

（a）平面上两点间的距离　　（b）球面上两点间的距离

图 6-9　平面上和球面上两点间的距离

原理的 FLRW 度规。

由于时间、空间和物质的相互联系，宇宙不可能是平坦的欧几里得空间，而是非欧空间或黎曼空间。

在我们所熟悉的几何学中，彼此平行的直线永不相交，三角形的内角和等于 180°，这些断言仅在平坦空间中才成立。但是，空间也可以是弯曲的。如果曲率是正的，例如在球面上，就不会有相互平行的直线存在，而三角形的内角和总是超过 180°。如果曲率是负的，则从某已知直线外一点可作出许多条平行于该直线的直线，而三角形的内角和总小于 180°。图 6-10 给出了三种典型曲率时二维空间的形状特征。广义相对论预言的宇宙空间至少是四维的，甚至更高维，因而空间的实际形状是无法想象的。不过有一点是清楚的，我们在解释宇宙时不必局限于欧几里得空间。爱因斯坦的广义相对论证实了非欧空间的存在。按照这种理论，不能认为空间和时间是彼此无关的，而是必须把它们看做单一的整体，这整体就是时空。质量的存在改变了时空的几何性质，使后者具有正曲率。根据费马（P. Fermat，1601—1665 年，法国）原理，光线总是沿短程线传播，所以我们可以用光线来测量宇宙空间的曲率。如果宇宙中的物质密度足够大，宇宙就会自动闭合，也就是说，它将具有有限的大小。

目前被天文学家认为是正确的几种宇宙模型，全都是根据以下三个重要的假设构拟的：第一个假设是，物质和能量在宇宙的其他地方同我们在地球上一样遵从相同的物理定律。第二个假设是，时间和空间在宇宙中皆具有相同的性质，因此，不管一个星系位于何处或沿哪一个方向运动，同样的现象都是以相同的方式发生的，这两点我们不在这

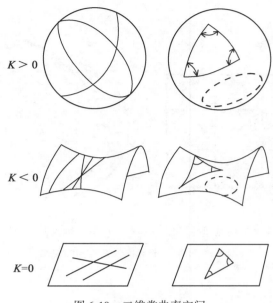

图 6-10 二维常曲率空间

里深究。

宇宙模型所依据的第三个假设是宇宙的均匀性,物质在整个宇宙中的分布密度是大致相同的。也就是说,宇宙中的物质不可能在某些地方非常密集而在另一些地方却非常稀疏。注意,这里所说的均匀性是指大尺度区域而言,这个尺度可能比星系还大。由宇宙的均匀性可以得到这样一个结论:处于宇宙中一切地方的任何观察者看到的宇宙实际上都是相同的。我们从地球上观察到的宇宙和从某遥远星系中的某行星上观察到的宇宙不应当有任何区别。这一条称为宇宙学原则。

根据宇宙学原则,宇宙就不可能有边缘。这是因为,一个位于宇宙边缘的观察者将会在某一侧看到众多的天体,而在另一侧看到的只是一无所有的虚无空间。这同位于宇宙中心的观察者见到的情况是不同的。为了消除这个疑难,人们提出了这样的解释:宇宙是无界的,没有边缘的,而每一个观察者都可认为自己处于宇宙的中心。所以我们说宇宙的形状是有限无边的。当然,也有人认为宇宙是开放的,是无限无边的。

为了理解有限无边宇宙的概念,我们举一个例子。一个无籽西瓜的香甜吸引了一只蚂蚁。蚂蚁爬到了这个瓜皮上。瓜皮本身是一个二维曲面。为了叙述方便,我们假设这只蚂蚁也是二维的,是一只"踩扁"了的二维蚂蚁,它没有高度,但有生命可以在二维瓜皮上爬行。如果给蚂蚁赋予智慧,它一定会作出这样的思考:这是个可怕的二维宇宙,我在上面爬了多年至今没找到它的边界,也没找到它存在中心的任何迹象,看来这是一个无边的

"宇宙"。站在边上的三维的人看出了蚂蚁的心意,暗笑道:你个笨蛋,这是三维球体的二维球面,球面是有限的,尽管它确实无边。不怀好意的这个"小人"在实现人蚁对话后,给蚂蚁发了一个指令:翻身。可怜的蚂蚁在做了许多尝试后,给人做了一个回复:非法指令。在二维的曲面上让二维的物体作通过第三维才能实现的动作,可能吗?踩扁的蚂蚁是不可能理解第三维的内涵也无法完成三维空间中才能完成的动作的。

如果真实宇宙是由四维(或四维以上)空间加一维时间组成的高维时空,那么人类能够理解四维空间(比如第四维为虫洞)的操作吗?回答是否定的。爱因斯坦曾这样来形容人在认识上的缺陷:人就同这只不幸的扁蚂蚁一样悲哀,无法理解现实世界,唯一的区别是,人是三维的。在数学上,人能想象第四维(指空间)。对于人来说,第四维只是数学上存在的,人的智慧无法理解第四维。这是人类认识论上的局限性:人类或许永远无法认识真实的宇宙,或许可通过某种绝妙的方法来间接认识宇宙。(参阅《第8章 霍金的宇宙》)。

宇宙到底是闭合的还是开放的,这是一个目前无法确定的问题。人们只能说根据观测事实,宇宙目前正在膨胀,并且正在加速膨胀。

对于宇宙的形状,物理学家曾经有着诸多想象。现在通过对普朗克卫星的最新数据分析指出,宇宙可能是一个闭合的三维超球面。这推翻了过去的一个主流观点,即宇宙是无边无际的平坦三维空间。而这个结论的得出,涉及一个决定了宇宙形状的关键数字:宇宙临界密度。

宇宙的形状是什么?宇宙是否存在边界?对于宇宙的轮廓,人类曾有诸多天马行空的幻想。但在爱因斯坦将宇宙学原理应用到宇宙学研究之后,宇宙的形状就受到了严格的限制。宇宙学原理要求宇宙空间每一点的地位都是平等的,所以宇宙空间不可能有很奇怪的拓扑结构——举一个反例,宇宙不可能长成自行车内胎这样,因为内胎外侧的点与内侧的点地位显然不一样。

考虑到宇宙学原理的限制,单连通的宇宙形状就只剩下3种可能性:如果宇宙空间具有正曲率,那么它是一个封闭的三维超球面;如果宇宙空间的曲率是零,那么它是一个无边无际的平坦三维空间;如果宇宙空间具有负曲率,那么它同样没有边际,是一个三维的马鞍面。

从这个意义上来说,宇宙空间的形状由曲率决定。而根据爱因斯坦的广义相对论,宇宙空间的曲率取决于宇宙中物质场的分布。所以,只要测准了宇宙中的物质场的分布,那么就能推断出宇宙空间的形状。

物理学家如何判断宇宙空间的形状呢?对于宇宙空间来说,存在一个决定其形状的分界线,这个分界线就是宇宙的临界密度。在理论上,我们可以定义一个临界密度。这个临界密度与哈勃常数有关,它的物理含义是宇宙中的所有物质和能量(包括暗物质和暗能量，见 6.7 节）的平均密度。在这个平均密度下，宇宙空间是平坦的。根据哈勃常数计算得知，这个临界密度等于每立方米约 5.7 个质子质量。

在太阳系内，仅仅暗物质的密度就有每立方米 3 万个质子质量。所以，太阳系的密度远高于宇宙临界密度。但因为宇宙中其他地方的物质分布很稀薄，所以平均起来的临界密度肯定没有太阳系内那么高。需要注意的是，虽然太阳系内物质密度很高，在局部意义上肯定不是平坦空间，但在宇宙学尺度上，太阳系太小，在宇宙学中，银河系就是一个质点。讨论宇宙空间是不是平坦的，是从宇宙学尺度考虑的。

因此，一旦实测到的宇宙总密度等于临界密度，那么宇宙就是平坦的三维欧几里得空间；如果测得的密度大于或小于临界密度，那么宇宙将分别是弯曲的封闭三维超球面或三维马鞍面。

在以上三种情况中，只有封闭的三维超球面说明宇宙空间是有限的，另外两种情况中整个宇宙空间是无限大的。

其中最重要的实验方法，是对宇宙微波背景辐射的观测。宇宙微波背景辐射相关的研究，已经在 1978 年、2006 年与 2019 年三次获得诺贝尔物理学奖。但这一领域其实还刚刚起步，对于人类来说，对宇宙微波背景的研究是了解宇宙的一个重要手段。

2019 年英国曼彻斯特大学的瓦伦蒂诺（E. D. Valentino）等多位科学家根据普朗克卫星的宇宙微波背景辐射功率谱中的引力透镜幅度，推算出宇宙空间的曲率为正。也就是说，宇宙空间是一个封闭的三维超球面。

瓦伦蒂诺等人的论文分析了观测宇宙微波背景辐射的普朗克卫星的数据。普朗克卫星的望远镜测量了过去 138 亿年中，宇宙微波背景辐射"引力透镜化"的程度，以此测量宇宙的平均密度。具体而言，他们研究的是这些宇宙微波背景辐射光子。这些光子在飞向地球的过程中，遇到的物质越多，它们的方向就愈加无法清晰地反映它们在早期宇宙中的起点。在卫星观测数据中，这样的现象呈现的是模糊的效果。根据他们对数据的分析，宇宙的平均密度可能比以前估计的临界密度高 5%。也就是说，在宇宙中平均每立方米有 6 个质子质量，而不是 5.7 个。

根据这项研究，宇宙空间可能是一个封闭的三维超球面。而在此之前，基于 WMAP 卫星对宇宙微波背景辐射的观测结果，以及 2013 年普朗克卫星的第一批数据，物理学家建立了名为 LAMDA-CDM 的宇宙学标准模型。在那个模型中，宇宙是平坦的。因此可以说，最新的研究提出的结论是颠覆性的。

所谓的三维超球面，还可以与数学上著名的庞加莱（J. H. Poincaré，1854—1912 年，法国）猜想联系起来。庞加莱猜想认为，单连通的无边界的三维几何体其实只有一种，这唯一的可能性就是三维超球面。所以，如果瓦伦蒂诺他们的论文是正确的，那么我们就可以把庞加莱猜想与宇宙空间的形状挂钩，这具有理论美感。

在最新论文中，研究者讨论的是整个宇宙空间的形状，他们认为整个宇宙有 99% 以上的可能性是一个封闭的三维超球面。

尽管这项研究给出了最新的结果，但关于宇宙空间形状的争论仍未尘埃落定。一个重要原因是，宇宙临界密度的计算依赖于对哈勃常数的测量。但目前看来，哈勃常数还测不准：虽然普朗克卫星给出了一个哈勃常数，但却与其他方法测得的哈勃常数有着明显的分歧。既然哈勃常数测不准，那宇宙的平均密度也算不准，因此这个临界线是模糊的。所以现在说宇宙空间一定是封闭的，还为时过早。

6.3.3 宇宙的年龄

宇宙有多古老？它也有年龄吗？在这一终极哲学问题上，"哈勃"同样做出重大贡献。哈勃常数是对宇宙当前膨胀速率的一种量度，它的倒数就反映了宇宙的年龄。以前，由于各种确定距离的方法之间的矛盾导致哈勃常数的误差非常巨大，宇宙年龄也笼统在 50 亿年到 200 亿年之间。

而精确测量哈勃常数是哈勃太空望远镜的核心项目之一。从 20 世纪 90 年代末到本世纪前 10 年，得益于哈勃太空望远镜的进一步观测，天文学家研究了包括造父变星、Ia 型超新星等许多距离指标，使哈勃常数的不确定度从 10% 最终降低至 3%。随着哈勃常数精度的不断提高，天文学家终于将宇宙的年龄精确到 138 亿年。

哈勃定律告诉我们如何去计算各星系离开我们的速度，由此我们便能够预言它们在 10 亿年、100 亿年以后的位置。当然我们也能采用同样的推理方法追溯过去。追溯过去的时间，势必发现各星系越来越近，直到最后它们回复到宇宙处于初始条件（不管是什么样的条件）时的阶段。

各星系返回到初始时刻所需的时间，就是宇宙的年龄，我们也可将宇宙年龄定义为宇宙从某个特定时刻到现在的时间间隔。我们可以根据哈勃定律计算出这年龄的大小。现已证明，这年龄就是哈勃常数 H 的倒数，大约为 180 亿年。由于这个数字是在假定整个宇宙历史中星系的退行速度一直是恒定不变的情况下获得的，所以必须加以修正。由于退行速度受到万有引力的制动作用一直在逐步地减慢，所以宇宙应该较为年轻，年龄约为 140 亿年。这与上节的结论是一致的。

由哈勃常数获得的宇宙年龄又称为**哈勃年龄**，它是指哈勃观测到的从宇宙发射出的光线的年龄。现代观点认为哈勃年龄是宇宙年龄的上限，可以作为宇宙年龄的某种度量。

我们通常所说的宇宙年龄，是指大爆炸以后逝去的时间，也就是宇宙标度因子为零起到现在的时间间隔。我们不能排除存在一个爆炸前时期的可能性，但对此我们基本上无话可说。

2000 年 8 月 8 日，国际天文学联合会发出公告，由多国天文学家合作，采用 5 种不同方法研究宇宙的年龄，其中 4 种方法均得出宇宙起源于 140 亿～150 亿年前的结论。

如果宇宙的密度足够大，那么宇宙膨胀的速率由于引力的作用会越来越小，最终使膨胀速率变为零，宇宙停止膨胀。这种情况一旦发生，宇宙就会在自身引力的作用下开始收缩。这种收缩一开始是很慢的，但以后会越来越快，最后回到大爆炸前的物质形态，并再次发生大爆炸。如果这种循环可以一再发生，我们的宇宙就成为一个振荡宇宙。这时，谈论它的年龄还有意义吗？宇宙振荡的周期更能反映宇宙演化的时间特性。

2013 年 2 月，美国宾夕法尼亚州立大学的天文学家公布了他们找到的一颗距地球仅 190 光年的编号为 HD 140283 的亚巨星，其测定的年龄高达 144.6 亿年，误差为 8 亿年。

而 2013 年 3 月，欧洲航天局根据"普朗克"探测器提供的数据，将宇宙的精确年龄修正为 138.2 亿岁。

6.3.4 宇宙的质量

关于天体的质量，天文学家面对的第一个难题就是如何测量地球的质量。历史上是通过地球的体积和平均密度来计算其质量的。

有了地球的质量，科学家们就拥有了对宇宙其他天体"称重"所需的工具。太阳对地球产生的引力使地球每 365 天绕太阳一周，通过这就能计算出太阳的质量。同样，通过把太阳视为和其他太阳系行星匹配的天体，研究人员可以根据行星的公转周期计算其质量。同样也可以通过这种方法得出月球的质量。

正如可以通过观察地球围绕太阳运行的速度来推断太阳的质量一样，研究人员也能通过星系的旋转和运行计算出星系的质量。2019 年底，一组研究人员公布了对银河系质量的最新估算报告，给出了包括暗物质在内的银河系的总质量。该报告显示，我们的银河系的质量相当于 8 900 亿个太阳，其中大多数是暗物质，只有 600 亿～1 000 亿的太阳质量来自我们能看到的银河系所有恒星、气体和尘埃。

知道了地球、太阳、恒星和银河系的质量，能推算出宇宙质量吗？还不行。因为除了暗物质具有质量之外，能量和暗能量同样具有质量。爱因斯坦狭义相对论的质能方程告诉我们质能等价，也就是说，质量和能量其实是同一个东西的两种描述，一定的能量对应一定的质量。

科学家们使用威尔金森微波各向异性探测器卫星（WMAP），测量了 2001 年至 2010 年宇宙中最早的光中的暖点和冷点。通过测量宇宙微波背景辐射图谱中显示为明亮和暗淡的区域，可以推测出宇宙的密度。因为物质对光施加引力，使其轨迹弯曲。当微波背景光子向我们传播时，它们的路径被宇宙中的物质弯曲了。宇宙中物质越多，光路弯曲的越多，天空中出现的振荡区域就越大。2009 年发射的普朗克卫星实际上也是一个宇宙微波辐射探测器，它对威尔金森微波各向异性探测器卫星的数据做了必要的修正。

通过使用上述方法，科学家计算出了宇宙的总体密度：大约为每立方米六个质子。这个数字代表了宇宙的能量密度，它包括可见物质、暗物质和驱动宇宙膨胀的未知暗能量。根据这个指标，宇宙中可见物质约占 5%，暗物质约占 27%，暗能量约占 68%。

宇宙的绝对大小是未知的，并且宇宙是在不断膨胀中，根据哈勃定律，距离地球较远的星系都在远离地球，离得越远，远离的速度就越快。天文学家根据光在大爆炸时期和今天之间传播距离的对比，计算出可观测宇宙的直径约为 940 亿光年。

现在，科学家就可以通过宇宙体积和密度的数据，估计出宇宙的整体质量大约是 10^{53} 千克。

6.3.5　宇宙学视界

宇宙学视界（Cosmological Horizon）、粒子视界（Particle Horizon）、可观测宇宙（Observable Universe）这三个名词是同一个概念，它限定了过去的事件可能被观测到的距离，定义了过去和现在有因果律联系的区域。宇宙学视界的具体定义是：有一束光从宇宙诞生那一刻发出，在今天正好被我们观测到，这个时间范围内光走过的距离，我们用它作为半径，以观测者为中心做一个球，这个球的内部就是可观测宇宙，球面就是粒子视界。具体的计算和前面的宇宙年龄计算一样，需要利用弗里德曼模型，然后结合现在观测到的哈勃常数、宇宙学密度参数进行计算。根据最近观测的结果，我们现在的可观测宇宙半径约为 470 亿光年。而且，随着宇宙的膨胀，可观测宇宙的范围还在不断扩大，越来越多的星系不断进入我们宇宙的可观测区域。

有人会提出疑问：既然宇宙中没有什么速度可以超过光速，而宇宙的年龄是 138 亿年，那光最多也只能走过 138 亿光年的距离，为何可观测宇宙半径是 470 亿光年呢？首先，这是因为提问者是用静态宇宙的思维，实际上宇宙在不断加速膨胀，光发出时星系离我们要近得多，而 138 亿年后当时发光的星系已经随宇宙膨胀到 470 亿光年之外。另外，大爆炸刚开始时，现有的物理规律不起作用，光速可以被超越。其次，空间的膨胀，并不违反狭义相对论，空间膨胀是可以超过光速的。星系和物质相对于宇宙空间的运动速度，才要受到光速为极限速度的制约。

6.3.6　宇宙的中心

138 亿年前，一场大爆炸为宇宙漫长的演化之路拉开了序幕。现在回溯这一事件时还能找到宇宙大爆炸发生的准确地点吗？或者说，宇宙存在这样一个爆炸中心吗？

我们首先来看生活中普通的爆炸过程。对于一次爆炸，无论起因是什么，它都满足以下几个条件：爆炸发生在特定的位置；最初源自一个很小但有限的体积；爆炸迅速向外部各个方向膨胀。

当爆炸发生时，外部的一些物体会受到冲击，被巨大的推力以放射状推向远处。而较轻的物质在空间中飞行的距离更远，尽管能量密度在爆炸的各个方向都会下降，但离爆炸中心越远，能量密度下降越快。因此，通过测定不同碎片的轨迹，我们能重建爆炸发生的地点。

但是，上述爆炸图景并不符合我们宇宙的情况。距离我们百万光年甚至几十亿光年的区域，看起来与我们这里没有任何差别。在现有的宇宙空间，各个区域的密度、能量和星系数量等几乎都是相同的。

到了更接近宇宙边缘的区域，情况开始出现变化。我们观测到，在数百亿光年外，天体的年龄与我们周围的天体不同。距离越远，天体越年轻，数量更多但体型较小。尽管我们最远只能观察到 400 多亿光年外的星系，但如果能追踪并重建每个天体的移动轨迹，让它们回到原点，我们将看到最不可思议的结果：宇宙"中心"就在我们身边。宇宙的中心就是没有中心，或者说处处是中心。

一直以来，存在一种误解，即根据膨胀的宇宙，我们能推测宇宙最初膨胀的起点。这是不正确的，宇宙能被推回到一个具有明确特征的有限区域，但之后宇宙会根据万有引力定律演化。

如果宇宙真的有一个中心，它可能在任何地方，并且由于我们观测到的宇宙范围有限，我们有可能无从得知。我们需要看到宇宙的边缘，或者观察到它在宇宙尺度上的各向异性。然而，根据现有的观测，宇宙是均匀的。

宇宙是从哪里开始膨胀的？这个问题听起来很合理，实际上是个完全错误的问题。"大爆炸"不是指宇宙中的特定区域，而是一个特殊时刻。可以理解为在某一刻，宇宙到处都在膨胀。

我们可以观测的宇宙空间很可能只是宇宙中很小的部分，能从宇宙中收集的信息也是有限的。或许，我们可能永远都不知道宇宙是否有边界、宇宙的几何形状是什么。宇宙可能是有限的，也可能是无限的，但可以肯定，宇宙正在膨胀，密度越来越小，更远的物体表现的是宇宙更早以前的形态。

6.3.7　宇宙的运动

运动是物质存在的基本形式，无论是卫星、行星、恒星，还是星系本身，它们都在运动：自转和公转。那么，宇宙也在旋转吗？

宇宙学家一直在积极研究这个谜团，因为这个问题的答案能告诉我们宇宙的基本性质。和大多数宇宙学问题一样，这也是一个非常抽象的问题，但宇宙学研究者认为，这是研究基础物理学的一种方法，有些东西无法在地球的实验室里进行验证，所以人们利用宇宙和宇宙的几何结构，从中获得一些关于基础物理学的新发现。

在思考宇宙的基本性质时，科学家首先假设宇宙并没有在旋转，而是各向同性的，即宇宙在各个方向上看起来都是一样的，这个假设与爱因斯坦的方程一致，但又不是这些方程所要求的。基于这种想法，科学家建立了一个描述宇宙的标准宇宙学模型。

这种假设已经整合到计算方法中，但这种假设必须得到验证。验证是通过观测宇宙微波背景辐射来进行的。结果发现宇宙微波背景辐射在各个方向上看起来几乎是一样的，但显示出微小的温度变化（只有千分之一度），这种变化来自宇宙历史、内容和几何形状的影响。通过研究这些差异，科学家可以看到宇宙是否以某种方式被扭曲——意味着一个方向上的旋转或膨胀比另一个方向增加得更多，测量光的偏振同样可以提供关于宇宙几何结构的信息。

科学家发现，宇宙微波背景辐射没有显示出宇宙在旋转的证据。此外，根据一项研究显示，宇宙各向同性的可能性是 120 000∶1，这意味着无论你朝哪个方向看，宇宙看起来都是一样的。另一项研究发现，宇宙有 95% 的几率是均匀的，表明在大尺度上，宇宙的任何地方都是相同的。

所有这些研究都表明，宇宙在很大程度上是均匀的，而且没有在旋转。这个结论很可能不会改变，未来几十年里，天文学家对宇宙微波背景辐射的偏振测量可能会有所改善，但新的数据不太可能挑战之前的发现。

6.3.8 宇宙大结局

由于宇宙的持续膨胀，曾经相邻的星系将快速分离。有人估计宇宙的寿命大概是千亿年量级，到那时宇宙中所有的恒星都不再发光放热，变成了白矮星、中子星或者黑洞，宇宙中所有的物质温度都将变得慢慢接近绝对零度，宇宙内部不再存在任何的能量传递和交换，宇宙将陷入无尽的黑暗。这个称之为宇宙"大冻结"（The Big Freeze）理论，描述了当今最为流行的宇宙结局模型。

大冻结理论是宇宙学标准模型的直接结果。这个理论认为，宇宙加速膨胀的推动力——暗能量，将保持不变。这种理论也叫作宇宙"大热寂"（The Big Heat Death）。我们的宇宙空间，就将这样永远地黑暗和冷却下去。

大冻结并不是宇宙结局的唯一猜想。大挤压（The Big Crunch）理论认为，暗能量非但不会永远保持不变，反而可能随着时间的推移而减小，宇宙最终会自我坍缩成一个奇点，就像大爆炸之前一样，是宇宙的大挤压。宇宙在膨胀到了一定的体积之后，膨胀会停止，并且开始向内部进行坍缩。而随着宇宙变小，宇宙中所有的物质都将会被"挤压"到一起，最终成为一个奇点，之后再次发生大爆炸，如此往复循环。

而大撕裂（The Big Rip）理论则认为，暗能量的力量在未来还会增加，导致膨胀速率继续增加，直到达到光速。宇宙的结局很有可能最终是由暗能量导致的宇宙"大撕裂"。在宇宙的膨胀过程当中，新的空间被不断"创造"出来，与此同时星系之间也在不断地膨胀和远离，最终引力不再起作用，所有的物质都会被"撕裂"，即使恒星和星系都会被撕裂成基本粒子。随着宇宙膨胀的持续，所有的天体都将逐渐消失在宇宙的视野中。宇宙散了吧！这是何等沮丧啊！

大冻结、大挤压还是大撕裂？或者三者都不是？对宇宙未来的第四种预测更加令人震惊。它暗示了一个更为奇怪的情形：宇宙可能不会完全终结，而是演化成一种我们目前无法描述的状态。

6.4 宇宙学的其他模型

大爆炸宇宙学并未宣称自己是宇宙唯一可能的描述，尽管它提供了一个非常令人满意的框架来解释天文学观测到的事实，也为以后被实验和观测所证实的一些预言提供了基础，因而被大部分宇宙论研究者所接受。

大爆炸宇宙学并不能解释我们想要知道的有关宇宙的一切问题。大爆炸理论尚未解决的三个基本问题是：① 初始时刻以前的情况；② 奇点本身的性质；③ 星系的起源。如果宇宙真是"振荡"的，目前的膨胀是闭合宇宙经历的许多循环之一，那么人们就必须面对一个坍缩阶段怎样变为后续的膨胀阶段的问题。

宇宙为什么如此各向同性？过去它一直是这样的吗？后来形成星系的那些初始起伏是怎样产生的？这样的起伏是否一直存在？为了避开这些利用我们目前的物理学无法回答的问题，人们一直在寻找宇宙的其他描述。

6.4.1 稳恒态模型

宇宙学原则假定，所有的观察者，不管他们位于宇宙何处，看到的宇宙图景都是一样的。在 20 世纪 40 年代，有些天文学家指出，这条原则应当不仅适用于空间而且还要适用于时间，他们把这一概念叫作完全宇宙学原则。由此断言，位于任何地方、在任何时间的所有观察者看到的宇宙图景都是相同的。根据完全宇宙学原则，宇宙在 10 亿年前和100 亿年后看起来应当是基本一样的，始终处于稳恒态。换句话说，宇宙的年龄是无限的，它既没有诞生之日也没有死亡之时。这种模型称为稳恒态宇宙模型。

稳恒态宇宙模型是在大爆炸宇宙模型不被接受的背景下，在 1948 年由英国天文学家邦迪（H. Bonti，1919—2005 年，奥地利-英国）提出来的。当时的大爆炸宇宙模型虽然得到哈勃定律的观测支持，但有一个令人困惑的问题，那就是根据当时所测到的哈勃常数 H 推算出来的宇宙年龄太小。当时由于不了解星际消光的作用，使造父变量周光关系零点定得不准，使得 H 取值太大（约为 530 千米/（秒·百万秒差距）），如此得到宇宙的年龄还不到 20 亿年，这小于已知地球年龄（40 多亿年）和太阳等恒星年龄（约 50 亿年），从而产生了一个荒谬的结论：宇宙中有的天体年龄比宇宙本身年龄更大。稳恒态宇宙模型则绕开了这一障碍。

显然，稳恒态模型与哈勃定律是矛盾的。一个膨胀的宇宙，其物质的密度会越来越小，它怎么能处于稳恒状态呢？因此，在历史的长河中在不同时刻来看宇宙，它会呈现出不同的图景。为此，稳恒态模型假定不断有物质创生来解决这个问题。按照这个观点，当宇宙膨胀时，便会有新的物质缓慢地注入其中。为了维持宇宙现在的密度，每 100 亿年必须在每立方米的空间创造一个新的氢原子。持反对意见的人自然要问：物质的创生是怎样发生的呢？支持这种理论的人则回答道：我们也不知道，但这总比设想宇宙中所有的物质在大爆炸一瞬间创生出来要容易想象。

从哲学的角度来看，稳恒态模型是非常诱人的。它切实地描述了宇宙在空间和时间上的无限性，这正是人们以为宇宙应当有的样子。注意，稳恒态模型并没说单个的恒星乃至星系长生不老，而是认为诸如恒星和星系这些特殊类型的天体的数目过去、现在和将来都是保持不变的。

上述模型的又一特点是避开了科学一直无法回答的一些难题：是什么使宇宙有了开端？在宇宙诞生之前存在着什么？在稳恒态理论当初被提出的时候，它在哲学上和科学上都符合要求。由于假定宇宙从来没有开端，所以你不可以把膨胀宇宙的影片倒着放映，以便找到它的诞生之日。假如往回看 100 亿年或 200 亿年，你看到的依然是这同一个以同样速率膨胀的宇宙。

如今，支持稳恒态模型的人已甚为稀少。如果偏要把现有的所有观测证据都塞到这个模型里去，那就需要做过多的牵强附会的解释。例如，该模型允许宇宙中的一切天体都有生有死，但却预言任何一类天体将永远可以以大致相同的频率被观测到。事实却并非如此，宇宙中的类星体过去的数目比现在的数目多。

观测数据和稳恒态模型不相吻合的另一点是，缺乏表明各星系在年龄上有差异的证据。如果其中一些是最近才被创生以填充宇宙膨胀所留下的空虚，那么在宇宙的任何给定的区域，就应当有一些星系比其他星系更年老或更年轻。与此相反，观测表明，所有相邻的星系都具有大致相同的年龄。事实上，稳恒态宇宙模型已让位给宇宙的演化模型——大爆炸宇宙模型。

6.4.2　疲劳光宇宙论

宇宙的膨胀，无论从观测还是从理论都已被证明是 20 世纪对宇宙学的最重要的贡献。这一概念已是许多别的重要思想和发现的基础。不过仍有一种疑虑存在——我们是不是完全错了呢？我们是否有可能生活在一个静态的宇宙中呢？

从原则上讲，除了遥远星系退行速度产生的光的多普勒红移外，光还可能被一些别的效应所红移。疲劳光就是指的这样一种效应：光子在从遥远星系到我们这里来的旅途中可能失去了能量，光子能量的这种减小会导致与穿越距离成正比的波长的增加，也即红化。星系际尘埃粒子的散射也能使来自遥远星系的光发生红化。

根据式（4-1），我们是用波长来度量红移的。当一个天体的红移在光学和射电波段（21 厘米）都进行了观测时，会发现两者精确吻合。尘埃粒子对射电波一般是透明的，除非它们的尺度与波长相当。显然，宇宙空间不大可能存在直径在 10 厘米左右的大量"石块"来散射来自遥远星系的射电波。仅靠尘埃是不可能产生所观测到的星系际空间中的红化效应的。此外，散射会使谱线展宽，这也与观测事实矛盾。

疲劳光理论的支持者们又找到了一个新的解释，在广漠无垠的星系际空间中，我们地球上的物理规律也许会完全不能套用。唯一有效的办法是对疲劳光理论进行检验，检验它所预言的现象是否存在。具体地说，按照疲劳光理论，来自遥远星系的预期能流会减少一个与红移因子成正比的量。从原则上说，这种预期的差别能导致一种可观测的检验，尽管这类检验还没有最终结果。所以，我们现在还不能肯定地排除疲劳光理论。

6.4.3　阿普天体

美国天文学家阿普（H. Arp）为大的宇宙红移提出了一种唯象起源。他发现了许多系统由极暗弱的云雾状喷流与具有完全不同红移的天体连接着。阿普认为这些天体证明，红移，至少是红移的大部分并不是与距离相关，而是来源于所研究天体的内在特性。

阿普的特殊天体论并未能使大多数天文学家信服，因为他研究的统计基础从未清楚地提出来过。在找到某些不寻常的事例之前，我们谁也不能说暗弱的云雾状物是一个天体周围的普遍现象。粗略地检查遥远星系的照片，我们往往可以看到银河系中一些十分明亮的恒星投影在一个背景星系上。即使我们在这个星系旋臂的顶端看到这样一颗恒星，也没有人会主张这颗恒星是最近从该遥远星系抛出来的。

如果沿着一条连接低红移星体和高红移星体的气体喷流观测到连续变化的红移，这将有可能证实阿普的观点。这个问题的解决，有待哈勃太空望远镜的进一步观测。

6.4.4 星系和反星系

避免大爆炸的另一种尝试是由瑞典物理学家阿尔文（H. O. G. Aefven，1908—1995 年）和克莱因（O. B. Klein，1894—1977 年）作出的。他们的基本动机在于如下想法：即物质和反物质之间的对称对于宇宙论应具有根本的重要性。在他们的模型中，宇宙起初是一个由弥漫气体构成的巨大的缓慢收缩的球形总星系，其中包含着等量的物质和反物质。当密度变得足够高时，物质同反物质开始湮灭。由这种湮灭产生出大量辐射。这种辐射能中止并扭转剩余物质的坍缩。宇宙开始再度膨胀，最后凝结出星系。根据这一理论，预期存在于可观测宇宙中的星系和反星系数目是大致相当的。

人们对阿尔文-克莱因宇宙论提出了许多批评。

首先，如果阿尔文-克莱因宇宙论是正确的，那就必须存在某种机理能把物质区和反物质区分隔开来。因为我们知道，甚至在星系际空间中也含有某些物质，星系不可能同反星系完全分开。阿尔文曾提出一种把物质区和反物质区分开的可能办法，但其他天体物理学家对他的理论仍持怀疑态度。

其次，由于宇宙间物质和反物质的同时存在，一定有很多区域会发生物质同反物质的湮灭。湮灭的一个结果将导致大量高能 γ 射线的产生。由于大气对 γ 射线不透明，所以借助空间实验可以观测到 γ 射线的存在。天文学家们的确测量到一种弥漫的宇宙 γ 射线背景，但流量相当低，这就意味着目前几乎没有什么湮灭现象发生。

对这种宇宙论最主要的批评也许来自宇宙背景辐射的存在。阿尔文必须为这种辐射找到一种非宇宙学的起源。

当然，也可以建立一种一开始就纳入物质和反物质对称概念的大爆炸宇宙论。在这种模型中，也存在着如何避免物质和反物质湮灭时产生的可探测 γ 射线辐射的问题。当然，更关键的是如何避免在膨胀的高密度阶段中整个宇宙几乎全部湮灭掉的问题，这一目标能实现吗？

6.4.5 收缩的宇宙

有人认为，宇宙的膨胀与认为原子尺度实际上随时间缩小的两种假说是无法区别的。根据这种观点，空间并不改变，星系并未彼此飞开，而是星系中的一切，包括我们自己在内正在收缩。

如果假设所有基本粒子的质量在宇宙学的时标内增加，就可以用基本的物理学术语来解释这种收缩。原子的质量增加了，但电荷并没有改变。结果电子必须在越来越小的轨道上围绕原子核运动。这种情形相当于电子达到较高的能态。同束缚得较松的原子发出的辐射相比，这种原子发出的辐射能量较高，波长较短。在一个遥远的星系中，发出的光需经历很长时间才会到达地球，也就是说，那时发光的原子会比现在星系中的原子大一些。与地面实验室中同种原子发出的光相比，这些光的波长较长，也就是较红。这样一来，宇宙红移就可用原子的收缩及随之产生的光的红化说明了。

这一理论的极端巧妙性使人们怀疑它是不是纯粹的数学模型，而无实际意义。它所依靠的假设虽然极为简洁优美，但在物理实验中却没有任何基础。预言是否得到证实是一个新理论的最终检验，而质量可变理论却没有突破这一关卡。

当然，这一理论有一个值得借鉴的优点，它说明了绕过大爆炸理论基本困难——初始奇点——的一种可能方式。

6.4.6　小结

1907 年瑞典天文学家沙利叶（C. V. L. Charlier，1862—1934 年）提出了等级式宇宙模型，也吸引了众多追随者，其中不乏著名的科学家。这一模型认为，宇宙中天体的分层分布是没有止境的，如恒星、星系、星系团、超星系团、总星系……一直到无限。在每一等级内物质的平均密度随着等级的升高而下降，甚至趋近于零。在这一模型中，宇宙虽然是无限的，但由于物质分布的不均匀性，只要恒星的数密度随距离的增加下降得足够快，就可以避免奥伯斯佯谬。等级式宇宙模型不遵从宇宙学原则。在这一模型中宇宙既没有统一的平均密度，也没有统一的膨胀率，更谈不上统一的哈勃常数。但这模型的致命缺陷是过于复杂，几乎无法建立合适的模型并从数学上对它加以描述。

20 世纪还发展了超弦理论，在此基础上建立了超弦理论宇宙模型，提出了高达 11 维的宇宙模型概念。

更多的其他模型不在这里一一列举。但有一点值得大家借鉴，每个模型都有些相对合理的物理思想和哲学观念，我们没必要对它们加以全盘否认，而应从中吸取有益精华，来进一步提高我们对宇宙本质的认识。

6.5　宇宙早期的暴胀模型

到现在为止，上述宇宙模型比起大爆炸宇宙模型要逊色多了。除 6.4 节中提到的大爆炸理论尚未解决的三个基本问题外，大爆炸理论有没有其他缺陷呢？

6.5.1　大爆炸理论的缺陷

哈勃定律、3K 微波背景辐射、氦丰度这三个重要观测事实是大爆炸理论最强有力的支柱。特别是 3K 微波背景辐射把大爆炸模型推向了顶峰。然而，事物的发展常常具有双重性，也正是 3K 微波背景辐射首先提出了对大爆炸学说而言是致命的新问题。这些问题都出现在大爆炸远远短于 1 秒的最初一刹那。在大爆炸宇宙模型中只好当做原本如此的初始条件来处理。

现在大部分学者认为标准的大爆炸宇宙模型描述的是宇宙创生后万分之一秒以后的演化进程，宇宙更早期历史，即 $10^{-36} \sim 10^{-4}$ 秒这段时间大爆炸模型无法给出合理的解释，而应用暴胀模型来描述。除在上节中提到的大爆炸理论无法解释的宇宙三个基本问题外，还有以下三个主要问题：视界内均匀性问题，平坦性问题，磁单极问题。

1. 视界内均匀性问题

这里的视界是宇宙中某一点所能看到的最大宇宙范围，不同于黑洞中关于视界的定义。显然这一范围的大小受到光速和宇宙年龄的限制。相对论告诉我们，光速是一切信号传递所能达到的最高速度。如果我们所处的宇宙年龄为 140 亿年，则我们所能看到的宇宙最深处的天体距离不可能超过 140 亿光年。更遥远的天体，其信号即使从宇宙创生时就开始传播，至今还没有足够的时间让信号传递到我们面前。天文观测事实和宇宙学原则告诉我们，140 亿光年远处观测的宇宙和我们周围的宇宙没什么区别，也就是说当今宇宙在不小于 140 亿光年的范围内物质分布是大体均匀的。

可是，均匀性是粒子间反复相互作用的结果。由于宇宙年龄有限，而粒子传播速度也有限，因此在一定时刻粒子能相互作用的范围是有限的，从而均匀的范围也是有限的。理论上算出微波背景是在宇宙年龄为 50 万年时形成的，可以求出即使以光速传播的粒子，能够发生混合的范围也只有几平方度。换句话说，几平方度以外的粒子与几平方度以内的粒子没有相混过，自然不能希望它们的状态是相同的。产生一个结果，一定有它的成因，现在没有成因，却达到了处处均匀的效果，因果关系能成立吗？

均匀性的问题还有另一方面，我们在叙述星系的起源时，在假定均匀性的同时，还必须假定存在原始非均匀性。从统计物理的角度说，扰动是很自然的，任何处于热平衡的气体都必定存在着随机运动。问题是，当退回到大爆炸之初时，这种非均匀性必须非常之小，远远地小于随机运动的起伏效应，所以要求原始物质状态非常之特殊才能解释以后的扰动。

2. 平坦性问题

在 6.2 节中我们谈到了临界密度 ρ_c 的概念，并且知道了对应宇宙曲率 K 取不同值的三种宇宙状态。

根据宇宙动力学基本方程，可推导出 K 的表达式为

$$K = \frac{R^2}{c^3}\left(\frac{8\pi G\rho}{3} - H^2\right), \qquad (6\text{-}8)$$

其中 c 是光速，G 为万有引力常数，ρ 是宇宙平均物质密度，R 为宇宙尺度因子，H 为哈勃常数。如果 K 取零，则可得临界密度 ρ_c：

$$\rho_c = \frac{3H^2}{8\pi G}. \qquad (6\text{-}9)$$

按现在认可的 $H = 50$ 千克/（秒·百万秒差距），则

$$\rho_c \sim 10^{-30}\text{克/厘米}^3. \qquad (6\text{-}10)$$

将式（6-9）代入式（6-8）得

$$K = \frac{8\pi GR^2}{3c^2}(\rho - \rho_c). \qquad (6\text{-}11)$$

据式（6-11）计算表明对极早期宇宙 R 非常小，特别是当时标仅为 10^{-36} 秒时，物质密度 ρ 几乎等于临界密度 ρ_c，这是一个极端的小概率事件，但它居然出现了，如何解释？是偶然的巧合，还是有本质的必然原因？

ρ 等于 ρ_c 则 $K=0$（平坦宇宙），所以我们把这一问题称为平坦性问题。

大爆炸模型的另一个微妙的问题是宇宙质量密度。式（6-7）给出了宇宙质量密度 ρ 与空间曲率 K 的关系。实际测量值 ρ 在 $0.1\rho_c \sim 2\rho_c$ 之间。时至今日，我们仍无法确定宇宙的性质究竟是开放的还是封闭的。

3. 磁单极问题

电荷有正负之分，一个物体可以带正电，也可以带负电，如果所带的正负电荷电量相等，则可表现为电中性。磁也有正负之分，但磁性物质总是同时带正磁极和负磁极。在生活中，正负磁极更多地用南极（S）和北极（N）表示。如果将一只具备 N 和 S 的小磁针从中间剪开，剩下的两个半截各自还会产生南极和北极。至今为止，人类没有发现单一磁性的物体，仅带正磁性或负磁性的磁单极物体在宇宙中存在吗？

自然界既然存在仅带正电（质子）和仅带负电（电子）的基本粒子，那是否存在带有单一磁荷的基本粒子呢？磁单极是量子力学的创始人之一狄拉克（P. Dirac, 1902—1984 年，英国）首先提出的，他把它定义为带有单一磁荷的基本粒子。如果有了磁单极，

则电荷的量子化问题就非常容易理解了。计算表明，磁单极的质量约为 0.02 毫克，是质子质量的 10^{16} 倍。理论研究表明，磁单极产生于早期宇宙中微观能量场取向失配的地方，并且会产生大量的磁单极，而它们湮灭的可能性又极小，所以现在应该很容易观测到磁单极的存在。尽管 1982 年美国斯坦福大学的物理学家卡伯来拉（B. Cabrera）宣称他的超导量子干涉仪记录到一次磁单极事件，但后来他和其他学者都无法重现此类事件，企图寻找磁单极的实验均以失败告终。问题出在哪里呢？

2007 年，一组由中国、瑞士、日本等多国科学家组成的研究小组宣称发现了磁单极子存在的间接证据，他们在一种称为铁磁晶体的物质中观察到反常霍尔效应，并且认为只有假设存在磁单极子才能解释这种现象。

2009 年，德国科学家宣称在进行中子散射实验中，首次发现了磁单极子，并观察到它是如何产生于实际物质之中的，可惜还未获得科学界的一致肯定。

6.5.2　大统一理论

为了给出暴胀宇宙模型，有必要对宇宙间的相互作用力作一分析。

至今为止，大家公认的物质形态有四种：固体、液体、气体、等离子体。也许是出于偶然巧合，宇宙间公认的力的形态也是四种：万有引力、电磁力、强相互作用力、弱相互作用力。更为巧合的是解释宇宙的理论体系也可分为四种：量子力学、牛顿力学、相对论力学、量子引力论。

万有引力是大家熟悉的，牛顿力学、广义相对论都是关于它的理论。万有引力的作用距离可任意远，属长程力，由引力场来完成相互作用。但万有引力在微观世界却微不足道。无论在宏观或微观都起作用的力是电磁力。从理论上说，宏观世界所有的具体形式的力，其本质都是电磁力。例如材料内部的张力，分子间的化学结合力，物体与物体间的摩擦力，乃至电动机驱动车辆行驶等都是由电磁力造成的。

强作用力和弱作用力只在微观世界出现，作用半径小于 10^{-14} 米，所以称为短程力。它们是基本粒子之间的相互作用力。强力、电磁力、弱力与引力的强度之比为 10^{39} ：10^{37} ：10^{25} ：1。

为什么自然界会有四种力呢？这四种力有没有共同的本质呢？或者说，这四种力能不能统一起来呢？爱因斯坦从他的哲学思想出发，直觉地认为应当是可以统一的。在他完成广义相对论后，就致力于"统一场论"的研究，但直到 1955 年他去世都没有成功。

经过几代科学家的不懈努力，统一场理论终于有了相当大的成功。1976 年，温伯格（S. Weinberg，1933 年，美国）和萨拉姆（A. Salam，1926—1996 年，巴基斯坦）提出了弱作用与电磁作用统一的弱电统一场论：在温度为 10^5 K 时，这两种作用力表现为一种力，只有一个耦合系数，由相同的玻色子传递力的作用，温度下降后才自发破缺成两种力。1983 年，在欧洲联合高能粒子加速中心果然找到了弱电统一的传播子。

在弱电统一的基础上，高能物理学家又进一步提出了大统一理论。该理论的基本思想是强作用力、弱作用力、电磁作用力三种力实际上是一个单一的统一力的各部分：在高温时，统一地表现为一种平衡状态中，处于一种对称状态；而在低温时，对称状态自发地发生破缺现象，各种力才显现出不同的强度和特性。大统一理论预言，发生这种变化的临界温度为 10^{27} K。

到现在为止，实验结果和理论研究都有利于大统一理论的存在。

再进一步，人们还猜测，在大爆炸后的 10^{-43} 秒中，宇宙中只有一种相互作用力，这就是所谓"超统一理论"。

而在小于 10^{-43} 秒以内，现有的物理规律都已失效，时空的概念要发生根本变化，甚至还要量子化。

6.5.3　暴胀宇宙模型

大爆炸理论的缺陷，能不能进行修正呢？1980 年，美国物理学家古斯（A. Guth，1947 年）第一个提出了经过修正的新模型。新模型称为暴胀模型。因为大爆炸宇宙模型的问题都发生在强弱电大统一破缺之前，所以要修正的只是最初的一刹那。

暴胀模型仍属于半经典理论，即物质可以量子化而时空不能量子化，所以也是从 10^{-43} 秒以后开始讨论的。该模型仍有奇点起源，而在 10^{-43} 秒到 10^{-32} 秒时有个暴胀阶段。10^{-32} 秒以后，宇宙演化的行为则与大爆炸宇宙模型所描述的演化行为没有差异。

观测事实是不可改变的，宇宙早期的均匀性已是公认的结果，所以，新理论一定要能解释这种现象。一个好的办法是设想我们观测的宇宙在强弱电破缺之前就已相互作用过了。比如说宇宙本身膨胀得极快以致在极短的时间就膨胀了 10^{50} 倍，使观测宇宙仅只是其中很小很小的一部分，因而不均匀性、不平滑性、不平性都被减少到了很小很小的一部分。在极短时间内要发生如此大的膨胀，只能是指数膨胀，它可以在极短时间内大大地超过光速。

对我们现有的理论和认识的物质而言，最大的速度只能是光速，只有静止质量为零的粒子（如光子、引力子等）才可以达到。在那个时候要想超过光速，宇宙的物质就不能是现有物质形态中的任何一种，可能存在有一种超光速的新的物质形式。

在稳恒态宇宙模型中，我们说到有一股巨大的斥力使宇宙高速膨胀，并且在这种膨胀过程中粒子从虚无中产生出来。

很可能宇宙的早期经历过这样一段暴胀时期，原先宇宙中不存在任何现有粒子，对现有物质形式而言，密度为零。自然，从哲学上讲，物质是不会为零的，它是以一种特殊的形式寄寓于那时的空间中。随着宇宙的发展，它们由特殊形式转化成了现今的粒子形式。物理上把这种转变叫作相变。现今的粒子形式属于低温相，而在此之前的形式属于高温相。

古斯在提出这一设想时，采用了大统一理论。大统一理论已由弱电统一理论作出了证实，人们相信它是真实可靠的。按照古斯的理论，宇宙的温度在高于 10^{27}K 时，空间中有一种新物质形式存在，所以宇宙虽然也处于"真空"态，但能量很高。由于宇宙膨胀，温度下降。10^{27}K 属于物质发生相变的温度，就如同摄氏零度时 H_2O 由液态变到固态一样。水是 H_2O 的高温相，冰是 H_2O 的低温相。在高温相时，H_2O 分子排列混乱，无论从什么角度去摆弄它，分子之间都是对称的，一旦有分子变成了冰，就不再是处处对称了。大统一理论中把这种由对称态变为不对称态的过程叫作对称的自发破缺。

一旦破缺，宇宙能量曲线就会自动地出现一个处于不对称状态的最低点，因为只有能量最低的状态才是最稳定的状态，宇宙就会自发地变到那个状态去，物质形式最终要发生相变。可以算出来，这段时间的膨胀按指数规律进行。水变冰是逐步进行的，而且一旦压力超过一个大气压（101.325 千帕），水就可以在比摄氏零度还低的过冷状态下存在。暴胀理论也有类似的过冷现象存在，因而有足够的时间使宇宙膨胀到极大程度。直到末了，相变才很快进行，现有物质形式的最基础的粒子（如夸克、轻子以及传递相互作用的玻色子）才大量地产生出来。

水结成冰时要放出潜热。类似地，宇宙中高温相物质转化为低温物质的同时，宇宙的潜热也被释放出来，加热了空间，使空间温度几乎又回升到 10^{27}K，此后宇宙的行为便与大爆炸模型的行为完全一致。

暴胀模型认为宇宙是由于暴胀而急速胀大的，这样一来，视界内均匀性的问题就被解决了，不存在没有因果联系的区域，因果关系成立了，平坦性问题也解决了。暴胀模型认为 $\rho \approx \rho_c$ 不是偶然的，宇宙应当是 $K=0$ 的平坦宇宙。暴胀模型回避了磁单极问题，认为并不是磁单极不能存在，而是在今天所观测到的宇宙范围内还没形成磁单极存在的条件。

暴胀宇宙模型在更高数学和物理概念上的描述这里就不多谈了。可以说，暴胀宇宙理论解决了大爆炸理论的基本缺陷。暴胀模型还在发展之中，人们不断地对它进行修改，以便更好地与观测拟合，并且它已有被证实了的理论作依据。当然，它最终能否成立，还要经受实践的不断考验。

暴胀模型在哲学上给我们带来了一些新的内容。

首先，关于宇宙的无限性问题，大爆炸宇宙模型认为我们观测的宇宙就是整个宇宙；而暴胀模型从科学上把宇宙又大大地扩大了，认为观测宇宙只是宇宙的一部分，有人还提出了许多这种宇宙存在的理由，因此，暴胀模型不只是在纯哲学观念上的，在科学上也为宇宙的无限性提供了证据。

其次，暴胀模型提出了在已知的物质形式之外还有新的物质形式存在。19 世纪以前人们知道了具体的物质是由原子、分子构成的，到 19 世纪认识到了还有"场"的存在，20 世纪初了解到原子由电子、原子核构成，后来又认识了各种基本粒子，到 20 世纪 60 年代提出夸克、轻子和某些玻色子为更加基本的粒子，1995 年已确定了数种夸克的存在。而暴胀模型设想粒子之前还有其他物质形式，从而大大地丰富了人们关于物质的认识。

暴胀模型仍然没有涉及奇点问题。不过已经有人在开始讨论 10^{-43} 秒以前的情形，提出了时空量子化理论。该理论提出的物理图景与我们知道的图景完全不同。在那里，我们通常理解的时间、空间都已不存在了，时空都已不再是连续的，时间箭头、空间方向也都没有了。不只是现今的物质是演化来的，现在的时间、空间也都是演化来的，奇点问题也就解决了。

2014 年 3 月，美国哈佛大学的科瓦克（J. Kovac，美国）宣布他领导的射电天文学团队发现了宇宙暴胀的直接证据——来自大爆炸的引力波。他们利用一架设在南极、名为"BICEP"的望远镜探测到引力波现象。BICEP 是宇宙泛星系偏振背景成像的英文缩写。宇宙微波背景辐射并非均匀分布于空间中，残余的辐射由于空间中电子和原子之间的相互作用而存在偏振现象，科瓦克等发现了这种偏振。

在早先的计算机模拟中已经预测了这种背景辐射应当具备的特殊偏振模式，从而使其能够与宇宙大爆炸之后的暴胀理论相吻合。这种偏振被认为是暴胀过程中产生引力波扩散的证据。如果这项发现被证实，现在的大爆炸宇宙理论就具有了一个坚实基础，对整个天体物理学的发展将带来极大的推动。很多学者认为这一发现具有挑战诺贝尔奖的实力。

为解决热大爆炸宇宙学中的视界和平坦性等问题，1980 年，美国宇宙学家古斯提出宇宙暴胀理论，表示宇宙甚早期时发生过暴胀。最早提出的暴胀模型存在严重的暴胀退出机制问题，现在被广泛接受和采用的是"慢滚暴胀模型"。

宇宙暴胀模型，简而言之是，宇宙时间在约等于 $10^{-35} \sim 10^{-32}$ 秒内宇宙发生了暴胀、相变，宇宙尺度按指数规律发生暴胀。

那么它是如何解决了这个视界疑难的呢？如果没有暴胀，现今的可观测宇宙在宇宙早期比视界要大得多，因此现今宇宙的不同区域无法通过相互作用达至均匀。如果存在暴胀，现今的可观测宇宙在暴胀前其实是在同一个视界之内，其不同区域可以通过物理过程达成温度和密度的均匀。今天的可观测宇宙在暴胀过程中冲出视界，但在暴胀结束后逐渐回落到视界中，保证了微波背景辐射的各向均匀性。

标准的宇宙模型是以两条假定为前提的。第一条：把宇宙看成充满全空间的均匀、各向同性的介质；第二条：宇宙介质的动力学行为服从广义相对论。但却面临着四个问题：大爆炸奇点问题、视界问题、平坦性问题、磁单极问题。

宇宙暴胀理论合理地解释了后三个问题，但对奇点问题的解释仍有一段距离。按照标准宇宙学来讲，我们的宇宙必定有一个开端，我们称之为奇点，其能量密度和温度无穷大。广义相对论下这种状态导致的后果则是时空曲率变得无穷大，现有物理规律全然失效。现在我们可以按照经典理论，对宇宙大爆炸演化进行一个描绘，如图 6-11 所示。

图 6-11　宇宙演化示意图

当 t 趋近于 0 时，宇宙的温度密度趋于无穷，这便称为奇点疑难。可以假设经典宇宙是由量子宇宙转化而来的，引力场与其他物质场本质上是量子的。如果引力场量子化成立，通过量纲分析，量子引力的能量对应为普朗克能量，对应的时间为普朗克时间，约 10^{-43} s。我们今天所说的经典宇宙的膨胀便是从此刻开始的，所以我们的经典宇宙可以猜测是由量子宇宙转化而来的。

当 t 从 10^{-43} s 到 10^{-4} s 时，经典宇宙处于粒子宇宙学阶段，此时的宇宙由夸克、轻子等规范粒子组成，但是对于能量高于 10^3 GeV 的情况，粒子物理尚不清楚，所以目前按现有研究，该阶段发生的过程有真空相变引起的暴胀、正反重子不等量的产生、冷暗物质的形成以及最后夸克转化成强子等。这些过程的研究含有试探性，有待于粒子实验和天文观测进行验证。

在 t 为 10^{-4} s 时，宇宙介质完成从夸克到强子的相变，此后宇宙气体中有了质子和中子，其数密度比光子低 9 至 10 个数量级，再往后便是原子核的合成。

在 t 大于 1s 时，宇宙进入核物理范畴，其物理规律已十分清楚，宇宙学理论开始有了可靠基础，在 t 从 3 到 30 分钟之内，原初核合成，然后我们宇宙开始实现化学元素的合成，主要是氢、氦、含极少锂、铍、硼。

在 t 约等于 10^{12} s 时，物理规律更加清晰，宇宙的化学元素由等离子态开始向中性原子进军，宇宙介质成为中性原子气体。热光子从此失去热碰撞对象，作为背景辐射光子存留下来，这就是宇宙微波背景辐射。

那么现今的宇宙结构又是如何形成的呢？我们可以这样理解：宇宙模型只是它的零级近似，而结构形成的种子可能就是宇宙甚早期，以实物为主阶段的微小密度扰动。最早结构大约发生在 10 亿年前，然后结构的面貌就开始随着时间的变化到了如今。

6.6 引力波和引力波探测

在物理学中，引力波是指时空弯曲产生的涟漪，通过波的形式从辐射源向外传播，这种波以引力辐射的形式传输能量。近几年来引力波研究和探测取得了极大进展。

6.6.1 引力波

1916 年爱因斯坦基于广义相对论预言了引力波的存在，引力被认为是时空弯曲的一种效应，这种弯曲是因为质量的存在而导致的。物体质量越大，对外界造成的时空弯曲就越大。当一个有质量的物体在时空当中运动时，弯曲曲率的变化反映了这个物体的位置变化。曲率变化又以波的形式向外以光速传播，这种传播现象被称为引力波。

可以通过下面这个例子来理解引力波。既然时空可以弯曲，那么我们可以把时空想象成一张柔软的蹦床，当一个大质量的天体放在蹦床上时，会把蹦床压弯曲。倘若这个天体又在运动之中，比如蹦床上有两个相互绕转的天体，如图 6-12 所示，这张蹦床弯曲的状态也会随着两个天体的绕转不断变化。也就是说，这两个天体的绕转对时空弯曲的状态造成了扰动，这种扰动以波的形式按光速向外传播，它就是引力波。

单个静止的大质量天体，比如太阳不足以产生可观测的引力波。正如只有在空气中振动的物体才会产生声波那样，只有运动或变化的天体才可以产生引力波。通常物体即使运动产生的引力波还是太微弱了，比如地球绕太阳旋转而辐射的引力波的总功率不过 200 瓦，也就相当于一个灯泡的功率。

当一个引力波通过一个观测者的时候，因为应变效应，观测者就会发现时空被扭曲。当引力波通过的时候，物体之间的距离就会发生有节奏的增加和减少，这个频率等于这个引力波的频率。这种效应的强度与产生引力波的波源之间的距离成反比。

引力波有个非常重要而且比较独特的性质，它能够几乎不受阻挡地穿过行进途中的天体。来自遥远恒星的光会被星际介质所遮挡，但引力波能够不受阻碍地通过。这个特征允

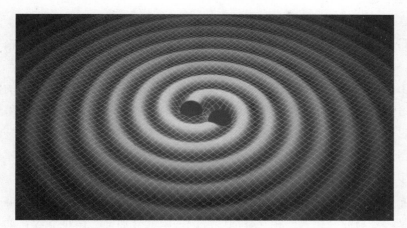

图 6-12 两个大质量天体绕转产生的引力波图像

许引力波携带更多的之前从未被观测过的宇宙信息。

6.6.2 引力波探测历史

在过去的 70 年里，有许多物理学家和天文学家为证明引力波的存在做出了极大的努力。在实验方面，第一个对直接探测引力波作伟大尝试的人是韦伯（J. Weber, 1919—2000 年，美国）。早在 20 世纪 50 年代，他第一个充满远见地认识到，探测引力波并不是没有可能的。从 1957 年到 1959 年，韦伯全身心投入在引力波探测方案的设计中。最终，韦伯选择了一根长 2 米、直径 0.5 米、重约 1 吨的圆柱形铝棒，其侧面指向引力波到来的方向。该类型探测器，被业内称为共振棒探测器。其工作原理是，当引力波到来时，会交错挤压和拉伸铝棒两端，当引力波频率和铝棒设计频率一致时，铝棒会发生共振。贴在铝棒表面的晶片会产生相应的电压信号。虽然共振棒探测器最后没能找到引力波，但是韦伯开创了引力波观测实验的先河。在他之后，很多年轻且富有才华的物理学家投身于引力波实验科学中。

最著名的引力波存在的间接实验证据来自 1974 年发现的脉冲双星 PSR1913+16（详见5.2.3 节）。

在韦伯设计建造共振棒的同时期，有部分物理学家认识到了共振棒的局限性，而基于迈克尔逊干涉仪原理的引力波激光干涉仪探测方案由于精度高、可行性好得到快速发展。激光干涉仪对于共振棒的优势显而易见。首先，激光干涉仪可以探测一定频率范围的引力波信号；其次，激光干涉仪的臂长可以做得很长，比如地面引力波干涉仪的臂长一般在千米的量级，远远超过共振棒。

6.6.3　LIGO 引力波探测器

　　LIGO（Laser Interferometer Gravitational-Wave-Observatory）是激光干涉引力波天文台的简称。20 世纪 70 年代，美国麻省理工学院和加州理工学院等几个科研机构纷纷开始了引力波探索项目。但各自为战造成了资源的极大浪费，无法建成大型精密仪器。1984 年，两所院校决定将资源和人才结合到一起，共同打造称之为 LIGO 的项目。1990 年，美国国家基金会批准了 LIGO 计划，此后经历数次计划调整。

　　通常激光干涉仪有两条臂，一束激光被分成两束，经过两条臂后被反射回来又叠加在一起。如果是波峰与波峰相遇，相互叠加后波的振幅就会加强，出现亮纹；如果是波峰与波谷相遇，就会相互抵消，出现暗纹。亮暗纹之间的亮度差异可以被灵敏的光探测器探测到。究竟是出现亮纹还是暗纹取决于两条臂的长度差。由于引力波是时空弯曲状态的传播，当引力波经过干涉仪时，干涉仪两条臂的长度都会发生变化。对于 4 千米的臂长，通常引力波引起的变化还可能不到一个原子核大小的千分之一，但只要两者长度变化不一致，就能被精密的激光干涉仪检测出来。对于同样强度的引力波信号，增加臂长或直接提高仪器对长度变化的测量精度都能提高探测引力波的灵敏度。

　　LIGO 由两个干涉仪组成，每一个都带有两个 4 千米长的臂并组成 L 型，每个臂由直径为 1.2 米的真空钢管组成。它们分别位于相距 3 000 千米的美国南海岸路易斯安那州利文斯顿和美国西北海岸华盛顿州汉福德。1994 年，利文斯顿和汉福德的两台探测器开始建造，1999 年完工。图 6-13 是美国华盛顿州汉福德 LIGO 探测器。

　　从 2000 年到 2010 年，LIGO 收集了 10 年数据，结果没有探测到引力波的存在。随后又开始了 5 年的大规模检修和升级。升级成为更灵敏的先进 LIGO，采用高功率的连续稳定激光，使用法布里-珀罗腔让激光能够在腔内被反射几百次，相当于干涉仪的等效臂长增长了几百倍，从而对引力波更加灵敏。改进后的 LIGO，可以测量万分之一个质子直径尺度上的变化，堪称人类精度最高的仪器之一。2014 年升级完成并开始继续观测。

　　2015 年 9 月 14 日，LIGO 探测到第一例双黑洞合并产生的引力波事件。这两个黑洞合并前的质量分别相当于 36 个与 29 个太阳质量，合并后的总质量是 62 个太阳质量，其中相当于 3 个太阳质量的能量在合并过程中以引力波的形式释放出来。

　　升级版的 LIGO 一举成功，在爱因斯坦提出广义相对论 100 年整的时候证明了这条时空深层的法则。从立项到成功，LIGO 经历了 30 年，只为了证明一个很可能不存在的假说。科学家们的细心和耐心、开拓和创新，在两台无比精密和复杂的仪器中得到了最好的展示。

图 6-13　美国华盛顿州汉福德 LIGO 探测器

　　2017 年诺贝尔物理学奖授予三位美国科学家韦斯（R. Weiss，1932—　 ）、索恩、巴里什（B. Barish，1936—　 ），如图 6-14 所示，以表彰他们在 LIGO 激光干涉引力波天台检测器和引力波观测中的决定性贡献。2016 年的成就，2017 年获得诺贝尔物理学奖，这在诺贝尔奖的历史上极为罕见。以慎重著称的诺贝尔奖委员会，以最快速度给引力波颁奖，也从侧面证明了这个发现的意义重大。

Rainer Weiss　　　　　Kip Thorne　　　　　Barry Barish

图 6-14　2017 年诺贝尔物理学奖得主韦斯、索恩和巴里什

　　2016 年 6 月 16 日凌晨，LIGO 项目组宣布：2015 年 12 月 26 日，美国的两台引力波探测器同时探测到了一个引力波信号，这是继 LIGO 2015 年 9 月 14 日探测到首个引力波信号之后，人类探测到的第二个引力波信号。

2017 年 10 月 16 日，多国科学家同步举行新闻发布会，宣布人类第一次直接探测到来自双中子星合并的引力波，并同时接收到这一壮观宇宙事件发出的电磁信号。在 LIGO 的牵头下，这次全球 70 多架天文望远镜，从各个角度观察来自两颗中子星合并发出的引力波，其中就包括中国的南极巡天望远镜和中国第一颗空间 X 射线天文卫星慧眼望远镜，这是人类第 5 次捕捉到引力波。

2017 年 8 月 17 日，美国 LIGO 和意大利室女座引力波干涉仪（Virgo）天文台监测到了此次引力波事件，它来自 1.3 亿光年之外两颗中子星碰撞后的合并。此外，这次事件还形成了千新星（发生于双致密天体，如双中子星、中子星与黑洞合并过程中的暂现天文事件），产生了极为明亮的伽马射线暴，并遗留下了金等重元素。美国和意大利的引力波探测器记录下了此次中子星碰撞后合并形成的时空涟漪，NASA 的尼尔·格雷尔斯雨燕天文台等多个探测器则探测到了对应的电磁辐射。

此前 LIGO 捕捉的引力波，都是黑洞合并过程中产生的。黑洞合并并不会抛出元素以及产生电磁辐射，这就让人无法判断引力波与元素生成、电磁效应之间的关系。而这次捕捉到中子星合并产生的引力波，就填补了这一领域的空白。中子星合并会产生复杂的电磁辐射，还很可能关系到金、银等比铁重的元素的产生原理，这对于人类认识宇宙与元素都有着重要的意义。

2019 年 8 月 14 日，一个质量大约是 2.6 个太阳质量的神秘天体被 LIGO 和 Virgo 探测到，当时它正与一个 23 倍太阳质量的黑洞合并，产生了引力波。这一合并事件被称为 GW190814。这到底是黑洞和黑洞的碰撞合并，还是黑洞和中子星的碰撞合并呢？

数十年来，天文学家对介于中子星与黑洞之间的"质量间隙"感到困惑：已知最重的中子星不超过太阳质量的 2.5 倍；已知最轻的黑洞约是 5 个太阳质量。而新观测到的神秘天体为 2.6 个太阳质量，它完全处于理论假设的"质量间隙"之中。

不幸的是，这次撞击并没有为天文学家留下足够的线索，以弄清楚这个神秘的 2.6 个太阳质量天体的身份。在 LIGO 及 Virgo 发现撞击后，数十架地面和太空望远镜在天空中继续搜寻这个目标，但一无所获。

这个结果也符合对中子星的解释，尽管涉及中子星的撞击可能会散发出很多光线，但这种距我们近 8 亿光年外的碰撞，确实太远了，望远镜看不到光辐射。或者，黑洞一口吞没了它的小中子星伴星，使其消失得无影无踪。

2.6 个太阳质量的神秘天体要么是已知最重的中子星，要么是已知最轻的黑洞。这很可能是这个结果所蕴含的意义。

美国目前共有两台 LIGO 投入工作，假如两台设备共同记录下了同样的涟漪，才能确信是引力波无误。人类历史上发生过好几次测量到虚假引力波的乌龙事件，而 LIGO 能够一举说服学术界，也是因为两台设备共同验证的结果。

6.6.4 引力波研究的意义

在过去的一个世纪，因为新的观测方法的使用，天文学发生了革命性的变化。天文观测最初使用可见光，可见光仅仅是电磁波谱上的一小部分，在遥远的宇宙中，并非所有的天体都会在这个特别的波段产生很强的辐射，更有用的信息或许可以在射电波段得到。利用射电望远镜，天文学家们已经发现了脉冲星、类星体以及其他的一些极端天体现象。利用伽马射线、X 射线、紫外和红外观测，我们也取得了类似的进展。每一个电磁波谱的打开，都会为我们带来前所未有的发现。天文学家们同样期望引力波也是如此。

引力波能够穿透那些电磁波不能穿透的区域，所以引力波能够提供给地球上的观测者有关遥远宇宙中黑洞和其他奇异天体的信息。而这些天体不能够为传统的方式，比如光学望远镜和射电望远镜所观测到。引力波天文学还将给我们提供一种观测极早期宇宙的方式，而这在传统的天文学中也是不可能做到的，因为极早期宇宙对于电磁辐射是不透明的。所以，对于引力波的精确测量，能够让科学家们更为全面地验证广义相对论，从而更好地了解宇宙的真相。

如果能确认观察到黑洞与中子星合并产生的引力波，这意味着人类将开始探索黑洞吞噬星体时会产生怎样的能量变化、能量和元素产生怎样的改变，甚至还可能启动关于"暗物质"的观察和研究。

接下来引力波的探索有两个主要方向：一是去探索更加微弱的引力波，比如白矮星等天体合并产生的低频引力波。这对于人类研究恒星和星系意义非凡，但目前的技术精度还无法满足这种需求。

另一个更伟大的目标，是尝试收集宇宙大爆炸产生的原始引力波。原始引力波很可能还孤独地回荡在宇宙中，找到他们，或许标志着人类开始认识宇宙的起源与物质的创生，更有可能开始探测光产生之前的原始宇宙。当然，这要求的技术难度更大。

很可能一段时间之后，人类的目标就不再仅仅是感知引力波，而是进一步窥探时空涟漪背后的真相，逐步找到引力波本身的应用价值。

在讨论引力波时，很多人都会提到电磁波的例子。当人类意识到电磁波存在时，并没有感觉它有什么用，也无法看见未来微波炉、通信、导航、手机、航空、遥感等中必须要用到它，更不会知道电磁波变成了未来人类每天都无法离开的存在。而引力波的发现，很可能将重复这个故事。

6.6.5 其他引力波探测计划

除了 LIGO，还有众多的其他引力波天文台，如位于意大利比萨附近，臂长为 3 千米的 Virgo、德国汉诺威臂长为 600 米的 GEO、日本东京国家天文台臂长为 3 千米的 KAGRA，等等。

因为在地面上很容易受到干扰，所以物理学家们也在向太空进军，比如美国和欧洲合作的空间引力波项目 LISA（Laser Interferometer Space Antenna，激光干涉空间天线）。LISA 将由三个相同的卫星探测器构成一个边长为五百万千米的等边三角形，同样使用激光干涉法来探测引力波。此项目已经美国航天局和欧洲航天局批准通过，正式立项，目前处于设计阶段，计划于 2034 年发射运行。作为先导项目，两颗测试卫星已经于 2015 年 12 月 3 日发射成功，正在调试之中。中国的科研人员在积极参与国际合作之外，也在筹建自己的引力波探测项目。

宇宙中充满了各种各样的引力波：绕转的双星、旋转的脉冲星、超新星的爆发、早期宇宙的相变、可能存在的宇宙弦等都能产生引力波，处处充满了引力波这种波动。这里面比较强的引力波源主要是大质量的致密天体，比如白矮星、中子星、黑洞的双星绕转或并合。到目前为止，激光干涉引力波天文台已经探测到十几例双黑洞或中子星合并的引力波事件，这说明宇宙中并不缺少引力波，只是缺少发现引力波的高灵敏度探测器。

6.6.6 中国的引力波探测计划

20 世纪 70 年代，中国科学家就开始了引力波研究，可惜因种种原因停滞了几十年，直到 2008 年，在中国科学院力学所国家微重力实验室胡文瑞院士的推动下，中科院空间引力波探测工作组成立，国内引力波的研究又重新开始。

我国现在主要有三个大型引力波探测项目：一个是由中山大学罗俊院士领衔的天琴计划；另一个是由胡文瑞院士和吴岳良院士作为首席科学家的太极计划；第三个是由中科院高能物理研究所主导的阿里实验计划。

天琴计划由天琴卫星 SC1、SC2、SC3 组成，如图 6-15 所示。天琴就是一台太空中的激光干涉仪，它拟把三颗卫星发送到离地面 10 万千米高的地球轨道上，组成一个边长约 17 万千米的等边三角形阵列，跟随地球一起绕太阳公转。三颗卫星之间相互发射激光，同时相互接收彼此发射的激光，利用激光来测量三颗卫星之间的距离。当引力波经过时引起每个臂长微小的变化，就能被干涉仪检测到。

与 LIGO 相比，天琴的臂长要长得多，因此对激光测距的精度要求就没那么高。并且

图 6-15 天琴计划示意图

天琴与 LIGO 探测到的引力波的频率波段也不同。LIGO 探测到的是 10~1 000 赫兹的高频引力波，天琴等空间引力波探测器探测到的是 0.000 1~0.1 赫兹的低频引力波。此外，天琴与 LIGO 干涉仪的位形也不同，LIGO 只有两条臂，是 L 型的，它需要多台地基的干涉仪联合起来探测，才能大致确定引力波源的位置。这是因为引力波探测器就像我们的耳朵那样对于引力波来自哪个方向并不敏感，单凭一只"耳朵"难以确定引力波的方位，想要比较准确定位引力波源的位置，至少需要两只这样的"耳朵"。而天琴作为三角形干涉仪，可以方便确定引力波源的方位。

2019 年 6 月，天琴计划的重要基础设施——山洞超静实验室隧道全线贯通，为 2020 年的交付奠定了基础。在探测器真正上天运行之前，各种技术、仪器和设备等必须经过地面模拟实验的测试，以保证它们的可靠性。在山洞里进行模拟实验，受外界环境干扰较少，取得的数据更精确，这便是山洞超静实验室的意义所在。

2019 年 12 月，天琴一号卫星发射。在对多种核心技术进行在轨验证后，还将发射星间激光干涉测量技术试验卫星（天琴二号），对星间激光干涉测量技术进行在轨验证。在各方面核心技术成熟之后，约在 2035 年前后发射三颗天琴卫星构成编队，在太空中进行引力波探测。

太极计划是中国的另一项空间引力波探测计划，如图 6-16 所示，由中国科学院主导。它也是由三颗卫星组成的等边三角形编队形成的激光干涉仪。与天琴计划不同的是，它运行的轨道不再是围绕地球转动的地球轨道，而是地球绕着太阳公转的太阳轨道，位置在地球前方或后方 20 度左右，以尽量减小地球引力的影响。这是它比天琴占优势之处，因为地球引力噪声也会影响引力波探测。不过，"太极"的轨道离地球更远，导致它的发射难度和成本更高。

太极的轨道与 LISA 的轨道类似，二者一前一后，随地球绕太阳公转。太极的臂长比天琴长，达 300 万千米，但比 LISA 的 500 万千米要短。注意图 6-16 中标注的是 LISA 原计划的 250 万千米边长。太极计划也是分三步走，2019 年 8 月，太极一号测试卫星成功发射，并于 12 月成功完成在轨测试。预计 2033 年前后发射三颗卫星到预定轨道组成空间引力波探测器。

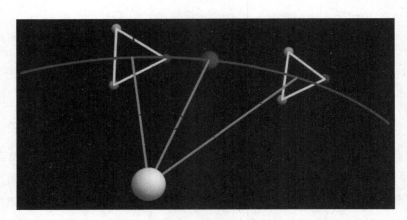

图 6-16　太极和 LISA 卫星轨道示意图，左边是太极，右边是 LISA

阿里计划于 2014 年由中科院高能物理研究所张新民团队提出，2016 年正式立项。阿里计划是我国第一个地面原初引力波探测实验计划，将建设一台国际一流的宇宙微波背景辐射（简称 CMB）偏振望远镜，在我国西藏阿里地区海拔 5250 米的台址上开展对原初引力波的精确测量，探索宇宙起源。

当代宇宙学认为宇宙始于暴胀，广义相对论预言，暴胀过程中时空剧烈的膨胀将产生原初引力波，其物理本质是暴胀过程中时空本身的量子涨落。

原初引力波是检验暴胀及其他候选早期宇宙理论，如反弹、循环等模型，探索宇宙起源的唯一有效途径，被誉为当代宇宙学的"圣杯"。国际上，原初引力波至今未被观测到，是宇宙学一大前沿热点。

地面 CMB 探测对台址观测环境要求苛刻，需要极高的大气透射率。大气中所含水汽是 CMB 偏振观测的主要噪声来源，水汽不仅吸收 CMB 光子，而且在 CMB 观测的微波频段产生大量噪声辐射。海拔高、大气干燥是对 CMB 观测台址的基本要求。

基于全球大气模型及气象数据分析结果显示，地球上可以开展 CMB 观测的台址包括南半球的南极、智利的阿塔卡马和位于北半球的我国青藏高原以及格陵兰岛。目前，已经完成或正在运行的以探索原初引力波为主要科学目标的地面 CMB 偏振实验都位于南半球的南极或智利，无法覆盖北半球天区。

从开展 CMB 观测方面考虑，阿里地区处于最理想的中纬度区域，充分利用地球自转，可见天区覆盖接近全天的 65%，利于开展大天区扫描，并能很好地与南半球已有的观测台址互补，有助于实现由地面探测 CMB 的全天覆盖。

阿里原初引力波观测站海拔 5250 米，经过两年多的发展，已完成台址基础建设。阿里计划前五年（2016—2021 年）集中于 Ali CMB Polarization Telescope -1 号望远镜（简称 AliCPT-1）的建设、观测及相关的科学研究。

目前 AliCPT-2 号正在规划之中，是下一个五年内的主要研究目标。同时，阿里计划将研制更大口径的 CMB 偏振望远镜，开展更多频段的观测，其科学目标将扩展至包括中微子质量、暗能量等宇宙学领域的研究。

天琴以及其他的空间引力波探测器，比如中国的太极计划和 LISA，能够在双中子星或黑洞并合之前的绕转阶段就探测到它们，为 LIGO 等提供预警。还能探测到很多 LIGO 测量不出的引力波源，比如双白矮星、双黑洞绕转等产生的引力波，并对引力波波形进行相当准确的测量，以便发现更多宇宙的奥秘。

6.7 暗物质和暗能量

20 世纪初英国物理学家威廉·汤姆森（W. Thomson，1824—1907 年）说过："物理大厦已经落成，所剩只是一些修饰工作……动力学理论的优美性和明晰性却被两朵乌云遮蔽而显得黯然失色，第一朵乌云出现在黑体辐射实验和理论的不一致（光的波动理论争议上），第二朵乌云出现在关于能量均分的麦克斯韦-玻尔兹曼理论上（发现光速不随运动参考系而变）。"谁曾想到，正是 20 世纪的两朵乌云导致爱因斯坦相对论以及量子力学的诞生。

同样，现在物理学也存在亟待解决的几大乌云：量子力学与引力的矛盾；暗物质和暗能量的探索；正反物质不对称的原因，等等。谁来驱散乌云呢？

6.7.1 暗物质

暗物质（Dark Matter）是理论上存在于宇宙中的一种不可见的物质，它可能是宇宙物质的主要组成部分，但又不属于构成可见天体的任何一种已知的物质形态。大量天文学观测中发现的疑似违反牛顿万有引力的现象可以在假设暗物质存在的前提下得到很好的解释。

银河系重约 2 000 亿个太阳质量，如果均匀分布在银河系空间内，那么平均密度只有

10^{-24}克/厘米^3，也就是每立方厘米只有一个氢原子。这样稀疏的环境，其密度仅是实验室里的高真空的几十亿分之一。

在更大的范围内，物质的分布情况又是怎样的呢？由于星系倾向于聚集成团，所以我们先看一下星系团的物质分布。有一些星系团很庞大，可以包含一千多个星系。例如较近的后发座星系团就是如此。这个星系团呈球状，说明它在自身引力的作用下已达到平衡。可是根据它的发光强度来计算它的质量时却发现，要使星系团平衡，这些质量还差 80%～90%。

随着观测技术的进步，这种由发光强度计算的质量同由引力计算的质量之间的矛盾进一步明显。例如，离我们最近的一个大星系团——室女座星系团，在它的密集区外围，有一个半径 50 万～100 万光年的"晕"，其中的光不是由气体或电子发出的，而是由恒星发出的。要把恒星束缚在这样的"晕"中，需要有几十万亿倍太阳的质量，此数目比根据光度估计的质量要大几十倍。其他星系团大多有这样的矛盾。有的星系团的引力质量与光度质量之差高达数百倍，这就是下落不明的质量问题。

在广阔的星系际空间，有没有物质存在呢？这当然是天体物理学家在寻找下落不明的质量时首先想到的。他们把光学和射电望远镜指向那"一无所有"的空间，发现那里确实不是虚空。如大、小麦哲仑星云之间有着氢原子构成的"桥"，这种"物质桥"也存在于其他星系之间。星系间物质既可能是气体，也可能是恒星。另外，科学家在研究蝌蚪状的射电星系时，指出它们的拖在后边的尾巴也许是星系在星系际介质中的运动所造成的。根据尾巴的扩展程度，可以算出星系际介质在星系内不超过每立方厘米 0.003 个氢原子。在关于类星体红移的问题中，我们发现有些类星体有多种不同的吸收线，这可能是星系际气体的吸收所造成的。这些证据都证明了星系际物质的存在。星系际气体如果存在的话，应有 1 亿开的温度，能发射 X 射线，射线强度与观测的事实是一致的。进一步的研究和计算表明，星系际介质的平均密度不超过 1.5×10^{-12} 个原子/厘米^3。这样看来，星系际介质虽然是天体物理学必须考虑的一个因素，但对于质量的贡献却嫌太小，不能完全解释"下落不明的质量"。

根据现代物理学的观点，辐射也是一种物质形式，它们对质量有没有贡献呢？在星系际空间，有各种星系发出的光，有 3K 微波背景辐射，各种射电源在星系际也形成射电背景辐射。

除此之外，星系际还有各向同性的 X 射线辐射，它可能是各种 X 射线源产生的辐射总和，也可能是爆发星系的高能粒子与微波背景辐射相互作用所产生的结果。所有这些辐射量的能量密度总和所对应的物质量密度也是不能与要求的物质密度相比的。

除了辐射，星系际还有高能粒子存在。它们所对应的能量密度也同样小得可怜。

现代天文学通过天体的运动、引力透镜效应、宇宙的大尺度结构的形成、微波背景辐射等观测结果，表明暗物质可能大量存在于星系、星系团及宇宙中，其质量远大于宇宙中全部可见天体的质量总和。结合宇宙中微波背景辐射各向异性观测和标准宇宙学模型可确定宇宙中暗物质占全部物质总质量的85%，占宇宙总质能的26.8%。

最早明确提出存在暗物质的是瑞士天体物理学家茨维基，1933年，他发现星系团中星系的速度弥散度太高，仅靠星系团中可见星系的质量产生的引力是无法将其束缚在星系团内的，因此星系团中应该存在大量的暗物质，其质量为可见星系质量的至少百倍以上。

现在暗物质的存在已经得到了广泛的认同，然而对暗物质性质了解很少。已知的暗物质性质仅仅包括有限的几个方面：

（1）暗物质参与引力相互作用，所以应该是有质量的，但单个暗物质粒子的质量大小还不能确定。

（2）暗物质应是高度稳定的，由于在宇宙结构形成的不同阶段都存在有暗物质的证据，暗物质应该在宇宙年龄（百亿年）时间尺度上是稳定的。

（3）暗物质不参与电磁相互作用，暗物质与光子的相互作用非常弱，以至于暗物质基本不发光，暗物质也不参与强相互作用。

（4）通过计算机模拟宇宙大尺度结构形成得知，暗物质的运动速度应该远低于光速，否则我们的宇宙无法在引力作用下形成观测到的大尺度结构。

研究暗物质，就是要给暗物质基本粒子下明确定义，说明它们有几种，每种的质量、电荷（应该为零）、自旋、运动速度、相互作用的强度，等等。

日常所见的物质，叫重子物质。因为它们在质量上绝大部分是由重子（比如质子、中子）组成的。重子物质能发生电磁相互作用。

早期暗物质的理论主要研究藏匿质量的重子物质星体：黑洞、中子星、衰老的白矮星、黑矮星等。这些星体归类为大质量致密天体，然而多年来的天文观测无法找到足够量的重子天体，尽管它们确实贡献了部分的暗物质效应，但只占了其中一小部分。其余的部分称作"非重子暗物质"。

研究发现，宇宙中85%的质量不参与电磁作用。也就是说，"非重子暗物质"由未知的不同于常规（电子、质子、中子、中微子等）的基本粒子所构成。

弱相互作用有质量粒子（Weakly Interacting Massive Particle，WIMP）是被最广泛讨论的暗物质候选者之一，它是指质量和相互作用强度在电弱标度附近的某种稳定粒子，通过热退耦机制获得已知的剩余丰度。WIMP基本是电中性和色中性的，因此不直接参与电磁和强相互作用。中微子也不参与强相互作用和电磁相互作用，但以接近光速运动，属于热暗物质，不足以作为构成暗物质的主要成分。人类已知的粒子物理标准模型中，不存在同时满足这些性质的粒子，这意味着WIMP必须是超出标准模型的新物理粒子。

另一个暗物质候选者是轴子（Axion），一种非常轻的中性粒子，它与强相互作用中电荷共轭-宇称反演联合对称性破缺相联系。轴子间通过极微小的力相互作用，它无法与背景辐射处于热平衡状态，因此不会通过热退耦获得剩余丰度，但可以通过真空态的破缺成为冷暗物质。

6.7.2 暗物质探测

如果暗物质粒子与常规物质仅有微弱的相互作用，暗物质粒子也有可能被精密的实验仪器探测到。科学家采用的探测手段可以分为三类：一是探测暗物质粒子直接与探测器中的物质发生相互作用，称为"直接探测"；二是寻找宇宙中暗物质自身衰变或湮灭产生普通物质的信号，称为"间接探测"；三是探寻粒子对撞机中人为产生的暗物质粒子，称为"加速器探测"。

（1）直接探测。如果暗物质是由微观粒子构成的，那么每时每刻都应该有大量的暗物质粒子穿过地球。如果其中一个粒子撞击了探测器物质中的原子核，那么探测器就能检测到原子核能量的变化并通过分析撞击体的性质了解暗物质属性。对于 WIMP 来说，由于它们与普通物质之间的相互作用极其微弱，被探测器捕捉到的概率也十分微弱。为了最大限度地屏蔽其他种类宇宙射线的干扰，暗物质直接探测实验往往在地下深处进行，通过地表的岩石把来自宇宙中的高能带电粒子挡住。全世界有数十个暗物质地下探测实验在进行中，尚未有发现暗物质粒子存在的确凿证据。

（2）间接探测。既然在银河系中存在着大量的暗物质粒子，那么应该可以探测到它们湮灭或衰变所产生的常规基本粒子。间接探测就是在天文观测中寻找这种湮灭或衰变信号，包括宇宙线中的高能伽马射线、正负电子、正反质子、中子、中微子以及各种宇宙线粒子。间接探测实验可以利用卫星或空间站搭载的空间探测器直接收集宇宙线粒子，通过分析宇宙线中各种粒子的数量和能谱，提取出宇宙中暗物质衰变或湮灭的信息。全世界有多家暗物质空间探测实验正在进行中，尚未有发现暗物质粒子存在的确凿证据。

（3）加速器探测。另一种寻找暗物质的方法是在实验室产生暗物质粒子。在高能粒子对撞实验中，可能会有尚未被发现的粒子包括暗物质粒子被产生出来。如果对撞产生了暗物质粒子，由于其难以被探测器直接检测到，会导致被探测器检测到的对撞产物粒子的总能量和动量出现丢失的现象，这是产生了不可见粒子的一个特征。再结合直接或间接的探测手段，可以帮助确定对撞机中产生的粒子是否为暗物质粒子，尚未有发现暗物质粒子存在的确凿证据。

暗物质决定了宇宙物质在大尺度上的分布——宇宙大尺度结构。现代超级计算机模拟更是向我们揭示，宇宙中暗物质的空间分布可以再现观测到的星系分布，暗示了星系和暗物质之间千丝万缕的联系。

2006 年，美国天文学家利用钱德拉 X 射线天文台对星系团 IE 0657-56 进行观测，无意间观测到星系碰撞的过程，星系团碰撞威力无比，可使暗物质与正常物质分开，因此发现了暗物质存在的直接证据。2009 年，美国科学家在地下废弃铁矿中捕获了暗物质粒子，这是迄今为止最有力的发现暗物质的证据。

由著名物理学家、诺贝尔奖获得者丁肇中教授（1936— ，美国）主持的空间探测反物质、暗物质的阿尔法磁谱仪计划（AMS），是人类第一次用磁谱仪在太空进行物质、反物质和暗物质探测的科学实验。该计划已于 1998 年开始实施，航天飞机已将磁谱仪送入由美、俄、西欧和日本合作研制的阿尔法空间站上。

迄今为止，人类几千年来观测宇宙使用的主要是光学方法，这种方法无法区分物质和反物质，而 AMS 带有在空间条件下运行的强磁体，它能区分带电粒子电荷的符号，精确测量粒子的动量，并识别粒子种类。1998 年 6 月，AMS 搭载美国"发现号"航天飞机成功地进行了首次飞行，收集到了 1 亿多个事例。结果表明，AMS 性能达到了设计目标，能够正确区分不同的原子核和正负电荷。第一台 AMS-01 在 2001 年进入国际空间站。

寻找太空中的反物质是目前天体物理、粒子物理和宇宙论面临的重大疑难问题。根据目前公认的大爆炸学说，宇宙是由大约在 140 亿年前的大爆炸产生的。大爆炸后，宇宙在不断地膨胀和冷却。

根据粒子物理理论，大爆炸应产生同样数量的物质和反物质。组成我们周围世界的物质的原子核是由质子和中子构成的，带正电荷。所谓反物质，它的原子核是由反质子和反中子构成的，带负电荷。迄今为止，所有的实验都没有观察到反物质的存在，尽管人类可以制造若干种反粒子，如电子的反粒子正电子。探测反物质必须包括一个强磁场的磁铁探测器，用于区分太空中飞行的原子核的电荷符号。

丁肇中主持的 AMS 计划，可用磁谱仪精确测量太空中的反质子、正电子和光子的能量分布，进而有可能给这一极富挑战性的重大疑难问题以明确的答案。

阿尔法空间站磁谱仪实验是一个大型国际合作项目，中国参与了这个项目。磁谱仪采用了由中国制造的钕铁硼永磁铁。这种磁铁磁场强，不需要能源，适用于太空的实验环境。中国科学院和中国科技大学等还参与其中某些实验设备的设计和制造，并将参加将来物理数据的分析工作。

作为人类送入太空的第一个磁谱仪，这个实验很可能还会有意外的发现，因此，阿尔法空间站磁谱仪引起了世界各国科学家的极大兴趣。

经数次推迟后，第二台阿尔法磁谱仪 AMS-02 于 2011 年 5 月由美国奋进号航天飞机送入国际空间站。值得高兴的是整个探测器的机械结构的设计、制造和试验均由中国运载火箭技术研究院承担。AMS-02 将在国际空间站开展长达 3 年的探索之旅。2013 年 2 月丁肇中及其领导的团队对外宣布，他们用 AMS-02 发现了 WIMP 存在的可能证据。

2019 年 10 月发布的研究报告称，约占宇宙总质能 25% 的暗物质可能由极微小的轻粒子组成。模拟显示，这种"毛茸茸"暗物质或许改变了宇宙历史的进程，并在早期宇宙中制造出了纤细的长丝而非星系。图 6-17 为宇宙大尺度丝状结构模拟图。

图 6-17　宇宙大尺度丝状结构模拟图，Mpc/h 为百万秒差距

2020 年 4 月美国加州大学洛杉矶分校和美国航天局喷气推进实验室的研究小组探测到类星体附近最小的暗物质团，这是基于哈勃太空望远镜的最新观测数据获得的。尽管捕获了有关暗物质行为的新数据，但观测到的暗物质团太少，无法给出相应结论。但该项研究代表着科学家在试图理解暗物质方面迈出了重要的一步。

以前科学家曾推测，在较小体积中暗物质只能以快得无法被观测的速度在宇宙中穿行，他们将其称为"热暗物质"。加州大学洛杉矶分校的研究人员提出另一个想法，他们假设宇宙中有移动较慢的"冷暗物质"。

物理学家在暗光子理论的基础上，提出暗物质也可能是由"暗半磁体"组成的，这些假想的半磁体是磁单极子组成的暗物质。

由美国、日本和多个欧洲国家合作成立的旨在搜寻暗物质踪迹的 XENON 合作组，2020 年 6 月在一次在线研讨会上报告，他们对 XENON1T 暗物质探测器此前收集的数据开展分析，发现了几十个奇特的事件，分析发现这些信号最有可能是太阳发出的轴子的"蛛丝马迹"。尽管此结论不足以宣称为一项"发现"，但仍值得重视。

XENON 合作组正在调试更大的探测器 XENONnT，其他团队正在使用同样大小的液态氙探测器开展研究。如果这些探测器也看到了某些事件，那么会大大提高发现新暗粒子的可能性。

科学家针对暗物质和暗能量提出了许多理论，其中部分理论需要有额外维度的存在才

能成立。如果有了这些额外维度，宇宙中一些最复杂艰深的谜团就很容易解释了。

6.7.3 中国暗物质探测

直接探测：

在过去的十年间，中国在暗物质探测方面有比较快的发展，四川锦屏地下实验室为这个领域研究提供了绝佳的场所。2009 年，在雅砻水电和清华大学的共同推动下，在锦屏隧道的中间扩挖了一个实验室，实验室到山顶的垂直距离是 2400 米，叫中国锦屏地下实验室。在此之后，中国有了自己的地下实验室，而且是全世界最深的。

在这个地下实验室，中国科学家开始了第一代暗物质实验。其中由上海交大牵头的实验叫"熊猫"实验，或者叫 PandaX 实验，使用液氙这种靶材料，来探测比较重质量的暗物质。在首期实验结束之后，很快进行了设备升级工作。2015 年 PandaX-II 开始工作，近期将公布 PandaX-II 最后获得的数据。

另外一个是清华大学牵头的，叫作 CDEX 实验，使用非常纯的锗作为靶材料来探测比较轻质量的暗物质。

间接探测：

"悟空"是我国第一颗暗物质探测卫星，如图 6-18 所示。该项目由紫金山天文台的常进院士领衔。"悟空"于 2015 年 12 月 17 日发射升空，原计划在轨运行 3 年，目前已经进入超期服役阶段，卫星上各有效载荷依然状态良好。

2017 年，悟空卫星发布了重要的结果，在来自宇宙的高能电子分布上发现了一些有趣的结构。这些结构到底来自什么，现在我们并不是特别清楚，但是很多理论物理学家认为是来自银河系暗物质湮灭的信号。2019 年 9 月公布第二批科学成果，基于前两年半的数据，"悟空"共收集到约 2 000 万个高能质子数据，质子是宇宙线中数量最多的粒子，约占总量的 90%。"悟空"在国际上首次利用空间实验精确绘出高能质子宇宙射线能谱，并观察到能谱新结构。

6.7.4 暗能量

暗能量（Dark Energy）是理论上存在的一种充溢空间的、具有负压强并能驱动宇宙加速膨胀的能量，暗能量在长距离类似于一种反引力。这个猜想是解释宇宙加速膨胀和宇宙中失落物质等问题的一个最流行的方案。

暗能量不会吸收、反射或者辐射光，所以无法直接使用现有的技术进行观测。天文学家们一直以来通过观测一些宇宙结构和物质受引力的影响以及能够探测到的辐射来研究暗

图 6-18　　"悟空"暗物质探测卫星

能量。

　　暗能量现有两种模型：宇宙常数（均匀充满空间的常能量密度）和标量场（能量密度随时空变化的动力学场）。对宇宙有恒定影响的标量场常被包含在宇宙常数中，宇宙常数在物理上等价于真空能量。

　　暗能量其基本特征是具有负压，在宇宙空间几乎均匀分布或完全不结团。WMAP 数据显示，暗能量在宇宙中占总物质的不到 70%。值得注意的是，对于通常的能量（辐射）、重子和暗物质，压强都是非负的，所以必定存在着一种未知的负压物质主导今天的宇宙。暗能量无处不在，但只有在巨大的空间尺度和时间跨度上，才能体现出暗能量的影响力。

　　1917 年爱因斯坦在解广义相对论导出的引力方程时，得出的结果预示着宇宙在做永恒的运动，这个结果与爱因斯坦的宇宙是静止的观点相违背。为了使这个结果能预示宇宙是呈静止状态的，爱因斯坦给方程式引入了一个项，这个项称为"宇宙常数"。爱因斯坦在得知实际上宇宙在膨胀着的这个消息后非常后悔，因此他认为："引入宇宙常数是我这一生所犯的最大错误！"

　　20 世纪末的天文探测发现宇宙正在加速膨胀，这就预示着宇宙中存在着某种巨大的力量！最好的解释就是暗能量在起作用。哈勃太空望远镜观测发现，宇宙不断膨胀着的这一观测结果与引入宇宙常数之后的引力方程的计算结果完全符合，这个暗能量就是爱因斯坦引入的宇宙常数，即空间本身的能量。爱因斯坦引入宇宙常数没有错，错在丢失了发现暗能量存在的机会。

　　宇宙 22% 是由暗物质组成的，暗物质就像胶水一样把所有物质连接在一起。但新的研究发现，一部分暗物质正在消失，暗能量很有可能在消耗着暗物质。如果这一推论正确，将对宇宙的未来产生重大的影响。在宇宙标准模型中，暗能量占据宇宙约 68.3% 的质能。

如果暗能量真的持续吞噬暗物质的话，那宇宙最后就会成为一个近乎绝对的虚无。暗物质在宇宙中的作用就相当于一个框架，如果不是因为暗物质，我们所见到的星系们就不会在今天的位置。

6.7.5 暗能量存在的证据

暗能量的发现过程极富戏剧性。按照宇宙大爆炸理论，在大爆炸发生之后，随着时间的推移，宇宙的膨胀速度将因为物质之间的引力作用而逐渐减慢，就像缓慢踩了刹车的汽车一样。也就是说，距离地球相对遥远的星系，其膨胀速度应该比那些近的星系慢一些。

1998 年，美国加州大学物理学家珀尔马特（S. Perlmutter，1969— ，美国）以及澳大利亚国立大学施密特（B. Schmidt，1967— ，美国、澳大利亚）分别领导的两个小组，希望通过观测超新星的运动寻找宇宙膨胀减速的证据。结果他们各自独立证明了遥远的 Ia 型超新星以比地球附近天体更快的速度远离地球，那些遥远的星系正在以越来越快的速度远离我们。换句话说，宇宙是在加速膨胀，如图 6-19 所示，而不是减速膨胀。

图 6-19　宇宙正在加速膨胀

这是一个完全出乎意料的观测结果，从根本上动摇了对宇宙的传统理解。那么到底是什么样的力量在促使所有的星系或者其他物质加速远离呢？科学家们将这种与引力相反的斥力来源，称为暗能量。

宇宙加速膨胀证据的发现让物理学家施密特、里斯（A. Riess，1969— ，美国）和珀尔马特赢得了 2011 年的诺贝尔物理学奖。诺贝尔物理学奖评审委员会认定，3 名获奖者的研究结果改变了人类对宇宙的认识。"发现宇宙扩张正在加速，令人惊异。如果扩张继续加速，宇宙将以冰冻状态终结。"

6.7.6　暗能量的可能机制

至于暗能量是什么，目前众说纷纭。其中一种较为主流的理论认为，导致宇宙加速膨胀的暗能量源自真空能。根据量子力学理论，真空中存在大量虚粒子对（虚粒子和虚反粒子），它们同时生成后，又在瞬间相互湮灭。由此产生的真空能起到排斥引力的效果，推动着空间向外延伸。

学者们认为暗能量的密度可能是一种宇宙常量，而真空则提供了宇宙膨胀的动力。有学者直接把暗能量称之为真空能。如果真空真是暗能量，那么就应该具备一切能量的基本属性和基本特征——力量。

如果真空一旦被证明具备力的属性，那么真空力就成为独立于万有引力、电磁力、强力和弱力之后在自然界中普遍存在着的第五种力。真空很可能就是物理学史上已经被抛弃的"以太"，而"以太"其实就是真空的某一种效应。真空能也就是占整个宇宙 96% 以上的份额并控制着整个宇宙的神秘能量——暗能量，这一切的一切就因为真空有力而变为现实、变为可知。

2019 年科学家提出了一种暗物质新形式，它能衰变为一种较轻的粒子和一种无质量的粒子，即暗光子。他们推断，随着时间的推移，越来越多的暗物质衰变，导致其引力减弱，从而使宇宙加速膨胀。

也有科学家认为黑洞实际上可能是暗能量的超高密度团块，而非拥有一个引力变得无穷大的奇点，这些暗能量团被称为暗能量泛型体。

6.7.7　暗能量探测

暗能量相比暗物质更为奇特，因为它只有物质作用的排斥效应而不具备物质的基本特征，所以都称不上物质而称之为暗能量，难以被人们所感觉也不被现时各种仪器所观测。迄今为止，能够研究暗能量的手段仍然十分有限，最主流的仍然是借助超新星的观测。但有些人担心，特别是在宇宙早期，超新星的亮度也不是恒定的，它也有自己的演化过程，要修正超新星模型。

即使这种担心可以排除，鉴于这些超新星距离地球非常遥远，即使哈勃太空望远镜具有非常高的灵敏度，观测它们也存在难以消除的系统误差。

通过对大尺度宇宙结构（比如星系团等）的研究，或许能为暗能量提供新的线索。一旦暗能量存在的话，星系团的形成过程可能要更慢一些，因为引力需要先克服这种斥力。

一个空间探测计划斯隆数字巡天（SDSS）已经完成了第一阶段为期五年的运行，后期的计划一旦全部完成之后，这一足以覆盖四分之一的天空的精细光学成像设备，无疑将披露更多宇宙的细节。

中国科学家也正在利用北京附近的 LAMOST（大天区面积多目标光纤光谱望远镜）来观测超新星，从而探索在中国首次进行暗能量实验研究的可能性。而利用伽马暴（超大质量星体爆发而形成的宇宙高能辐射），也许将为进一步研究更早期的暗能量提供间接手段。

不可见的暗能量可能占据了宇宙质量的大部分，能够产生与引力相反的排斥力，这也许可以解释为什么宇宙会出现加速膨胀现象。

2019 年 7 月，德国和俄罗斯合作的"光谱-伦琴-伽马"（SRG）项目实施，由德国研制的 eROSITA X 射线望远镜也随同发射，目标是搜寻暗能量的踪迹。该望远镜将部署在日地空间拉格朗日 L2 点上，距离地球 150 万千米。eROSITA 将对热宇宙进行有史以来最大规模调查，它利用其 7 个 X 射线探测器观测整个天空，搜寻和绘制热源，如星系团、活跃黑洞、超新星遗迹、X 射线双星和中子星的图谱。

eROSITA 将每 6 个月对整个天空进行一次扫描，其中囊括了 100 万个 X 射线源，约是 X 射线天文学 60 年来已发现 X 射线源数量的两倍，大多数新源是宇宙深处活跃的星系核——不断成长壮大的巨型黑洞。并在 4 年内完成一张精密而详细的宇宙 X 射线图，它将揭示银河系内部热气体以及围绕银河系的介质的结构细节，这些结构的性质是理解银河系形成历史的关键；它还将提供有史以来最全的宇宙热物体目录，从而提高科学家们对宇宙结构及其演化的认识。

欧几里得望远镜是欧洲航天局和美国航天局联合研制的空间望远镜，重约 2 160 千克，价值为 15 亿美元，用于探测宇宙暗能量和暗物质，并绘制出"宇宙地图"。欧几里得望远镜也是定位在距离地球 150 万千米的日地空间拉格朗日点 L2 上。

在未来几年里，欧几里得空间望远镜、eROSITA 和其他望远镜将细致描绘出引力与暗能量是如何促使宇宙演化的。

是否有可能利用实验室来直接研究暗能量呢？有科学家已经宣称，可以利用纳米技术来实现这一目标。一些科学家也希望利用地面短距离（short-range）的引力实验，来发现暗能量的线索。

由于对暗能量的性质，包括与其他物质的反应机理还不清楚，科学家们认为，短期内还无法在地面实验室内实施暗能量探测计划，更为现实的渠道或许仍来自天文观测。

在未来五到十年，我们对于暗能量的性质或许将有更加清晰的认识。几乎没有人否认，暗能量对于整个宇宙学乃至物理学而言，就是一场革命。著名华裔物理学家、1957 年诺贝尔物理学奖得主李政道（1926—　，美国）也断言，暗能量将是 21 世纪物理学面临的最大挑战。

谁来驱散暗物质、暗能量这两朵乌云呢？

6.8　反　物　质

反物质（Anti Matter）和暗物质、暗能量不一样，在自然界和实验室已经被发现，是被确认的客观存在，它的问题是与物质严重不对称。

6.8.1　反粒子

在原子核以下层次的物质的单独形态以及轻子和光子，统称为粒子。1928 年，英国物理学家狄拉克从理论上首次论证了正电子的存在。这种正电子除了电性和电子相反外，一切性质和电子相同。故称正电子是电子的反粒子。1932 年，美国物理学家安德森（C. D. Anderson，1905—1991 年）在实验室中发现了狄拉克所预言的正电子，并因此获得 1936 年诺贝尔物理学奖。

研究发现，所有的粒子，都有与其质量、自旋、平均寿命和磁矩大小都相同，如果带电，两者所带电量相等而符号相反，磁矩和自旋的取向关系也相反的粒子存在，称为该种粒子的反粒子。除了某些中性玻色子外，粒子与反粒子是两种不同的粒子。

所以，反粒子是正电子、反质子、反中子、反中微子、反介子等粒子的统称。反粒子与所对应的粒子相遇就发生湮灭而转变为别的粒子，如光子。

6.8.2　反物质

正电子、负质子都是反粒子。由正电子和负质子构成的原子叫反原子，由反原子构成的物质叫反物质。科学家设想在宇宙中可能存在完全由反粒子构成的反物质。

反物质就是正常物质的镜像，正常原子由带正电荷的原子核和核外带负电荷的电子构成。反物质的构成却完全相反，它们拥有带正电荷的电子和带负电荷的原子核。从根本上说，反物质就是物质的一种倒转的表现形式。

反物质是正常物质的反状态。当正反物质相遇时，双方就会相互湮灭抵消，发生爆炸并产生巨大能量。

6.8.3 反物质的探测

在地球上很难发现长久存在的反物质，反物质一旦碰上其他物质就会被湮灭掉，转变为其他粒子。但大气外层和宇宙中还是可以找到反物质存在过的踪迹。自然界的反粒子或反物质大概可以存在于以下几种情形：

第一种存在于我们头顶之上的大气外层。在来自星际空间、带电荷的高能宇宙线的轰击下，大气外层不断产生正电子，正电子和电子瞬间湮灭。

第二种来源则隐藏于放射性物质的原子中。某些不稳定的原子核拥有多余的质子，如钠22、溴35或碘122，实际上它们最终将衰变并释放出一个中微子、一个光子和一个正电子，正电子和电子瞬间湮灭。

第三种则是由雷暴制造。首先风暴云极化，然后雷电使云层突然去极化，大气中的电子突然发生喷射，接着产生伽马射线，最后伽马射线撞击大气中其他原子核，产生电子与反电子对，然后湮灭。

美国费米太空望远镜自 2008 年发射以来，一直在观测整个天空和地球，迄今已发现了数百次地面伽马射线闪光，发现了反物质云。

第四种是宇宙空间中可能长时间存在的反物质。

1997 年 4 月，美国天文学家宣布他们利用伽马射线探测卫星发现，在银河系上方约 3500 光年处有一个不断喷射反物质的反物质源，它喷射出的反物质形成了一个高达 2940 光年的"反物质喷泉"。

1998 年 6 月，美国发现号航天飞机携带阿尔法磁谱仪发射升空。阿尔法磁谱仪是专门设计用来寻找宇宙中的反物质的仪器。然而这次飞行并没有发现反物质，但采集了大量富有价值的数据。然后阿尔法磁谱仪 2 号 2011 年 5 月搭乘奋进号航天飞机升空，用来寻找宇宙中的反物质和暗物质的证据。

21 世纪初，中国和意大利在西藏海拔 4300 米的羊八井地区建成世界上第一个 1 万平方米"地毯"式粒子探测阵列实验站，用以接收来自宇宙的高能射线和反物质粒子。

宇宙高能射线是人类能获得的唯一来自太阳系以外的物质样本。长期以来，它一直是科学家探索宇宙奥秘的研究对象。自从宇宙大爆炸理论出现后，科学家就一直致力于从宇宙射线中找到神秘的反物质。但迄今为止，科学家们都未能找到公认的反物质踪迹。

6.8.4 反物质的人工合成

1932 年，美国安德森在实验室中合成了正电子，1955 年，美国物理学家塞格雷

（E. Segrè，1905—1989 年，意大利、美国）等用人工的方法获得了反质子，并因发现反质子和同事共同分享了 1959 年诺贝尔物理学奖。此后人们逐渐认识到，不仅质子和电子，而且所有的微观粒子都有各自的反粒子。

1995 年欧洲核子研究中心（CERN）的科学家在实验室中制造出了世界上第一批反物质——反氢原子。

1996 年，美国的费米国立加速器实验室成功制造出 7 个反氢原子。

2000 年 9 月 CERN 宣布他们已经成功制造出约 5 万个低能状态的反氢原子，这是人类首次在实验室条件下制造出大批量的反物质。

2010 年 11 月 CERN 的科学家们表示，通过大型强子对撞机，他们已经俘获了少量的反物质。这些反物质只是少量的反氢原子而已，但这一发现还是引发了科学家们极大的反响。氢原子是只有一个质子和一个电子的最简单的原子。实际上，CERN 早在 1995 年就第一次制造出了反氢原子，但只能存在几个微秒的时间，就与周围环境中的正氢原子相碰并湮灭。此次的突破之处在于，制造出数个反氢原子后，借助特殊的磁场首次成功地使其存在了"较长时间"——约 0.17 秒。

2011 年 5 月初，中国科学技术大学与美国科学家合作制造了迄今最重的反物质粒子——反氦 4。

2011 年 6 月 CERN 的科研人员宣布已成功抓取反氢原子超过 15 分钟。

2014 年 CERN 的"低速反质子原子光谱和碰撞（ASACUSA）"实验团队将正电子和由反质子加速器产生的低能量反质子混合，首次成功制造出反氢原子束。他们的大型强子对撞机（LHC）如图 6-20 所示，检测到了一束由 80 个反氢原子构成的、长达 2.7 米的反物质束流。

LHC 为我们提供了一些思路。这台机器会让质子高速相撞，产生较重的物质与反物质粒子，而这些粒子随后又会衰变成更轻的粒子，其中有些便可能是我们从未发现过的新粒子和新反粒子。

6.8.5　反物质与物质的不对称

据物理学家估测，宇宙大爆炸由纯能量开始，在产生构成我们的这些物质的同时，也生成了相同数量的反物质。大多数物质粒子都有对应的孪生反物质粒子，两者特性完全相同，唯有所带电荷相反。物质与反物质一旦相遇，就会在瞬间湮灭，双方的能量都会在这一过程中转化为光能。

然而，出于某种原因，当今世界主要由物质构成，反物质似乎压根不存在于自然界。从粒子物理的角度讲，正粒子和反粒子的性质几乎完全对称，那么为什么自然界有大量的

图 6-20　欧洲核子研究中心的大型强子对撞机

正物质，而却几乎没有反物质呢？

现今所遗留下来的绝大多数是正粒子，正反物质的不对称疑难，是物理学界所面临的一大挑战。在多数理论物理学家看来，宇宙中正反物质的大尺度分离是不可能发生的。但如今的宇宙几乎完全是由普通物质构成的，那些反物质究竟去哪儿了呢？

欧洲核子研究中心的大型强子对撞机实验显示，物质与反物质衰变的速度略有不同，这或许能在一定程度上解释我们在自然界中观察到的不对称性。但在数量上仍不足以解释为何现今反物质消失的问题，这在粒子物理学上仍是一大未解之谜，尽管科学家们也对此提出了很多解释，但还没有公认的理论和观测证据。

在大型强子对撞机中开展的实验也有一些问题，很难精确控制实验走向。质子由各类更小粒子构成，当质子相互撞击时，内部粒子便会四处喷撒出去，大大增加了在一大堆碎片中发现新粒子的难度。这样一来，科学家就很难精确测定这些粒子的特性，并借此寻找揭开反物质失踪之谜的线索。

接下来十几年里，三台新的对撞机将帮助我们解决上述问题。其中最重要的一台名叫未来环形对撞机（FCC）。该设备是一条位于瑞士日内瓦周边的环形隧道，长约 100 千米，而大型强子对撞机的 27 千米隧道将成为这台新对撞机的一条滑道。不过，在未来环形对撞机中相互碰撞的将不是质子，而是电子和它的反粒子——正电子，并且碰撞速度远比大型强子对撞机快得多。

不同于质子，电子与正电子已经是不可分割的（没有更小粒子构成），因此我们很清楚究竟有哪些粒子参与了碰撞。我们还可以调整两者相撞的能量级，借此创造出特定的反物质粒子，并对它们的性质进行精确测定，特别是它们衰变的方式。

这些研究将揭开全新的物理学真相。也许反物质的失踪与暗物质有关；也许反物质的失踪与暗能量有关；也许反物质的失踪与暗物质、暗能量都有关……而无从寻觅的反物质与无处不在的暗物质也许又与宇宙发生大爆炸时的状态有关，因此这些实验将带我们溯源追根，深入探索我们宇宙的起源。

我们不可能预测到这些对撞机实验揭露的真相会如何改变我们的生活。但一百多年前我们用量子力学研究这个世界后，利用这些知识，我们的计算机、医学和能源生产等都发生了革命性的改变。

当然最简单的假设是宇宙大爆炸时产生的物质和反物质数量不一样，有一个略微多些，碰撞湮灭剩余了一小部分，而我们又把这一小部分称为物质。但这样一来大爆炸模型又得修改。

6.9　宇宙中的其他问题

天体物理学是当今物理学中最活跃的领域之一，新的发现和新的理论层出不穷，要在这本书中作全面介绍是不可能的。但天体物理现在和将来研究的重点无非包括下列两方面：一方面，研究快速多变的天体现象，如脉冲星、X 射线源、类星体等；另一方面，研究涉及我们宇宙全局的一些整体问题，如膨胀、背景辐射、宇宙线、引力波、暗物质、暗能量、宇宙起源和演化等。本节所述的则是一些最基本也是最热门的问题。

6.9.1　宇宙线及其起源

我们所说的宇宙线，是指来自天空的带电粒子，又叫宇宙射线，不包括各种光子、中微子等。1912 年，奥地利科学家用气球把静电计带到了高空，首先发现来自宇宙深处的这种神秘射线。这是一种"粒子雨"，不分昼夜地从四面八方落向地球。至今，这些从宇宙中来的不速之客的身份和来历，仍是一个没有完全解决的难题。

通过设在大气层外的探测器给出的结果，发现这些带电粒子主要是氢原子核——质子，它占总粒子数的 88%，另外，氦原子核——α 粒子占 10%，其他较重的原子核占 1.0%，电子等轻粒子占 1%。今天，我们已在宇宙线中找到了元素周期表上所有的原子核。

宇宙线最引人注目的特点是它们落向地球的速度几乎等于光速，因此有些宇宙线粒子的能量是极高的。这种粒子的动能甚至达到地面实物粒子的动能——10^{20} 电子伏。地面上最大的加速器输出粒子的能量也不过 10^{15} 电子伏，可造价达数百亿美元。这就是为什么现在高能物理学家在建造加速器的同时，也十分重视对宇宙线的研究。他们在高山顶上建造宇宙线观察站，以期获得加速器所不能获得的高能粒子。

但宇宙线的研究非常困难，这是由它的基本性质决定的。

首先，地球的大气总是阻挡从宇宙空间飞来的宇宙线粒子，使它们不能到达地面的观测站。一个质子要从外层空间到达海平面而半路上不与空气粒子相碰的几率只有百万分之一。那种进入大气层以前的宇宙线称为初级宇宙线。为了探测初级宇宙线，人们必须用卫星、气球等把探测仪器带到 30 千米以上的高空。利用初级宇宙线来做实验有相当大的困难。

其次，宇宙线的密度是非常小的。在大气层外，每平方厘米每分钟只有数十个粒子通过。而对高能粒子，每平方米每小时连一个也探测不到。因此，在高能物理学的研究中，宇宙线观测只能作为加速器的一种补充手段。

宇宙线是不是无法加以研究呢？由于初级宇宙线穿过大气时会因碰撞而变成其他粒子，因此我们可以通过对这种粒子产物的探测来研究初级粒子的性质。事实上，加速器对粒子的研究，也是通过对粒子穿过探测器中的气体或液体等介质时产生的现象加以测量来进行的。

高能宇宙线粒子进入大气以后同空气中的粒子发生复杂的相互作用，产生一连串的反应，这些反应的产物有 π 介子、μ 介子、正负电子、质子、中子、光子和中微子等。反应的产物称为次级宇宙线粒子。注意，碰撞是反复进行的。

关于宇宙线的起源，自从宇宙线发现之日起，就开始了争论。许多知名的科学家，如测得电子电荷的密立根（R. Millikan，1863—1953 年，美国）和发现康普顿效应的康普顿（A. Compton，1892—1962 年，美国）曾为宇宙线的起源问题争得不可开交。争论的焦点，开始集中在宇宙线的太阳起源说上面。持这种观点的人认为太阳的活动，如黑子爆发、耀斑等，会加速粒子，宇宙线是从太阳那里来的粒子。但宇宙线基本上是各向同性的。为了解释这个现象，太阳起源说认为，在太阳周围以及整个行星际空间都存在着磁场，磁场使高速粒子的轨迹发生弯曲，既造成了粒子的均匀分布，又把它们约束在太阳系内，造成长时间稳定的宇宙线流。直到 20 世纪 50 年代初，一系列能量大于 10^{16} 电子伏的宇宙线的发现，才证实太阳起源的错误。因为这样的粒子能量太大，行星际磁场是不会使它们发生大的偏转的，因而不可能被约束住。于是，人们把视线转向了更广阔的银河系，提出了宇宙线的银河起源说。银河起源说在宇宙线粒子的偏转、约束上沿用太阳起源说的论证方法，认为宇宙线粒子受银河系磁场的偏转和约束。该磁场比行星际磁场要弱得多，可是银河系幅员广阔，故仍能约束住能量较高的粒子。

问题是究竟是谁提供了这些高能粒子呢？既然太阳对宇宙线的贡献不大，那么其他的正常恒星也不可能成为宇宙线源。因此，宇宙线源只能到其他特殊天体中去寻找，主要是超新星及其爆发产物——中子星。

到 20 世纪 60 年代，能量高达 10^{20} 电子伏以上的高能粒子被发现，并且能量在 10^{18} 电子伏以上的宇宙线比预计的要多。这使得银河起源说又遇到了困难，因为根据此理论，当宇宙线能量趋近于银河磁场的约束极限时，宇宙线的强度应急剧减小。而实际观测到的情况却出乎预料。对这种现象当然可以作如下解释：来自银河系外的宇宙线能补偿从银河系磁场中泄漏出去的高能部分而且有余。越来越多的证据似乎都支持这一猜想。宇宙线的银河起源说经过这样的修正就变得更加完善和令人信服了。

但是，仍有一些理论家捍卫着宇宙线完全起源于银河系的理论。他们认为，关于超新星中的粒子产生和加速过程还有很多不清楚的地方，也有可能产生宇宙线的天然加速器在高能区域效率会陡然增高，这样就不必用银河系外的宇宙线来补偿从磁场泄漏的高能粒子了。

正当宇宙线的"纯粹银河血统"的维护者同"混合血统"的主张艰苦奋战时，有些学者又提出了河外起源说。他们认为，河外射电星系和类星体同样是同步加速辐射源，肯定会使质子及重核加速。这种加速的粒子在星系际的微弱磁场及稀薄介质的作用下，逐渐均匀分布在星系团中，然后又逸出星系团，成为真正的"宇宙"射线。只不过宇宙线中的电子是不可能来自河外的，因为电子在星系际的距离上会同背景辐射相互作用，发生逆康普顿散射而形成 X 射线或 γ 射线。

总之，到现在为止，关于宇宙线加速和起源的争论，仍然没有得出最后的结果。看来，这个问题同银河系内外普遍发生着的高能过程是相互联系的。

6.9.2 化学元素的产生

如果高能宇宙线真是来自银河系以外的话，那么大自然的统一性就得到了很好的证明，因为这些来自天外之天的高能粒子与地球上的各种元素的核并没有什么两样。从氢到铀以至更重的元素，究竟是从哪里来的呢？这是天体物理学必须回答的一个问题。

为了回答元素的起源问题，我们先来看一下各种元素在宇宙中的相对丰度。所谓相对丰度，是指各种元素占宇宙中的原子总数的相对数值。人们从宇宙线、地球本身、陨石、月球岩样、火星地质等资料的分析中都得出了大体相同的元素丰度。

这些结果告诉我们，氢是宇宙中最丰富的元素，按原子数算，它占 93%，按重量算，占 76%；名列第二的是氦，按原子数算，占 7%，按重量算，占 23%。这两种元素就占了整个宇宙原子总数的几乎百分之百，重量占了近 99%。剩下的微不足道的比例，分配给其他一百多种重元素。

　　这种比例组合是如何造成的呢？尽管所有的核都是由中子和质子组成的，中子和质子的不同个数就形成了形形色色的各种元素。

　　伽莫夫的大爆炸宇宙模型认为，宇宙最初的高温高密状态全是中子构成的。当宇宙膨胀时，有些中子衰变成质子，质子立即俘获一个中子，形成氢的同位素氘的原子核，这样比氢重的第一个原子核就诞生了。氘核会俘获另一个中子而形成氚核，氚核很快释放出一个电子而蜕变为氦3。就这样，通过一连串的中子俘获和电子衰变，所有元素就在大爆炸中创造出来了。伽莫夫认为，元素形成的整个过程只有几分钟。此后，宇宙的温度下降到不能生成元素的地步。这些元素便飞散开形成星系。

　　实验证明，几乎所有的原子核都很容易俘获中子，而根据各种核俘获中子的能力计算出的元素的相对丰度与实际观测的值符合得很好。但它也有与事实不符的一面，而且矛盾还相当严重。这就是中子俘获生成元素的过程很难越过氦4后面的两个障碍：因为质量为5和8的原子核总是不稳定的，氦4俘获中子而成为氦5以后，它立即会重新衰变为氦4。同样，质量为8的铍的同位素一经形成，也会立即分裂为两个氦4原子核。于是形成元素的一连串过程在这里中断，世界上总不会有比氦4更重的核了。但这结论是荒谬之极的。因此，为了生成比氦4重的原子核，需要补充别的过程。

　　1957年，霍伊尔、福勒等提出了一个系统的理论来表明各种元素是如何在恒星内部合成的。他们认为，产生能量的核过程在产生元素方面也起着关键的作用。该理论假定大爆炸只能生成氦以下的元素，因此，当宇宙的高温高密状态之后第一代恒星出现时，其主要成分是氢核——质子，其他只有少量氘和氦。当恒星因引力收缩而内部温度升到500万开时，发生质子-质子聚合，4个氢原子转变为1个氦原子。这样在恒星核心部分就形成一个氦核区，体积逐渐扩大。当氢燃料烧完后，该核心便冷却而收缩，其时热压力削减，引力占了优势。而收缩又使温度上升。当核心温度升高到1亿开左右时，两个氦核合成铍8的速度同铍8分裂为两个氦核的速度一样，于是在这种平衡中总有少量铍8存在，其中有一部分会俘获氦4而产生稳定的碳12的核。于是，自然界就跳过了锂、铍、硼三种元素，跳过了原子量5和8的障碍，直接生成了碳。自然界中存在的锂、铍、硼这三种元素可能是重元素碎裂的产物，这也说明了自然界中这三种元素的丰度特别低的反常现象。

　　一旦碳12得以形成，它便会进一步俘获氦核而形成氧16、氖20和镁24。当氦核大部分用完时，核心部分重又冷却和收缩。接着温度再次提高，使碳核、氧核和氖核相互作用而形成硅族元素等，最后形成铁元素。由于铁元素是最稳定的元素，继续反应只能吸收能量，正常恒星生产元素的过程就到此结束了，这也说明了铁族元素丰度高得反常的现象。

　　至于比铁重的元素，通常认为是在第二代恒星的晚期和超新星爆发中形成的。第一代恒星不断向空间发射微粒。当它们死亡时，常常会发生爆发而把它内部的从氢到铁的各种核抛射到空间中。在这些物质基础上凝聚而成的第二代恒星中，存在着碳，其能量的主要来源不再是质子-质子聚合，而是碳氮循环。当恒星达到晚期红巨星阶段时，其中少量的铁就会依次俘获中子而生成从铁到铅和铋这样的元素。而在此后的超新星爆发中，又会生成更重的元素——以致比铀更重的元素。

上述元素的产生过程已经得到了许多实验资料的证明，成为我们今天关于元素起源的公认理论。1983 年，福勒因化学元素的核起源理论而获得诺贝尔物理学奖。

如果氢在宇宙中的比例不是那么大，而是其他物质如铁占据绝对优势，那么这个世界将不会有恒星，也就不会有生命和人类。如果宇宙中的恒星大多是由氦组成的，虽然氦也能释放能量，但寿命太短，那么生命将来不及在氦星周围的行星系统上发展起来。

那么，为什么宇宙中大部分氢并没有变成氦呢？这是由宇宙早期的状况所决定的。按照大爆炸理论，宇宙在早期高温高密状态所停留的时间并不长，接着就迅速冷却，大部分氢还来不及合成氦，宇宙就已经冷却到不能发生核聚变的地步了。而宇宙的冷却是膨胀引起的，膨胀的速度决定了冷却的速度。因此，今天宇宙中有大量氢残留下来，是同大爆炸以后几分钟内宇宙的膨胀以及膨胀的快慢有直接关系的。

正是当时的爆炸式膨胀，才使大量的氢保存了下来。这些氢后来在恒星内部缓慢地转化为重元素，给这个宇宙带来光和热，为生命和人类的发生、发展准备了条件。只要当初的膨胀速度慢一点，就会有大量的氢聚合成氦，那么今天宇宙就不会这样星光灿烂了，生命和人类也将不会出现。

6.9.3 宇宙中的常数

如果仅仅是绝对意义的常数，也许没有再讨论这个问题的必要。但如果自然界的基本常数有变化的话，问题就严重了。自然界的一切事物都处于永恒的变化之中，当然这种变化也有相对静止和稳定的一面。常数所表示的正是自然界中长期比较稳定的一些关系，如万有引力常数、普朗克常数、电子的电荷、真空中的光速、精细结构常数等。既然稳定是相对的，那么提出常数可能出现些微小的变化，并不是胡思乱想。当然，基本常数的变化是不可能很大的，否则的话，就不会被认为是常数了。

常数的变化同宇宙学有很大的关系。一方面，因为常数的变化十分微小，只有在大尺度的时空上才会显示出这种变化的后果。更重要的是，常数如果有变化的话，其根源恐怕就在于宇宙的演化。比如，宇宙的膨胀会不会影响物质之间相互关系的纽带——万有引力常数 G 呢？有很多学者认为随着时间的推移 G 在变小。由于 G 变小的速度非常缓慢，每年约百亿分之一，所以要测量由此而引起的宏观效应相当困难。因此 G 是否变化的问题至今仍是一个悬案，只能期待进一步的实验和观测。

前面说过，电子与质子的引力相互作用仅为电磁相互作用的 $1/10^{37}$。设想这个比例稍微改变一下，那么恒星的寿命就会大大不同，因为恒星的稳定基本上就是引力同热压力与辐射压力的平衡。因此，或许等不到生命在行星上发展起来，恒星就开始坍缩了。

又如，精细结构常数是 1/137，它是一个表示基本电荷作用强弱程度的基本常数。如果当初由于某种原因，这个常数比 1/137 大一点或者小一点，那么撇开别的后果不说，氢原子的半径就会有所不同，它也许就不可能与碳形成种类繁多的碳水化合物。这样，以这种化合物为基础的生命当然也就不会出现了。精细结构常数为什么是 1/137，这在目前完全是一个经验事实。如果我们能够弄清极早期宇宙各种相互作用出现时的物理过程，相信这个数字的大小将会得到理论上的证明。

还有一些与此类似的例子，目前我们还无法回答它们为什么是这般大小。看来，用我们通常的把局部同整体割裂开来的研究方法，是很难回答上述问题的。对宇宙整体性质的研究，尤其是对早期宇宙的研究，似乎有希望对它们提供一个统一的理论解释。

6.9.4 引力场和引力子

1. 引力

德国物理学家开普勒于 1609 年发表了著名的行星运动第一、第二定律。1619 年他又发表了行星第三定律。他的三大定律（见 1.2 节）精确地描述了行星运动的轨道及行星在轨道上运动的规律。遗憾的是开普勒并不能说明这些规律存在的物理基础。

1666 年牛顿找到了使行星绕太阳运动的力是源于太阳的一种吸引力，其作用线始终通过太阳，大小正比于太阳和行星的质量，反比于行星和太阳之间距离的平方。

牛顿将其推广后称之为万有引力定律：在宇宙中，任何两个物体之间都有引力 F 相互作用，其方向沿着两物体的连线。其大小与它们质量 m_1，m_2 的乘积成正比，与它们之间的距离 r 的平方成反比，如公式（6-1）所示。

2. 引力场

按照万有引力定律，两物体（通常将其简化为质点模型）的引力与它们之间距离的平方成正比。通常此两物体之间隔着一定的距离，其间可以是介质（如空气）也可以是真空。那么引力是如何传递的呢？早期这种力的传递被认为是超距作用：即相隔一定距离的两个物体之间存在着直接的、瞬时的相互作用，这种作用不需要任何媒质来传递。

显然，超距作用有些不可思议，现代人不会接受这种观点。用"场"的概念可消除超距作用的疑惑：任何物体都在自己周围的空间里建立一个引力场，这个场使得处在其中的任何其他物体受到一个作用力。也就是说，万有引力是通过引力场来传递的。

广义相对论认为：引力场由时空中存在的物质所决定。随着物质的运动，引力场会发生变化。这种变化以光速传播。对于静止或运动较慢（与光速相比）的物体，可忽略传播时间，把引力作用看成是即时作用。

根据引力场的定义，我们可以用试探质点来确定引力场的强弱。根据万有引力定律，试探质点在引力场中任一点 P 所受的力 f（这里 f 为矢量）与其质量 m_0 成正比。比值 f/m_0，是一个与试探质点无关的矢量，它反映了引力场本身在 P 点的性质。我们把它定义为 P 点的引力场强度用 g 表示，即

$$g = \frac{f}{m_0}. \tag{6-12}$$

显然 g 具有加速度的量纲，可用米/秒^2 作单位。如果某物体在空间某点 P 产生的引力场为 g，则任一质量为 m 的质点在 P 点所受的力为

$$f = mg. \tag{6-13}$$

注意这里的质量 m，m_0 均指引力质量。

引力场有个奇特的性质：任何质点，无论其化学成分和质量如何，它们在引力场中同一处都具有相同的加速度。如果再给这些质点以相同的初始条件，则在引力场中它们的运动轨迹完全一样。质点在引力场中的动力学问题变成了一个相对简单的几何问题。引力场的这种几何性质是其他场（如电磁场）所没有的。

一个质量为 M 的质点所产生的引力场在不同点的场强可写成

$$g = -\frac{GM}{r^2}\tilde{r}, \tag{6-14}$$

其中 $\tilde{r}$ 为场点矢径 r 的单位矢量，负号表示力的方向与矢径方向相反，是吸引力。

引力场还有一个叠加性质：若空间有 N 个物体存在，它们各自在 P 点产生的引力场强为 g_1，g_2，$\cdots$，g_N，则 P 点的总引力场强为

$$g = g_1 + g_2 + \cdots + g_N. \tag{6-15}$$

3. 引力波

为了理解引力波的概念，先来看一下大家熟悉的电磁波。随时间变化的电场会在它的周围产生磁场。随时间变化的磁场会在它的周围产生电场。变化的一种场产生另一种场的过程，可使电磁场能够脱离电荷和电流而独立存在。独立存在的电磁场以光的速度在空间运动或传播，运动的电磁场称为电磁波。光波是特定频率内的电磁波。波的存在一定有源，电磁波起源于随时间变化的电荷和电流。

模仿上面的叙述，我们可以这样定义：运动的引力场称为引力波，而引力波起源于运动的物体。当两个物体间有引力作用时，也就是说，一个物体运动，另一个物体会感觉到

它的运动。把一个物体的运动传递给另一个物体，需要一个载体来传递这个信号，这个载体就是引力波。

4. 引力子

在讨论引力子之前，我们还是来看一个熟悉的东西——光波。光波是特定波长的电磁波。在量子力学中，光波的能量是量子化的。这个量子化的能量载体称为光子。也就是说，光波由大量光子构成，波动是有能量的。

类似地，在量子理论中，引力波是由引力能量的最小单位来组成的，这个能量的载体称为引力子。也就是说，引力波由大量的引力子构成。

一个有质量的物体产生引力场，就是在发射这些有能量的引力子。从而两物体之间的引力作用可理解为：一个物体发射引力子，引力子以光速传播，另一个物体吸收引力子，这个过程频繁地重复着。两个物体间这种不断交换引力子的过程，就产生了观测到的引力。

爱因斯坦的广义相对论指出了引力子的性质。引力子与光子一样无静止质量，不带电，但引力子的自旋（表征基本粒子特性的一种参量）是光子的 2 倍，可以被物质发射和吸收。我们找到了光子，知道了光子的性质。如果知道了引力子的性质，能找到引力子吗？现在已经探测到引力波，如何来找引力子？

6.9.5　人类面临的挑战

经历了长时间的演化，宇宙中终于出现了星系、恒星、行星，在地球这样的一个行星上，出现了生命，最后出现了人类。

人类在自己的进步过程中不断探索周围的环境。他们用眼睛、望远镜、天线以及其他仪器捕捉来自天空的各种信号；后来，他们小心翼翼地跨出地球，攀登月球的山峰，让探测器飞入太空、穿透金星的浓雾，再挖开火星的土地，发射轨道空间站、航天飞机、哈勃太空望远镜，新地平线号已踏上探测太阳系边缘之路……

在人类不屈不挠的努力面前，大自然渐渐露出了自己的真相。人类终于能够在一个小小的地球上，面对着点点繁星，浩瀚银河，回顾他们生活在其中的那个宇宙所走过的漫长道路，欣赏它内在的和谐与统一。在他们面前，浮现出当初大爆炸的辉煌场面，超新星的耀眼光芒，宇宙线不息的奔流，以及别的星球上欣欣向荣的生命世界……

然而这一切并不是说我们对宇宙的了解已够清楚了，相反，在探索宇宙的道路上，我们还有许许多多的问题需要回答，比较引人注目的问题有：

（1）宇宙中的 X 射线、γ 射线爆发是怎样产生的？

（2）脉冲星的内部结构如何？它的转动能量是通过什么具体办法转变为辐射的？

（3）黑洞在自然界真的存在吗？

（4）星系核与类星体有什么样的联系？它们的能量是从哪里来的？

（5）星系和星系团中下落不明的质量到哪里去了？

（6）宇宙线的加速机制及其起源是怎样的，它们来自何处？

（7）宇宙中的有机分子是怎样形成的？它们同生命的发展有什么联系？

（8）宇宙中有其他生命吗？有比人类更高级的动物吗？他们在哪里？

（9）中微子和引力波的探测将揭示出一些什么样的新问题？会不会改变我们的宇宙观呢？

（10）自然界的基本常数会不会有变化？

（11）为什么我们熟悉的宇宙空间是三维的？

（12）为什么时间是一维的单向流动？

（13）宇宙为什么具有各种对称性？是巧合吗？

（14）为什么宇宙中反物质十分稀少？

（15）还有新的物质形态、能量方式存在吗？

（16）暗物质、暗能量存在吗？它们是什么？

（17）为什么宇宙在加速膨胀？

……

科学还需要我们去不断探索，去思考……作为自然界的四大基本起源问题——宇宙的起源、太阳系的起源、生命的起源、人类的起源，能离开天体物理的研究吗？

6.10　宇宙新奇模型

所谓宇宙模型就是对宇宙的大尺度时空结构、运动形态和物质演化的理论描述。下面我们对几种新奇宇宙模型做一个简单的介绍，着重介绍平行宇宙。

6.10.1　大挤压理论

大挤压理论是一个解释宇宙如何灭亡的过程的理论，它是由宇宙膨胀论延伸而来的。宇宙膨胀论认为，宇宙是从一团炽热的火球膨胀而成的。而且到目前为止还在膨胀。但是宇宙的物质如果足够多，会产生足够大的引力，让宇宙停止膨胀，并且收缩，并让宇宙回复到刚诞生时的状态；如果物质不够多，则宇宙将永无止境地膨胀。根据研究显示，把宇宙所有可见的物质加起来只能达到让宇宙坍缩质量的 1%~2%，但是宇宙中可能存在有一种不发光的暗物质，如果把暗物质加进去，大概占让宇宙坍缩质量的 10%~20%。好在宇宙学家又预测宇宙中有另一种更神秘的物质，比暗物质更不容易观测到，如果是这样的话，宇宙中的暗物质就超出让宇宙坍缩质量的下限了。

大挤压理论就是大坍缩。一种假想的宇宙状态，是宇宙终结的奇点。可以这样来理解大挤压理论：以地球为模型，宇宙是作为从北极的一点（大爆炸）开始的，从北极一直往南走时，离北极等距离的纬度圈越来越大，这对应于宇宙随时间的膨胀。宇宙在赤道处达到最大的尺度，再往南去，宇宙将随着时间的继续增长而收缩，最后在南极收缩成一点（大挤压）。

6. 10. 2　平行宇宙

平行宇宙（Multiverse，Parallel Universes），或者称为**多重宇宙**，指的是一种在物理学里尚未被证实的理论，根据这种理论，在人类的宇宙之外，很可能还存在着其他的宇宙，而这些宇宙是宇宙的可能状态中的一种，这些宇宙可能其基本物理常数和人类所认知的宇宙相同，也可能不同。我们的宇宙正处在从一个奇点（质量极大）不断膨胀到达极限后又重新收缩为一个奇点或者撕裂成多个宇宙的过程中。宇宙在极限膨胀的过程中也有可能撕裂为多个宇宙，中间间隔有无物质区。我们可以设想一下，万事万物最初是这样一个质量极大极大的奇点，通过膨胀不断地撕裂成无数个平行宇宙，在某一天的某一刻，就诞生了我们存在的这样一个宇宙。

1954 年，一位名叫艾弗雷特三世（H. Everett III，1930—1982 年，美国）的普林斯顿大学毕业生突然产生了一个绝妙而奇特的想法，他设想存在一个多重宇宙，其中不止有一个现实，而是充满了多个不同的现实领域，由量子力学决定的所有可能性都可以同时存在。

艾弗雷特将这一想法作为他在 1957 年撰写的博士论文的主题，但这个观点在当时看来太过离奇，因此没能在任何科学期刊上发表。据称这一经历对他打击很大，以至于他放弃了理论物理研究，转而去美国国防部做起了应用研究工作。

但在此之后的数十年间，艾弗雷特的多重宇宙理念在物理学界逐渐为人所认可。不仅如此，多重宇宙还开始在科幻作品中频频出现，就连对量子理论一无所知的普通人也开始对其幻想连连。假如多重宇宙真的存在，那么在每一个宇宙中都会有另一个版本的自己，在每次面临抉择时做了另一种决定。

六十多年过去了，平行宇宙理论依然是人类历史上最离奇但又完全合乎逻辑的构想之一，它直接源自量子力学的基本原理，并没有引入其他无关的假设。

宇宙源于大爆炸是最成功的宇宙学理论，有诸多观测证据的支持。但它也存在几个难以解释的问题，为此宇宙学家为它打上了暴胀理论这个补丁，认为宇宙早期经历过极快的膨胀。而暴胀难以避免地会导致一个惊人的推论：持续暴胀会不断创造出新的宇宙泡泡，从而形成有无数成员的多重宇宙。

2003 年美国宇宙学家泰格马克（M. Tegmark，1967—　）提出将平行宇宙分成以下四类：

第一类：这类的宇宙和我们宇宙的物理常数相同，但是粒子的排列方法不同，同时这类的宇宙也可视为存在于已知的宇宙之外的地方。

第二类：这类的宇宙的物理定律大致和我们的宇宙相同，但是基本物理常数不同。

第三类：根据量子理论，一件事件发生之后可以产生不同的后果，而所有可能的后果都会形成一个宇宙，而此类宇宙可归属于第一类或第二类的平行宇宙，因为这类宇宙所遵守的基本物理定律依然和我们所认知的宇宙相同。

第四类：这类的宇宙最基础的物理定律不同于我们的宇宙。而基本上到第四类为止，就可以解释所有可能存在的宇宙，一般而言这些宇宙的物理定律可以用 M 理论构造出来。

多年来，物理学前沿不断扩张，吸收融合了许多抽象的概念，如时间在高速下流动减慢、量子重叠、空间弯曲、黑洞等，近几年来"多重宇宙"的概念也加入了上面的名单。作为预言给出的论断也可能是错误的。现在问题的关键已不是多重宇宙是否存在，而是它们到底有多少个层次。关于层次，科学家是这样来分层的：

第一层次：视界之外

所有的平行宇宙组成第一层多重宇宙。这是争论最少的一层，所有人都接受这样一个事实：虽然我们此时此刻看不见另一个自己，但换一个地方或者简单地在原地等上足够长的时间以后就能观察到了。就像观察海平面以外驶来的船只，观察视界之外物体的情形与此类似。一个球形、炸面圈形或者圆号形的宇宙都可能大小有限，却无边界。

另一种观点认为：空间本身无限，但所有物质被限制在我们周围一个有限区域内。在大尺度下物质分布会呈现分形图案，而且会不断耗散殆尽。这种情形下，第一层多重宇宙里的几乎每个宇宙最终都将变得空空如也，陷入死寂。生活在第一层多重宇宙不同平行宇宙中的观察者们将察觉到与我们相同的物理定律，但初始条件有所不同。

第二层次：膨胀和气泡

如果第一层多重宇宙的概念不太好理解，那么试着想象下一个拥有无穷组第一层多重宇宙的结构：组与组之间相互独立，甚至有着互不相同的时空维度和物理常量。这些组构成了第二层多重宇宙"膨胀和气泡"。膨胀作为大爆炸理论的必然延伸，与该理论的许多其他推论联系紧密。比如我们的宇宙为何如此之大而又如此的规整、光滑和平坦？原因是空间经历了一个快速的拉伸过程，它不仅能解释上面的问题，还能阐释宇宙的许多其他属性。"膨胀"理论不仅为基本粒子的许多理论所预言，而且被许多观测证据所证实。作为一个整体的空间正在被拉伸并将持续下去，然而某些特定区域却停止拉伸，由此产生了独立的"气泡"，好像膨胀的烤面包内部的气泡一样。这种气泡有无数个，它们每个都是第一层多重宇宙：在尺寸上无限而且充满因能量场涨落而析出的物质。

对地球来说，另一个气泡在无限遥远之外，远到即使你以光速前进也永远无法到达。因为地球和"另一个气泡"之间的那片空间拉伸的速度远比你行进的速度快。如果另一个气泡中存在另一个你，即便你的后代也永远别想观察到他。基于同样的原因，即空间在加速扩张，观察结果令人沮丧地指出：即便是第一层多重空间中的另一个自己也将看不到了。

第二层多重宇宙与第一层的区别非常之大。各个气泡之间不仅初始条件不同，在表观面貌上也有天壤之别。当今物理学主流观点认为诸如时空的维度、基本粒子的特性还有许许多多所谓的物理常量并非基本物理规律的一部分，而仅是一种被称为"对称性破坏"过程的结果而已。由此，我们称空间的对称性被破坏了。量子波的不确定性会导致不同的气泡在膨胀过程中以不同的方式破坏平衡。而结果将会千奇百怪，其中一些可能伸展成 4 维空间；另一些可能只形成两代夸克而不是我们熟知的三代；还有些它们的宇宙基本物理常数可能比我们的宇宙大。

第三层次：不平行世界

第一层、第二层多重宇宙预示的平行世界相隔如此之遥远，超出了天文学家触及的范围。但下一层多重宇宙却就在你我身边。它直接源于著名的、备受争议的量子力学：任何随机量子过程都将导致宇宙分裂成多个量子平行宇宙。当你掷骰子，它看起来会随机得到一个特定的结果。然而量子力学指出，那一瞬间你实际上掷出了每一个状态，骰子在不同的宇宙中停在不同的点数。其中一个宇宙里，你掷出了 1，另一个宇宙里你掷出了 2……然而我们仅能看到全部真实的一小部分——其中一个宇宙。

20 世纪早些年，量子力学理论在解释原子层面现象方面的成功掀起了物理学革命。在原子领域下，物质运动不再遵守经典的牛顿力学规律。量子理论指出宇宙并不像经典理论描述的那样决定宇宙状态的是所有粒子的位置和速度，而是一种叫作波函数的数学对象。根据薛定谔方程，该状态按照数学家称之为"统一性"的方式随时间演化，意味着波函数在一个被称为"希尔伯特空间"的无穷维度空间中演化。尽管多数时候量子力学被描述成随机和不确定，波函数本身的演化方式却是完全确定、没有丝毫随机性可言的。

关键问题是如何将波函数与我们观测到的东西联系起来。许多合理的波函数都导致看似荒谬不合逻辑的状态，比如那只在所谓的量子叠加下同时处于死和活两种状态的猫。为了解释这种怪异情形，在 20 世纪 20 年代，物理学家们做了一种假设：当有人试图观察时，波函数立即"坍塌"成经典理论中的某种确定状态。普林斯顿大学科学家在 1957 年提出的一种观点认为"波函数坍塌"的假设完全是多余的。纯粹的量子理论实际上并不产生任何矛盾。它预示着这样一种情形：一个现实状态会逐渐分裂成许多重叠的现实状态，观测者在分裂过程中的主观体验仅仅是经历完成了一个可能性恰好等于以前"波函数坍塌假设结果"的轻微的随机事件。这种重叠的传统世界就是第三层多重宇宙。

第三层多重宇宙的存在基于一个至关重要的假设——波函数随时间演化的统一。所幸迄今为止的实验都不曾与统一性假设背离。在过去几十年里我们在各种更大的系统中证实了统一性的存在。同样的原理也可以适用在第二层多重宇宙。破坏对称性的过程并不只产生一个独一无二的结果，而是所有可能结果的叠加。这些结果之后按自己的方向发展。因此，如果在第三层多重宇宙的量子分支中物理常数、时空维度等各不相同，那些第二层平行宇宙同样也将各不相同。

第四层次：其他界构

虽然在第一层、第二层和第三层多重宇宙中初始条件、物理常数可能各不相同，但基础法则是相同的。平行宇宙的终极分类是第四层，包含了所有可能的宇宙。宇宙之间的差异不仅表现在物理位置、属性或者量子状态，还可能是基本物理规律。它们在理论上几乎就是不能被观测的，我们能做的只有抽象思考。该模型解决了物理学中的很多基础问题。

关于如何理解数学与物理之间的关系，有两个存在已久并且完全对立的模型。两种分歧的形成要追溯到柏拉图和亚里士多德。"亚里士多德"模型认为，物理现实才是世界的本源，而数学工具仅仅是一种有用的、对物理现实的近似。"柏拉图"模型认为，纯粹的数学结构才是真正的"真实"，所有的观测者都只能对之作不完美的感知。换句话说，两种模型的根本分歧是：哪一个才是基础，物理还是数学？

宇宙的数学结构是抽象、永恒的实体，独立于时空之外。如果把历史比做一段录像，数学结构不是其中一帧画面，而是整个录像带。"柏拉图"派模型带来了一个新的问题：为何我们的宇宙是这个样子？对"亚里士多德"派来说，这个问题是没有意义的，因为宇宙的物理本源就是我们观测到的样子。但"柏拉图"派不仅无法回避它，反而会困惑为什么它不能是别的样子。如果宇宙天生是数学性的，为什么它仅仅基于"那一个"数学结构？要知道数学结构是多种多样的。似乎在真实的核心地带有某种最基本的不公平存在。

第四层多重宇宙的假设作出了可验证的预言。在第二个层次上，它包含了全体可能（全体数学结构）和选择效应。数学家们还在继续为这些数学结构分门别类，而他们最终应该发现，用来描绘我们世界的那个数学结构将会是所有符合我们观测结果的结构中最简单的那个。类似地，我们将来的观测结果将会是那些最简单的、与过去观测结果相一致的东西；而过去的观测结果也应该是最简单的、与我们存在相符合的那些。

最新研究发现我们生活的宇宙可能并非单独存在，事实上，它很可能是由无限多个宇宙组成的"多重宇宙"中的一个。尽管多重宇宙的概念听起来有些不可信，但它背后却有物理学理论支持。有关多重宇宙的概念是由多个相互独立的物理学理论共同得出的。有的专家甚至认为还可能存在隐匿的宇宙。

2007 年 8 月，科学家在研究宇宙微波背景辐射信号时发现了一个巨大的冷斑（cold spot），其中完全是"空"的，没有任何的正常物质或者暗物质，也没有辐射信号。为什么宇宙中会存在如此怪异的时空呢？为了寻找这个答案，科学家认为这是另一个宇宙的证据，冷斑现象可能使得宇宙学家推出一种结论，暗示我们的宇宙之外还存在平行宇宙。科学家通过普朗克探测器观测到的辐射数据发现我们的宇宙可能是 10 亿个宇宙中的一个，第一次有证据显示平行宇宙是存在的。

普朗克探测器绘制的地图显示了微波背景辐射的分布情况，科学家认为大爆炸后期残留的辐射均匀分布于宇宙空间中。但 2005 年美国学者预言了异常辐射的存在，并认为由于平行宇宙的存在导致了辐射分布异常。根据普朗克探测器的数据，在我们的宇宙之外还存在更多的平行宇宙，由于这些宇宙的存在，导致了背景辐射的异常，这一切都体现在宇宙学理论无法解释的冷斑时空中。

有些物理学家提出了一种假设，认为多重宇宙的区域可能由所谓的膜世界构成。这些膜世界存在于多个维度上，但我们无法探测到它们，因为我们在自己的膜世界中只能感知到三个空间维度和一个时间维度。

一些物理学家认为，这些膜世界可能呈平板状，大多数时候，它们都彼此分离、无法触及对方，但偶尔也会闯入另一个世界中。按照假设，这种闯入就是膜与膜的碰撞，但这将导致灾难性后果，也就是宇宙大爆炸重复发生。

尽管我们从未见过任何平行宇宙，但多重宇宙也许真的存在，因为我们无法证明它不存在。如果存在多重宇宙，那就意味着时间线不只是有一条。假如有人回到过去，改变了某个事件，就会生成一系列全新的平行宇宙，并不会改变原本的时间线。在这个理论中，我们所在的宇宙只是众多平行世界中的一个，这些平行世界每时每刻都在分支散开，相互之间不会交叉也不会交流。

宇宙学中另一个谜团就是暗物质。在额外维理论里，暗物质被认为是处在其他平行宇宙中的物质。由于引力可以自由地在额外维中传播，所以人们通过引力观测，能够发现其他平行宇宙里的物质，但是光子被禁锢在膜空间上，所以其他平行宇宙里的光子，不可能通过额外维传播到我们地球上，所以我们看不见它们。

平行宇宙所在的膜空间，可能拥有更少或者更多的空间维度，但也不排除我们的宇宙和其他平行宇宙是处在同一个膜空间上的，只是这个膜空间来来回回被折叠了很多次，形成了很多的层，每层之间都隔着薄薄的额外维。虽然额外维可能并不那么厚，但是不同层上面的物体其实隔得非常遥远；因为光不能进入额外维，所以光只能沿着折叠的膜空间来传播信息，这就需要很久的时间。如果膜空间的两个折痕之间的距离达到几百亿光年，超过了我们宇宙的年龄，那么我们现在还看不到来自其他平行宇宙的光线。

平行宇宙中的恒星也可以发出一些观测信号——比如超新星爆发放出的引力波。如果引力波探测器可以发现宇宙中可观测物质以外的其他巨大的引力波辐射源，也许可以用来寻找膜空间折叠的证据。

近年来，科学家对额外维理论做了大量改进和发展，但是基本的想法没变，还是基于存在额外的空间维度以及我们的宇宙是被禁锢在一个膜空间上的假设。他们认为引力自身也被禁锢在五维时空内的一个膜空间上，这个膜空间在各个方向上都无限大。由于我们和引力处在不同的膜空间上，所以我们世界里的引力作用很弱。

还不确定平行世界的数量究竟是无限还是有限，但肯定是个庞大的数字。平行宇宙之间是不会发生相互作用的，它们不会以任何形式对彼此产生影响。想要穿越到其他宇宙就像超越光速一样，非人力所能企及。

霍金和薛定谔等科学家也曾提出过存在多个平行世界的可能性。霍金曾指出，在量子力学的作用下，大爆炸中也许诞生了无数个宇宙，不仅仅只有我们身处的这一个。

6.10.3　无限宇宙

虽然科学家并不确定时空的具体形状，但它很可能是扁平的（而非椭圆形或者圆环状）并且无限延伸。但是，如果时空是无限延伸的，那么它必须在某个点开始重复，因为粒子在时空中的分布形式是有限的。

如果你向前延伸到足够远，或许能够遇到另一个你，甚至是无限多个你。这些"双胞胎"可能正在做着此刻你正在做的事，有的可能穿着不同的衣服，有的可能正面临不同的事业和人生选择。由于可观测到的宇宙只能够延伸到光能够触及的地方，也就是从宇宙大爆炸起的137亿年间（也即137亿光年远的地方），在此范围以外的时空就可以被当做另一个独立宇宙。按照这种方式，多个宇宙彼此相邻，共同位于一个巨型无限宇宙之中。

6.10.4　气泡宇宙

除了无限膨胀的时空创造了多个宇宙的理论，其他宇宙的存在还可能通过名为"永恒膨胀"的理论解释。永恒膨胀理论是由美国塔夫斯大学宇宙学家维兰金（A. Vilenkin）首次提出的，该理论认为有些空间的口袋停止膨胀，而有的地区持续膨胀，因此产生了很多独立的"气泡宇宙"。

我们自身宇宙的膨胀已经停止，这使得很多恒星和星系开始形成，但它只是时空广袤海洋中的一个小气泡，很多其他类似我们自身的气泡宇宙仍在继续膨胀。在某些气泡宇宙中，物理学定律和基本常数可能与我们的有所不同，这导致这些宇宙可能有些奇怪。

6.10.5 数学宇宙

关于数学是否为描述宇宙的一项简单工具，或者数学本身就是基本现实，而我们对宇宙的观测其实是对宇宙真实数学本质的不完美认知，科学家一直争论不已。如果后者是正确的，那么组成我们宇宙的特殊数学结构可能并非唯一的可能，事实上所有可能的数学结构都存在于它们自身的单独宇宙里。

"数学结构是完全独立于人类的一种能够以某种方式描述的事物。"提出这项颇费脑筋的理论的美国麻省理工学院的泰格马克这样说道，"我认为一定存在某些独立于我们的宇宙，即使某一天人类灭亡，这些宇宙仍将继续存在。"

6.10.6 婴儿宇宙

宇宙不是无限的，而是有一个时间上的起点，在那个起点时间发生宇宙大爆炸，形成了现在的宇宙，迄今约137亿年，这个时间对宇宙来说太小，仅相当于人类发育的婴儿时期，故此得名婴儿宇宙。借助美国航天局的微波背景辐射探测器，一个国际天文学家小组新获得了"婴儿期"宇宙迄今最精细的照片，为宇宙大爆炸理论提供了新的依据，根据这张照片，科学家"精确地测量出了宇宙的实际年龄大约是138.2亿年"。

婴儿宇宙的概念，首先确立了无限的意念，在无限之中，包含了无穷的未知时空和生命。这个宇宙，从其历史角度讲，并非初生的，它也有着辉煌的历史。理论上白洞所在的宇宙就是婴儿宇宙。

根据广义相对论方程式的某些解释，当我们宇宙中一个天体坍缩形成一个黑洞时，它能够经过黑洞中心的奇点膨胀到一个不同的时空中去。这个从奇点膨胀开的时空区将完全等价于我们的宇宙从大爆炸奇点的膨胀。即使进入原始黑洞的物质只有太阳质量的几倍，这样一个婴儿宇宙却可以因暴胀而变得同我们自己的宇宙一样大。

很可能，我们的宇宙是以这种方式由另一个时空区中的黑洞坍缩成的，而时空总结构（"总宇宙"）是一系列相互连通的泡，就像一杯啤酒上面的泡沫，没有起始也没有终结。要说明这点，可将我们宇宙的时空想象成一个膨胀气球的外皮，婴儿宇宙就对应从这个气球上挤压出来并独立膨胀的一小块，从这个婴儿宇宙的皮上又会像芽体那样产生新的婴儿宇宙，依此类推，以至无穷。

我们知道宇宙的年龄的确是有限的，宇宙是在大约 137 亿年前大爆炸形成的。而计算表明，要把地球的夜空全部照亮，要花上以亿亿亿年计的时间，远处的星光才能都抵达地球。显然我们的宇宙还太年轻了。

6.11 略论宇宙中的哲学思想

这是一个内涵非常广泛的题目，足以让哲学家写上几百万字的专著。作为本章的结尾，我们只想简单地谈谈辩证法在宇宙起源和演化中的作用，更多的问题留待读者去思考，去研究。

读到这里，人们一定会觉得这个世界太奇妙了，它超出常人的想象；也一定会觉得这个世界太难了解了，似乎超出了人类认识的极限。因此，正确的指导思想和方法论对认识宇宙就显得尤为重要了。

6.11.1 宇宙起源中的辩证法

先来看看起源问题。大爆炸宇宙模型认为宇宙起源于原始火球。在原始火球里，物质以基本粒子形态出现。今天看来，原始火球由基本粒子构成的观点是很难成立的，因为根据暴胀模型，宇宙在大爆炸后的头一秒钟内才产生基本粒子。原始火球究竟由什么构成，只能让自然科学去解决。哲学代替不了具体科学。

但是，依据世界的统一性在于它的物质性原理，唯物辩证法能够为我们解决这个问题指明正确的方向。这就是，原始火球是某种未知的物质形式，而不是某种超物质的东西。原始火球是无限多的物质形式无限转化过程中的一环。原始火球也不是绝对最早的物质形式，因为它也是由过去某种物质形式转化来的，也经过了其他不同物质形式的无限转化过程。因此，当我们说宇宙起源于原始火球时，其含义是指，宇宙起源于某种特殊的物质形式，而不是起源于超物质的东西，不是起源于一无所有的绝对的"虚无"。这样一句话也许更能说明上述问题：我们今天所知道的宇宙的开端，可能是其他物质发展形式的终结，尽管对那个时期的情况我们实际上完全不可能了解。

那么原始火球又是怎样起源的呢？按照广义相对论，原始火球可以进一步收缩为没有大小的奇点。为了克服这一困难，必须运用吸引（收缩）和排斥（膨胀）这对自然辩证法范畴说明原始火球是怎样从过去的物质形式转化来的。

第一，收缩和膨胀是相互联系、互为前提的。收缩运动和膨胀运动是无机自然界，因而也是宇宙起源中的两种运动的基本形式，它们是矛盾的双方，是互相联系、互为前提而存在着的，失去一方，另一方也就失去存在的条件。因此，对膨胀的宇宙而言，它的起源必然有一个收缩过程作补充。也就是说，在当前，宇宙不仅要经历一个膨胀阶段，而且在过去，它也应该经历了一个收缩阶段。

第二，收缩和膨胀不仅是互相联系的，而且是相互转化的。因此，现在宇宙的膨胀很可能就是从宇宙过去收缩的末尾中转化来的。观测宇宙就是在收缩转化为膨胀的过程中诞生的。所以宇宙的起源过程经历了两个阶段：先是原始火球起源阶段，即宇宙在经过长期收缩运动之后，它的收缩的末尾就是原始火球，然后，宇宙再从这个原始火球通过大爆炸转化为膨胀运动。从哲学上说，宇宙的振荡理论是可行的，也是最完美的。

第三，原始火球是由过去什么样的物质状态转化来的呢？它本身又是什么样的物质状态呢？我们知道，运动和物质不可分割，在天体物质中与收缩和膨胀两种运动的基本形式相对应，存在着两种基本的物质状态，即超密物质状态和弥漫物质状态。伴随着收缩运动，宇宙中的物质也由过去极其稀疏的弥漫物质收缩为超密状态的原始火球。

需要指出的是，随着这种密度状态的改变，物质形式也要发生变化。例如，由分子态变为原子态、基本粒子态、夸克态（汤），这也符合量变质变原则。从哲学的角度看，奇点总是可避免的。原始火球不仅是收缩宇宙的终点，也是膨胀宇宙的起点，在这里终点和起点是辩证的统一，是可以互相转化的。

既然原始火球是膨胀宇宙即观测宇宙的起点，那么，观测宇宙又是怎样从原始火球创生的呢？这需要分析原始火球的内因，原始火球发生爆炸的内因是吸引与排斥的相互作用。在相当长的时间内，原始火球中的吸引是矛盾的主要方面，排斥是矛盾的次要方面，所以才使宇宙收缩在一个极小的体积内。但是，在超高温、超高密的原始火球中，吸引与排斥始终激烈地斗争着，因而使原始火球越来越不稳定。在某个时刻，当排斥超过吸引最终失去控制时，原始火球中的物质迅速向外抛射，发展成巨大的爆炸，于是宇宙便开始膨胀下去，直到今天。

宇宙的起源是一个正在探索中的十分复杂的问题，它会碰到许多困难，其中既有自然科学的问题，也有哲学的问题。如果能够将辩证法的观点与现代自然科学成果紧密地结合起来，会使我们少走很多弯路，更有利于揭示宇宙起源中的本质。

6.11.2 宇宙演化中的辩证法

自然界是沿着什么样的道路、方向演化和发展的呢？哲学上认为整个自然界是在永恒的流动和循环中运动着。

首先，考察一下未来宇宙两种衰亡的途径。唯物辩证法认为，自然界中一切具体的事物都是有生有灭的。宇宙也不例外，它不仅有其产生和发展的历史，而且也逃脱不了衰亡的命运。宇宙未来衰变的可能途径将取决于它属于哪种宇宙模型。

根据爱因斯坦引力场方程的解来分析，有三个非静态解，对应于三种不同的空间曲率，见式（6-7）。对应于 $K=-1$ 和 $K=0$ 的两种宇宙模型称为开模型。这种宇宙将一直膨胀下去，并且随着星系和恒星内部核燃料的耗尽而走向衰亡，宇宙变成一个黑暗世界。对应于 $K=+1$ 的宇宙模型称为闭模型。这种宇宙膨胀到某一最大体积后，开始转化为收缩，温度也随之回升得越来越高，终于又恢复到原来的原始火球状态。然后在一定条件下，宇宙又一次爆炸，又一次膨胀。随着膨胀和收缩的无限更替，我们的宇宙不断地有生有灭，再生再灭，故称之为振荡宇宙。

我们的宇宙究竟按哪种模型走向衰亡，迄今的天文观测尚未得到充分的证据来作出判断。目前观测到的物质密度大约为 10^{-30} 克/厘米^3，低于临界质量密度 ρ_c，不能使膨胀的宇宙转变为收缩的宇宙。种种迹象表明，宇宙中除了这些看得见的物质之外，还存在有大量看不见的物质。譬如，中微子就很可能是这种物质。过去人们一直认为中微子的静止质量同光子一样为零，因而不能影响宇宙的质量密度。然而，最近的实验表明，中微子的静止质量并不为零，尽管很小，只有几十电子伏特，但一旦这个结果得到最后证实，那么仅仅是宇宙中的中微子质量密度就能提高宇宙的质量密度。很多学者正在致力于这方面的探索。

其次，在弄清了宇宙未来衰亡途径的质量衰变的条件之后，就可进一步研究宇宙演化的基本规律——循环律不同的表现方式。

第一种方式，对于闭模型而言，物质演化的循环律是非常明显的。因为在这种模型中，生与死、收缩和膨胀是无限转化的，因此我们的宇宙并没有什么起点，这一代宇宙起源于上一代宇宙的末日，而这个结局又为下一代宇宙开创了新的起点。由于初始大爆炸的具体情况不同，所以各代宇宙演化的过程就不完全相同，这就避免了形而上学的简单机械循环论。

第二种方式，对于开模型而言，怎样论证它的循环律呢？这里就要从收缩和膨胀、吸引与排斥的对立统一观点出发，弄清楚原始火球是怎样产生的这个困难的问题。对此可以从哲学和自然科学两个方面加以解决。

在哲学方面，应当求助于运动不灭原理。宇宙中有一个吸引运动，就一定有一个与之相当的排斥运动来补充，反之亦然。否则必然导致运动最后停止的结局。根据这个原理可以推断，在原始火球大爆炸之前，一定有一个收缩运动作补充，才能产生原始火球，并且大爆炸之后，由收缩转化为膨胀，造成我们宇宙的膨胀运动；反之，对于这个膨胀运动，也必然能在别处找到一个收缩运动作补充。正是由于收缩和膨胀是无限转化的，因而才造成无限时间内，无数的宇宙有生有灭，有灭有生，处于永无止境的连续更替之中。

　　在自然科学方面，已经有科学家提出了原始火球是由非常稀薄的气体转化而来的观点。他们认为，在原始火球之前有一个非常稀薄的气体组成的宇宙。这种极稀薄的气体由于受到它的自身范围里分布的引力场的作用，慢慢地不断收缩，使得宇宙变得越来越紧密。收缩的最终结果，使温度升高，辐射增强，导致收缩放慢。当收缩达到的辐射压力与引力刚好平衡时，就形成了所谓原始火球。此后，在某个时刻，温度和辐射的向外推力最终失去控制，宇宙物质向外抛出，并迅速发展和爆炸，再转化为膨胀。

　　上面关于开模型的宇宙实现循环律的论述，是以这样的假定为前提的，即承认在我们的宇宙之外，还存在有许多其他类似的宇宙。我们的宇宙在膨胀，在排斥；而在别处，另外的"宇宙"在收缩，在吸引。而这个另外的"宇宙"，既可能发生在"我们的宇宙"的过去，使得目前正在膨胀的宇宙开始于从前一次收缩的末尾，又可能发生在未来，使得走向衰亡的"我们的宇宙"放射到无限太空中去的物质和能量的一部分，参与到这个另外的正在收缩的"宇宙"中去，重新转化为一个新的原始火球，并在一定的条件下，发生新的爆炸，新的膨胀……如此循环往复，永不停息。

　　作为开模型的宇宙，宇宙是无限的，也许在我们的宇宙以外，还有无限多的宇宙……

　　如果再运用其他辩证法的规律，如否定之否定，运动的螺旋式上升，低级到高级……还能得到更多的认识。

　　作为本章的结尾，作者提出了这样一个问题：根据量变到质变的辩证关系，也许收缩的极限——奇点，正是连接物质和反物质的通道，奇点问题也就解决了，不过宇宙又有了新问题——正宇宙、反宇宙……

思　考　题

1. 什么是宇宙论？

2. 牛顿时空观和相对论时空观有何区别？

3. 狭义相对论中，长度、时间、质量等物理量与运动速度的关系如何？

4. 宇宙微波背景辐射是如何发现的？它表达了什么样的物理思想？

5. 如何理解宇宙的形状和年龄？

6. 试述宇宙中存在的主要问题。

7. 阐述几种主要的宇宙理论，你支持哪种说法？

8. 什么是宇宙学原则？宇宙学原则的哲学意义是什么？

9. 关于引力，你有什么话想说？

10. 什么是引力透镜？

11. 如何来探测宇宙中的暗能量、暗物质？

12. 什么是奥伯斯佯谬？

13. 怎么理解运动使时间变慢？

14. 大爆炸宇宙模型的主要证据有哪些？

15. 大爆炸宇宙模型有哪些缺陷？

16. 宇宙仅仅有三个空间维度够吗？

17. 什么是有限无边宇宙模型？

18. 为什么我们对宇宙年龄的认识总在不断变化？

19. 怎么理解宇宙半径？

20. 引力波是如何探测到的？

21. 引力波探测有什么意义？

22. 世界各国有哪些引力波探测计划？

23. 什么是反物质？为什么它在自然界无法存在？

24. 化学元素如何产生为什么是天文学问题？

25. 你认为平行宇宙存在吗？

26. 试述哲学和宇宙观的关系，并试着用所学的辩证法来解释宇宙中的一些模糊概念。

第 7 章
地 外 生 命

在 21 世纪的今天，什么样的新闻最具爆炸性？战争、海啸、瘟疫、火星之旅……都不是。只要能够发生，外星人来访一定是地球 21 世纪最大的新闻。从《星球大战》《ET》《星战前传》《阿凡达》等，好莱坞的外星人大片从来都是人类最感兴趣的话题。外星人长什么样？具备什么能力？这是我们想知道又无法知道的最大悬念。外星人是地外生命的高级形式，那什么是生命呢？

7.1 关 于 生 命

人类很容易识别地球上的物体什么是生命体，什么是非生命体。但对生命的严格的、确定的定义却因种种原因又难以完整表达，我们只能给出较为普遍的观点。

7.1.1 生命的定义

作为生命，它应具备以下特征：

（1）具有自我复制繁殖后代的能力。这里的复制是指生殖细胞中的遗传因子 DNA 要进行自我复制。

（2）具有自我更新，也即新陈代谢的能力。

（3）具有主动改变自己去适应环境的能力。（这个能力老鼠可比人强多了。科学研究表明，地球上将来最后一种灭绝的动物可能就是老鼠。）科学家把这一能力称为生命的兴奋性。

（4）生命的最小单元是细胞。细胞主要由蛋白质和核酸组成，而蛋白质和核酸则由有

281

机分子构成，有机分子的主要成分为碳、氢、氧。

具备以上特征的物体，我们称之为生命。如果用通俗的词语来表达上述特征，那仅需两个字——"活的"。

虽然生命很容易被认知，但对其进行严格定义却很难。科学家和哲学家为此争论了几个世纪。举个例来说，一台 3D 打印机可以复制自己，但我们不会称它为生命；另一方面，骡子不能自我繁殖，但我们决不会说它不是生命。

科学家认为，地球形成大约 5 亿年后，才逐渐孕育出生命形式。

7.1.2　生命存在的条件

地球上生命存在的条件，我们可以归纳为如下几个主要方面：

（1）在一个恒星的行星系统中，恒星有适当的辐射能，以使"万物生长靠太阳"的基本理念得到保障。行星与恒星之间有适当的距离，行星的自转和公转速度在一个合适的水平。

（2）行星具有富氧并能提供防紫外辐射的大气层，有一定的磁场及电离层，以抵抗宇宙高能粒子辐射，有一定的重力。

（3）有液态水的存在和水的循环过程（如雨、雪等）。

（4）适宜的温度。地球上生命耐受的温度范围在摄氏 –200 度至摄氏 100 度之间，有合适的大气压。

（5）除上述物理条件外，还应有适合生命生长的生物条件。

当然这是以地球生命为样本给出的条件，不排除地外生命由于演化方式、物种特性、化学组成不同而产生的特殊生存条件。

最近几年，科学家在深海火山口发现了让人目瞪口呆的现象：数种生物（包括甲壳动物）在海底火山口温度高达摄氏 200 度至 300 度、深达数千米（极高的水压）、恶劣的水质（含硫量极高）中悠闲地游荡着。海底火山口的极端条件违背了我们公认的生存原则，但生命已经存在了，是环境造就了生命，还是生命适应了环境？

7.1.3　生命的起源

生命是怎样起源的？自古至今人类对这个问题的探索就从未停止过。历史上出现过许多关于生命起源的假说，主要可分为以下四种：

（1）自生说：认为生命是从非生命物质中迅速而直接地产生出来的。

（2）生源说：认为生命不能自然产生，只能从生命以前的生命中产生（类似于鸡生蛋，蛋孵鸡）。

（3）太空起源说：认为生命并非起源于地球，而是起源于地球之外的太空。

（4）化学进化说。

第（1）和第（2）两种假说由于显而易见的错误已被抛弃。第（3）种说法由于 20 世纪 60 年代星际有机分子的发现而得到重视。第（4）种假说则是科学界大致公认的普遍学说。

化学进化说认为最初的生命形态是在原始地球环境下经过长期的化学演化和生物演化而逐渐形成的，原始生命的形成可分为三个阶段：

（1）由无机物合成简单碳化物，在水和酸的作用下产生碳氢化合物，在阳光、闪电、火山活动提供的能量支持下经氧化形成烷、醚、醛等有机物。

（2）大量简单有机物随雨水汇集于原始海洋中，长期的积累使得海水中有机物的浓度达到一定的水平，从而生成复杂的大分子结构——氨基酸和核苷酸。

（3）氨基酸和核苷酸合成蛋白质和核酸，原始生命就诞生了。具有自我复制能力的原始生命由非细胞形态到细胞形态，由简单的原核细胞到有细胞器结构的真核细胞，由异养型生物到自养型生物，由单细胞到多细胞，由无性繁殖到有性繁殖，由简单到复杂，由水生到陆生，由低级到高级，直至形成复杂的生命世界。

据生物分类学家的研究，今天生活在地球上已经确知的生物物种约 170 万种，其中动物约 120 万种，植物约 50 万种，真菌类约 4.5 万种。加上未被发现的物种和已经灭绝的物种（物种灭绝的同时会有新物种产生），地球上物种的数目是相当可观的，保守估计在亿种以上。

7.2 地外生命

迄今为止，人类所认识到的生命现象都在地球上，人们从未见过地球以外的生命形态。如图 7-1 所示，科幻片中的外星人形象是人类通过想象创生的，没有任何事实依据。宇宙中如果存在着完全不同于地球的另一种或多种模式构建而成的生命，我们对此无话可说。如果宇宙中存在着与地球上相同模式构建的生命，那他们真的存在吗？

7.2.1 地外生命存在的依据

哲学中有句名言：世界是物质的。如果把这句话压缩一下则可表述为：生命是物质的。构成生命的基本物质材料和构成非生命的基本物质材料并无区别，无非是各种化学元素，而这些元素则由更为基本的粒子——质子、中子和电子构成。天文学研究已经证明：

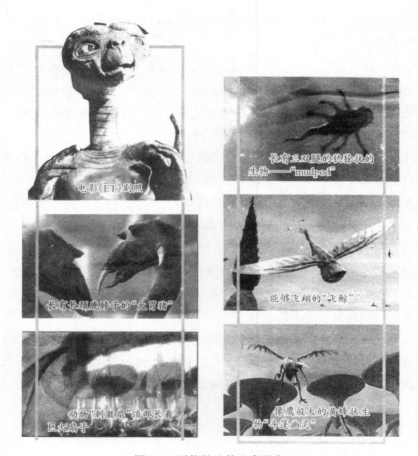

图 7-1　可能的地外生命形态

在地球以外的广阔宇宙中，构成恒星、星系、星际物质等的基本材料与地球上的是一致的。地球上物质之间相互作用的物理过程、化学过程和生物过程所遵循的规律也应适用于地外物质的相互作用。也就是说，如果地外存在符合地球模式的生命，那么构成他们的材料、结构方式、生存条件和地球上的生命也应该是一致的。承认宇宙的物质性及其规律的统一性是一切自然科学研究的前提。6.3 节中在讲到宇宙模型时用到的第一个假设：物质和能量在宇宙其他地方同我们在地球上一样遵从相同的物理定律，就是指的这一前提。离开这一前提，认为外星人可以用一种与地球人截然不同的方式生存，比如不受重力场的影响，可以在恒星表面生存，往地上摔一只玻璃杯，结果玻璃杯破碎后变成一只玻璃碗，那我们讨论地外生命还有什么意义呢？

星际有机分子的发现表明：在宇宙中许多地方，由无机物形成有机物的化学演化早已完成，这为由有机分子形成生物大分子结构，进而发展为生命的演化准备了充足的物质基础，组成生命的基本构件——氨基酸也被我们在宇宙空间中找到，地外生命的发现还会太远吗？

2020 年初，NASA 发布了"好奇"号在火星上探测到有机分子噻吩的消息，这种分子在地球上与生物系统有关。这是否能证明火星上曾经有过生命？说明火星上曾经存在微生物呢？现在还不能下结论。

如果在我们所处的宇宙其他区域偶然发现了地外生命，它们很可能与地球生命起源相似，生命可能搭乘彗星和小行星穿越星际空间，在某个行星或其卫星上播下生命种子。

科学家认为，离地球不远的木卫二（Europa，欧罗巴）也可能是太阳系中拥有生命的星球，如图 7-2 所示。尽管木卫二温度低至零下 220℃，由于其运动轨道是椭圆形，在木星的强大变引力作用下，木卫二的地下冰层也许会不断挪捏发热、融化成液态水，因此其水中也许生活着微生物甚至水生生物。

图 7-2　NASA 给出的木卫二表面冰层及喷流图

定于 2025 年发射的"欧罗巴快船"探测器（Europa Clipper）将证实木卫二上是否存在地下海洋，并为后续任务寻找合适的登陆地点。它还将对木卫二表面冰层中喷出的液态水展开观察，分析其中是否存在有机物分子。

在众多的星球上总会有生命存在，但我们也要非常小心，他们并不是像我们一样的高等生命体，也可能是细菌，甚至是有害病毒。

7.2.2　地外生命的探测

我们这里说的对地外生命的探测，是指对低级生命的探测，我们与它们之间不存在互动性。对地外高级生命即地外文明的探测留在下节讨论。由于人类认识自然的局限性，到目前为止，对地外生命的探测局限于太阳系内，探测的结果是：在太阳系内的其他天体上不存在像地球人那样的高度发达的生命形式，至于是否存在低级生命的可能至今也没有定论。

了解地外生命的最好办法是通过地球本身，将富有生命的地球的性质尝试推广到其他星球，作为搜寻地外生命的一条可行途径。探测地外生命就是探测生命必需的条件，这些条件包括以下几方面：液态水的存在，生命在新陈代谢或复制中必需的元素，生命体可利用的能源，生命体能够持续生存的稳定的环境。

没有液态水，很难想象生命能够存在。液态水是地球生命存在的最重要的条件。生物学家坚信，探测地外生命就等于探测液态水和碳水化合物在地外的存在。科学家重点对月球、火星、木星、土星以及它们的卫星作了探测。

1. 月球

1969 年 7 月 20 日，阿波罗 11 号登月舱首次实现了人类登上月球的梦想。从 1969 年 7 月到 1972 年 12 月，先后有 6 艘阿波罗飞船登月成功，共有 12 名宇航员登上了月球的土地。除此之外，苏联也有多个月球探测器完成了登陆任务。但他们的登陆点都在月球赤道附近，没有发现月球水或水冰的存在。研究表明，在月球表面大部分地区，水冰会因阳光蒸发而变成水汽，逃逸到太空中。但月球的两极由于温度极低（约-230℃），如果有水冰的话则可保存下来。1994 年美国航天局发射了 “克莱门汀” 号航天器，对月球南极进行探测，发现在南极的一个盆地中可能存在冰湖，大量的水冰和泥土混在一起。为了确认这一发现，1998 年 1 月，美国航天局发射了 “月球勘探者” 号月球探测器，118 分钟绕月球飞行一圈，在月面 100 千米上空对月球两极及整个月面进行了为期一年半的考察，进一步证实了在月球南北两极存在冰湖的可能性。1998 年 5 月发表的 “月球勘探者” 探测报告指出：月球南极 650 千米^2、北极 1 850 千米^2 范围内有水冰约 66 亿吨。1999 年 7 月 31 日，“月球勘探者” 进行了最后的自杀式撞击月球南极的实验，希望能够通过撞击来产生水分子和氢氧离子，以证明水冰的存在。

2009 年 10 月，美国航天局连续用一枚半人马座运载火箭和月球陨坑观测与传感卫星撞击月球南极的凯布斯坑，以探测月球之上的水冰。据称这次撞击扬起至少 95 升水，为月球有水给出有力证据。

2010 年，NASA 宣布，科学家在月球北极用雷达发现 40 多个陨石坑含有 6 亿吨水冰。

2. 火星

数百年前，当科学家用小口径望远镜观察火星表面时，发现有大量的规则线条，这些线条的规则性使人否定了它自然生成的可能性，人类将其解读为文明社会的产物——运河。随着人类技术的进步，探测器火星登陆的实现，运河观早已成了历史。火星的主要参数见 2.3 节。火星大气层比较稀薄，且主要成分为二氧化碳。火星比地球冷，表面温度在摄氏-167 度至 20 度之间。两极有很厚的白色冰层，称为极冠，但主要是干冰（固态二氧化碳），水冰很少。

近半个世纪，已有数十个火星探测器对火星进行了探测，虽然目前还没有发现火星存在生命，但存在的可能性还是相当可观。20 世纪 90 年代，美国实施了一系列的火星探测计划，发现火星表面有许多无水的干涸河床，宽几十米到数百米，长达数百千米，既有干流又有支流，还有大洪水冲刷过的痕迹。

2004 年欧洲空间局的"火星快车"飞行器发回了长期受水流侵蚀的火星表面照片，同年登陆火星的美国"勇气号"和"机遇号"火星探测器则找到了更多火星曾经有水的证据。特别是 2013 年，"机遇号"火星探测器发现了火星早期存在过水的强有力证据。

1996 年美国航天局宣布，1984 年在南极洲发现的命名为 ALH84001 的陨石为来自火星的陨石（判断依据是，陨石缝隙中气体的化学组成不同于地球大气而与火星大气构成完全一致）。更为重要的是，美国航天局发现陨石中存在化石微生物。这表明，在数亿年前火星上很可能有过相当温暖潮湿的气候，适合生命的存在和维持，也就是说，至少火星上曾经有过生命。如果以上的发现得到完全证实，那曾经的洪水、河流、微生物，甚至生命现在到哪里去了呢？完全消失了吗？

3. 巨行星的卫星

在太阳系各大行星的卫星中，最有可能存在生命的是木卫二和土卫六。木卫二比月球略小一点，质量约为月球质量的 70%。1989 年美国发射了"伽利略号"木星探测器，于 1995 年 7 月到达木星附近。1996 年 6 月 27 日，"伽利略号"飞船飞临木卫二，对它进行了考察。结果表明，木卫二表面布满环形山，有山脊、裂缝和沟槽；表面为冰层所覆盖，估计冰层厚度在 8~16 千米之间，冰层下可能存在液态水，水深可能有 80 千米，水底还可能有火山活动，活火山提供的能量足以使水中某些不需要阳光和空气的微生物生存和繁殖；木卫二有自己的磁场，两极有臭氧层。

1997 年美国航天局发射了"卡西尼号"土星探测器，飞船于 2004 年到达土星附近，对土星及其卫星、光环进行了系统的考察。特别是对土卫六，即泰坦进行了大量的科学探测。泰坦是太阳系中的第二大卫星，直径 5 150 千米，质量为月球的 1.8 倍，有厚厚的大气层，表面物理条件类似于原始地球，故其上存在生命的可能性相当大。2005 年 1 月 14 日，"卡西尼号"携带的"惠更斯号"探测器降落在泰坦表面。"惠更斯号"临终前发回的照片表明，泰坦上可能富含碳氢化合物和冰块。

2006 年 3 月 9 日，美国宇航天局宣布，正在探索土星的"卡西尼号"飞船很可能已找到了土星的卫星——"土卫二"上存在液态水的证据。"土卫二"直径约 500 千米，表面温度低于摄氏-100 度。科学家认为，这些埋藏很浅的液态水可能是解开"土卫二"一系列奇特现象的关键。

2005 年，"卡西尼号"飞船 4 次近距离飞掠"土卫二"，特别是 2005 年 7 月的一次，飞船距"土卫二"表面仅 168 千米，拍摄了其南极地区的大量高清晰照片。照片显示，"土卫二"南极地区有一系列裂缝和喷口，这些喷口喷出的冰屑形成了"土卫二"喷发现象。这些冰屑的来源是"土卫二"浅表层的液态水，而液态水被冰层覆盖，当温度、压力满足一定条件时，水的固、液、气三态可以保持平衡，但如果覆盖的冰层出现裂隙，就会出现这种情况：一方面蒸汽喷发，另一方面喷出的蒸汽迅速形成冰屑。当然由于"土卫二"实在太小，能存在生命的可能性几乎为零。

2006 年 1 月，用于探测太阳系边缘的冥王星和柯伊伯带的"新地平线号"探测器发射升空，2015 年 7 月掠过冥王星。尽管探测生命不是它的主要任务，可这一路上会不会有意外发现呢？但到目前为止，所有太阳系的探索结果表明，还未发现有比地球更适合生命生存的天体。我们只能把眼光放得更远一些。

天文学家们一直在积极探索地外行星，特别是自 NASA 在 2009 年发射开普勒太空望远镜之后。但要从茫茫星海中筛选出能够支持生命存在的行星并非易事，因为我们现有的深空探索技术还不够先进，无法测定遥远行星的表面与大气成分。尽管开普勒太空望远镜已经帮助天文学家发现了 4 000 多颗系外行星。

要想支持生命存在，行星的质量非常关键。如果远小于地球质量，引力将不足以维系大气层，因此不可能存在液态水；而如果行星质量超过地球的两倍，又会吸引过多的尘埃、气体和冰，变成一个类似木星或海王星的荒凉世界。只有介于地球半径 0.8 至 1.5 倍之间的行星才可能同时满足"岩质"和"有液态水"两点要求。目前我们已经找到了 1 000颗左右符合条件的行星。

生命存在的关键在于合适。离恒星太近则太热，离恒星太远则太冷。天文学家已经发现了几十颗处于宜居带中的行星。由于中央恒星的大小等性质不同，通常认为宜居带介于日地距离的一半到两倍之间。太阳系中只有地球和火星处于宜居带中。但除了距离之外，中央恒星活动，如高强度等离子体耀斑辐射也会将不少行星踢出宜居之列。

对开普勒太空望远镜的观测数据进行分析，天文学家发现了几十颗可能类似地球的行星，但我们还无法判断这些行星的关键大气成分是否与地球相近。距我们最近的类地行星是比邻星 b，到地球的距离约为 4.2 光年。即使在这么近的距离上，现有的探测器和望远镜也无法获取我们需要的大气信息。

欧洲天文学家于 2007 年 4 月宣布，首次在太阳系外发现了一颗可能适合人类居住的行星，在这颗星球上也许存在海洋和生命。位于智利的欧洲南方天文台发现了这颗行星。这颗行星的质量大约为地球的五倍，距离地球 20 光年，围绕一颗名为 "Gliese 581" 的红矮星运转，因此被命名为 "Gliese 581c"。c 表示 Gliese 581 四颗行星中的第三颗。Gliese 581 比太阳要小，表面温度也低很多。Gliese 581 是距离地球最近的 100 颗恒星之一。

在已经发现的约几千颗太阳系以外行星中，Gliese 581c 是质量较小的一颗。此外，它的运转轨道处于宜居区之内，如果其他条件合适，就有可能存在地表水和生命。如果它像地球一样由岩石组成，它的直径大约比地球大 1.5 倍。如果它是一个大冰球，则直径可能会更大。

根据理论，Gliese 581c 应该有大气层。不过大气层的成分还是一个谜。如果大气层太厚的话，行星的表面温度就会太高。不过科学家相信，Gliese 581c 的平均温度可能适合人类居住。

7.2.3 地外生命的构成

很多人坚信外星人的存在，但他们会像你我一样，也主要由碳和氮等组成吗？也许不是。有可能他们现在就在这里，只是我们看不到他们。这样的生命存在于一个未知生物圈中，属于还未被发现的生物类型，意味着我们无法了解甚至注意到他们，因为他们超出了我们的理解范围。

一个关于外星生命的流行观点是，这些生命的生物化学特性可能是以硅为基础，而不是碳。即使从地球的观点来看，这种说法也是有道理的。地球上大约 90% 的物质是由硅、铁、镁和氧组成的，意味着有很多东西可以用来打造潜在的生命形式。

硅和碳类似，也具有 4 个可以和其他原子形成共价键的电子。硅更重，有 14 个质子，而碳原子核只有 6 个质子。碳可以形成强大的双键和三键，形成长链，从而实现许多生命功能，比如建造细胞壁。相比之下，硅很难形成牢固的化学键，所以长链分子的稳定性要差得多。另外，常见的硅化合物如二氧化硅，在地面温度下通常是固体，不溶于水。相比之下，二氧化碳是高度可溶的，碳也更为灵活，能提供更多的分子可能性。

地球生命与地球的整体成分构成有根本的不同。事实上，地球生命的化学组成与太阳的化学组成有近似相关性，生物中98%的原子由氢、氧和碳组成。另一个反对硅基生物圈的理由是，有太多的硅被锁在岩石里。因此，如果地球上存在可能的硅基生命形式，它们可能已经在其他地方进化出来了。

尽管如此，还是有一些论据支持地球上存在硅基生命。几年前，美国加州理工学院的科学家成功培育出一种细菌蛋白质，这种蛋白质能与硅结合，本质上是赋予了硅生命。因此，尽管与碳相比，硅不够灵活，但它可能会找到方法组装成生物体，也有可能和碳结合在一起构成生命。

在地球以外的太空，如土星的卫星"泰坦"或围绕其他恒星运行的行星中，我们不能排除硅基生命存在的可能性。为了找到它们，我们必须跳出陆地生物学的框框，找到识别新型生命形式的方法。这些生命形式与碳基生命形式有着根本的不同。

尽管许多人相信宇宙的其他地方存在生命，但我们还没有证据证明这一点。因此，无论太阳系或宇宙其他地方的生命形式如何，我们无法保证我们不受外来生命的入侵，无论它们更接近地球生命，还是完全陌生的外星生命。

科学家已经投入了很多的时间和精力来寻找外星生命存在的证据，即使它们真的存在，也可能不太容易识别。研究人员认识到，发现外星生命的过程可能将人类置于一个充满不确定性的位置，并可能带来灾难性的后果。

7.3 地 外 文 明

地球是太阳系内唯一拥有智慧和文明的星球，太阳系外的宇宙中是否会存在同样的文明或异样的文明，即地外文明呢？目前还不得而知。我们能做的就是根据地球文明这个样本，去科学地分析探讨地外文明存在的可能性、可能的存在形式，并想方设法与他们取得联系。

7.3.1 地外文明存在的可能性

地球上生命的诞生和文明社会的形成是按照一定的物理过程自然演化的结果，只要条件合适，在宇宙中其他地方也会出现同样的结果。因此探讨文明产生的条件是寻找地外文明的基本前提。

地球上智慧生物的进化用了约45亿年的时间，尽管人们不知道这一时间长度是否具有典型性和普适性，但保守的假设是这一过程需要数十亿年，也就是说，作为行星能量来源的恒星至少要有如此长的稳定期。只有主序星是恒星一生中的稳定期。主序星要在主星序上停留足够长的时间并有合适的光谱型，根据这一要求计算可知，恒星的质量应在 $0.33 \sim 1.3 M_{\odot}$ 之间。研究表明，此类恒星有相当部分是双星和聚星，双星系统不能保证生命的长久存在，要将它们排除在外。

对于质量适中的长寿命恒星，还需要有一个年龄上的要求。如果年龄太小生命演化的时间就不够长，文明也不会出现。

恒星的条件的满足对文明的产生来说，只能算是具备全部条件的一半。作为生命栖息地的行星也必须具有非常优越的条件。这可分为以下几方面来讨论。

（1）与恒星的距离要适当。距离太近，由于过热，液态水无法存在，生命就难以为继。距离太远，水都成了冰，无法形成水的循环。生命即使存在也无法向文明进化。这一距离范围称为恒星的生命圈。

（2）行星本身的大小和质量要适当，才能有足够的引力维系住厚厚的大气层，保护住液态水。质量太小，大气层和水分没有了，质量太大、引力过强也会影响高级生命的形成。

（3）其他条件。如行星轨道的偏心率、自转和公转的周期、磁场、固体外壳、周边行星环境等。

以上的分析可以得出一个结论：文明的产生在宇宙中是一个极小概率事件，几率比中彩票的头奖还要小很多个数量级。但不要忘了，我们的宇宙有的是恒星，在千亿计的恒星中发生若干小概率事件并不稀奇。

现在就以文明产生的条件来估计银河系中符合这些条件的星球数量——这就是著名的德雷克方程：

$$N = R_S \times f_p \times f_g \times n \times f_1 \times f_i \times f_c \times L, \tag{7-1}$$

式中，N 为银河系内可以联络的文明星球数；

R_S 为银河系中的恒星形成率，也即每年形成的恒星数目，通常 $R_S \approx 10$；

f_p 为有行星系统的恒星所占比率，通常 $f_p \leqslant 0.5$；

f_g 为类似太阳型恒星所占比率，通常 $f_g \approx 0.2$；

n 为每个恒星有多少个行星处在其生命圈内，通常 $0.01 \leqslant n \leqslant 3$；

f_1 为宜居行星中出现生命的行星的比率，通常 $10^{-3} \leqslant f_1 \leqslant 1$；

f_i 为有生命的行星中出现智慧生命的比率，通常 $10^{-3} \leqslant f_i \leqslant 0.5$；

f_c 为有智慧生命的行星中，具有星际通信能力的行星的比率，$0.1 \leqslant f_c \leqslant 0.5$。

L 为文明存在的寿命。L 是很难确定的未知数，因为高度发达的文明社会具备了自我毁灭的强大能力，反而会缩短文明社会的寿命。取值范围 10^4 年 $< L < 10^9$ 年。上述各参量中只有 R_S，f_p 和 f_g 可以被确定，其他因子只能靠估计，因此 N 可能的取值范围就相当广。考虑 N 极小和极大两种情况。

悲观的观点：

$$N_{\min} = 10 \times 0.01 \times 0.2 \times 0.01 \times 10^{-3} \times 10^{-3} \times 0.1 \times 10\,000 = 2 \times 10^{-7}.$$

在这种情况下，需要搜寻 10^7 颗恒星才能发现一个智慧文明星球，文明出现的几率为千万分之一。

乐观的观点：

$$N_{\max} = 10 \times 0.5 \times 0.2 \times 3 \times 1 \times 0.5 \times 0.5 \times 10^8 = 7.5 \times 10^7.$$

在这种情况下，银河系内的智慧星球数以千万计，这种事件出现的可能性又让我们产生怀疑。事实上影响 N 的因子很多，并非仅仅上述 8 个。综合考虑的结论是银河系内的 N 为 $10^5 \sim 10^6$ 个，也有学者认为大约每 500 颗恒星中可能会有一个恒星的行星系统发展为文明社会。

即使地外文明大量存在，要与他们取得联系也非易事。除了技术和设备上的限制，时空屏障才是我们要克服的最大难题。以 500 颗恒星有一个文明社会为例，可以计算出太阳附近 500 颗恒星占据的空间半径为 35 光年，所以最近的一个文明星球可能远在 35 光年以外。即使采用无线电信号来联系，收到他们的回音也得在 70 年以后，这是空间问题。再说时间问题，宇宙中各个文明星球不可能同时达到相同的发展阶段，当某一星球上文明刚刚萌芽的时候，也许另一个星球上已经形成高度发达的文明社会，文明发展程度差异太大的星球是无法进行通信沟通的。300 年前的地球人是无法接收和回复无线电信号的。更为可悲的是，当一个星球上的原始人逐渐进化到高度发达阶段的时候，他想联系的另一个星球上的超级文明会由于过度发达自我毁灭（人祸），也可能由于小行星或彗星的撞击或恒星主序星周期的完结而消亡（天灾）。文明发展的时空屏障也许会让每个文明星球各自孤独地走完一生。

7.3.2 地外文明的分类

人类文明已经历了数万年，牛顿的微积分理论和运动定律的建立，才使科学技术得以飞速发展。经过最近一个世纪的努力，人类终于进入了高度（这个"高度"是人类将现在和以往相比得出的结论）发达的时代。如此短暂的时间建立起来的人类文明，在茫茫宇宙之中不大可能是至高无上的。科学家认为，如果存在地外文明，则大部分地外文明要比地球的文明史长得多。地球文明在宇宙文明中仅是初级文明。

为了区分地外文明发展的程度，苏联天体物理学家卡尔达舍夫将文明社会按其工业技术发展水平分成三类：

第 I 类：工业技术水平略高于现在地球上已经达到的水平，能调集和掌握本行星的全部资源和能量进行宇宙通信。对地球来说，这个能量约为 10^{16} 瓦。

第Ⅱ类：掌握自己的中心恒星和行星系统（如太阳系）的物质和能量资源，其能量约为 10^{26} 瓦。

第Ⅲ类：能掌握自己的恒星系统的一切资源，其能量约为 10^{36} 瓦。

也有学者建议将这三类文明每类再细分为 10 个次型，如：

Ⅰ-1.0 型对应能量 10^{16} 瓦；

Ⅰ-1.1 型对应能量 10^{17} 瓦；

……

Ⅰ-1.9 型对应能量 10^{25} 瓦。

据说按我们地球目前的水平，尚不够进入真正的Ⅰ类文明，地球文明指数仅为Ⅰ-0.7，悲哀啊！也有学者这样进行分类：第一类完全适应行星；第二类可以控制行星系统；第三类可以控制行星对应的恒星系统。

7.3.3 地外文明的探索

目前人类用于地外文明探索的方法大致可分为以下四种：无线电通信，光学通信，空间探测器，载人飞船。

1. 无线电通信

这是最自然最实际的方法。此方法最大的特点是信号传播的速度达到了速度的极限——光速。利用无线电通信的方式又可分为两类：一是接收地外文明发射的无线电信号；二是向地外文明发送地球文明的声音、图像等无线电信号。在寻找地外文明的无线电信号时，由于不知道其他文明世界所使用的频率、空间位置，所以应采用全频段、全天空、全天候大口径高灵敏度的射电望远镜。但这种设备实际上是不存在的，就像发现脉冲星一样，机遇有时更重要。

（1）搜寻地外无线电信号。1960 年，美国天文学家德雷克（F. Drake，1930—　），开始实施人类探索地外文明的奥兹玛（OZMA）计划。计划历时二十多年，对太阳附近的近 700 颗恒星进行了观测，没有发现真正的来自天外的人工信号。

1992 年，美国航天局开始实施"高分辨率微波巡天（HRMS）"计划，使用包括波多黎各阿雷西博望远镜在内的世界上一些最大的射电望远镜，对太阳附近 100 光年以内的 1 000颗类太阳恒星逐个进行扫描。接收机能同时对 200 万个带宽为 20 赫兹的频道进行分析，区分接收到的信号究竟是自然信号还是人工信号。HRMS 计划实施一年后，因经费问题而被迫中止。随后美国加利福尼亚州的天外智慧搜寻研究所（SETI）启动了更为巨大的凤凰（Phoenix）巡天计划，发现了近百个可疑信号，但没有确认的地外文明信号。1999

年 SETI 启动了 "SETE@ home" 计划，发动全人类通过互联网参与对信号的分析和甄别。

SETI 计划的科学家认为在银河系中的行星就像虫子一样普遍，哪个角落里都有。如果所有行星都无法孕育生命，这就太不合情理了。他们甚至预言在 2025 年前，一定会找到外星生命。

美国原计划在 2015 年前后发射陆地行星发现者（Terrestrial Planet Finder）TPF 空间望远镜，搜寻可能孕育生命的行星化学信号，如二氧化碳、氧气、甲烷和水蒸气等，因经费问题搁浅。

欧洲航天局也不甘示弱，准备开展"达尔文计划"搜寻外星生命。科学家们认为，21 世纪是一个寻找外星生命的世纪。

中国计划在 FAST（见第 10 章）计划建成以后参与 1 千米² 面积的 SKA（Square-Kilometer Array）的建设。SKA 将是人类建造的最大尺寸的射电望远镜。SKA 除了进行深空探测任务外，另一项主要目标就是探测地外文明，或与外星人进行通信联络。SKA 的建设方案见第 9 章。

（2）发射无线电信号。向地外文明发送地球文明的信号的最佳频段为 1 000～10 000 兆赫兹，因为这个波段星际物质和大气层对它的吸收最小。而最佳频率则为氢的 21 厘米射电频率 1 420 兆赫兹。因为氢的 21 厘米谱线完全各向同性，不随空间、时间而变化，并且氢是宇宙中最普遍的元素，不管外星人的差异有多大，1 420 兆赫兹应当是易懂的、通用的和熟悉的频率。发射信号的功率应足够大，以便遥远的外星人能收到，这一点地球人已能做到。

发射的信号必须加以调制，以什么形式调制呢？也就是说如何才能让外星人收到这个信号后知道它来自另一个文明星球并还能读懂它呢？说得更简单些就是与外星人交流用什么"语言"。多数学者认为宇宙语言只能用一种抽象的数学语言来表达，因为不管处在什么层次的智慧生命，都应有"数"的概念。用"数"设计的语言最简洁的就是二进制 1 或 0。那用"数"表达什么呢？最好用"数"表达一幅图像，因为不仅是智慧生命甚至连低级动物也都是有视力的。

1974 年 11 月 16 日，口径 305 米的阿雷西博射电望远镜对准了武仙座球状星团 M13 方向，发出了地球文明的联络信号。信号采用二进制编码脉冲形式，数据点数为 23×73 = 1 679 个二进制信号单位。若把信息数码按先后顺序从右到左、从上到下排成 73 列 23 行，用白色方块代替信号"0"，用黑色方块代替信号"1"就可获得一幅图像。图像内容为太阳系概况，人类生命的基本组成元素氢、碳、氮、氧和磷的原子序数，遗传物质 DNA 的化学结构，地球人男女及小孩的形象和平均身高、体重等。信号总长历时 3 分钟。

M13 是银河系中恒星最密集的星团之一，星数在 30 万颗以上，应该有若干地外文明存在，可惜 M13 距太阳系 25 000 光年，信号往返至少需要 5 万年，地球人有耐心等下去吗？

1999 年 4 月，一个国际探测小组向 4 颗距离我们 50～70 光年的类太阳恒星发出了一系列的无线电"宇宙邀请信"，以期与地外文明沟通。事实上，一百多年前人类就开始使用无线电信号，这些信号现在已经离地球 100 多光年了。在这个范围内有数千颗恒星，说不定已经有地外文明收到了这些信号，并已经回复了。随着技术的进步，人类还将不断尝试发送更多文明信号给我们宇宙中的邻居。

2. 光学通信

光学通信就是激光通信。这项技术在地球上已进入商业运作阶段。因激光的固有特性——高强度、方向性强、极好的单色性、大容量等，大有替代传统无线电通信的可能。我们理应将这一最新通信方式用来与外星人交流。只要有足够强大的大功率激光器，星际光学通信就能成为可能。问题是如何让外星人知道在复杂的恒星光谱中有地球文明的使者——激光信号。

3. 空间探测器

利用航天技术，将探测器送入太空，当探测器接近目标时再与目标进行无线电联络，也可直接降落在目标星球上。如果宇宙飞船在驶往宇宙深处的途中被外星人截获，这也是我们求之不得的好事。

1972 年和 1973 年，美国发射了"先驱者 10 号"和"先驱者 11 号"宇宙探测器。两艘飞船上都有介绍地球人的"名片"，它采用经过特殊处理的镀金铝板制造，面积14×22.5 厘米^2，几亿年不会变形变质。上面刻有二进制编码的有关太阳系和地球的各种信息，14 颗脉冲星的脉冲周期和地球与它们的相对位置，"先驱者"飞离地球的时间，一对男女地球人的裸体图像，如图 7-3 所示。图中的不同数字处的图形代表如下含义：

1——女人身高；

2——氢原子及其特征波长；

3——表示一个数字；

4——太阳在银河系中的位置；

5——太阳与银河系中心的距离；

6——太阳和九大行星、探测器从太阳系第三颗行星地球出发。

这是人类想表达的信息，外星人能否读懂是另一回事，但愿他们不会产生误会。1984 年"先驱者 10 号"已飞出太阳系。

1977 年美国发射了"旅行者 1 号"和"旅行者 2 号"探测器，它们身上都带有可以播放两个小时的关于"地球之音"的镀金铜唱片。只要不出现意外，唱片可以在宇宙空间

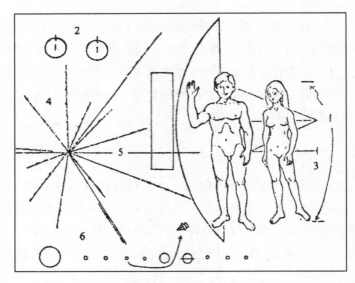

图 7-3　"先驱者 10 号"所带的地球信息镀金名片

连续播放 10 亿年以上。唱片里录入了地球上具有典型意义的各种音像资料，包括巴赫、莫扎特的音乐作品，中国古典乐曲《高山流水》等 27 首世界名曲，还有 35 种地球上的自然声响，如打雷、动物叫声、人的语言等。图片资料有 116 张，内容包括地球的宇宙环境、自然环境、人体、各国风土人情、科学和文明的成就等。两个"旅行者"探测器也早就飞出太阳系，等待着外星人的"绑架"。

4. 载人飞船

由宇航员驾驶空间探测器出巡，优点是可与不同文明程度的外星人直接接触，了解他们的生存环境，生活方式，外观形态，交流"思想"，交换礼物，取长补短，等等。缺点是现有技术尚不能制造所需的飞行器，无法保障宇航员星际航行中的生存和安全。留待后人来实施吧。

在浩瀚无际的宇宙中出现生命的可能性是非常大的。但是研究人员发现，考虑到地球周围的恒星以及文明宜居行星的数量，在可观测的宇宙中，文明行星的数量存在很大的不确定性。

我们是不是宇宙中唯一的智慧文明？这是我们一直想知道的。近几年我们在火星上发现了液态水、有机分子，但还未找到任何显示微生物存在的证据。而火星环境极其严苛恶劣，就算找到了这样的证据，这些外星生物也一定极为原始。有证据表明，以碳为基础的有机分子可以通过陨石到达地球，那也将会到达其他行星，在适当的条件下发展成智慧生命。

到目前为止，我们对外星生命的搜寻始终一无所获。即将在 2021 年发射的詹姆斯·韦伯望远镜或将使我们搜索宜居行星的方式发生巨大变革。韦伯望远镜利用日冕仪来遮挡恒星发出的、进入望远镜的光线，因此可以直接观测那些原本会被明亮光线所遮蔽的行星。

韦伯望远镜不仅能探测新行星，还能判断这些行星是否适合生命居住。恒星发出的光线进入行星大气层后，特定波长的光线便会被吸收，在反射光谱中留下一些空缺。就像条形码一样，这些空缺的排列规律可以帮助科学家分析行星的大气层成分。韦伯望远镜能够读取这些"条形码"，借此分析某颗行星的大气是否具备生命存活的必要条件。然后，我们将有针对性地开展太空任务，弄清这些目标行星上是否存在外星生命。

总而言之，关于宇宙的运作机制以及我们在宇宙中所处的地位，仍有许多未解之谜尚待揭开。宇宙不会轻易吐露它的秘密，人类现在需要思考是否能够探测到这些外星生命体。回答这一问题唯一的办法，就是开发新的技术和设备，从而能够探测到更远处的生命。

我们有理由对外星生命探索感到担忧，因为地球上可能存在类似外星生命的生物体——嗜极微生物，它们生活在极度寒冷或者极度高温的环境，包括盐度较高等较恶劣的条件，科学家非常关注这些嗜极微生物，尤其是它们潜在的商业药用价值，科学家将在试验中提取嗜极微生物的基因物质和成分进行深入分析。一旦人类发现外星生命，科学家很可能会对它们进行科学试验，像对嗜极微生物一样进行解剖和基因分析，如图 7-4 所示。

图 7-4　科学家会对外星生物进行解剖和基因分析

　　许多人对搜寻太阳系外生命产生了浓厚兴趣，搜寻地外文明（SETI）领域的顶级专家2019 年探讨了人类在探测地外信号上将会有何进展，包括找到地外智慧生命的可能性与时间点。

　　目前寻找外星生命，主要是通过检查附近的恒星系统，寻找窄频无线电信号或短时闪现的激光——这是智慧文明的标志。

　　随着搜索速度的变快，搜索技术和策略的不断改进，可能会提高搜索成功的几率。SETI 的主要焦点仍是无线电信号，仍没覆盖到所有频率和所有时空范围。其他类型的搜索也还没成功，比如寻找激光信号或"戴森球"。戴森球，被认为是一种包裹恒星并开采恒星能的人造天体。

　　因此，天文学家可以先行寻找行星大气中存在生命的化学证据。在发现来自技术文明的信号之前，我们有可能先发现简单的生命形式。

　　现在我们已经拥有哈勃、开普勒、苔丝等望远镜，未来还有韦伯等其他太空望远镜，如图 7-5 所示。"突破倡议""突破聆听"等项目，以及探测生物特征的研究等所有这些因素叠加，将增加未来几十年发现外星智慧生命的机会。

图 7-5　地外行星探测项目

　　另外，SETI 协会将为美国加州北部的艾伦望远镜阵列安装新的接收器，SETI 和伯克利分校将对可能的信号进行新的搜索。

　　外星智慧生命真的存在吗？不少天文学家相信是的。寻找外星智慧生命的重大意义不必赘言，它可以解开悬在人类心头的谜题，也可以推进人类太空技术的发展。但更复杂的问题还在后面。一旦发现外星智慧生命，它们与人类之间可以和平相处吗？会不会真的像科幻小说《三体》中那样，为人类招来一场无法挽回的灭顶之灾呢？在寻找外星智慧生命的过程中，这些问题不得不三思。

当然，人类是否为宇宙中唯一智慧生命的问题，目前来看短时间内还不会有确定的答案。

7.3.4　UFO现象

我们有理由相信，地外文明早已存在，只是由于时空的阻隔，人类目前的认识能力还不足以确切探明它们究竟在哪里。如果地外文明比我们发达得多，那外星人会来地球找我们吗？不明飞行物是他们的飞船吗？

不明飞行物，简称 UFO（Unidentified Flying Object），一百多年来各国有过大量的报道和传闻。最早的 UFO 现象发生在 1878 年 1 月，美国得克萨斯州的一位农民在田间干活时，发现空中有一圆形的飞行物体，不知为何物。记者将这一事件披露后，引起了极大的轰动。1948 年 6 月 24 日凌晨 3 时 40 分，美国飞行员驾驶麦克唐纳·道格拉斯飞机公司生产的 DC-3 型飞机时，迎面看见一个物体从他们的右上方掠过，急速上升，消失在云中。据飞行员回忆，该物体有喷气动力装置，没有翅膀，有两排明亮的窗子……直到今天类似的报道还会经常出现于报纸和电视上。

科学家对大量 UFO 事件进行考察和分析得出结论：UFO 可能是一种自然现象，也可能是一种幻觉甚至骗局，不排除人类自身的恶作剧，是外星人交通工具的可能性微乎其微，因为所有的报道都未得到证实。如 2006 年 5 月，中国某城市上空夜间出现了 UFO，原来是装了发光二极管的高空风筝。

地球上有一些神奇建筑，如英格兰北部的巨石群，埃及的金字塔，建造于人类文明似乎尚不足以建设它们的年代，是不是外星人的手笔？地球上还有一些神秘现象，比如百慕大三角之谜，也有人用外星人来解释。外星人已经来过了吗？回答是否定的。设想一下，外星人费了九牛二虎之力克服了时间空间的障碍来到地球上，并且发现了苦苦寻找的地球人，却放弃与地球人的任何交流，招呼都不打就匆匆离去，或做出种种地球人不可理喻的行为，这是"文明人"做的事吗？

综合各种可能性，现将 UFO 的主要可能性列注如下：

（1）某种还未被充分认识的自然现象或生命现象。

（2）对已知物体、现象或生命物质的误认、误解。

（3）特定环境下群体或个人的幻觉、错觉、心理现象或骗局。

（4）地外高度文明的遗留产物。

（5）由外星人或外星智慧生命操控的飞行器。

（6）超级智慧所用的近光速或超光速交通工具。

如果有一天地外文明使者真的来到地球，想想我们该如何欢迎他们吧!

思 考 题

1. 如何理解生命? 地球生命有何特征?
2. 简述生命起源的几种假说。
3. 除地球外, 太阳系内其他地方会有生命吗?
4. 地外文明如何分类?
5. 探测地外文明的主要方式有哪些?
6. 人类在探测地外文明方面已做了哪些工作?
7. 如果外星人突然站在你身边, 你会说什么?
8. 地外生命会以与地球生命相同的模式构建吗?
9. 如果超级外星人来到地球, 他们会做什么?
10. 你认为 UFO 事件真的发生过吗?
11. 人类能否制造出超级望远镜来直接观看地外生命如何生存?

第 8 章
霍金的宇宙

　　史蒂芬·霍金生于 1942 年，当今最伟大的广义相对论学家和宇宙论学家，还被称为"宇宙之王"（图 8-1）。曾任英国剑桥大学卢卡逊数学教授（Lucasian Professor of Mathematics）。卢卡逊数学教授可以说是有史以来最为崇高的教授职务，牛顿和狄拉克都曾担任过这一职务。

图 8-1　史蒂芬·霍金

　　在科学成就上，霍金被认为是现代史上仅次于爱因斯坦的杰出科学家。更为重要的是，他的贡献是在他五十多年来被卢伽雷病（运动神经细胞病，通常存活期为 1~2 年。1963 年，霍金被诊断患此病）禁锢在轮椅上的情况下做出的。他的精神及其成就将对人类的观念产生深远的影响。

除了在各种杂志上发表的专业论文，霍金还单独或与他人合作写了多部科普专著，如：

《时间简史》（*A Brief History of Time*），1988 年，如图 8-2 所示。

图 8-2　时间简史

《霍金讲演录——黑洞、婴儿宇宙及其他》（*Black Holes and Baby Universe and Other Essays*），1993 年。

《时空本性》（*The Nature of Space and Time*），1994 年。

《果壳中的宇宙》（*The Universe in a Nutshell*），2001 年。

《时空的未来》（*The Future of Spacetime*），2002 年。

《在巨人的肩膀上》（*On the Shoulders of Giants*：*The Great Works of Physics and Astronomy*），2002 年。

《果壳里的 60 年》（*Sixty Years in a Nutshell*），2003 年。

《时间简史（普及版）》（*A Briefer History of Time*），2005 年。

《大设计》（*The Grand Design*），2010 年，如图 8-3 所示。

霍金不仅仅是一位伟大的科学家，在全世界的同行中激起了强烈的反响，其中不乏反对之人士，更是全世界的科学使者。他的贡献已经远远超出了科学界。霍金空前提高了大众对宇宙和物理学的认识和知识水平。

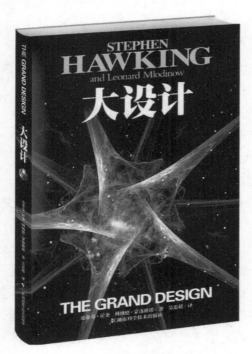

图 8-3　大设计

　　霍金的主要成就可归纳为以下几个方面:

　　（1）广义相对论在宇宙学中的应用：研究了爱因斯坦场方程解的数学性质、微扰解，并和彭罗斯（R. Penrose，1931—　　，英国）一起证明了著名的奇点定理，为此他俩共同获得了 1988 年的沃尔夫物理奖（此奖是物理学领域的最高荣誉）。

　　（2）广义相对论在黑洞方面的应用：研究了黑洞的唯一性、黑洞的热力学性质，并证明了黑洞的面积不减定理，从而将黑洞的面积和热力学的熵增原理联系在一起。

　　（3）无边界假说：宇宙的边界条件就是它没有边界。宇宙中的一切在原则上都可以单独地由物理定律预言出来，而宇宙本身是从无中生有而来的或者说根本没有起源。这个理论建立在广义相对论和量子理论的基础之上，解决了困扰科学界几百年的"第一推动"问题。当然这仅仅是个假说。

　　（4）弯曲时空的量子场论：研究了黑洞的粒子生成、黑洞蒸发、量子信息疑难等问题，并证明了黑洞附近的量子效应，发现黑洞会像黑体一样发出辐射。黑洞辐射的发现具有极其重要的意义——它将引力、量子力学和统计力学结合在一起。

　　（5）半经典引力与量子引力论：研究了路径积分、瞬子、宇宙波函数、无边界条件，并证明了:

● 时空在普朗克尺度（10^{-33}厘米）以下是不平坦的，而是处于一种称之为泡沫的状态。

● 在量子引力中不存在纯态。

● 因果性受到破坏，因此使不可知性从经典统计物理提高到了量子引力的第三个层次。

（6）对量子宇宙论的开创性贡献：

● 超对称和超引力理论。

● 全息论和对偶论。

● 超弦理论和 p-膜理论。

（7）促进公众对科学的理解：他的《时间简史》和《果壳中的宇宙》成为科学普及类全球最畅销的书籍。

霍金和彭罗斯可以说是一对最佳搭档，但他们的观点并非处处一致。比如他俩对量子场论和广义相对论这两个物理学中最精确和成功的理论能否被统一在单一的量子引力论中就持相反的意见。彭罗斯拒绝把量子力学接受为最终理论，他认为宇宙是开放的，并将永远膨胀。霍金则认为仅靠广义相对论不能简单地解释宇宙的开端，只有量子引力和无边界假设相结合才有望解释我们对宇宙的观测。

2018 年霍金去世时，我在武汉大学的本科生中调查了学生对他的了解程度，有些同学认为他很厉害；也有同学觉得他一般般，因为他没有获得诺贝尔物理学奖，这个看法肯定是不对的。他的关于宇宙的思想是超前的，但因为目前还无法获得实验的支持，所以不可能获得诺贝尔奖。霍金的真正伟大在于在尝试统一相对论和量子力学方面走出了重要一步。

《大设计》是霍金在其《时间简史》之后最重要的著作，2010 年出版的思想读物，包含了很多对科学和哲学的思考和探索，以及对这些学科的未来展望。甚至有人认为这是一部近几十年来少见的思想巨著，是对宇宙终极问题的思考，具有强烈的哲学味道，尽管书中的有些观点和想法不一定完全正确。

《大设计》讲的不是人类社会中的某个具体设计，如一座大桥、一座城市的设计，而是关于宇宙、生命和万物的根本问题，宇宙何以存在？我们何以存在？这不是一个科学界能回答的问题，需要哲学家的思考，也就是想回答哲学的根本问题：我是谁？我从哪里来？我到哪里去？

霍金的最终愿望是将爱因斯坦的广义相对论和费曼（Richard Feynman，1918—1988 年，美国）的多重历史思想结合成能描述宇宙中所发生的一切的完备统一的理论。

本章将对霍金的部分理论作一个尽可能不涉及数学推导的介绍。注意，本章有一个问题——不确定原理不是霍金的思想，但对理解霍金的理论是必不可少的。先来看看霍金的几个主要伙伴。

8.1 一个好汉三个帮

本章之所以用"霍金的宇宙"为标题并非指这些理论均是由他一人"无中生有"创造的，而是他在这些理论的创立过程中起了主导性的作用。但他的同事和合作者在这些理论的建立和完善过程中也做出了相当重要的贡献，有必要对他们其中几位做一个简单的介绍。

8.1.1 费曼

理查德·费曼（Richard Feynman）1918 年诞生于纽约的布鲁克林，1942 年取得普林斯顿大学博士学位，在洛斯·阿拉莫斯实验室从事过曼哈顿（原子弹）计划。作为一名杰出的物理学家，他对原子弹理论做出了不可磨灭的贡献。1965 年他因在量子力学方面的贡献而获得诺贝尔奖。

他的主要贡献在于向基础的经典假设，即每个粒子只有一个特定的历史进行了挑战，而是认为粒子从一个位置到另一个位置可沿着时空的每一可能的路径运动。也就是说粒子从 A 到 B 的概率是把通过 A 和 B 的所有路径的有关的波求和。在日常生活中，我们似乎觉得物体在出发点和目的地之间只沿着一个单独的路径运动。因为对于宏观的物体，其波动性微乎其微，费曼的理论保证它除了一个路径外所有路径的贡献在求和时都抵消了。所以日常经验和他的多重历史思想不矛盾。就宏观运动的运动而言，在无数的路径中只有一个是重要的，这一轨道就是牛顿经典运动定律中出现的那一个。

8.1.2 瑞斯

马丁·瑞斯（Martin Rees，1942— ，英国）1967 年获剑桥大学博士学位。瑞斯是英国皇家天文学家，剑桥大学教授，三一学院院长。其主要贡献在相对论天体物理学、黑洞和宇宙学方面，最大的贡献是发现了类星体的动力源是一个大质量的旋转黑洞。瑞斯获得过众多荣誉，也写过很多普及读物，特别是 2003 年 10 月，他发表了一部惊世之作——《我们最后的世纪》（*Our Final Century：The 50/50 Threat to Humanity's Survival*），警告我们在下个世纪生存的几率仅有 50%。

8.1.3　哈特尔

詹姆斯·哈特尔（James Hartle，1960—　，美国）毕业于普林斯顿大学，1964 年获加州理工学院博士学位，现为圣巴巴拉加利福尼亚大学物理学教授，美国科学院院士。他的研究方向是把广义相对论用于天体物理学，特别是宇宙学。他的主要贡献在对引力波、相对论天体和黑洞等方面进行的研究。自 1971 年以来，他与霍金进行了密切的合作，提出了著名的宇宙起源"无边界假说"。现在，他把研究兴趣放在了量子力学、量子引力和宇宙学融合在一起的大爆炸的最初瞬间。

8.1.4　彭罗斯和彭罗斯楼梯

罗杰·彭罗斯（Roger Penrose），当今世界最杰出的数学家，他 2002 年从牛津大学 Rouse Ball 数学教授的岗位上退下来。他的主要贡献在时空奇点和量子引力论等方面。他认为量子力学必须加以改造，并且一直致力于发展量子化引力的研究方法。现在他的兴趣已从时空的整体结构转向其他问题，比如大脑和量子力学与引力的关系。

图 8-4　不可能的桌子图形

图 8-5　不可能的三角框图形

图 8-6　不可能的四方框图形

图 8-7　不可能的循环阶梯图形

彭罗斯超凡的几何想象引出许多其他发现，包括不可能图形，如图 8-4～图 8-7 所示。彭罗斯从十几岁就发明了"彭罗斯楼梯"，如图 8-8 中看到的永远上升的楼梯。他的普及读物如《皇帝新脑》，表现了他关于人类思维和数学物理的独特观点。由于他无与伦比的数学智慧，成为霍金最亲密的搭档。

图 8-8 彭罗斯楼梯

8.1.5 索恩

基普·索恩（Kip Thorne）1962 年毕业于加州理工学院，1965 年获普林斯顿大学博士学位，1991 年任理论物理学费曼讲座教授，现任加州理工学院教授，见图 8-9。自 20 世纪 60 年代以来，索恩一直站在黑洞和宇宙学的最前沿。多年来，他倡导并促成了 LIGO 引力波探寻计划。现在他领导着一个国际性的相对论天体物理研究小组。他与导师惠勒（J. Wheeler，1911—2008 年，美国）合作的《引力论》（*Gravitation*）是学习广义相对论和相对论天体物理学的经典名著。他早年出版的《黑洞与时间弯曲》迄今为止还是关于黑洞内容最丰富多彩的普及读物。

索恩被大众广为认识源于 2014 年美国好莱坞著名导演诺兰（C. Nolan，1970—　，英国）执导的科幻大片《星际穿越》，索恩作为该片的科学顾问，指导和设计了电影中的许

图 8-9　基普·索恩

多科学场景，并为电影写了一本书《星际穿越中的科学》来讲述电影中的各种场景以及其中涉及的科学原理。有评论认为这是世界上第一部基本忠实展现宇宙中各种奇妙的天体现象的电影，多年来索恩还召集了一批天体物理学家、太空生物学家、行星学家来参与影片的科学指导，这才使《星际穿越》在物理学的约束之下不仅仅视觉效果惊人，描述宇宙中各种极端物理过程的场景也极为准确。

图 8-10 为《星际穿越》中的黑洞模型，被科学界称为有史以来对黑洞面貌描述最准确的模型，这个模型由 30 多个工程师数千台计算机花费一年时间才做成。

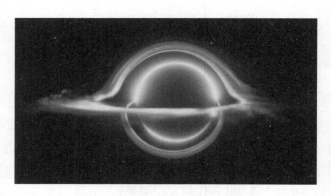

图 8-10　黑洞面貌的最准确模型

虫洞这个名字则是由索恩的导师惠勒受到穿透苹果表面的虫洞启发而提出的，也即爱因斯坦-罗森桥，索恩已经证明虫洞即使存在也是极不稳定的，可能仅在微观尺度下的量子泡沫中随机产生和消失，这个尺度远小于原子尺度，而稳定虫洞的存在，需要有大量有负能量的奇异物质为基础。而人类想要进行星际旅行，唯一的可能就是借助虫洞进行穿越。

一张纸两边的两点相距甚远，但通过折叠弯曲，可将两点变为一点，这可能是电影中最容易让人听懂的一句话。

过于接近一个黑洞时，除了会被它吞噬，还有另一个特性就是时间的流逝会变慢，这是由黑洞强大的引力场扭曲了时空造成的。爱因斯坦的相对论（见第 6 章）使人类摆脱了牛顿力学中的绝对时间和绝对空间的概念，"同时性"的概念变成相对性的概念，时间的快慢与所运行的速度和身处的引力场强度有关。实际上因为地球的引力场作用，同样会出现时间膨胀的效应，随着海拔不同，时间流逝的速度也是不一样的，GPS 定位系统中的时间就必须通过广义相对论对此进行修订。只不过因为地球的引力场相比于黑洞太微弱，普通人完全感受不到这样的差别。在黑洞附近，引力场极强的条件下，时间的流逝会显著减缓即膨胀。

除了黑洞造成的时间膨胀外，在一个静止的黑洞附近，附近天体会感受到巨大的潮汐力。因为距离黑洞太近，所以大体的近远两端感受到的黑洞引力完全不同，这相当于对天体进行了巨大的拉扯。在一个巨型黑洞的视界附近，这种力量会轻而易举地摧毁一个天体。巨大的潮汐力与强烈的时间膨胀现象形成了一对悖论。在这种情况下，索恩研究发现只有让黑洞进行快速自旋，才可利用引力保持邻近天体的稳定。

引力弹弓是指航天器利用天体引力来进行加速或减速。引力弹弓手段并不罕见，美国航天局在 1997 年发射的"卡西尼-惠更斯号"航天器为了节省燃料，就曾经利用木星的引力进行加速，快到达目的地时，又利用距离土星最近的一个卫星引力场进行减速，完成探测土星的任务。

我们生活在三维空间中，而相对论结合了时空，把时间变成了一个特殊的维度，从而有四维时空。人们在空间中可以自由游走，而时间维度的特殊之处在于，根据狭义相对论，尽管在不同情况下可能彼此前进的速度不同，人们在时间维度中都只能前进而无法后退，也就是说，人们无法"回到过去"。但是，空间除了前后、上下、左右三个维度外，还有没有其他维度呢？此前物理学家们并不相信，认为更高的维度只能是数学游戏而已。在 1984 年，物理学家在进行量子引力理论研究时发现，在更高的维度中，量子力学和广义相对论有可能相互融合，这个理论发现开启了一个如今在理论物理学领域炙手可热的研究领域——弦论。在弦论中，除了一个时间维度外，空间实际上存在 9 个甚至 10 个维度，人们只能感觉到其中的 3 个维度，而另外六七个维度处在卷曲状态，使引力不至于发散得过快。从此以后，对于更高维度空间的研究不再是数学游戏，而是成为严肃的物理学研究课题。在电影《星际穿越》中，出于视觉效果的考虑，导演并没有展现出多余的 6 个维度，而只是展现了多出的一个维度，在这个维度中，时间维度也展开了，我们可以看到自己的过去。

　　回到过去，在电影中使时间旅行成为可能，这将使电影陷入一个循环的悖论中，也是物理学定律所不允许的。为了解决这个难题，诺兰导演做出了设定：在超立方体中，光只能单方向传播过来，过去的自己则看不到超立方体中的一切。另外，一切的粒子、相互作用、场等物理学实在也无法相互传播，这在极大程度上限制了时间旅行的可能。那么，如何把在黑洞内部的观测数据传送出去，就只能利用唯一可以从超立方体向过去传播的力——引力。

　　有了以上的科学准备，就容易理解电影《星际穿越》的内容了：

　　故事发生在 2019 年，当时还只有 20 多岁的布兰德在美国激光干涉引力波天文台（LIGO）工作。布兰德在 LIGO 的工作是探测宇宙中传播到地球的引力波。根据爱因斯坦的广义相对论的描述，引力波是一种时空的褶皱，它自身具有能量，通过时空传播。在理论上一些激烈的宇宙学现象，比如黑洞相撞、一个巨大的天体被黑洞吞噬，等等，都会释放出剧烈的引力波，并且有可能传播到地球上。

　　年轻的布兰德在 2019 年通过 LIGO 观测到了一场只持续了几秒钟的引力波大爆发，他开始调查发生引力波大爆发的位置。结果他惊奇地发现，这场剧烈的爆发竟然是发生在太阳系的内部，土星附近。这显然让他无法理解——这个程度的引力波大爆发只会发生在巨大且致密的天体之间，但是如果在太阳系内部真的出现了这种天体，比如说一个巨大的黑洞，那么整个太阳系内所有行星的轨道就会被黑洞巨大的引力所打乱，土星以及太阳系所有的行星，甚至包括太阳在内的整个太阳系，也应该早就被摧毁，为什么布兰德还能够安全观测到这场引力波大爆发，却没有观测到太阳系内有任何的异常现象呢？最终布兰德发现，这个悖论只存在一个解释，就是在土星附近出现的是一个稳定的虫洞，而这个虫洞是一种更为高级的生命为了解救人类而放置在太阳系内的，虫洞的直径大约是 1 公里，长度则只有几十米。这个虫洞连接了宇宙中遥远空间的两端，它的开口一端在太阳系内的土星附近，另外一端则在一个超大型黑洞附近，这个黑洞也就是卡冈图雅（Gargantua）黑洞，他所观测到的引力波爆发，实际上是来自虫洞另外一端的黑洞正在吞噬一颗中子星，这并未影响到太阳系的安全，但在这个过程中发出的引力波则有一部分通过虫洞传播到太阳系，进而被布兰德发现。

　　主角库珀驾驶着飞船穿过虫洞来到卡冈图雅黑洞附近，与机器人 TARS 先后跳进了卡冈图雅黑洞的视界以内，把女主角推回到了一个安全区域，而库珀则踏上了死亡之路，注定无法再逃出黑洞。

　　库珀自己身陷绝境而推出女主角，彼此间隔绝着黑洞的视界，这如同一面单方向的墙，库珀仍然可以听到女主角的呼叫，女主角却永远都看不到库珀掉进黑洞。因为时间膨胀的原因，她会看到库珀跌落的速度越来越慢，无限地接近黑洞视界而不会掉入其中，而后库珀的形象越来越红，最后变黑消失不见。

库珀跳入黑洞中之后，他与黑洞之外的一切联系在视界处被完全切断，但是他与同样跳入黑洞的机器人 TARS 之间的联系却与在黑洞外面时没有什么区别。因为卡冈图雅是一个极大的黑洞，所以当他们跳过黑洞的视界时并没有任何特殊的感受，也没有因为黑洞的潮汐力而被迅速撕裂。与此同时，库珀和 TARS 获得了融合广义相对论和量子力学的最佳条件，他们终于可以活着在黑洞中采集数据，虽然这些数据注定不能被发送出去。而就当库珀做好牺牲的准备时，他和 TARS 一起进入了一个"超立方体"，在这个高级生命为了拯救他们而特意放置在黑洞中的超立方体中，时间维度对库珀打开了。

库珀收到了同在超立方体内的 TARS 传来的量子引力数据，希望把它传给自己的女儿。但是他发现，他在时间维度上，无法与过去的自己相互联系，他只能单方向收到来自过去的信息，他的女儿却听不到自己的叫喊。但是他马上意识到，引力可以穿过各个维度，进行时间旅行，正因为如此，他用力地反复敲击他女儿房间的书架，产生的引力场使书架上的一些书掉落在地上，这正是他女儿长久以来追寻的"鬼"。也就是说，他可以通过引力作用与他女儿进行联系。他在收到机器人 TARS 传来的数据后，掌握了如何利用重力与另一个世界联系，进行时间旅行的方法。他敲击表针，利用摩斯代码与女儿联系，终于把在黑洞里取得的量子引力信息传送出去，解决了难题。

在另一个空间维度中，时间维度展开，得以进行时间旅行。至于这个超立方体为什么会出现在黑洞的内部，恰好拯救了库珀于绝境，如同在太阳系内忽然出现了一个虫洞，只能说是更高等生命的有意为之了。

纵观电影《星际穿越》，故事与情节并不算新鲜，之所以让其成为超级科幻大片，就是因为其中对于科学理论尽量忠实的视觉体现。电影中对于卡冈图雅黑洞的展示，是迄今为止最为准确的描述，在快速旋转的巨型黑洞的周围，围绕着一圈炽热明亮的物质，同时由于黑洞的引力作用，使经过它的光线也发生偏转，造成引力透镜现象。这使得人们在远处观察黑洞，会看到在一个接近圆形的黑洞周围有一个几乎对称的光圈，这些现象，都在电影中得到了忠实的体现。

《星际穿越》因为众多科学家的参与，以科学的态度尽可能准确地展示出一幅奇异而壮观的宇宙景象，成为科幻作品的新标杆。它已经在世界上引发了众多关于宇宙学的讨论，也必将开启很多人对于物理学和宇宙学的兴趣和爱好，甚至可能改变很多人的人生轨迹，这可能也就是在电影带来的视觉享受之外，科幻作品最大的价值了。

8.2 时空奇点

据说霍金是靠奇点定理"起家"的，也有书刊将奇点定理称为奇性定理，内容相同。

8.2.1　奇点定理

1965 年，英国数学家兼物理学家罗杰·彭罗斯提出了彭罗斯定理：宇宙的任何坍缩必须终结于一个奇点。奇点具有一系列奇异的性质，如无限大的物质密度，无限大的压力，无限弯曲的时空等。

正在做博士论文的霍金看到彭罗斯的这一定理后，很快认识到如果将他定理中的时间方向颠倒以使坍缩变成膨胀，也即类似弗里德曼的膨胀宇宙，则可得到推论：任何类似弗里德曼的膨胀模型必须从一个奇点开始，也即在宇宙膨胀相的开端，时空被高度地畸变，并且具有很小的曲率半径。

在以后的几年中，霍金发展了新的数学技巧，以避免奇点定理中附加的某些条件。1970 年，霍金和彭罗斯合作发表的论文证明了奇点定理：假定广义相对论是正确的，宇宙中包含着我们观测到的这么多物质，那么不论宇宙的大爆炸开端，还是黑洞引力坍缩的终结，都会产生时空奇点。

奇点定理是人类文明关于时空命运的第一个数学宣言，科学界称之为"数学的一小步，宇宙学的一大步"。奇点定理的成立，依赖于时空的因果结构和能量条件。其中最重要的是所谓"主能量条件"。这个条件包括两方面：① 任何观测者看到的局部能量都是正的；② 能量流的速度不能超过光速。主能量条件的一个结果是：经典理论不允许物质"无中生有"，注意前提是经典理论。根据我们目前所观测到的宇宙微波背景辐射，奇点定理的条件确实是存在的。

大爆炸奇点意味着宇宙有一个开端，它所有的物理量都是无穷大，而且，开端没有"以前"，也没有"这里"和"那里"。

他们的论文一发表，即遭到了很多学者的反对。反对者认为奇点的观念是令人讨厌的，它糟蹋了爱因斯坦理论的完美特性。但人的情绪不能战胜数学定理，最终他俩的工作被广泛接受。现在，几乎每个有较高学历的人都相信宇宙是从一个大爆炸奇点开始的。

8.2.2　奇点的消失

能不能让讨厌的奇点消失呢？能！如果在广义相对论的方程中添加一个巨大的斥力，也即爱因斯坦添加的宇宙项就可以避免奇点，但这要求有很大的宇宙常数，然而我们现在观测到的宇宙常数不能满足这一条件。

大家知道，每一条定理都有一定的适用范围和条件。随着研究的深入，思维的成熟，十多年后，霍金改变了想法。现在，他想做的是说服其他物理学家：宇宙的开端没有奇点——只要考虑量子效应，奇点则会消失。

奇点定理表明，广义相对论仅是一个不完全的理论，它不能告诉我们宇宙是如何开始的，所以广义相对论是一个部分理论。事实上，不仅是广义相对论，现有的其他物理定理在解释宇宙的开端时都会失效。所以奇点定理真正所要表达的含义是，在极早期宇宙中有过一个时刻，那时宇宙是如此之小，以至于人们不能再不理会 20 世纪另一个伟大的部分理论——量子力学的小尺度效应。

霍金的上述思想及其随后的研究，标志着一个新的理论——量子引力论的诞生。

彭罗斯认为奇点定理在高维空间中也成立，坍缩和膨胀宇宙的奇点必须用某种方式连接到一起。一个真正的量子引力论应该取代奇点处的时空的目前概念，它必须以一种明晰的方法来谈论我们在经典理论中称做奇点的东西。但愿量子引力论能真正解决奇点问题。

8.3 黑洞不是那么黑了

为了更好地理解本节和下节的内容，有必要先介绍一个量子力学的基本思想——不确定性。

8.3.1 不确定原理

随着牛顿万有引力理论被各种观测事实所证明，法国科学家拉普拉斯在 19 世纪初断言：宇宙是完全被决定的。拉普拉斯认为存在一组科学定律，只要我们完全知道宇宙在某一时刻的状态，我们便能依次预言宇宙中将会发生的任何一件事，包括天体的运动、人类的行为。这种宿命论的观点一经抛出，即遭到了大批科学家的反对，但又无法找到合适的理论来驳斥这种观点。直到 20 世纪初，科学家才找到回击宿命论的武器。

1900 年，德国科学家普朗克指出：光波、X 射线和其他电磁波不能以任意的速率辐射，而必须以某种称为量子的一定的波包发射，并且，每个量子具有确定的能量。波的频率越高，其能量越大。量子能量 E 与频率 ν 的关系由式(6-6)确定，式中 h 为以他名字命名的常数——普朗克常数。

普朗克的工作是划时代的。现在理论学界习惯于将普朗克以前的物理学称为经典物理学，他以后的物理学称为现代物理学。1918 年，普朗克因对量子理论的贡献而获诺贝尔物理学奖。

普朗克量子理论的建立为量子力学的理论体系奠定了基础。1926 年，德国科学家海森伯提出了量子力学中著名的不确定原理，彻底否定了宿命论的宇宙模型：既然我们不能准确地测量宇宙现在的某些状态，那就肯定不能准确地预言将来可能发生的事件。

　　为了预言一个粒子未来的位置和速度，人们必须能够准确地测量它现在的位置 x 和速度 v。这件看似简单的事情，事实上我们是不可能做到的。海森伯的不确定原理指出，粒子位置的不确定性 Δx 乘以粒子质量 m 再乘以速度的不确定性 Δv，其值不能小于一个确定量——普朗克常数 h。由于 m 乘 Δv 即为粒子动量 p 的不确定性 Δp，故不确定原理的数学形式为

$$\Delta x \cdot \Delta p \geq h. \tag{8-1}$$

　　很多初学者对此原理不甚理解，觉得有些玄乎。这一原理早先称为测不准原理，这种叫法让人感到不确定性是由于测量不准而造成的，故现已放弃了"测不准"这种说法。我们可以这样来理解不确定原理：要测量粒子的位置，必须用光照到这粒子上，再通过由被粒子散射的光来确定它的位置。由于不可能将粒子的位置确定到比光的两个波峰之间的距离（一个波长）更小的精度，所以必须用短波长的光来测量粒子的位置。根据波长 λ 和频率 v 的关系式

$$\lambda v = c \tag{8-2}$$

（其中 c 为光速）可知，λ 和 v 的积为定值 c，所以短波长的光频率高，根据式（6-6），相应的能量就大。

　　根据普朗克的量子假设，人们不能用任意少的光束进行测量，至少要用一个光量子。这光量子会扰动被测的粒子，并以一种不能预见的方式改变粒子的速度。这样，粒子位置测得越准确，所需的波长就应越短，频率应越高，单独光量子的能量就应越大，粒子速度被扰动的程度就越厉害。如果改用小能量的光量子，粒子速度被扰动的程度就较小，但光量子的波长较长，位置的不确定性就越大。

　　简而言之就是，不可能同时确定一个粒子的位置和速度，对粒子位置测量得越准确，对速度的测量就越不准确，反之亦然。

　　粒子的不确定性不依赖于测量粒子位置和速度的方法，也不依赖于粒子的种类。不确定原理是宇宙中的一个基本的不可回避的事实。不确定原理是一个普适的规律，并不仅限于位置与动量之间，而存在于所有共轭物理量之间，如能量和时间。

　　上述解释是为了让读者能理解不确定原理的内涵而作的一些描述。事实上，在量子力学中，粒子的概念已不是我们想象中的实实在在的实物粒子，而是一种波、一片云，这就是量子力学中的波粒二象性：一个粒子具有粒子和波动两重性质。粒子的位置由几率云来描述。

　　1932 年，海森伯因对量子力学特别是对不确定原理的贡献而获诺贝尔物理学奖。

　　不确定原理除了对传统观念带来极大的冲击外，也带来了一系列的争论。爱因斯坦因量子的光电效应而获得诺贝尔奖，也就是说，他对量子力学的建立做出了不可磨灭的贡

献，但他无法接受不确定原理的思想，他的意见可以用他著名的断言来表达："上帝不掷弄骰子。"为此，爱因斯坦和提出原子结构模型的杰出科学家玻尔（N. Bohr）争论了半辈子。玻尔坚信不确定原理是宇宙的自然法则，并认为量子理论中，不干涉所研究的对象就可以观测该对象是做不到的。历史上最有名的争议莫过于手套问题。

比如，有一只量子手套放在盒子里，由于不确定性的存在，你永远也无法确定这只手套是左手手套还是右手手套，只有打开盒子你才能做进一步的判断。如果有一双量子手套放在两个盒子里，同样也无法知道哪个盒子里的手套是哪只手的。只有当打开一个盒子后，才能确定这只手套是左还是右，同时也可以确定另一个盒子中手套的左右性。问题一，第二个盒子没打开但已知手套左右性——与不确定性相悖。问题二，第一个盒子里手套的左右性确定后，如果第二个盒子里手套的左右性也确定了，那么这个信息是如何传递的？如果同时打开两个盒子，会不会出现两只同左或同右的手套呢？实验表明，这种情况是不会出现的，总是一左一右。有的学者认为这个实验中的两个盒子相距太近了，信息瞬间就可传递。1997年，瑞士日内瓦大学的几位物理学家设计了一个精巧的实验，将两个盒子放在相距10千米的两处，而观测者位于中间，通过各长5千米的光纤来连接，同时打开两个盒子来观测其特性，发现总是满足不对称性。注意，事先放入的是一双手套。问题三，量子力学的性质真是超距作用吗？

8.3.2 黑洞的辐射

霍金证明只要物质或辐射落到黑洞中去，黑洞的视界面积就会增大，如果两个黑洞碰撞合并成一个单独的黑洞，合并后的黑洞的视界面积就会大于或等于原先黑洞的视界面积的总和。这就是黑洞的面积不减定理。这条定理否定了黑洞发生分裂行为的可能性。

黑洞的面积不减定理容易使人想起熵的行为。熵被定义为测量一个系统无序程度的物理量。热力学第二定律告诉我们：一个孤立系统的熵总是增加的，如果将两个系统连接在一起，其合并系统的熵大于两个单独系统熵的总和。

霍金的黑洞面积不减定理发表后，普林斯顿大学的一名研究生贝肯斯坦指出：黑洞视界的面积就是黑洞熵的量度。贝肯斯坦的这个建议不违背热力学第二定律，但它有一个致命的缺陷：如果一个黑洞具有熵，那黑洞也应该有温度。

热辐射定律告诉我们，具备一定温度的物体必须以一定的速率发出辐射。温度越低，辐射越小，只要温度不等于绝对零度，辐射就不会等于零。为了不违反热力学第二定律，黑洞就必须发出辐射。而按照定义，黑洞是不发出任何东西（包括辐射）的天体。霍金面临着两种选择：① 黑洞可以辐射；② 黑洞的视界面积和它的熵是两回事。当时的霍金倾向于选择②，并对柏肯斯坦滥用他的面积不减定理表示了愤怒。

　　1973 年 9 月，两位苏联科学家说服了霍金，让他接受了按照量子力学的不确定原理，旋转黑洞应该产生并辐射粒子的观点。随后，霍金进行了繁杂的数学计算。计算结果表明，不仅是旋转黑洞发出辐射，甚至连非旋转黑洞也以不变的速率产生和发射粒子，黑洞辐射的粒子谱刚好是一个热辐射的谱，而且黑洞以刚好防止热力学第二定律被违反的准确速率发射粒子。紧接着，其他学者的计算也都证实了黑洞必须存在辐射，黑洞的温度只依赖于黑洞的质量特性——质量越大，则温度越低。

8.3.3　黑洞不是那么黑了

　　我们知道，任何东西都不能从黑洞的视界之内逃逸出来，那么黑洞怎么会发射粒子呢？量子理论这样来回答这个问题：粒子不是从黑洞里出来的，而是从紧靠黑洞的视界的外部的"空"的空间来的！

　　所谓"空"的空间是这样的：根据不确定原理，"空"的空间充满了虚粒子（即具有负能量的粒子）和虚反粒子（具有正能量）对。他们被一同创生，相互离开，然后再回到一起并且湮灭，如图 8-11 所示。注意，虚粒子不同于实粒子，虚粒子对的湮灭不产生能量，以遵守能量守恒定律，能量不能无中生有。如果附近有黑洞存在，带有负能量的虚粒子落到黑洞里变成实粒子或实反粒子是可能的。这种情况下，虚粒子不再需要和它的虚反粒子相互湮灭了，虚反粒子也可以落到黑洞中去，但虚反粒子具有正能量，也可以作为实粒子或实反粒子从黑洞的邻近逃逸。当然这一切以黑洞的存在为前提。

图 8-11　虚粒子和虚反粒子对

　　对远处的观察者而言，这看起来就像粒子是从黑洞发射出来的一样。这种发射后来被命名为霍金辐射，2010年意大利科学家称观测到了霍金辐射。

关于这个问题的更多解释已超出了本书的范围。记住这句话，由于黑洞可以发出辐射，霍金说：黑洞不是这么黑了。

8.3.4 黑洞的空间弯曲

为了理解黑洞的时空弯曲，可用黑洞的周长来与它的直径比较。通常情况圆周与直径之比为 π。但对黑洞来说，这个比值要远小于 π。黑洞的周长跟它的直径相比是微不足道的。

设想有一张弹性十足的橡皮膜，中间放一块质量很大的小石头。如图8-12（a）所示。我们设想找一只没长眼睛的蚂蚁，它沿着边缘爬了一圈就可以度量那个洞的周长，向下爬到中心，就可度量半径。它得到的结论是：周长比半径小得太多。黑洞空间的弯曲形态与我们看见的橡皮膜的弯曲形态是完全一样的，只不过黑洞的中心是一个奇点而不是一块石头，如图8-12（b）所示。当然黑洞的这种弯曲并不是谁都看得出来的，必须是生活在更高维平直空间里的更高维的生命，才会看出黑洞空间出现那样的弯曲，高维空间又叫超空间。

图 8-12　压塌的橡皮膜和黑洞的弯曲空间

8.3.5 霍金的灰洞理论

2014年1月，霍金以灰洞理论再次震惊了物理学界。他认为黑洞其实是不存在的，但"灰洞"是的确存在的。大质量天体的坍缩不足以形成黑洞，而是形成比中子星更小且密度更大的天体——灰洞。霍金认为黑洞其实是一个拥有极端物理环境的灰色地带，质量能量进入黑洞后还会"回到"宇宙中，因此先前对黑洞的理论认识有待改善，黑洞不会永久保存质能信息，会在某个时候将质量释放出来。

黑洞之所以是黑的，是因为其视界的存在，在视界之外的物质行为才会被我们所察觉，视界之内连光也无法逃脱黑洞的引力。霍金认为黑洞视界的理论需进一步完善，视界并不是黑洞的边界，黑洞可能存在一个明显的地平线；黑洞内部出现的量子涨落使得黑洞如同一个灰色地带，它不违反任何广义相对论和量子力学的理论，但黑洞可以从宇宙中吸积物质信息，也可向外辐射物质信息。

8.4　时空再认识

牛顿的时空观我们早已熟悉，爱因斯坦的相对论时空也已略知一二，那霍金笔下的时空又是怎样的呢？

8.4.1　时间的形态

时间是什么？在不同的社会历史背景下，人类对它的认识是不同的。

时间和空间在牛顿的模型中是事件发生的背景，这种背景不受事件的影响。时间和空间相互分离，时间被认为是一条单独的在两个方向上都可无限延伸的直线，时间本身被认为是永恒的。

广义相对论把一维的时间和三维的空间合并形成所谓的四维时空。物质和能量的分布会引起时空弯曲和畸变，时空不再平坦。这个时空中的物体企图沿直线运动，但因为时空是弯曲的，物体运动的轨迹就显得被折弯了。

在广义相对论中时间和空间互相纠缠在一起，引力不可能仅使空间弯曲，而让时间安然无恙。既然时间也能弯曲，时间就应被赋予形态。另外，在广义相对论中时间和空间的存在不仅不能独立于宇宙，也不能相互独立，而且这个时间应该有一个最大值或最小值，也即时间应该有开端和终结。询问在宇宙开端之前或者终结之后发生什么是没有任何意义的，因为这种时间是不被定义的。

现在来看时间到底具有何种形态。为了便于理解，我们来看过去光锥。图 8-13 表示时间光锥的形状。图中时间向上，空间向四周散开。它的上部是一个圆锥，其顶点正是我们的此时此地。随着我们的视线从光锥的顶点向下看过去，我们就看到越来越早的星系。当我们进一步往前看，便可透过物质密度更高的区域，观测到微波辐射的暗淡背景。再往前看，足够多的物质使时空得以弯曲，过去光锥中光线开始弯曲。当过去光锥的截面达到最大尺度后，就开始再度缩小。

图 8-13　时间是梨形的

　　若人们沿着过去光锥回溯得更远，物质正的能量密度引起光线朝相对方向更强烈地弯折。光锥的截面在有限的时间内缩小到零尺度，这就是时间的开端——大爆炸奇点。综上所述，时间的形态为梨形。

8.4.2　虚时间

　　为了描述量子理论如何赋形于时间和空间，有必要引进虚时间的概念：虚时间即用虚数度量的时间。图 8-14 给出了时间的模型。在这个模型中存在与通常实时间成直角的虚时间方向。该模型的规则是：按照在实时间中的历史确定在虚时间中的历史，反之亦然。

　　也许人们会认为虚数和虚时间只不过是一种数学游戏，与现实世界毫不相干。然而从实证主义哲学观点看，人们不能确定何为真实。人们所能做的只不过是去寻找某种更合适

图 8-14　实时间和虚时间

的数学模型来描述我们生活在其中的宇宙。有些学者发现牵涉到虚时间的一种数学模型不仅预言了我们已经观测到的效应，而且预言了我们尚未能观测到但因为其他原因仍然坚信其存在的效应。

究竟何为实何为虚？这个差别是否仅仅存在于我们的头脑之中呢？

8.4.3　*p*-膜理论

1985 年前后，一种叫作超对称的弦理论诞生了。这个理论号称是仅有的把引力论和量子论合并的理论。所谓弦，是一维延伸的物体，它只有长度。但弦理论中的弦在时空背景中运动，弦上的涟漪被解释为粒子。弦理论有很多弊端，作为一个理论，它很不完善。

霍金的同事，剑桥大学的汤森（P. Townsend，英国）将弦理论发展成 *p*-膜理论。一个 *p*-膜在 *p* 方向上有长度。这样 $p=1$ 时的膜就是弦，$p=2$ 时的膜是面或者薄膜。在 10 维或者 11 维的超引力理论的方程中可以找到所有 *p*-膜的解。10 维或 11 维听起来不太像我们体验的时空。可以这样来理解，除了我们熟悉的四维宏观的几乎平坦的维，10 维或 11 维余下的 6 维或 7 维被弯曲得非常小，小到我们几乎觉察不到。霍金的理论预言，这些额外维的存在可能会被实验观测到。

8.4.4 全息术在高维空间中的应用

全息术最典型的代表就是全息照相。全息照相的基本原理于 1948 年由英国科学家伽柏（D. Gabor，1900—1979 年）提出。所谓全息照相，就是指记录了被物体反射或透射的波的全部信息的技术，其中包括振幅和位相。普通的照相，底片仅记录物体的振幅信息，故是平面的，而全息照相则是立体的。伽柏的理论提出后，并没有马上实现，因为那个时候还找不到进行全息照相的相干光源，直到 1960 年激光器诞生后，这种不用透镜的立体照相术才成为现实。

全息照相分成两步：

第一步为全息记录。图 8-15 为全息记录光路图。从激光器输出的光束被分光镜分为两束。这两束光经扩束后，一束投射到记录介质上，另一束投射到被摄物体上，经物体反射后也到达记录介质。由于这两束光是来自同一相干光源激光器的，故到达记录介质（如底片）上的两束光相干叠加，在记录介质上形成干涉条纹。这样就获得了一张全息图。经曝光、冲洗后就可得到一张全息底片。

图 8-15　全息照相光路图

用肉眼看，全息底片为一灰蒙蒙的胶片，没有被摄物体的任何形象。用显微镜可看出底片上明暗相间的干涉条纹。此条纹与原物也无任何相似之处，但却记录了被摄体的全部信息，包括振幅和位相。

为了得到立体图像，必须同时记录被摄体光波的振幅和位相，但记录介质只能对光强有响应，所以必须把位相信息转换为振幅信息才能记录下来。上述全息底片正是利用干涉现象，记录了被摄体的振幅和位相两部分信息。

　　全息照相的第二步为波前再现，如图 8-16 所示。将拍摄时用的激光器输出的激光经扩束后照射到全息底片上，则可用肉眼看到一幅非常逼真的原物形象。当观测者移动眼睛从不同角度观察时，可以看到原物不同侧面的形象。如果不小心将底片弄碎了，那也没关系，只要任意捡一小碎片放在光路上，仍可再现原物的形象，不过清晰度有所降低罢了。

图 8-16　波前再现

　　全息术的精华在于把三维影像篆刻在二维表面上。如果把量子引力理论和全息原理相结合，这也许意味着我们能跟踪发生于黑洞之内的事件。

　　如果膜世界是个四维球面，正如地球的二维表面，但是多了两维。这四维球面相当于一个"果壳"，但该"果壳"是充满的：我们生活其上的膜是一个四维球面，它是一个五维泡泡的边界。因为霍金的 M-理论预言时空的其他六维或七维被弯曲得很小，甚至比"果壳"还小。

　　也就是说四维球面即"果壳"不再是空心的，而是被第五维充满的。全息术为我们理解上述模型提供了可行的途径。全息术把一个时空区域的信息编码排列在一个低一维的面上。在膜世界模型中，全息术使我们四维世界的态和五维（或更高维）的态之间一一对应。发生在时空的五维（或更高维）的一切信息被编码在四维的边界上。

　　这个实心的"果壳"就是一个泡泡，我们观测到的宇宙就是泡泡内部的东西在膜上的投影，所以我们自以为是生活在四维的世界中。如果能找到从四维世界到五维泡泡的解码器，透过这个解码器，四维世界的生命就能理解五维时空了。

8.4.5 从膜到泡泡

膜正如宇宙中的任何其他东西一样，自身也遭受到量子起伏。这些起伏会使膜自发地出现和消失。膜的量子创生有点像沸水中蒸汽泡的形成。液态水由水分子组成，当水被加热时，水分子运动加快，并且相互弹开。当水温较高时，会形成由水环绕着的小蒸汽泡。随着更多的分子从液体中出来加入蒸汽或者相反的过程，泡泡会以随机的方式长大或缩小。大多数蒸汽泡会再次坍缩成液体，但只要加热继续进行，总有一些气泡会长大到一定的临界尺度。超过这临界尺度的泡泡几乎肯定会继续长大。当水沸腾时，人们看到的正是这些大的膨胀的泡泡，直至它们浮出水面，爆裂在空气中。

膜的行为与泡泡很相似。不确定原理允许膜世界作为泡泡的世界从无中生有。膜形成泡泡的表面，而内部是高维时空。非常小的泡泡倾向于再坍缩成无，但是一个由于量子起伏而长大的超过某一临界尺度的泡泡多半会继续长大。生活在这膜上，也就是泡泡的表面上的人，会认为宇宙正在膨胀。

也许人们会问膜的外面是什么呢？霍金给出了三种可能性：

（1）外面可能没有任何东西，是绝对的无，甚至连"空"的空间也没有。

（2）外面也可以建立一个数学模型。在该模型中一个泡泡的外面被粘到一个类似的泡泡的外面。

（3）泡泡也许会膨胀进入一个空间，该空间不是在泡泡内部空间的镜像。如果它们和我们在其中生活的泡泡碰撞并合并，其结果将是灾难性的。有人甚至已经提出，大爆炸本身也许是由膜之间的碰撞产生的。

膜理论是热门的研究课题，虽然它们是高度猜测性的，但它们可以解释为何引力显得如此之弱，它们预言的新的行为也可被观测所验证。这就是膜的奇妙世界。会不会有第四种膜外空间呢？有些人能在吹口香糖时在大泡泡里再吹一个小泡泡，宇宙会不会也具有这种多层膜结构呢？

8.4.6 回到从前

孪生子佯谬或许大家都听说过。它说的是两位孪生子 A 和 B。A 乘宇宙飞船去太空旅行，飞船航速接近光速，A 的兄弟留在地球上。根据狭义相对论运动时间变慢的规则，对 B 来说，A 在飞船中的时间过得慢些。这样当 A 返回地球时，B 会发现 A 比他年轻些。

再根据运动的相对性原理，我们也可以 A 乘坐的飞船为参考系，B "驾驶"地球出去旅行。这样，A 觉得 B 的日子过得慢些，当地球"飞回"宇宙飞船上时，A 会发现 B 比他年轻些。

到底谁年轻些呢？狭义相对论是不允许有加速度的。考虑到这个原因，外出旅行者只应做匀速直线运动，所以他不能回来，回来就必须改变运动方向，方向改变就会产生加速度。这是其一。其二，实验证明，两台以相反方向绕地球飞行的精确的钟表返回后显示的时间只有非常微小的差异。这似乎暗示，人们若要活得更长久，应该沿上述时间计量小的方向飞行。可悲的是，在飞行器中人体遭受的伤害远比可能获得的一点点生命延长（远小于 1 秒）来得严重。

上述佯谬的根本问题在于人们头脑中仍有绝对时间的概念。在相对论中并没有一个唯一的绝对时间。相反，每个人都有他自己的时间度量，这依赖于他在何处，做何种运动。

既然物质和能量可以使时空弯曲，那就让这种弯曲更加厉害，以便使宇宙飞船出发之前即已返回。虫洞是连接时空不同区域的时空隧道，利用它就可以回到过去。可以驾驶宇宙飞船进入虫洞的一个口，而从不同地方不同时间处的另一个口出来。5.4 节说过虫洞的存在必须以时间或空间为代价，或以时间弥补空间上的大转移，或以空间弥补时间的大倒退。

虫洞的存在将会解决速度存在极限这个难题，允许以超光速运动来赶超时间，使宇宙飞船在发射之前的时间已返回，从而炸毁发射台上的火箭，以阻止飞船出发。你也可以利用虫洞回到从前，在你父亲被怀胎之前将你爷爷杀死。接下来会发生什么呢？这个问题的前提是你从另一个虫洞出来时你还是你，而不是一团废料。

根据爱因斯坦的理论，空间飞船必须以低于光的局部速度旅行并沿着所谓的类时轨迹通过时空。霍金把封闭的类时曲线（它可一次又一次地返回其出发点）称为"时间圈环"。霍金证明，在狭义相对论和广义相对论中沿"时间圈环"的时间旅行是行不通的。

如果存在完整的量子引力论（不论这个理论最终是什么样子），在此理论中，不仅物质而且时间和空间自身都是不确定的，并且起伏涨落，甚至连提出时间旅行是否可能的问题都不清楚，那么如何认为在强引力和大量子涨落的区域中已经发生了时间旅行呢？

1931 年数学家哥德尔（K. Gödel，1906—1978 年，美国）证明了著名的有关数学性质的不完备性定理。该定理的中心思想是，在任何公理化形式系统，譬如现代数学中，总存留着在定义该系统的公理的基础上既不能证实也不能证伪的问题。哥德尔定理对数学立下了基本的极限。由于它抛弃了被广泛接受的信念，即数学是一个基于单独逻辑基础的协调而完备的系统，故又称为不完备性定理。

哥德尔定理、海森伯不确定原理、混沌理论构成了科学知识局限性的核心。关于混沌理论的最形象最有名的比喻是：一只蝴蝶在东京湾上空扑动翅膀，若干时间后引起纽约曼哈顿的一场暴风雨。也即一处很小的扰动会在另一处引起巨变。

1949 年，哥德尔又有了惊人的发现。他发现了一种充满旋转物质的新时空，这是一个每一点都有时间圈环的宇宙。哥德尔理论中有一个解是两根宇宙弦相互快速穿越的时空。宇宙弦与弦理论中的弦不同。对宇宙弦的进一步研究表明，如果两根宇宙弦以接近光速做相对运动，则围绕着两根弦运动的时间可被极大地节省，以至于还未出发即已到达——时间圈环的存在使人们可以旅行到过去。

霍金假定在遥远的过去没有时间圈环，从而必须存在称为时间旅行的"视界"，这个"视界"是把时间圈环区域和没有圈环的区域分隔开来的边界……

霍金认为如果科学家能够建造速度接近光速的宇宙飞船，那么宇宙飞船必然会因为不能违反光速是最大速限的法则，而导致舱内的时间变慢，或许飞船飞行一个星期就等于是地面上的 100 年，也就相当于飞向未来，从而实现时间旅行。

8.5　量子引力论

20 世纪初诞生了三个全新的理论：首先是狭义相对论，一个与高速度相关的理论，产生了与牛顿力学的偏离；接着是量子力学；最后是将狭义相对论推广为广义相对论。四维时空在引力的作用下弯曲了，而曲率正好成为描述引力的工具。

8.5.1　什么是量子引力

当狄拉克等将狭义相对论和量子力学结合起来就产生了量子场论。当用广义相对论研究大爆炸起源和黑洞时，都会遇到奇点，那里的曲率趋于无穷。为了探求物理学在如此极端状态下的意义，很自然需把广义相对论的思想和量子场论结合起来。因为严格遵照量子场论的法则来计算奇点的曲率也是无穷大，我们希望能得到有限的答案。最好的解决方案是通过广义相对论和量子场论的恰当结合，改变我们关于那种极端小距离——比基本粒子的普通尺度还小大约 20 个数量级——下的时间和空间概念。但源于量子力学的不确定原理，在如此小距离下作何解释？

引力的奇点、量子场论的无穷大和不确定原理都需要寻求一个正确的量子引力理论来解决。现在我们可以定义什么是量子引力了：量子引力就是把量子场的理论过程恰当地用于爱因斯坦广义相对论或广义相对论的修正形式。当然从公平起见，也不应将量子场论当做金科玉律。量子引力应是量子场论和广义相对论均作适当修正后的统一形式。

如果"量子引力理论"不过是把标准的量子场论强加在标准的广义相对论上，则它是不自洽的，又有何意义呢？

8.5.2　量子引力论的特征

科学家普遍认为，当把引力和量子力学结合在一起时，相应的物理量一定会很小，加上海森伯不确定原理，如何来检验量子引力理论的正确性？

当然科学家会想出办法，如找到物理小量倒数所表征的物理含义（它可不是小数），从中找出检验新理论真伪的方法。

霍金在发现了黑洞的视界面积等于黑洞熵这一关系式后，又深刻地研究了这一公式的深层原因。假如用虚时间来代替普通的时间，那么广义相对论可以很美妙地与量子理论结合起来，这个以虚时间为基础的量子引力方法尽管还有许多障碍，但慢慢被大家接受了。我们并未真正拥有完整的量子引力论，但我们知道一些它应该具有的特征：① 它应与费因曼的按照对历史求和来表达量子理论的设想相合并。② 它给出的引力场由弯曲的时空来表示，粒子企图沿着弯曲空间中最接近直线的路径运动，但因为时空不是平坦的，它的路径显得仿佛被引力场弯曲了。最后的结论是：当我们把费因曼对历史求和应用到爱因斯坦的引力观点时，那么粒子历史的类似物，现在就是代表整个宇宙历史的完整的弯曲时空。

在量子引力论中还有一种可能性可以避免奇点的出现。在量子理论中，时空可能在范围上有限，但却没有形成时空的边界或边缘的奇点。时空就像地球的表面，只不过多了两维。如果你在地球表面（二维曲面）沿着某一方向不断前进，你永远不会遭遇到一个不可逾越的障碍，却最终会返回到出发之处，并且不会撞上奇点。如果高维时空也能具有这种性质，那么量子引力论开启了一种新的可能性，不会存在科学定律在那里失效的奇点。

如果时空没有边界，则不需要指定边界上的行为，也不需要知道宇宙的初始状态。也就是说，"宇宙的边界条件是它没有边界，宇宙的初始条件是它没有开始"。宇宙完全是自足的，并且任何外在于它的东西都不能对它施加影响，它既不被创生，也不被消灭，它只是存在。如果我们相信宇宙有个开端，那我们就得用量子引力论来描绘这个开端。

8.5.3　量子引力论的困难所在

创造量子引力论之所以如此困难是因为：不确定原理意味着"空虚"的空间也充满了虚的粒子/反粒子对。如果"空虚"的空间真的是完全空虚的，那就意味着所有的场，比如引力场和电磁场就必须精确地为零。然而，场的值及其随时间的变化率也应满足不确定原理，越精确地知道这些量中的一个，则只能越不精确地知道另一个。所以，如果在"空虚"的空间中一个场被精确地固定在零上，那么它既有准确的值（零），又有准确的变化率（也为零），这就违反了不确定原理。也就是说，在"空虚"的空间中场的值也有不确定性或量子涨落。虚粒子（如虚光子，虚引力子）的涨落如何观测？虚粒子有能量吗？超引力能解决问题吗？

8.6　量子宇宙学

量子宇宙学与量子引力论是两个不同的概念，量子引力论是关于宇宙的一个力的规范理论，而量子宇宙学是把整个宇宙当一个量子系统来研究。

8.6.1　宇宙的波函数

量子宇宙学创立于 20 世纪 60 年代。1983 年霍金和哈特尔共同发表的论文《宇宙的波函数》开创了量子宇宙学的新纪元。在量子力学里，波函数是用来描写状态几率的物理量，宇宙波函数则用来描写相对于一定时空度规和物质场的几率。与量子力学一样，宇宙波函数中的几率与某个作用量的指数函数成正比。在引力情况，作用量根据爱因斯坦的场方程来构造，然后对所有可能的度规和场求和。霍金选择了紧致的度规和规则的场，这样可避免物理定律失败的点，也没有时空的边缘。也就是那句话：宇宙的边界条件就是它没有边界。

霍金甚至给出了无边界宇宙的波函数表达式

$$\Psi = \int \delta g \, \delta \phi \, e^{-I(g,\phi)}. \tag{8-3}$$

这里不再说明其中各个量代表的物理意义，但读者都很清楚宇宙波函数 Ψ 用积分来表示。积分可分两种：定积分和不定积分。如果是定积分，则说明宇宙波函数路径积分需要一个边界；如果是不定积分，那我们的世界为什么是这样的开放呢？

8.6.2　M 理论和弦理论

1980 年，霍金在就任剑桥大学卢卡逊数学教授的演说中指出，最有希望把引力和其他三个力（电磁力，弱力，强力）统一起来的理论是"超引力"。而超引力最终可能要用弦理论来解释。

弦理论也会给世界带来不确定性。弦可分为开弦和闭弦，开弦还可有端点。若同时存在 5 个弦，则它们都只能在 10 维时空成立。当弦耦合常数从小于 1 变到大于 1 时，弦将在另一空间维成长起来，变成膜，于是 5 个 10 维的弦理论，其实是 11 维的理论，而真正的 11 维理论到底是什么，到现在谁也不知道，那就称为 M 理论吧。M 理论与 p-膜有一定的相似之处。

许多科学家都希望能用弦理论来解释宇宙万物。弦理论认为，宇宙中的所有力、所有粒子、所有常量和所有物体都处于同一物理架构之下，我们所见的一切都是无数微小的、不断振动的"弦"的产物。理论学家们自从 20 世纪 60 年代以来就一直在研究弦理论。他们很快意识到，弦理论要想成立，宇宙中一定不止有我们习惯的四个维度。

弦理论被视为解决量子物理和引力难题的重要候选理论。但是，弦理论无法解释宇宙发展理论中的暴胀现象，如果做不到这一点，弦理论就一直会被质疑是否能够真的成立。有科学家提出了新的猜想，他们认为暴胀可以在弦论中存在一段很短的时间，并且能限制暴胀。这意味着它就有可能被实际观测数据所检验。

时空中可能存在着"裂缝"，也就是宇宙弦。但人类的望远镜还无法看到它们。这些古老的裂缝是大爆炸后极短时间里的残余，当时宇宙刚刚从一个炽热、完全陌生的状态，向我们今天看到的相对寒冷、熟悉的状态转变。这场被物理学家称为"相变"的大冷却，在宇宙中发生的时间并不一致，某些地方要比其他地方开始得更早。更冷的宇宙部分形成气泡，并在空间中扩张，直到它们遇到其他气泡。最终，所有的空间都发生了转变，原来的宇宙消失了。

在时空交织的结构中，如果基础物理理论是正确的话，就可能会形成宇宙弦。太空中存在着决定基本力和粒子行为的场。宇宙最初的相变产生了这些场。

在 2019 年的研究中，科学家发现不可能提供足够清晰的宇宙微波背景数据来检测这些潜在的宇宙弦。其他更亮的微波源会使宇宙微波背景模糊不清，难以完全分离。即使是目前最好的微波仪器也不够完美，分辨率有限，其记录精度也会随像素的变化而随机波动，并会造成一定程度的信息丢失，由宇宙微波背景数据寻找宇宙弦的方法可能行不通。

但科学家又开始思考寻找宇宙弦的新方法，比如基于测量宇宙在早期各部分各个方向的膨胀。这种被称为"21 厘米强度测绘"的方法不依赖于研究单个星系的运动，也不依赖于宇宙微波背景的精确图像。相反，它是基于在深空的所有部分测量氢原子离开地球的平均速度。之所以称为"21 厘米强度测绘"，是因为氢原子会释放出 21 厘米波长的电磁辐射。目前地球上还没有能实施这一方法的天文台。研究人员表示，一旦有相应探测能力的新天文台投入使用，他们就有希望在数据中找到宇宙弦的更清晰证据，届时距离宇宙弦的发现就不远了。

作为本科生的通识课教材，无法也无必要叙述更多不易理解的内容，霍金的理论思想就介绍到这里。这里有几点说明：第一，本书对霍金理论的介绍是不完整的。第二，霍金的有些理论本身也是不够完整的，尚需不断地修正和补充，甚至有些还有错误。第三，对霍金的理论，了解就可以了。第四，从前面的叙述可知，霍金善于把物理学或数学的方方面面都融入他的宇宙理论中去，如不确定原理、波函数、全息理论、不完备性定理。可见，当今社会要成就非凡业绩，就必须具备广博的知识，具有敏锐的洞察力、无穷的想象力。

本章各小节的内容是作者根据自己对霍金理论的认识而编排的，有些内容有一定的渗透性，并不一定局限于小节的标题中。如有不当之处，请读者指正和谅解。

思 考 题

1. 什么是时空奇点？

2. 奇点定理的内涵是什么？

3. 如何理解不确定原理？

4. 为什么说黑洞不是那么黑了？

5. 你所理解的时空与霍金的时空有何区别？

6. 了解霍金的生平。

7. 霍金的主要贡献有哪些？

8. 怎么理解虚时间？

9. 人类能否找到描述宇宙的终极理论？弦理论行吗？

10. 你认为人类有能力理解宇宙的真相吗？

11. 结合本章的学习，谈谈你对霍金神奇宇宙观的认识，以及你对宇宙的看法。

12. 通过对本书的学习，选一个你最感兴趣的问题，写篇两千字左右的论文。

第9章
宇宙探索

自古以来，人类一直在探索着我们生存的地球、我们看得见的广阔时空，甚至想知道宇宙到底是什么样的，从何而来，最终又向何而去。尽管科学家百年来给出了各式各样的宇宙模型，但这仅仅是一种理论一种猜想，真实的宇宙必须通过观测、比较、检验等手段来逐步认识。本章对国际上主要的空间探索机构、著名天文台、大型观测设备及重大宇宙探测事件做一简单的介绍。

9.1 国际主要空间探索机构

空间探索主要由各个国家或组织的航天局或宇航局负责，美国、欧洲、俄罗斯、日本、印度和中国都有相关的部门。这里仅对美国航天局（NASA）、欧洲航天局（ESA）和俄罗斯联邦航天局（RKA）作一介绍。中国国家航天局将在第 10 章中介绍。

9.1.1 美国航天局

美国航天局全称为美国航空航天局（National Aeronautics and Space Administration, NASA），是美国联邦政府的一个政府机构，负责美国的太空计划。NASA 创立于 1958 年。图 9-1 为美国航天局标识。

NASA 研究领域非常广泛，主要分为三大部分：

（1）航空和空间科学研究和探索，包括太阳系探索、火星探索、月球探索、宇宙结构和环境探索。

（2）地球学研究，包括地球系统学、地球学的应用。

图 9-1　美国航空航天局标识

（3）生物和物理研究，包括太空生命、太空生命维持、宇航员培训等。

NASA 建立了 6 个战略事务部，分管 NASA 的主要业务领域。它们是航天飞行部、航空航天技术部、地球科学部、空间科学部、生物和物理研究部及安全与任务保障部。另外，NASA 还有 10 个研究中心：戈达德航天飞行中心，约翰逊航天中心，肯尼迪航天中心，马歇尔航天飞行中心，斯坦尼斯航天中心，艾姆斯研究中心，德莱登飞行研究中心，兰利研究中心，戈兰研究中心和喷气推进实验室。

NASA 是全球最大的空间探测机构，雇员近 2 万人，年度经费达数百亿美元。已经实施的重大项目有：阿波罗登月计划，天空实验室空间站，航天飞机，哈勃太空望远镜，国际空间站（合作项目）和火星登陆计划。

9.1.2　欧洲航天局

欧洲航天局（European Space Agency，ESA）是一个欧洲数国政府间空间探测和开发的组织，总部设在法国首都巴黎。图 9-2 为欧洲航天局标识。

图 9-2　欧洲航天局标识

ESA 成立于 1975 年，是专门为和平目的和促进欧洲各国在空间研究、空间技术和应用方面进行合作的组织。ESA 主要有 6 个中心：ESA 巴黎总部，设在荷兰的欧洲航天研究和技术中心，设在德国的欧洲航天空间操作中心，设在意大利的欧洲航天研究所，设在德国的欧洲航天员中心，设在西班牙的欧洲空间天文中心。ESA 的航天发射设在法属圭亚那库鲁航天中心。

ESA 规模比 NASA 小很多，雇员仅为 2 000 多人，年度经费约 50 亿欧元。下属的阿丽亚娜空间公司生产的阿丽亚娜火箭是全球主要的空间运载工具之一。已经和正在实施的重大项目有：伽利略定位系统，火星快车号火星探测器，哥伦布轨道设备，Smart 1 号（新推进技术试验）月球探测器，Hippacos（空间天体测定）。

ESA 下一步的主要工作是：达尔文计划，在距离地球几光年之外探索生命的踪迹；发射艾丁顿卫星，寻找遥远恒星的行星；打算 2020 年到 2025 年间将宇航员送上月球，2030 年到 2035 年实现宇航员火星登陆。

9.1.3　俄罗斯联邦航天局

俄罗斯联邦航天局（Russian Federal Space Agency，RKA，简称 RKA 来自俄语）总部位于莫斯科附近的星城。图 9-3 为俄罗斯联邦航天局标识，简称为 POCKOCMOC。

图 9-3　俄罗斯联邦航天局标识

苏联的空间探测一度领先美国。1991 年苏联解体后，现俄罗斯承接了苏联时期的所有航天项目，RKA 现主要从事航天员训练和航天器发射工作。

2004 年俄罗斯航空航天局改名为俄罗斯联邦航天局（Federal Space Agency，简称 FSA

或 RKA）。

在苏联刚解体时，RKA 一度资金严重缺乏，大量研究人员被迫离开，原计划中的登月和国际太空站项目无法实施。近几年，资金方面情况已大大改善，但其太空探索的能力已远不如从前。

RKA 已实施的重大项目有：第一颗人造卫星，第一个太空人，和平号太空站，金星系列探测器。

9.2　国际著名天文台

天文台是专门进行天文观测和天文学研究的机构，天文观测站大多建在远离市区的山上。早期的有些天文台由于城市扩张已不能进行天文观测，仅具有象征意义，如南京的紫金山天文台。

9.2.1　英国格林尼治天文台

格林尼治天文台建于 1675 年，如图 9-4 所示。当时由于英国航海事业的发展，英国当局决定在泰晤士河畔的皇家格林尼治花园建立天文台，以满足在海上测定经度的需要。1835 年，天文台杰出天文学家艾里（G. B. Airy，1835—1881 年，英国）首创了利用"子午环"测定格林尼治平太阳时，使该台成为当时世界上测时手段最先进的天文台。由于城市发展，特别是夜间灯光的干扰，对星空观测极为不利，天文台 1948 年迁往英国东南沿海的苏塞克斯郡，新址上的天文台仍叫"皇家格林尼治天文台"。地球上 0°经线所在地在格林尼治天文台旧址，如图 9-5 所示，为嵌在地面上的铜线——0°经线。1884 年，经过这个天文台的子午线被确定为全球的时间和经度计量的标准参考子午线，也称为**零度经线**。格林尼治平（太阳）时（GMT）被称为**世界时**。老台址现已成为博物馆，仅供参观，不做研究。

9.2.2　美国夏威夷莫纳克亚天文台

莫纳克亚天文台坐落在美国夏威夷群岛大岛上的莫纳克亚山顶峰上，是世界上著名的天文学观测研究基地，也是举世公认的最佳望远镜工作场所，海拔 4 206 米。天文台区占地 500 英亩，由夏威夷大学管理。由于莫纳克亚山的高度和孤立于太平洋中央的地理位置，使之成为地球上进行天文观测很重要的陆上基地，不仅是光学波段，对次微米、红外

图 9-4　格林尼治天文台

图 9-5　格林尼治天文台旧址—0°经线

都是理想的观测地点。

　　莫纳克亚天文台现有 13 台正在工作的望远镜。其中口径超过 8 米的大型光学望远镜就有 4 台，它们是美国直径 8.1 米的北半球双子座望远镜、日本直径 8.2 米的昂星团望远镜、美国直径 10 米的凯克Ⅰ和凯克Ⅱ望远镜。其他还有加州理工学院的次毫米望远镜，加法夏望远镜，英国红外线望远镜，夏威夷 88 英寸望远镜，超长基线阵列接收机（射电望远镜），如图 9-6 所示。

图 9-6　莫纳克亚天文台

由美国和加拿大联合建造的综合口径 30 米的 TMT 望远镜也将于 2022 年建成于莫纳克亚山顶，详见下节。

9.2.3　美国帕洛马山天文台和威尔逊山天文台

帕洛马山天文台位于美国加利福尼亚州圣地亚哥东北的帕洛马山的山顶，海拔 1 706 米，1928 年建成。20 世纪 20 年代，美国天文学家海尔成功说服洛克菲勒基金会捐出 600 万美元巨资给加州理工学院，由该校负责建造划时代的 200 英寸（5.08 米）光学望远镜。这台望远镜 1948 年建造完成，是当时世界上最大口径的望远镜，直到 1976 年苏联制造出 6 米口径的望远镜。但苏联的 6 米望远镜品质远不如海尔造的 5 米望远镜，后人为了纪念海尔对帕洛马山天文台所做的贡献，特将这架 5 米望远镜命名为海尔望远镜。

尽管海尔望远镜的口径现在不算很大，但仍是全球性能最好的单一镜片大型反射望远镜之一。天文学家利用海尔望远镜验证了很多天文理论，比如宇宙膨胀等。帕洛马山天文台还利用海尔望远镜绘制了北天全天域星图。1993 年帕洛马山天文台发现了"苏梅克-列维" 9 号彗星，并预言了这颗彗星将与木星相撞，这是人类第一次预言和观测到天体的大规模相撞现象。

20 世纪 60 年代天文学四大发现之一——类星体也是利用海尔望远镜发现的，海尔望远镜在研究天文学的基本问题，如星系的形成和演化，宇宙的年龄、大小和构造等也都作出了杰出贡献。

除海尔望远镜外，该台还有一台口径为 1.86 米/1.22 米的施密特望远镜。1969 年为纪念天文学家海尔，帕洛马山天文台和美国威尔逊山天文台合并称为海尔天文台。

威尔逊山天文台位于美国加利福尼亚州帕萨迪纳附近的威尔逊山上，海拔 1 742 米，1904 年在海尔领导下建立的。该天文台主要有一台口径 2.5 米（100 英寸）和一台口径 1.5 米（60 英寸）望远镜，一架大口径太阳望远镜。100 英寸望远镜又称胡克望远镜，在天文学史上具有极为重要的地位。迈克尔逊用它精确地测量了恒星的大小和距离，罗素用它的数据完成了对恒星的分类，哈勃用它确定了大小麦哲伦星云为河外星系，哈勃还用它发现了红移现象，为现在的大爆炸理论奠定了观测基础。

9.2.4 欧洲南方天文台

欧洲南方天文台由欧洲多国于 1962 年合建，现由 13 个欧洲国家组成，总部设在德国慕尼黑附近的加欣。欧洲南方天文台的观测站设在智利，主要有三个观测站：

（1）拉西拉天文台：位于智利阿塔卡玛沙漠南部海拔 2 400 米的拉西拉山。主要设备有 1976 年落成的 3.6 米口径光学望远镜、1984 年落成的德国马克斯·普朗克研究所的 2.2 米口径望远镜、1987 年落成的瑞典 15 米口径亚毫米波射电望远镜、1989 年落成的 3.5 米口径新技术望远镜。

（2）帕瑞纳天文台：位于智利安托法加斯塔以南的海拔 2 632 米的帕瑞纳山，1999 年开始使用。主要设备是 4 台 8.2 米口径的甚大望远镜（如图 9-7）、4 米口径的可见光和红外巡天望远镜、2.5 米口径巡天望远镜。

（3）拉诺德查南托天文台：位于智利北部海拔 5 104 米的查南托高原，主要设备是 12 米口径的 APEX 亚毫米波望远镜，以及各国合作建造的阿塔卡玛大型毫米波天线阵（ALMA）。

欧洲南方天文台的望远镜设在智利北部安第斯山脉，是南半球甚至全世界观测条件最佳的天文台之一，年平均可观测时间在 310 天左右。特别是阿塔卡玛沙漠的自然环境与火星类似，堪称世界上最干燥的区域，高海拔和极端干燥的环境造就了地面最完美的天文观测条件。

欧洲南方天文台 2006 年开始研制极大望远镜 E-ELT，预计 2022 年至 2023 年间完成。

图 9-7　欧洲南方天文台-甚大望远镜

9.2.5　波多黎各阿雷西博天文台

阿雷西博天文台位于波多黎各岛的阿雷西博山谷中，见图 1-10，现在是世界上第二大口径的射电望远镜，建成于 20 世纪 60 年代初，直径为 305 米，后扩建为直径 350 米。由美国国家科学基金会等管理。该望远镜嵌在一个巨大的灰岩坑内，坑内由 38 万片铝瓦铺设成抛物面形状。射电望远镜不同于光学望远镜，它不是依靠视觉而是依靠"听"觉来认识宇宙。

阿雷西博射电望远镜，灵敏度极高，能探测到几十亿光年外的天体，能"听"到金星上的轻微响动，加上波多黎各岛位于赤道附近，这个位置对于跟踪和观测行星、脉冲星和其他天体十分理想，在 60 年的历史中有过多次重大天文发现。

9.3　大型观测设备

这一节我们对一些著名的大型天文观测设备和计划中的一些下一代设备作简单介绍。

　　天文学家发现地球上有三个区域适合建设超大型望远镜，它们是美国夏威夷、智利和澳大利亚。但澳大利亚至今未有 8 米以上的超大型望远镜，尽管澳大利亚的赛丁泉天文台和斯隆洛山天文台已经有 4 米以下的多架较大型望远镜，但有迹象表明还会有更多更大的望远镜选择在澳大利亚落户。

9.3.1　双子望远镜

　　双子望远镜是由美国大学天文联盟实施的项目，它由两台 8 米口径望远镜组成，一台放在北半球，一台放在南半球，以便进行全天系统观测。该项目 1993 年开始建设，1998 年北半球的一台在夏威夷完工，2000 年南半球的一台在智利建设完成。由于这两台望远镜使用了一些新的技术，能够获得与哈勃太空望远镜相等效果的图像。如图 9-8 所示。

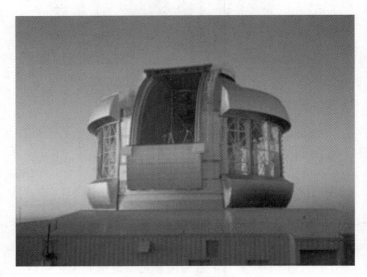

图 9-8　双子望远镜

9.3.2　昴星团望远镜

　　昴星团望远镜位于美国夏威夷莫纳克亚天文台，直径为 8.2 米，隶属于日本国家天文台，是日本最大的望远镜设备，1999 年建设完成投入科学观测，如图 9-9 所示。是世界上第二大的由单一主镜构建的光学望远镜，望远镜自重 555 吨。其中主镜片重达 22.8 吨。

图 9-9　昴星团望远镜

9.3.3　凯克望远镜

凯克望远镜位于美国夏威夷莫纳克亚山天文台，如图 9-10 所示。凯克望远镜由两台相同的望远镜组成，分别是凯克 I 和凯克 II，每台口径均为 10 米，是世界上口径第二大的光学和近红外线望远镜。但凯克望远镜镜头不是单一主镜，而是由 36 片口径 1.8 米的六角形镜片组合而成的。望远镜自重约 300 吨，20 世纪 90 年代末建成。其名字凯克来源于资助人的名字。

凯克望远镜每台都装有自适应光学系统能补偿大气抖动的影响，它俩的最大特点是可以把凯克 I 和凯克 II 作为凯克干涉仪，由于两者相距 85 米，故它们联合观测时在特定方向上的解析力，如分辨率，相当于一台口径 85 米的单一望远镜，使得它俩在现代宇宙探索中地位突出，贡献巨大。

9.3.4　欧洲南方天文台甚大望远镜

欧洲南方天文台（欧南台）的甚大望远镜（Very Large Telescope，VLT）位于智利的帕瑞纳天文台，由 4 台相同的口径为 8.2 米的望远镜组成，组合后等效口径可达 16 米。VLT 的 4 台望远镜既可以单独使用，也可以组成光学干涉仪进行高分辨率观测。

VLT 项目开始于 1986 年，2012 年全部建成开始工作，耗资超过 5 亿美元。VLT 的每个主镜重约 22 吨，每个望远镜重约 500 吨。由于 VLT 具备的超高性能，天文学家计划用

图 9-10　凯克望远镜

它来做如下观测:

（1）搜索太阳系旁邻近恒星的行星。

（2）研究星云内恒星的诞生。

（3）观察活跃星系核内可能隐藏的黑洞。

（4）探索宇宙的边缘。

9.3.5　哈勃太空望远镜

　　哈勃太空望远镜（Hubble Space Telescope，HST）是以天文学家爱德温·哈勃名字命名的在地球轨道上工作的望远镜，如图 9-11 所示。由于它在地球大气层外工作，因此不受大气影响，所拍摄影像品质远高于地面望远镜，是天文史上最重要的仪器之一。图 9-12 为磨制中的哈勃主镜反光镜头。

　　哈勃太空望远镜由美国航天局和欧洲航天局合作研制。它是一个重达 11.6 吨、长约 13.1 米、直径约 4.3 米的筒形庞然大物，定位于距地球表面 614 千米的圆形轨道上。哈勃太空望远镜为卡塞格林型反射望远镜，口径 2.4 米。

　　哈勃太空望远镜比地面望远镜的优越之处在于，它在大气层外工作，不受地球大气的吸收、散射和大气抖动的影响，从而有高的分辨率（成像分辨率高达 0.1″）、宽的工作波段（从远紫外 105 纳米到近红外 1 100 纳米）和高灵敏度。它可以观测到暗达 30 星等（关于星等的定义见 3.1 节）的天体，相当于人眼所能看到的最暗目标亮度的 40 亿分之一。

图 9-11 哈勃太空望远镜

1990 年 4 月 24 日清晨，美国佛罗里达州肯尼迪航天中心，"发现号"航天飞机发射升空，将哈勃太空望远镜送入预定轨道。随后的 30 年中，这台望远镜历经数次坎坷又绝处逢生，它的卓越成就不仅为人类探索宇宙开启了大门，也彻底打破了人类过去对宇宙的认知和看法。

1. 太空望远镜的构想

400 多年前，伽利略举起自制的简易望远镜对准太空，他看到了与前人所看到的完全不同的星空，掀起了人类探索宇宙的热潮。天文望远镜从此成为观测天空不可或缺的重要工具。之后的几百年，望远镜的口径越做越大，功能越来越强，透过望远镜，人们发现的天体和宇宙现象也越来越多。

20 世纪 20 年代，美国天文学家哈勃使用当时世界上最大口径的 2.5 米胡克望远镜，发现了银河系之外还有其他星系存在，而且这些星系正在远离银河系。这一系列发现让人们意识到，宇宙不仅如此广袤，而且还在膨胀。这也成为宇宙大爆炸理论的观测基础，哈勃因此被称为 20 世纪最伟大的科学家之一。

哈勃的发现使科学家认识到仅仅在地面上观测宇宙还远远不够，地球大气对望远镜观测结果影响很大，不仅成像质量受到大气湍流的影响，而且天体光谱中的红外线和紫外线也被大气层吸收，望远镜从地面走向太空成为必然。为了更清楚地观测宇宙，获得更为完美的宇宙图像，20 世纪 40 年代，美国普林斯顿大学的天文学家斯皮策（L. Spitzer，1914—1997 年），如图 9-12 所示，提出了发射太空望远镜的想法。他认为太空望远镜有潜力发现宇宙的新现象，并可能就此改变人类关于天体和宇宙、空间和时间的基本观念。这个想法成为太空望远镜的起点，斯皮策也为了这个伟大的理想而奋斗了五十年。

图 9-12　太空望远镜计划的推进者莱曼·斯皮策

2. 太空望远镜实施

太空望远镜造价昂贵，技术难度极大，让大部分研究机构和天文学家望而却步，因为这个设想太过超前。但随着 1957 年苏联的第一颗人造卫星上天，天文学家看到了希望。随着美苏两国"太空竞赛"的逐步升级，两国在太空领域也获得了历史性的发展。1958 年 10 月，美国航天局成立，斯皮策关于大型太空望远镜的宏伟计划不再是科学幻想。

1970 年，NASA 设立了空间望远镜工程委员会（负责研制）和任务科学委员会（负责使用）。但随着 NASA 的太空经费开始缩减，大型空间望远镜项目一度因经费遭到美国国会反对而放缓。1977 年在斯皮策和他的同事的努力下，国会授权批准哈勃望远镜开始细节设计和制造，太空望远镜项目正式启动。但由于预算被缩减为原来的一半，NASA 将望远镜口径从 3 米降至 2.4 米，如图 9-13 所示。仪器设备也相应缩水，并邀请欧洲航天局加入并承担 15% 的研制经费，相应给予欧洲科学家不少于 15% 的使用时间。

图 9-13　哈勃望远镜的主镜面，直径 2.4 米

为纪念伟大的美国天文学家哈勃，这架空间望远镜在 1982 年被正式命名为哈勃太空望远镜，并计划于 1983 年发射升空。

太空望远镜涉及大量的工程、技术、材料和科学上的工作，数万名工程师参与其中。要使望远镜满足各种性能需求，在工程和管理上的挑战非同一般。因此研制预算不断增加，哈勃望远镜也饱受质疑。直到 1984 年，哈勃望远镜的各系统组件才完成，并陆续开始组装测试，发射时间也从 1983 年推迟到 1986 年。

1986 年，"挑战者"号航天飞机从肯尼迪航天中心升空 73 秒后爆炸解体，7 名宇航员全部遇难，这场震惊世界的灾难让美国航天事业受到巨大打击，航天飞机也被迫终止飞行。由于"挑战者"号就是计划执行哈勃发射任务的航天飞机，哈勃望远镜的升空时间只好再次被推迟。

经过 4 年的漫长等待，1990 年 4 月 24 日，"发现"号航天飞机带着哈勃望远镜及 5 名航天员到达了离地球 500 多千米的预定轨道。第二天，"哈勃"由航天飞机的机械臂送入太空。历经 20 多年、2 万多名工程师参与、耗资 20 多亿美元的哈勃望远镜终于在轨道上开始它的伟大使命。

3. 哈勃镜头缺陷

1990 年 5 月 20 日，哈勃望远镜终于向地面传回了第一张照片，但照片非常模糊，远

远没有达到设计要求。调查发现，哈勃望远镜居然天生"近视"。原因是哈勃望远镜镜面的外边缘少磨了 2.2 微米，对于精度要求非常高的哈勃镜面而言这是一个重大缺陷，从目标来的所有光线不能被聚在同一个焦平面上。

20 亿美元的巨大投入居然只是制造出了"哈勃模糊"，NASA 面临着比维护自身形象更巨大的挑战：如何维修？好在哈勃望远镜在设计时考虑到了维修问题，可以通过航天飞机做定期维护。为了保障 15 年的设计寿命，航天飞机大约每 3 年就要对哈勃望远镜进行一次全面的修理。1993 年，"奋进号"航天飞机升空，对哈勃望远镜进行了仪器和设备的更换。7 名宇航员完成了 5 次创纪录的太空行走，包括为哈勃望远镜戴上"眼镜"，解决了它的"近视"问题。

"奋进号"在轨运行的 11 天中，更换了哈勃太空望远镜的太阳能帆板和损坏的陀螺，安装了太空望远镜轴向偏差改正系统（COSTAR），置换了部分探测仪器，同时也增大了望远镜所配的计算机容量。这次修复耗资高达 2.5 亿美元。

1993 年 12 月 18 日，修复后的哈勃望远镜拍摄的第一张照片终于传回地面，清晰、聚焦正常的星系图像出现在终端显示器上，NASA 宣布哈勃望远镜通过光学系统维修修正了主镜的球面像差问题，图像清晰度达到预期。如同伽利略开启现代观测天文学一般，哈勃望远镜也开启了人类认识宇宙的崭新时代。

修复后的哈勃太空望远镜不负众望，为天文学家提供了大量有价值的精确数据和清晰照片，成为名副其实的看得最远最暗的"眼睛"。哈勃太空望远镜这三十年来获得的观测数据超过了过去数百年的发现，可见其在天文学发展中的巨大作用。读者在许多杂志、网站上看到的一些美轮美奂的天体照片，大部分是由哈勃太空望远镜拍摄的。

4. 辉煌成就

自 1990 年发射升空以来，哈勃望远镜已完成超过 130 万次观测，揭开了无数宇宙奥秘，从第一代恒星和星系到发现暗物质、暗能量存在的证据，科学成就不胜枚举。当然，天文学进展源于一系列不同望远镜在不同波段所做的观测，这些并非"哈勃"的独自发现，但它的观测结果无疑发挥了决定性的作用。现在介绍几项"哈勃"的代表性科学发现。

1995 年，"哈勃"用 10 天时间对大熊座的一小片天区进行了近 100 个小时的观测，拍摄了 342 张照片，经过合成后得到了著名的哈勃深视场（HDF）照片，如图 9-14 所示。这张照片揭示了前所未有的遥远星系的大量细节，创造了历史。深视场中的每一个亮斑都是一个星系，每个星系中又包含了数百亿到万亿颗恒星，其中能分辨出的星系就有 3 000多个，这些遥远的星系比我们裸眼能看到最暗的天体还要暗淡 40 亿倍。

2002—2005 年间，哈勃太空望远镜拍摄的麒麟座 V838 恒星爆发事件过程如图 9-15 所示。

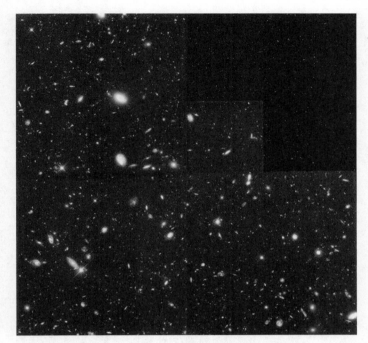

图 9-14　1995 年拍摄的哈勃深视场照片

哈勃望远镜经过几次升级后，2009 年拍摄了更深远的照片——哈勃超深视场（HUDF）。2012 年，哈勃望远镜累计 23 天的曝光时间，得到了迄今为止最深远的照片，称为哈勃极深视场（XDF），如图 9-16 所示。

自 20 世纪 20 年代哈勃首次发现河外星系起，科学家就想知道宇宙中有多少个星系。70 年后，哈勃深视场照片首次让我们对于宇宙中的星系数目有所了解。现在，从哈勃深视场到哈勃超深视场，再到哈勃极深视场，看到的星系数目从上千亿个扩大了上万亿个，这样的结果让我们不由思考人类在宇宙中的位置和宇宙本质等深刻的问题。

宇宙有多古老？它有年龄吗？在这一终极哲学问题上，"哈勃"同样做出了重大贡献。哈勃常数是对宇宙当前膨胀速率的一种量度，它的倒数反映了宇宙的年龄。以前，由于各种确定距离方法之间的矛盾导致测量哈勃常数的误差非常巨大，宇宙年龄的估值在 50 亿年到 200 亿年之间。

而精确测量哈勃常数是哈勃望远镜的核心项目之一。从 20 世纪 90 年代末到 21 世纪前 10 年，得益于哈勃望远镜的进一步观测，天文学家研究了包括造父变星、Ia 型超新星等许多距离指标，使哈勃常数的不确定度从 10% 最终降低至 3%。随着哈勃常数测量精度的不断提高，天文学家终于将宇宙的年龄精确到 138 亿年左右。

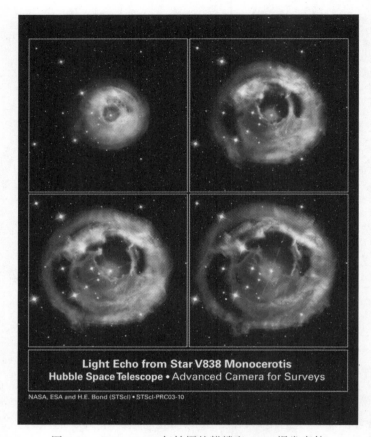

图 9-15　2002—2005 年拍摄的麒麟座 V838 爆发事件

　　1990 年哈勃望远镜发射之前，天文学家们只在双星系统中证实了黑洞的存在。而哈勃望远镜在工作中却发现了星系中心潜藏着超大质量黑洞，它的质量从一百万个到几十亿个太阳质量。

　　天文学家们后来又用"哈勃"探索许多星系的中心，寻找超大质量黑洞，这次星系普查使天文学家们发现超大质量黑洞其实非常普遍，即使不是每个大星系都有，也是绝大多数大星系中心都存在。并且，中央黑洞的质量和星系中心由恒星构成的核球质量直接相关，核球质量越大，黑洞质量越大。

　　哈勃望远镜已不仅仅是科学的象征，更是联系普通公众与遥远宇宙认知的纽带。哈勃望远镜拍摄的无数美轮美奂的照片更是深深根植于人们的脑海之中。创生之柱是哈勃太空望远镜 1995 年 4 月 1 日拍摄的，关于老鹰星云内圆柱形星际气体和尘埃的一张影像，如图 9-17 所示，被 Space 网评定为哈勃太空望远镜拍摄的十佳照片之一。由于老鹰星云中

图 9-16 2012 年的哈勃极深视场照片

其他恒星在手指状气体柱上造成的影响，使它们形成了手指之外的蛋形。每一个蛋都被与我们的太阳系一样大小的气体环绕着，并且有一颗新生的恒星在其中孕育着，故称为创生之柱。

哈勃太空望远镜的其他主要观测成果，限于篇幅，这里仅列举出 10 项。

（1）发现冥王星是双星，并获得了其主星、伴星的直径及其相互距离的数据。

（2）拍得百武彗星分裂的图片。

（3）拍摄了 1994 年苏梅克-列维彗星与木星相撞过程和撞后形态变化的图片。

（4）探测到了太阳以外其他恒星附近的行星图像。

（5）观测到 M84 星系内高速气流吸积现象，为黑洞的存在提供了有力的证据。

（6）对银河系内的暗弱恒星进行了观测，获得了它们的多个参数。

（7）观测表明宇宙中存在引力透镜现象，即远处而来的光线通过星系团中间时会受引力作用而弯曲，引力对光线起到聚焦的作用。

（8）观测到一个巨型黑洞正在吞噬另一个小星系的景象，观测到一些星系正在互相碰撞和合并等。

（9）拍摄到围绕遥远黑洞存在的盘状构造。

图 9-17 哈勃照片创生之柱

（10）发现可能是宇宙中距离最遥远的星系。

最近几年，哈勃太空望远镜也有了一些新发现。

2016 年借助哈勃太空望远镜，天文学家在鸟神星周围首次发现了一颗卫星。

2019 年 5 月，科学家公布了最新的宇宙照片——"哈勃遗产场"（HLF），如图 9-18 所示，这是迄今最完整最全面的宇宙图谱，由哈勃太空望远镜在 16 年间拍摄的 7 500 张星空照片拼接而成，包含约 265 000 个星系，其中有些已至少 133 亿岁"高龄"。对其进行研究有助于科学家深入了解更早的宇宙历史。

2020 年 1 月，一个国际天文学家团队利用哈勃太空望远镜发现了迄今已知的最遥远、最古老的星系群。这个三重星系群被称为 EGS77。

由于哈勃太空望远镜的设计使用寿命约为 15 年，现已超期服役。由于它是第一架太空望远镜，其设计和制造中还存在某些缺陷，现在科学家正在考虑建造新一代太空望远镜。这架望远镜准备置于日地引力场的第二拉格朗日平动点 L2 上。L2 是太阳引力和地球引力相等的点，所以它将相对于太阳和地球都保持静止不动，这样地球就不会遮挡望远镜的视线。新一代太空望远镜的主镜口径为 8 米，计划投资 10 亿美元，希望通过近红外的观察发现太阳系以外的类似地球的行星所发出的热量。这种近红外的观察在地球附近是无法进行的，因为地球本身的红外辐射能够淹没任何来自太空的类地行星的红外辐射。

图 9-18 哈勃遗产场

2002 年，为纪念阿波罗计划领导人 James E. Webb，NASA 决定将新一代太空望远镜命名为 James Webb Space Telescope（JWST），口径减小为 6.5 米，工作波段 0.6 微米至 28 微米。预计 2021 年前后发射到距地球 150 万千米的 L2 点上。

9.3.6 开普勒太空望远镜

开普勒太空望远镜是 NASA 为发现环绕其他恒星的类地行星而发射的太空望远镜，如图 9-19 所示。2009 年 3 月 6 日，从美国佛罗里达州卡纳维拉尔角空军基地发射升空。它的主要任务是对天鹅座和天琴座中大约 10 万个恒星系统展开观测，以寻找类地行星和生命存在的迹象。

在太阳系内有一种有趣的现象，就是地球轨道以内的水星、金星经过太阳和地球之间，对太阳面产生部分遮挡，天文上称之为凌日，如图 9-20 所示。开普勒太空望远镜就是根据这一现象来寻找其他恒星系统可能存在的行星凌星现象。开普勒太空望远镜不在环

图 9-19 开普勒太空望远镜

绕地球的轨道上，而是在尾随地球的太阳轨道上，所以其观测视野不会被地球遮蔽。其主镜口径为 1.4 米，重约 1 071 千克。

图 9-20 行星凌日现象

经过 3 年的观测，开普勒太空望远镜已经有如下重大发现：发现首颗太阳系外行星；发现质量和直径都比太阳系内行星更小的外行星；发现首个 6 行星恒星系统；发现首颗围绕两颗恒星运动的行星；等等。

2013 年 5 月，开普勒太空望远镜由于反应轮故障，无法设定望远镜方向，而被迫停止部分工作。2018 年 10 月，NASA 宣布开普勒太空望远镜正式退役。它一共发现了 4 000 多颗系外行星。

9.3.7 大麦哲伦望远镜

大麦哲伦望远镜（Giant Magellan Telescope，GMT）是计划在 2022 年投入使用的地基极端巨大望远镜，如图 9-21 所示。从图可以看出，该望远镜包含 7 个直径为 8.4 米的主镜，综合解像力相当于约 25 米的单一主镜。功能是目前最大光学望远镜的 4.5 倍，成像清晰度将达到"哈勃"太空望远镜的 10 倍。

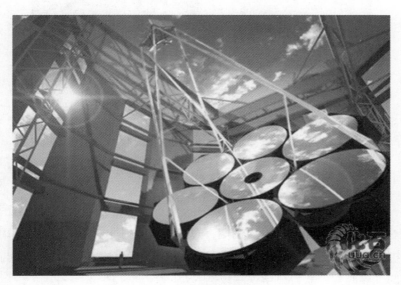

图 9-21　大麦哲伦望远镜

大麦哲伦望远镜的 7 个主镜片已于 2005 年开始铸造，现已完成所有镜片的铸造，每个需使用 20 吨的光学玻璃，镜片的研磨和抛光还将耗费数年的时间。

大麦哲伦望远镜又叫巨型麦哲伦望远镜，将被安放在智利的拉斯坎帕纳斯天文台，那里已有两台口径 6.5 米的麦哲伦望远镜。地理位置、绝佳的气候和大气条件使拉斯坎帕纳斯成为天文观测的最好地点之一。

大麦哲伦望远镜的主要任务是用来探寻宇宙中恒星和行星系统的形成，暗物质、暗能量和黑洞的奥秘，科学家们对它寄予重望，希望它还能揭开银河系的起源之谜。

9.3.8　三十米望远镜 TMT

三十米望远镜（Thirty Meter Telescope，TMT）是集光口径为 30 米的地基巨型光学-红外天文观测设备，如图 9-22 所示，工作波长为 0.31～28 微米。TMT 采用拼接镜面主动光学、自适应光学及精密控制等先导高科技技术，将 492 块小镜面拼接成直径 30 米的大镜面。TMT 将把望远镜的灵敏度和空间分辨率等技术指标提高到前所未有的程度。

图 9-22　三十米望远镜

TMT 是一个国际合作项目，以美国、加拿大和日本为主，计划安放在美国夏威夷莫纳克亚山天文台，预计 2022 年建成投入使用，总投资将超过 10 亿美元。中国国家天文台等多个研究机构将参与 TMT 部分子项目的研发。一旦 TMT 建成，中国将分享与参与项目成比例的 TMT 的观测时间，获得科学观测数据。

TMT 的强大宇宙洞察能力将引发天文学研究的跨越式发展，科学家希望它在揭示宇宙暗物质和暗能量的本质方面，探测宇宙第一代天体，了解黑洞的形成和生长，探测地外行星等前沿学科领域取得重大突破性发现。

9.3.9　欧洲极大望远镜

欧洲极大望远镜（European Extremely Large Telescope，E-ELT）是欧洲南方天文台在建的地面光学天文望远镜，如图 9-23 所示。

图 9-23　欧洲极大望远镜

2006 年，欧洲议会批准研制 E-ELT 的计划。该计划总投资超过 11 亿欧元，预计 2023 年建成投入使用，口径为 39 米，建成后将成为世界上最大的光学望远镜。E-ELT 将安装在智利的阿马索内斯山，其图像分辨率将达到哈勃太空望远镜的 16 倍。

E-ELT 与凯克望远镜一样采用镜面拼接的方式来达到极大口径，其主镜由 800 块直径为 1.45 米的六边形镜面拼接而成。

科学家相信，E-ELT 能够找到宇宙起源的地方，即第一颗恒星和第一个星系形成之处，并能够帮助我们了解太阳系外行星的特征和参数，找到地外生命存在的可能，从而帮助我们了解生命形成和进化的进程。当然，寻找暗物质和暗能量是所有大型望远镜的基本工作。

9.3.10　阿塔卡玛大型毫米波天线阵

阿塔卡玛大型毫米波天线阵（Atacama Large Millimeter Array，ALMA）是由多个国家的研究机构在智利北部阿塔卡玛沙漠合作建造的大型射电望远镜阵列，如图 9-24 所示。ALMA 由 66 台口径为 12 米的射电天线组成，如图 9-25 所示。分布范围达 10 英里。工作波长为毫米和亚毫米，已于 2013 年年底建设完成，总投资超过 14 亿美元，是世界上最强大的射电天文观测设备。

ALMA 作为多国合作项目，以欧洲和日本为主，美国和加拿大等都参与其中。ALMA 的分辨率为 0.01 弧秒，相当于能看清 500 千米外的一分硬币，其视力超过哈勃太空望远镜约 10 倍。利用干涉技术，其探测到的图像数据可媲美一架直径 16 千米的射电望远镜。

ALMA 能有效控制宇宙射电波信号的接收，从而捕捉到极遥远宇宙的辐射，科学家从

图 9-24 阿塔卡玛大型毫米波天线阵

图 9-25 阿塔卡玛大型毫米波天线阵分布图

这些辐射中可以了解遥远和古老的星系，并探索年轻恒星周围的行星形成过程。有科学家认为 ALMA 的出现几乎就像裸眼观测时代突然出现望远镜一样，是人类观测能力上的巨大飞跃，它可弥补光学望远镜无法探测深太空领域这一遗憾，帮助科学家深入研究暗物质和暗能量。

2012 年尚未全面完工的 ALMA 发现一颗褐矮星（未发育成的恒星）周围存在一个原行星尘埃盘。ALMA 拍摄的第一张照片显示了引力透镜效应的存在。同样它还发现了水存在于遥远星系中的证据，还未正式工作就有如此重大发现，可见科学家对 ALMA 所寄予的厚望。

近年来，ALMA 追踪到了一氧化碳气体的存在。首次揭示了某些遥远的正常星系的内部运动，观测发现了一个在环绕古老恒星雕塑师（R Sculptoris）的物质中的螺旋结构，这个特征之前从来没有被发现过，可能是由一个隐藏的环绕这颗恒星的伴星造成的。ALMA

还发现了环绕明亮的恒星南鱼座 α 的尘埃环的新图像。

ALMA 捕捉各种恒星诞生时的啼哭声,发现在星系碰撞过程中冷却和收缩来形成新恒星的气体的踪迹,发现恒星气体中的糖分子,通过拍摄的环绕年轻恒星 HL 金牛座的原始行星盘揭示前所未有的环绕新恒星行星形成的过程。ALMA 还为我们自己的太阳系是如何形成的提供观测证据。

2020 年,科学家通过 ALMA 第一次捕捉到了一颗古老恒星开始改变其周边环境的画面,如图 9-26 所示。该恒星喷射出高速双极气体喷流,这些喷流与恒星周围物质发生碰撞,这对于了解行星状星云复杂形状是如何形成的至关重要。

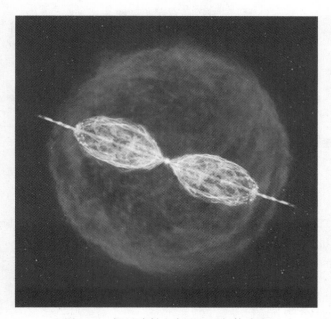

图 9-26　恒星喷射出高速双极气体喷流

类日恒星在生命的最后阶段会演化成红巨星,然后释放出气体,形成行星状星云。行星状星云的形状多种多样。天文学家对这种变化的原因很感兴趣,但是恒星喷出的厚厚尘埃和气体掩盖了真相,使得研究变得极其困难。ALMA 的图像清楚地描绘了被喷流携带的尘埃云是如何分布的,这是它正在影响周围环境的有力证据。

9.3.11　苔丝卫星探测器

苔丝(Transiting Exoplanet Survey Satellite,TESS,凌日外行星勘测卫星)卫星探测器

是 2018 年 4 月发射的太空望远镜，如图 9-27 所示，用于寻找系外行星。凌日法的原理是从恒星前方经过的天体会导致恒星亮度下降。NASA 的开普勒太空望远镜也是采用的这种方法。目前已知的 4 000 多颗系外行星中 70% 都是由 TESS 和开普勒太空望远镜发现的。

图 9-27   苔丝卫星探测器

2020 年 1 月，TESS 在一颗恒星周边的宜居带中发现了一颗大小与地球相仿的行星。该行星被称作 TOI 700 d，距地球仅有 101.5 光年，天文学家正准备借助其他探测器对它开展进一步观测。

9.3.12　斯皮策太空望远镜

斯皮策太空望远镜（Spitzer Space Telescope，SST）由 NASA 于 2003 年 8 月发射，如图 9-28 所示，原计划工作 5 年，是人类送入太空的最大的红外望远镜，也是大型轨道天文台计划的最后一台空间望远镜。任务结束后它仍继续运行，直到 2020 年 1 月 28 日，它还进行了最后的科学数据收集。2020 年 1 月 30 日 NASA 向斯皮策太空望远镜发送了停止工作指令。

斯皮策太空望远镜是第一台与地球同步运行的太空望远镜，直径 85 厘米。其主要任务是用于寻找太阳系之外的行星，探索行星是怎样形成的，研究陌生的河外星系，观测遥远星系，揭示早期宇宙图景。

斯皮策太空望远镜是美国航天局发射的四大太空望远镜之一。其余三个是 1990 年升

图 9-28　斯皮策太空望远镜

空的哈勃太空望远镜；1991 年发送升空的康普顿 γ 射线天文台，在 γ 射线波段探测宇宙，于 2000 年 6 月完成任务后被实施人工坠海；1999 年发射升空的钱德拉 X 射线天文台，主要在 X 射线波段探测宇宙深处的高温高能天体，如黑洞、类星体等。

斯皮策太空望远镜的命名是为了纪念天体物理学家斯皮策。他在 20 世纪中期首先提出把望远镜放入太空以消除地球大气层影响的建议，这直接推动了哈勃太空望远镜的诞生。

在 17 年的运行中，斯皮策太空望远镜采用红外线观察宇宙，来探测寒冷的物体。它感知的是热量而不是可见光，因此能探测到光学望远镜无法看到的天体和景象，对于观测非常遥远的恒星以及发现银河系的各种细节特征非常有效。

9.3.13　国家科学基金会薇拉·鲁宾天文台

Large Synoptic Survey Telescope（LSST，大型综合巡天望远镜），如图 9-29 所示，将设置在智利北部。LSST 用来观测太空中弱重力透镜以探测暗能量和暗物质；寻找太阳系中的小天体，尤其是近地小行星和柯伊伯带天体；探测光学瞬变现象，尤其是新星和超新星；观测银河系。

2020 年 1 月，NASA 宣布 LSST 更名为"国家科学基金会薇拉·鲁宾天文台"，以纪念提供暗物质存在重要证据的美国天体物理学家薇拉·鲁宾（V. C. Rubin，1928—2016 年，美国）。按计划，LSST 项目于 2021 年年底开始，2032 年结束。天文学家将使用 8.4 米口径的西蒙尼勘测望远镜和 32 亿像素的 LSST 相机每晚拍摄 1 000 张照片，观测邻近的恒星

图 9-29　国家科学基金会薇拉·鲁宾天文台（LSST）

和遥远的星系。除了进行天文学和宇宙学研究以外，LSST 还可以探测到接近地球的危险小行星。

　　LSST 巡天调查将给出一幅宇宙的彩色动态图像，人类将首次以空间和时间的全景来观察光学宇宙。理想情况下，LSST 望远镜的曝光时间为 30 秒，能够显示比肉眼可见物体暗 2000 万倍的暗弱天体。LSST 给科学家带来了极大的希望，或许会发现暗物质的线索。

9.3.14　斯隆数字巡天望远镜

　　斯隆数字巡天（Sloan Digital Sky Survey，SDSS）望远镜是进行红移巡天的 2.5 米口径望远镜，如图 9-30 所示，位于美国新墨西哥州阿帕奇山顶天文台。该项目开始于 2000 年，计划观测 25% 的天空，获取超过一百万个天体的多色测光资料和光谱数据。斯隆数字巡天项目的星系样本以红移 0.1 为中值，对于星系的红移值达到 0.4，对于类星体红移值则达到 5，并且希望探测到红移值大于 6 的类星体。它与我们国家的 LAMOST 巡天望远镜用途相似。

9.3.15　帕克太阳探测器

　　帕克太阳探测器，如图 9-31 所示，是以太阳风研究的先驱、芝加哥大学天文学家帕克（U. Parker，1927—　　，美国）命名的航天器，是 NASA 第一次以健在人物命名的航天

图 9-30 斯隆数字巡天望远镜

器。这是第一个飞入太阳日冕的飞行器,离太阳最近处将达太阳表面上方 9 个太阳半径处。它探测运动中遇到的等离子体、磁场和波、高能粒子和尘埃,也对太阳探测器轨道附近以及日冕底部的偶极结构成像。

图 9-31 帕克太阳探测器

2018 年 8 月 12 日帕克太阳探测器发射成功,以前所未有的近距离对太阳进行观测,是人类首次穿越日冕的飞行器。它装备厚达 12 厘米的碳复合外衣,可承受高达 1 400℃的炽热和辐射，以每小时 72 万千米的速度飞行。

2018 年 10 月 29 日，帕克太阳探测器打破阿波罗 2 号于 1976 年创下的（距太阳表面 4 273万千米）纪录，成为有史以来最接近太阳的人造物体。2019 年 9 月 1 日，帕克太阳探测器第三次飞过轨道近日点。2020 年 1 月 29 日，帕克太阳探测器完成第四次近日飞行。

在接下来的 5 年里，帕克太阳探测器将不断接近太阳，最终抵达距离太阳表面约 600 万千米处。在此期间，太阳将进入其 11 年活动周期中的较活跃阶段，探测器将会继续带来新的发现。

9.3.16　詹姆斯・韦伯太空望远镜

詹姆斯・韦伯（J. E. Webb，1906—1992 年，美国。NASA 第二任局长，领导美国阿波罗登月计划并取得成功）太空望远镜（James Webb Space Telescope，JWST）是美国航天局、欧洲航天局和加拿大航天局联合研发的红外线观测用太空望远镜。图 9-32 为组装中的詹姆斯・韦伯太空望远镜。图 9-33 为詹姆斯・韦伯太空望远镜空间效果图。

图 9-32　组装中的詹姆斯・韦伯太空望远镜

图 9-33　詹姆斯·韦伯太空望远镜空间效果图

　　韦伯太空望远镜的质量为 6.2 吨，约为哈勃太空望远镜（11 吨）的一半。为了确保望远镜既坚固又轻便，主反射镜由铍材料制作的 18 块小片组成。每片子镜大约 20 千克重，并镀上一层纯金薄膜以提高其反射红外线的能力，综合口径达 6.5 米。它还能在近红外波段和接近绝对零度的环境中工作。

　　韦伯望远镜目前定于 2021 年 10 月发射。而在此之前，该项目经历了年复一年的推迟（最先定于 2013 年发射）和近百亿美元的资金投入。尽管耗费了大量时间和资金，但这台望远镜将成为红外波段最强大的望远镜，发射成功后将让我们得以首次触及宇宙中曾经遥不可及的未知世界。

　　从探测宇宙诞生后形成的第一批星系，到发现外星生命存在的可能性，要想进一步了解宇宙万物，韦伯望远镜将是我们目前唯一的希望。

　　韦伯太空望远镜被奉为 NASA 传奇的哈勃望远镜的"继任者"，但事实并非如此。哈勃主要是一台光学望远镜，能够捕获的光线波长范围与人眼差不多，仅向红外和紫外波段稍微扩展了一些。

　　韦伯太空望远镜将完全在红外波段内进行观测，几乎不会触及人眼能看到的最红的波段，它将研究一个对人类而言近乎隐形的宇宙。韦伯望远镜之所以这样设计，主要原因之一是，从地表开展红外波段观测的难度很大，地面上的光污染将带来严重的负面影响。

红外光污染更是无处不在，因为任何有温度的物体都会发出红外光。人体可以产生约 100 瓦特的红外辐射。地球本身热量也很高，在红外波段显得明亮夺目。就连望远镜自身在室温下也会发出红外辐射。

为避开地球的红外光辐射影响，韦伯望远镜将在距地球 150 万千米处的第二拉格朗日点（L2）运行。尽管远离了地球，但太阳的红外辐射也会影响观测效果。为此韦伯望远镜配备了一把昂贵的巨型"太空伞"。这把"伞"长 22 米，宽 11 米，由五层反射率极高的材料制成，每层厚度还不及人类头发的直径。这把巨大的"遮阳伞"将使望远镜始终处于阴影之下，保证其温度不超过零下 223 摄氏度，满足红外波段内观测的条件。

韦伯望远镜的体积十分庞大，除了那把巨大的遮阳伞外，它的主镜直径达 6.5 米，远超目前投入使用的任何火箭的直径。NASA 工程师们将镜面分成 18 片较小的六边形，这样就可以和折叠起来的"遮阳伞"以及望远镜的其余部分一起放进一枚火箭里面。

韦伯望远镜发射升空几天后，将会朝观测点 L2 飞去，将镜面和遮阳伞展开到位，然后开始执行观测任务。

可以预期它的观测发现将极为惊人。该望远镜的主要观测目标之一将是早期宇宙，即宇宙刚刚诞生几亿年时候的样子。第一批出现的恒星和行星一度在可见光波段上发出耀眼的光芒。但在过去 130 亿年间，宇宙逐渐扩张，导致这些光线的波长越拉越长，最后离开了可见光而落入了红外光波段，而这正好属于韦伯望远镜的理想观测范围。

既然第一批形成的恒星和星系不曾留下过任何图片，这将是我们首次观察到宇宙历史上这段重要时期的景象。韦伯望远镜将对宇宙中一切"冰冷"的物体展开研究，包括围绕初生恒星的原行星盘、分子云、彗星、柯伊伯带等。

该望远镜还将用一种特殊装置阻挡来自部分遥远恒星的光线，从而抓拍到任何从这些恒星前方经过的天体，如系外行星等。这些行星在红外波段内显得十分明亮，通过它们发出的光线，我们可以对行星大气中的化学物质和元素展开分析，也许能从中发现生命的迹象。

总之，从搜寻外星生命，到揭开宇宙黎明时期的真相，韦伯望远镜应该不会辜负我们十多年的期待。

9.3.17 加那利大型望远镜

加那利大型望远镜（西班牙文：Gran Telescopio Canarias，GTC）是位于西班牙加那利群岛拉帕尔玛岛上的一台综合口径达 10.4 米的大型反射望远镜，如图 9-34 所示。

GTC 是世界上目前已经建成的最大和最先进的光学和红外望远镜。它的主镜由 36 个六边形的小片构成，GTC 聚光镜的表面面积等价于直径 10.4 米单一镜片望远镜。GTC

图 9-34　加那利大型望远镜

2007 年 7 月投入使用，天文学家希望利用它帮助人类在外太空搜寻类似地球的行星，并为解释生命起源提供线索。GTC 也将有利于黑洞和类星体等前沿领域的研究。

GTC 的反射镜的主要材料是微晶玻璃，微晶玻璃的主要特性是它的低膨胀系数，这意味着温度变化对 GTC 的光学系统影响很小。

中国科学家和 GTC 也有很多合作项目，已经利用 GTC 开展黑洞、恒星行星系统、行星状星云、系外行星大气等科学研究。GTC 的红外波段成像光谱仪将弥补我国在自适应光学、红外天文实测两方面的短板，GTC 高分辨率光谱仪项目的实施将极大促进我国天文技术发展和人才队伍培养。

9.4　重大事件

在空间和宇宙探测中有一些事件值得我们永远记忆，它代表的不是某个国家，而是人类征服自然的某种能力，是人类进步的象征。

9.4.1 第一颗人造地球卫星

人造（地球）卫星是指环绕地球在空间轨道上运行的无人航天器。至今为止，人类发射的人造卫星已达数百颗，按人造卫星运行轨道高低不同可分为低轨道卫星、中高轨道卫星、地球同步卫星、地球静止卫星、太阳同步卫星、大椭圆轨道卫星和极轨道卫星；按用途又可将人造卫星分为通信卫星、气象卫星、资源卫星、侦察卫星、导航卫星、测地卫星等。

人类历史上第一颗人造卫星是 1957 年 10 月 4 日苏联发射的人造地球卫星 1 号，如图 9-35 所示。

图 9-35 人造地球卫星 1 号

卫星由壳体、卫星设备和天线组成。卫星呈球形，外径 0.58 米，重约 84 千克。卫星运行参数为：

近地点：215 千米；

远地点：947 千米；

运行周期：96.2 分钟；

工作天数：92 天。

人造地球卫星 1 号于 1958 年 1 月 4 日进入大气层烧毁。它的主要任务是探测 200～500 千米高度的大气密度、压力、磁场、紫外线和 X 射线等数据。

人造地球卫星 1 号的探测能力并不强，但它宣告人类进入了太空时代，并引起了美国和苏联两个超级大国长达 30 年的太空竞赛，极大地促进了太空技术的发展和进步。

9.4.2 第一位宇航员

宇航员或称航天员，是指以太空飞行为职业或进行过太空飞行的人。国际航空联合会定义在地面海拔 100 千米以上进行飞行的人员才能被称为宇航员。

第一位宇航员是苏联人加加林（Y. Gagarin，1934—1968 年），如图 9-36 所示。1961 年 4 月 12 日莫斯科时间上午 9 时 7 分，加加林乘坐东方 1 号宇宙飞船从位于哈萨克斯坦境内的拜克努尔发射场起飞，在最大高度为 301 千米的轨道上绕地球一周，历时 1 小时 48 分钟，于上午 10 时 55 分安全返回地面。完成了世界上首次载人宇宙飞行，实现了人类进入太空的愿望。遗憾的是 1968 年 3 月 27 日加加林在例行的喷气飞机训练飞行中因飞机坠毁而辞世。

图 9-36　尤里·加加林

9.4.3 月球探测和阿波罗计划

月球是地球的天然卫星，从 1959 年起，美国和苏联就开始发射多种探测器对月球进行探测。1959 年 1 月 2 日，月球 1 号在拜克努尔发射场升空，随即离开地球轨道，成为人类发射成功的第一个摆脱地球引力场的航天器。1959 年 1 月 4 日，月球 1 号从 5 995 千米外掠过月球，现在它仍是一个绕太阳公转的人造卫星。

　　阿波罗计划（Project Apollo）是指美国在 1961 年到 1972 年间开展的一系列登月飞行任务，它是世界航天史上具有划时代意义的伟大成就，在这 11 年期间，共实现了 6 次登月飞行。1969 年 7 月 16 日，巨大的土星 5 号运载火箭载着"阿波罗 11 号"宇宙飞船从美国卡纳维拉尔角肯尼迪航天中心点火升空，开始了人类首次登月的太空之旅。阿波罗 11号载有包括尼尔·阿姆斯特朗在内的 3 名宇航员，经过 5 天 38 万千米的征程，1969 年 7月 21 日阿姆斯特朗踏上了月球表面，如图 9-37 所示。实现了人类登月之梦。虽然这只是个人的一小步，但却是人类的一大步。

图 9-37　人类首次登上月球

　　阿波罗计划中包括 11 次载人任务即从阿波罗 7 号一直到阿波罗 17 号，其中 6 次实现了登月过程，共有 12 名宇航员登月成功。人类的探月进程并非一帆风顺，中间出现过多次危机，阿波罗 1 号测试时的大火造成 3 名宇航员死亡，阿波罗 13 号飞行中氧气罐爆炸，但最后还是顺利返回地面。

　　阿波罗计划总耗资达 255 亿美元，参加工程的企业有 2 万家，200 多所大学和 80 多个研究机构的超过 30 万名科学家和工程师参与了这一伟大计划。当然到现在为止仍有人怀疑阿波罗计划的真实性，认为这是美国航天局制造的一大骗局。

9.4.4　航天飞机

航天飞机（Space Shuttle）是指可重复使用的，往返于太空和地面之间的航天器，如图 9-38 所示。航天飞机可以像火箭一样被垂直发射，又能像太空飞船一样在轨道上运行，还能像飞机一样在地面着陆。航天飞机通常搭载 7 名宇航员。航天飞机又叫轨道器，发射时要借助于固体助推器和外储燃料箱。

图 9-38　工作中的航天飞机

美国研制过 5 架实用航天飞机，即哥伦比亚号、挑战者号、发现号、亚特兰蒂斯号和奋进号航天飞机。

人类历史上第一架试验用航天飞机叫企业号，1977 年问世，尽管它从未飞上过太空，但它为第一架实用航天飞机哥伦比亚号的顺利升空奠定了基础。航天飞机的主要参数为：长 37.24 米，高 17.27 米，翼展 23.97 米，空载时质量 68 吨，可携带 29 吨有效载荷。

1981 年 4 月 12 日，第一架航天飞机哥伦比亚号顺利升空，揭开了人类航天史上新的一页。2011 年 7 月 21 日亚特兰蒂斯号返回肯尼迪航天中心，结束了其谢幕之旅，也意味着美国 30 年的航天飞机时代宣告终结。

航天飞机史可以说是悲壮史，一共 5 架航天飞机中有两架发生了意外。1986 年 1 月 28 日，挑战者号航天飞机升空不久就发生了爆炸，7 名宇航员全部遇难。2003 年 2 月 1 日，哥伦比亚号航天飞机在结束为期 16 天的太空任务后返回地面，在着陆前飞机解体坠毁，7 名宇航员全部丧生。

　　美国 NASA 为航天飞机的研制发射和维护花费了高达 2 000 亿美元，由此带来的科学进步不是用金钱可以衡量的。航天飞机完成的主要任务包括：在太空施放了近百颗卫星，运载两座空间站到太空轨道，发射了多个宇宙探测器，1 个太空望远镜，进行了多次卫星回收和空间设备维修，释放了探测反物质和暗物质的质谱仪，以及在航天飞机内舱做了大量科学实验并取得了大量实验数据。

9.4.5　深度撞击

　　2005 年 1 月 12 日，美国成功发射了彗星探测飞船"深度撞击号"。2005 年 7 月 3 日，深度撞击号发射撞击器撞击了"坦普尔 1 号"彗星的彗核，如图 9-39 所示。这是人类历史上史无前例的炮轰彗星太空实验。

图 9-39　深度撞击号撞击器击中目标——坦普尔 1 号彗星

　　这次撞击是为了探测彗核内部物质的成分，了解彗核的构成、密度、强度等，了解彗星的演化历史，根据撞击坑的形状和深度，判断彗核的物质发生的变化。科学家认为，彗核中含有太阳系初生时遗留的物质，这次撞击能对太阳系诞生的过程带来更多的观测证据。

　　撞击结果显示彗核中含有水分子。科学家认为 39 亿年前地球和内行星曾受到彗星的密集轰击，巧的是，随后地球上出现了生命，水和生命会是彗星带来的吗？这次撞击还包含着重要的军事课题，是美国军方导弹防御系统在太空中的一次演习，以实战演练炸毁有可能撞击地球的小天体。

9.4.6 火星探测

火星是太阳系中除地球外唯一有可能进化出生命的行星。太阳系中还有一个可能孕育生命的星球是木卫二，但它仅是木星的一颗卫星。火星也是人类在太阳系中有希望在不久的将来实现软着陆的行星。正是因为这些原因，人类已经向火星发射了四十多艘不同的探测飞船，但仅有1/3成功抵达了火星。

1962年11月，苏联发射了"火星1号"火星探测器，是人类发射的第一个火星探测器，被认为是人类火星之旅的开端。现在介绍几个比较著名的火星探测器。

火星奥德赛号：是2001年4月由NASA发射的火星探测卫星，主要任务是寻找火星水和火山活动的迹象。

火星快车号：是2003年6月由欧洲航天局发射的火星探测卫星，也是该局首次火星探测计划。火星快车号包括两部分：火星快车号卫星和猎兔犬2号登陆器。火星快车号重达2吨，发射6个月后抵达火星轨道，并将携带的猎兔犬2号登陆器释放到火星表现，遗憾的是释放后的猎兔犬2号失去联系，登陆任务失败。火星快车号的主要贡献有：发现火星存在极光现象；确定火星极冠有干冰（固体二氧化碳）和水冰；发现火星大气中存在甲烷。特别是2013年1月欧洲航天局公布一组火星快车号拍摄的令人震惊的照片，照片显示火星上一条大型河流的遗迹。从而证明火星曾是一颗湿润的星球。火星快车号的探测工作已于2013年结束。

机遇号火星探测器：是2003年7月7日由NASA发射的火星着陆探测器，2004年1月25日安全着陆火星表面，如图9-40所示。机遇号是一个六轮太阳能动力车，高1.5米，宽2.3米，长1.6米，重180千克。机遇号原计划工作寿命90天，实际情况出乎意料，到2013年5月它仍能在火星表面正常运动和工作，行驶里程已超过36千米。

机遇号的主要贡献：发现火星表面盐水迹象；发现含泥叶硅酸盐岩石；发现黏土岩石，进一步确定了火星原先存在水的可能；发现灰赤铁矿；发现硫磺；拍摄到火星由于自身的两颗天然卫星而产生的"日食"现象，特别是2011年8月机遇号发现黏土沉积层。

勇气号火星探测器：是2003年6月10日由NASA发射的火星着陆探测器，2004年1月3日着陆火星南半球表面。它和机遇号是一对双胞胎。它的设计寿命也是90天，但它工作到2009年5月，由于意外故障使之无法动弹。2011年5月，NASA宣布结束勇气号的任务。

好奇号火星车：是2011年11月26日由NASA发射的火星着陆探测器，2012年8月6日登陆火星表面，如图9-41所示。好奇号的成功登陆是有史以来机器人完成的最复杂的航天任务。

图 9-40 机遇号火星探测器

图 9-41 好奇号火星车

　　好奇号的主要任务是探索火星是否存在适宜生命存在的环境。与机遇号和勇气号相比，好奇号是以核燃料钚为动力的机动型探测器，其搭载的设备更多，更先进，研发费用也高达 25 亿美元。遗憾的是好奇号仅发回数张照片，就于 2013 年 2 月因主计算机故障而进入安全模式。在启用备用计算机后，好奇号又恢复正常工作。2013 年 9 月好奇号发现火星表面土壤按重量算约 2% 是水分，2013 年 12 月，根据好奇号获得的火星岩石样品，科学家测定火星的年龄在 38 亿~46 亿年。

　　2013 年 11 月 5 日，印度首颗火星探测器曼加里安号在印度南部安得拉邦斯里赫里戈达发射场发射升空。2014 年 9 月 24 日，曼加里安号成功进入火星轨道，使印度成为首个成功向火星发射探测器的亚洲国家。印度成为继美国、俄罗斯和欧洲航天局后，第四个成功实现火星探测的国家或组织。

2018 年 5 月 5 日，美国洞察号火星探测器发射升空，执行人类首个火星星体内部的探测任务，11 月 26 日洞察号探测器在火星成功着陆。科学家希望通过洞察号了解火星内核大小、成分、物理状态、地质构造、内部温度和地震活动等情况，并尝试回答行星是如何形成的这个天文学基本问题。

2020 年 7 月 20 日，阿联酋希望号火星探测器在日本种子岛航天中心发射升空，计划 2021 年进入火星轨道。

2020 年 7 月 23 日，中国文昌航天发射场将我国首次火星探测任务"天问一号"探测器发射升空。详见第 10 章。

2020 年 7 月 30 日，美国毅力号火星探测器从佛罗里达州卡纳维拉尔角空军基地升空。毅力号火星探测器为 NASA 的新一代火星车，用于搜寻火星上过去生命存在的证据。毅力号探测器将进行一次近 7 个月的火星旅行，并计划于 2021 年 2 月 18 日在火星杰泽罗陨坑内着陆。

毅力号火星探测器将在火星度过大约两个地球年（至少一个火星年），探索直径 45 千米的杰泽罗陨坑。科学家认为杰泽罗陨坑在远古时期曾存在一处湖泊和一处河流三角洲。毅力号火星探测器将负责搜寻火星远古生命的迹象，研究陨坑地质结构，采集并保存几十个火星样本。这些样本可能最早于 2031 年由美国航天局和欧洲航天局联合太空任务带回地球。一旦火星样本抵达地球，世界各地的科学家将分析样本，以探索火星生命潜在的证据以及发现火星神秘历史的重要线索。

2020 年是人类发射火星探测器的窗口期，已经有三个国家在这个夏天执行探测器发射任务，率先发射的是阿联酋的希望号，然后是中国的天问一号，再就是美国的毅力号。不久的将来我们将看到火星上同时出现三个国家的探测器，这是宇宙探索历史上前所未有的。

2013 年，荷兰民间组织"火星一号"计划 2023 年让志愿者登陆火星、建立人类聚居地，这些志愿者登陆火星之后将无法返回地球。登陆火星计划存在很大的不确定性，此任务面临很多技术上的难题。美国太空探索科技公司的"龙"飞船将执行到火星的发射任务，初步计划如下：

2021 年，用"龙"飞船将人类聚居地的组成部分两个居住单元、两个生命支持单元和两个供给单元运至火星；2022 年，发射运送首批 4 名志愿者至火星的 SpaceX 公司飞船；2023 年，首批志愿者登陆火星；2025 年，第二批 4 名志愿者登陆火星；2033 年，火星人类聚居地的成员人数达到 20 名。

　　尽管载人登陆火星是未来一项重要太空探索项目，但主要国家的官方航天机构并没有具体的实施计划，显然时机还不成熟。

9.4.7　SKA 计划

　　SKA 的全称为平方千米阵列射电望远镜（Square Kilometre Array，SKA）。1993 年，国际无线电科学联盟在日本京都举行的大会上，10 个国家的天文学家联合提议建造巨型射电望远镜阵列 SKA。与哈勃太空望远镜等光学望远镜不同，SKA 并非捕捉可见光，而是探测宇宙的电磁波信号。SKA 旨在解决一些天文学领域的重大问题，用于研究宇宙大爆炸、星系演化、暗能量、宇宙磁场甚至地外生命等天文学和物理学的基本问题。

　　SKA 由 2 500 面直径为 15 米的碟形天线阵列（高中频）、250 个致密孔径阵列以及 130 万只对数周期天线阵列（低频）组成，接收总面积达 1 平方千米，整个阵列延伸超过 3 000 千米，将是世界上最大阵列式射电望远镜。通过其极高的灵敏度，天文学家能够利用它探测天空中从未发现过的细节。

　　SKA 独特的设计使其具备巨大的优势，甚至超过了哈勃太空望远镜的图像分辨质量。它将具有对空中大片区域成像的能力，其他巡天望远镜从未完成过如此高灵敏度的探测。

　　SKA 的两个台址分别为西澳大利亚莫奇森郡和南非台地高原。其中，15 米口径高中频反射面天线将主要建设在以南非台地高原沙漠为核心的非洲大陆，如图 9-42 所示。低频天线将主要建设在澳大利亚莫奇森郡。

图 9-42　15 米口径高中频反射面天线

　　参与 SKA 的核心成员国有 10 个，分别是英国、中国、澳大利亚、加拿大、印度、意大利、新西兰、南非、瑞典和荷兰，或许未来，还会有其他国家加入。SKA 预计在 2030 年左右开始运行。SKA 比目前最大的射电望远镜阵列灵敏度提高约 50 倍，巡天速度提高约 10 000 倍，将帮助人类填补对于宇宙基本认知的空白，在引力波、极端环境中检测爱因斯坦相对论、宇宙演化历程、绘制河外星系图谱及寻找地外文明迹象等研究领域发挥重要作用。

2018 年 2 月 6 日，SKA 射电望远镜首台天线样机在河北石家庄正式启动生产，这标志着由中国主导研制的 SKA 反射面天线进入正式建设阶段。作为创始成员国，中国除了参与研发这个超级望远镜的部分天线之外，也在为建设区域数据中心积极开展准备工作。

2019 年 7 月 10 日，SKA 全球总部在英国柴郡桥卓尔班克落成并正式交付使用。2019 年 8 月，SKA 组织宣布平方千米阵列射电望远镜前期准备工作基本完成，预计 2021 年 1 月启动建设。

9.4.8　国际空间站

空间站又称航天站、太空站、轨道站，是一种在近地轨道长时间运行，可供多名航天员巡访、长期工作和生活的载人航天器。空间站分为单一式和组合式两种。单一式空间站可由航天运载器一次发射入轨，组合式空间站则由航天运载器分批将组件送入轨道，在太空轨道组装而成。

空间站的主要作用有以下三方面：

（1）太空站是实现行星际载人飞行的必经之路，通过从太空站中转，可使行星际飞船的起飞重量增加 1 到 2 个数量级。

（2）太空站是绕地轨道上进行各种科学试验的最重要的空间设施。

（3）太空站是人类探测月球的最好、最近的后勤保障基地。

到目前为止，全世界已发射了 10 个空间站，其中苏联和后来的俄罗斯共发射了 8 个。人类第一个空间站是 1971 年 4 月 19 日苏联发射的礼炮 1 号空间站。美国在 1973 年 5 月 14 日发射成功天空实验室空间站。另一个就是国际空间站。

国际空间站（International Space Station，ISS）是一项由 6 个太空机构联合推出的国际合作项目，如图 9-43 所示。

国际空间站的设想是 1983 年由美国总统里根（R. W. Reagan，1911—2004 年）首先提出的。经过近十年的探索和多次重新设计，直到苏联解体，俄罗斯加盟，国际空间站才于 1993 年完成设计，开始实施。

1993 年，由美国和俄罗斯牵头，联合欧洲航天局 11 个成员国，日本、加拿大、巴西等 16 个国家共同建造和运行的国际空间站计划正式开始实施。

图 9-43　国际空间站

国际空间站的建设分三个阶段：

第一阶段：从 1994 年到 1998 年，美俄两国完成航天飞机与俄罗斯"和平"号空间站的 9 次对接飞行，完成航天飞机与空间站交会对接及在空间站上长期进行生命科学、微重力实验等经验。

第二阶段：从 1998 年到 2001 年，国际空间站达到有 3 人在轨工作的能力，并开始在轨装配国际空间站。

第三阶段：从 2001 年到 2011 年，国际空间站完成装配工作，达到 6~7 人长期在轨工作的能力，工作寿命 15~20 年。

然而 2003 年，"哥伦比亚"号航天飞机失事后，美国停飞了所有剩下的航天飞机，使国际空间站的建设工作受到严重影响。（2005 年 7 月 26 日，美国发射了"发现"号航天飞机。7 月 28 日，"发现"号与国际空间站进行了对接，并进行了货物交换。）

2011 年国际空间站完成装配，进而进入工作阶段。国际空间站的主要指标如下：

总质量：431~490 吨；

大小：108.5 米×88.4 米；

轨道高度：335~460 千米；

太阳能电池面积：4 000 平方米；

太阳能电池输出功率：112 千瓦；

舱内总容积：1 200~1 300 平方米；

数据传输速率：43 Mbit/s；

配件需太空飞机发送次数：50 次；

每日绕地圈数：15.79 圈；

总费用：1 000 亿美元；

使用年限：2024—2028 年。

国际空间站作为科学研究和开发太空资源的重要装备，为人类提供了一个长期在太空轨道上进行对地观测和天文观测的重要基地。空间站还能获得各种宇宙射线、亚原子粒子辐射的相关信息，利于了解宇宙奥秘。

国际空间站的微重力环境，给研究生命科学、生物技术、航天医学、材料科学提供了地球无法比拟的优越条件，将直接促进相关学科的进步。同时国际空间站的建成和使用，也为人类建造太空工厂、太空发电站，开展太空旅游，建立太空永久居住点，向外太空移民等提供了中间平台。

思 考 题

1. 国际上有哪些著名的宇宙探索机构和天文台？

2. 地球的零度经线在哪里？

3. 哈勃太空望远镜是如何诞生的？

4. 哈勃太空望远镜的主要贡献有哪些？

5. 为什么光学望远镜越造越大？

6. 为什么建造大型射电望远镜的计划不多？

7. 詹姆斯·韦伯太空望远镜会给我们带来惊喜吗？

8. 为什么探索宇宙要付出物力、人力甚至生命的巨大代价？

9. 说说你所知道的人类探索宇宙的大事件。

10. 人类会登陆火星吗？

第 10 章
中国天文学研究和空间探测概况

我国是一个文明古国，祖先对天文学的发展做出过不可磨灭的贡献，但近几百年来，我们在这方面的研究水平相对落后了，但最近几年，我国天文学研究取得了很大的进步。现在简要介绍一下我国天文学研究和空间探测的历史和现状。

10.1 中国天文学研究简史

中国是世界天文学研究最早的国家，早期的中国学者创立了优良的历法，发明了各种观测工具，提出了有远见的宇宙观，在世界天文学发展史上，具有重要地位。

10.1.1 天象观察

据考证，中国最早从事天文学研究可追溯到 4 500 年前的原始社会，那时已设立天文官以进行观象和授时。

我国对天象的观察起源于何时已无法考证，但有文字记载已经有 4 000 多年。古人除了记载了各种天体和太阳、月亮、行星、彗星、恒星的运动和特征，还记载了众多的天象，如日食、月食、太阳黑子和流星雨等。这些记载就是在现在来看，也是非常丰富和精确的，特别是对这些天象的描述也是极具科学性的。

我国河南安阳出土的殷墟甲骨文中，已有丰富和精致天文现象记载。人类关于哈雷彗星的发现记载是古代中国在公元前 240 年完成的，哈雷彗星在这两千多年的时间回归了 30 次，我国都有记录可寻。3 000 多年前的甲骨文中也已有了关于太阳黑子的记载，随后的文献中开始了对太阳黑子的形状、大小、位置和变化进行了描述。从公元前 700 年，古代学者就开始对天琴座、英仙座和狮子座等流星雨开始记录和描述。

10.1.2　代表人物

我国的古代学者设计和制造了多种精巧的天象观察和测量仪器，如人类最早用来度量日影长短的圭表，测量天体位置的浑仪。

东汉时期的天文学家张衡（78—139 年）制造了世界上第一架能比较准确地表演天象的漏水转浑天仪，以及指南车、自动记里鼓车、计时仪器刻漏、地动仪。张衡还提出了著名的浑天说——古人对宇宙的看法。还对月光的成因、日食、行星的运动等都做了科学的解释。为纪念他的伟大成就，国际天文学会将 1802 号小行星命名为"张衡星"。

元代学者郭守敬（1231—1316 年）也是一位著名的天文学家，他主持修订的新历法——授时历，沿用了近 360 年，是当时世界上最先进的一种历法。他参与了大量天象仪器的创制和改进，如简仪、高表、候极仪、仰仪等。国际天文学会以他的名字命名了一座月球的环形山。

10.1.3　主要成就编年记

公元前 2137 年，中国《书经》有世界最早的日食记载。

公元前 2000 年左右，中国学者测定木星绕转周期为 12 年。

公元前 14 世纪，中国殷朝甲骨文中已有日食和月食的记录。

公元前 12 世纪，中国采用二十八宿划分天区。

公元前 11 世纪，中国周朝建立观象台，测定黄赤交角。

公元前 7 世纪，中国甲骨文上已有彗星的观察记录。

公元前 7 世纪，中国用土圭测定冬至和夏至，划分四季。

公元前 687 年，中国有天琴座流星雨的最早记录。

公元前 6 世纪，中国采用十九年七闰月法协调阴历和阳历。

公元前 350 年左右，中国战国时代，甘德、石申编制了第一个"甘石星表"，并认识到日月食是天体之间的相互遮掩现象。

公元前 2 世纪，中国学者司马迁（公元前 145 年—未知）完成西汉《史记·天宫书》，为最早详细记载天象的著作。中国采用农事二十四节气。

公元前 134 年，中国汉朝《汉书·天文志》有关于新星的第一次详细记录。

公元前 104 年，中国汉朝编造了《太初历》，载有节气、朔望、月食及五星的精确会合周期。

公元前 1 世纪，中国西汉发明浑仪，用以测量天体的赤道位置。

公元前 28 年，中国有世界上最早的太阳黑子记录。

公元 1 世纪，中国东汉创制黄道铜仪，并发现月球运行有快慢之分。

公元 2 世纪前后，中国东汉创制成功水运浑天仪（即天球仪），测出太阳和月球的角直径均为半度。中国张衡提出浑天说。

公元 230 年前后，中国三国时代发现日、月食发生的食限。

公元 330 年前后，中国晋朝发现岁差，测定冬至点西移为每五十年一度。

公元 4 世纪，中国发现大气折射星光现象，并给出正确的解释。

公元 5 世纪，中国著名学者祖冲之（429—500 年）编制了《大明历》，完成了对中国历法的第二次大改革。

公元 725 年，中国进行了世界上第一次子午线长度的实际测量。

公元 8 世纪，中国唐代用黄铜浑仪测量星宿位置，发现星宿的黄道坐标与古代不同。

公元 1054 年，中国《宋史》中有关于超新星爆发的第一次记载，该超新星的残骸形成了现今所见的蟹状星云。

公元 1088 年，中国宋朝制造水运仪象台，为钟表业的先驱。

公元 1092 年，中国宋朝的《新仪象法要》，是天文仪器制造方法的专著。

公元 1247 年，中国宋朝石刻天文图是现存最古老的星图。

公元 1276 年，中国元朝制造了简仪等十三种天文仪器，郭守敬创制《授时历》，是中国历法的第四次大改革，该历已和现代公历基本一致。

公元 1385 年，中国明朝在南京建立观象台，是世界上最早的设备完善的天文台。

公元 17 世纪，中国明朝徐光启（1562—1633 年）开始用望远镜观测天象，其出版的《崇祯历》，记录了中国较完备的全天恒星图。

中国古代天文学的辉煌历史实际上到公元 14 世纪就结束了，下一个重大事件是 1934 年建立了南京紫金山天文台，这已属于中国近现代史的范畴了。中国古代天文学主要是为统治阶级服务的，其主要作用是占卜吉凶、预报祸福和编订历法。所以中国古人不可能像古希腊人那样通过建立数学化的宇宙体系来认识天体和理解宇宙，这就导致中国古代学者尽管较精确地记录了天象，却没人去尝试解释这些天象物理和数学上的由来，远未达到从理论上去理解宇宙、探寻宇宙的科学高度，这就直接导致到了近代中国对天文学的贡献远远落后于欧洲了。

10.2 主要研究和探测机构

10.2.1 国家天文台

中国科学院国家天文台成立于 2001 年 4 月，由中国科学院天文领域原四台三站一中心撤并整合而成，包括总部及 4 个直属单位。总部设在北京朝阳区大屯路，如图 10-1 所示。直属单位分别是：云南天文台、南京天文光学技术研究所、新疆天文台和长春人造卫星观测站。紫金山天文台、上海天文台继续保留科学院直属事业单位的法人资格，为国家天文台的组成单位。

图 10-1　国家天文台北京总部

国家天文台建有光学天文、太阳活动、月球与深空探测、空间天文与技术、计算天体物理、天文光学技术、天体结构与演化、FAST 重点实验室 8 个科学院重点实验室，并与20 余所大学、科研机构或高新技术企业建立了战略合作关系，成立联合研究中心或实验室。

国家天文台在河北兴隆，北京密云、怀柔，天津武青，昆明凤凰山，丽江高美古，澄江抚仙湖，新疆南山、奇台、喀什、乌拉斯台、巴里坤，西藏阿里、羊八井，内蒙古明安图，吉林净月潭，贵州大窝凼等地建有观测台/站。

国家天文台负责调试和运行国家重大科技基础设施——500 米口径球面射电望远镜

（FAST），运行和维护国家大科学装置——郭守敬望远镜（大天区面积多目标光纤光谱望远镜，LAMOST），拥有 2.16 米口径光学望远镜、2.4 米口径光学望远镜、50 米口径射电望远镜、40 米口径射电望远镜、25 米口径射电望远镜、1 米太阳塔等一批天文观测设备。

另外，国家天文台为国家航天局空间碎片监测与应用中心、中国科学院天文大科学研究中心、中国科学院南美天文研究中心的依托单位，为中国科学院空间科学研究院的组建单位以及中国科学院大学天文与空间科学学院的主承办单位。

10.2.2　紫金山天文台

中国科学院紫金山天文台前身是 1928 年 2 月成立的国立中央研究院天文研究所，1950 年 5 月 20 日更名为中国科学院紫金山天文台，位于南京市东南郊风景优美的紫金山上，毗邻钟山风景名胜区，如图 10-2 所示。紫金山天文台是我国自己建立的第一个现代天文学研究机构，被誉为"中国现代天文学的摇篮"，地面中心位于南京市鼓楼区北京西路 2 号，与南京大学隔路相望。

图 10-2　紫金山天文台

紫金山天文台以天体物理和天体力学为主要研究方向，研究内容主要包括暗物质粒子探测卫星在轨运行与科学研究、中国南极天文台建设、空间碎片监测研究系统建设、先进天基太阳天文台载荷研制与科学应用系统建设。其他还有：高能天体物理、太阳物理与空间天文探测技术，宇宙中的恒星形成研究与太赫兹技术，人造天体轨道动力学与探测方法，行星科学与历书天文、深空探测，观测宇宙学与星系形成等。

紫金山天文台设 4 个研究部：暗物质和空间天文研究部、应用天体力学和空间目标与碎片研究部、南极天文和射电天文研究部、行星科学和深空探测研究部。每个研究部由若干研究团组、实验室和观测基地组成。包括 5 个实验室：暗物质和空间天文实验室、毫米波和亚毫米波技术实验室、天文射电望远镜技术实验室、天体化学和行星科学实验室、行星科学与深空探测实验室。还有 7 个野外业务观测台站：南京紫金山科研科普园区、青海观测站、盱眙天文观测站、赣榆太阳活动观测站、洪河天文观测站、姚安天文观测站和南极冰穹 A 天文观测站。紫金山天文台还与多所大学、科研机构或高新技术企业建立了战略合作关系，成立了联合实验室或研究中心。

紫金山天文台运行 13.7 米毫米波望远镜、1 米近地天体望远镜、多台套设备组成的空间目标与碎片观测网、太阳精细结构望远镜等地面观测设备。紫金山天文台牵头成功研制并运行我国首颗天文科学卫星——"悟空"号暗物质粒子探测卫星（DAMPE）（见 6.7.3节），目前正在牵头研制"先进天基太阳天文台（ASO-S）"，计划于 2022 年发射。

10.2.3　上海天文台

中国科学院上海天文台成立于 1962 年，其前身是 1872 年建立的徐家汇天文台和 1900年建立的佘山天文台。目前上海天文台包括徐家汇园区和佘山科技园区两个部分，徐家汇为总部，如图 10-3 所示。天文观测台站位于上海松江佘山地区。

上海天文台以天文地球动力学、天体物理以及行星科学为主要研究方向，同时积极发展现代天文观测技术和时频技术。上海天文台在国家导航定位、深空探测等国家重大工程中发挥着重要作用。

上海天文台设有天文地球动力学研究中心、天体物理研究室、射电天文科学与技术研究室、光学天文技术研究室、时间频率技术研究室 5 个研究部门。拥有甚长基线干涉测量（VLBI）观测台站（已建 25 米口径射电望远镜、65 米口径射电望远镜）、国际 VLBI 网数据处理中心、1.56 米口径光学望远镜、60 厘米口径卫星激光测距望远镜、全球定位系统等多项现代空间天文观测技术和国际一流的观测基地与资料分析研究中心，是世界上同时拥有这些技术的 7 个台/站之一。上海天文台是中国 VLBI 网和中国激光测距网的负责单位。

图 10-3　上海天文台徐家汇总部

10. 2. 4　国家授时中心

中国科学院国家授时中心，原名陕西天文台，如图 10-4 所示，成立于 1966 年，是我国唯一、专业、全面从事时间频率基础研究和应用研究的科研机构，承担着我国国家标准时间（北京时间）的产生、保持和发播任务，建设和运行着的长短波授时系统是我国的第一批国家重大科技基础设施，建成了国内唯一的天地一体星地综合卫星导航授时试验平台，为我国的国家时间频率体系、卫星导航系统的建设和发展做出了重要贡献。

国家授时中心总部位于陕西省西安市临潼区，在西安航天产业基地和渭南蒲城设有分部，另有授时发播台、授时监测站、测定轨站分布在全国。主要开展量子频标、时间保持、守时理论与方法、高精度时间传递与精密测定轨、时间频率测量与控制、时间用户系统与终端、导航与通信等研究工作。

原陕西天文台 1970 年建成 BPM 短波授时台，为我国提供标准时间和标准频率信号服务；20 世纪 70 年代，应国家需求建设 BPL 长波授时台，1986 年通过由国家科委组织的国家级技术鉴定后正式发播，将我国的授时精度由毫秒量级提高至微秒量级，使我国授时技术迈入世界先进行列。

50 多年来，国家授时中心先后建成了短波、长波、低频时码、电话、网络以及通信卫

图 10-4　国家授时中心

星授时系统，为我国通信、电力、交通、测绘、航空航天、国防等诸多行业和部门提供了可靠的高精度授时服务。

现在国家授时中心拥有国内第一、世界第四规模的守时原子钟组，如图 10-5 所示，负责确定和保持我国的原子时标准（TA（NTSC））和协调世界时标准（UTC（NTSC）），并代表我国参加国际原子时合作，产生和保持的国家标准时间与国际协调世界时 UTC 的偏差数值保持在 10ns 以内，时间频率保持的稳定性以及对国际原子时计算的权重贡献均位列全球前四位。

我国现行使用的北京时间，实际上是国家授时中心保持的 UTC（NTSC）。国家授时中心的原子钟组有先进的比对测量系统，根据原子钟的钟差测量结果计算出原子时，并报送法国巴黎的国际计量局，国际计量局对全世界的计算结果综合处理后将数据下发。国家授时中心根据自己的原子钟组数据，结合国际计量局的计算结果，对原子钟进行控制和修正，产生我国的标准时间（UTC（NTSC）），即北京时间。

近年来，国家授时中心不断提升守时授时能力，其时间基准保持能力达到国际先进水平，负责产生和保持的地方原子时 TA（NTSC）和协调世界时 UTC（NTSC）的准确度及中长期稳定度等指标在全球 70 多个国家时间实验室中位居前茅。在此基础上，授时中心面向世界科技前沿和国家战略需求，致力于提升守时授时技术水平、拓展授时手段，开展卫星导航信号体制、精密测定轨及卫星导航系统测试评估技术研究，建设了我国唯一的卫星导航星地综合试验和评估系统，在我国北斗卫星导航系统建中发挥了重要作用。

图 10-5　国家授时中心原子钟组

国家授时中心已形成"频率源——守时——授时——用时"相对齐备和完善的时间频率学科链，以及以"时间-信号-轨道"为特色的卫星导航系统研发技术优势，培养了一支结构相对合理的科研技术队伍，形成了具有自身特色和优势、在国内外具有一定影响的时间频率和卫星导航技术研发中心。

在卫星导航方面，国家授时中心利用在时频领域的长期技术积累，创新性地研制了"中国区域定位系统"，并建成了卫星导航系统的时间、信号、轨道性能测试评估系统和天地一体星地综合卫星导航授时试验平台，为我国的卫星导航系统研制建设作出了突出贡献。

10.2.5　中国国家航天局

中国国家航天局（CNSA）是由中华人民共和国中央人民政府批准成立负责民用航天管理及国际空间合作的政府机构，其标志如图 10-6 所示。其工作是履行政府相应的管理职责，对航天活动实施行业管理，并代表中国政府组织或领导开展航天领域对外交流与合作等活动。CNSA 是在原航天工业部的基础上，于 1993 年 4 月 22 日成立，现由工业和信息化部管理。

CNSA 的主要任务是探索外层空间，扩展对地球和宇宙的认识；和平利用外层空间。

图 10-6　中国国家航天局标志

CNSA 完成了包括东方红一号卫星、神舟系列载人航天、嫦娥系列探月工程、天宫号空间站、北斗系列导航卫星系统、资源勘探遥感卫星等科研成果。CNSA 已经完成的重大工程如下：

1958 年 4 月，在甘肃酒泉开始兴建中国第一个运载火箭发射场，标志着中国航天第一个自主发射基地的诞生。

1960 年 2 月 19 日，中国自行设计制造的试验型液体燃料探空火箭首次发射成功。这是中国研制航天运载火箭征程上的一次重大突破。

1966 年 12 月 26 日，中国研制的中程火箭首次飞行试验基本成功。

1968 年 2 月 20 日，中国空间技术研究院成立，专门负责研制各类人造卫星。

1968 年 4 月 1 日，中国航天医学工程研究所成立，开始进行载人航天医学工程研究。

1970 年 4 月 24 日，"东方红一号"卫星在甘肃酒泉航天发射基地由"长征一号"火箭发射成功，美妙的"东方红"乐曲首次响彻太空。这是中国发射的第一颗人造卫星，使中国成为世界上继苏联（1957 年）、美国（1958 年）、法国（1965 年）和日本（1970 年）之后，第五个自主发射人造卫星的国家。

1971 年 3 月 3 日，中国发射了第一颗科学实验卫星"实践一号"。大大推进了中国空间科学的发展。

1975 年 11 月 26 日，中国发射了第一颗返回式遥感卫星，卫星按预定计划于当月 29 日返回地面。这使中国成为世界上继美国和苏联之后第三个掌握人造卫星返回技术的国家。

1979 年，"远望" 1 号航天测量船建成并投入使用，使中国成为世界上第四个拥有远洋航天测量船的国家。

1980 年 5 月 18 日,中国向太平洋预定海域成功地发射了远程运载火箭,标志着中国具备了发射高轨道人造卫星的发射能力。

1981 年 9 月 20 日,中国用一枚运载火箭发射了三颗科学实验卫星,这是中国第一次一箭多星发射,使中国成为世界上第三个掌握一箭多星发射技术的国家。

1984 年 4 月 8 日,中国第一颗地球静止轨道试验通信卫星发射成功。4 月 16 日,卫星成功地定点于东经 125°赤道上空。这次发射成功,标志着中国掌握了地球静止轨道卫星发射、测控和准确定点等技术。

1986 年 2 月 1 日,中国发射了第一颗实用地球静止轨道通信广播卫星。2 月 20 日,卫星定点成功。这标志着中国卫星通信技术由试验阶段进入了实用阶段。

1988 年 9 月 7 日,中国发射了第一颗试验性气象卫星“风云一号”。这是中国自行研制和发射的第一颗极地轨道气象卫星。

1990 年 4 月 7 日,中国自行研制的“长征三号”运载火箭在西昌卫星发射基地,把美国制造的“亚洲 1 号”通信卫星送入预定的轨道,标志着中国航天发射服务开始走向国际市场。

1990 年 7 月 16 日,“长征二号”捆绑式火箭首次在西昌发射成功,其低轨道运载能力达 9.2 吨,为发射中国载人航天器打下了基础。

2011 年 9 月 29 日中国第一个目标飞行器“天宫一号”发射成功。它的发射标志着中国迈入中国航天“三步走”战略的第二步第二阶段。

1992 年 9 月 21 日,我国载人航天工程按“三步走”发展战略实施计划获得批准:第一步,发射载人飞船,建成初步配套的试验性载人飞船工程,开展空间应用实验;第二步,突破航天员出舱活动技术、空间飞行器的交会对接技术,发射空间实验室,解决有一定规模的、短期有人照料的空间应用问题;第三步,建造空间站,解决有较大规模的、长期有人照料的空间应用问题。通过神舟飞船、嫦娥工程、天问等具体项目逐步实施。

2013 年 4 月 26 日发射的首颗“高分一号”卫星,具有中高分辨率与大幅宽结合的特点,卫星设计寿命 5~8 年,广泛应用于国土资源、环境保护、精准农业、防灾减灾等领域。

2017 年开始建设基于卫星、平流层飞艇和飞机的高分辨率对地观测系统,完善相应地面系统,建立数据与应用中心。该系统与其他观测手段结合,将形成全天候、全天时、全球覆盖的对地观测能力。以后还将建成先进的陆地、大气、海洋对地观测系统,为现代农业、减灾、资源环境、公共安全等重大领域提供服务和决策支撑。

20 世纪后期,中国开始探索适合本国国情的卫星导航系统发展道路,逐步形成了三步走发展战略:2000 年年底,建成北斗一号系统,向中国提供服务;2012 年年底,建成北斗二号系统，向亚太地区提供服务；2020 年前后建成北斗全球系统，向全球提供服务。详见 10.5.5 北斗卫星导航系统。

10.2.6　中国科学院国家空间科学中心

中国科学院国家空间科学中心，如图 10-7 所示，是我国空间科学及其卫星项目和中国科学院月球与深空探测任务的总体性研究机构，我国空间科学领域的研究中心和创新高地，负责组织开展国家空间科学发展战略规划研究，具体负责中国科学院空间科学先导专项的组织与实施，开展空间科学及相关应用领域的创新性科学研究与技术发展和试验工作。

图 10-7　国家空间科学中心

空间科学中心的历史可以追溯至 1958 年为研制"东方红一号"卫星而组建的中国科学院"581"组，从中国科学院"581"组到中国科学院地球物理所二部、应用地球物理所、航天五院 505 所，再到中国科学院空间物理研究所、中国科学院空间科学技术中心和空间科学与应用研究中心，2015 年正式更名为中国科学院国家空间科学中心。

空间科学中心致力于空间物理和空间天气的前沿研究，认知空间物理的基本物理过程和灾害性空间天气的物理规律，形成空间天气连锁过程的整体性理论框架。开展涵盖从太阳爆发、行星际空间到磁层、电离层和中高层大气的整个日地空间天气预报方法和模式的研究，初步建立了以物理预报为基础的数值空间天气预报模式。

空间科学中心是我国最早开展空间环境研究和预报并提供空间环境保障服务的单位，形成了涵盖太阳、行星际、磁层、电离层、热层、临近空间等区域各类空间环境事件、指数和参数的业务化模式预报能力，建立了多种空间环境技术平台，承担了载人航天工程、月球与深空探测工程等的空间环境保障任务。

空间科学中心承担的重大任务主要包括：中国科学院空间科学先导专项，载人航天工程、月球与深空探测工程、高分、北斗导航等国家科技重大专项，风云、海洋系列应用卫星的有效载荷和相关支持系统的任务，牵头空间科学战略规划研究，牵头建设国家重大科技基础设施——子午工程，承担国家自然科学基金、空间环境保障和空间天气建模 973 项目、国家 863 计划重大课题等。

从 1995 年到 2003 年，空间科学中心作为载人航天应用系统工程总体依托单位，对神舟系列工程成功实施作出了重要贡献。

1997 年，空间科学中心提出了我国第一次明确以科学目标为牵引立项的卫星工程——双星计划，空间科学中心承担科学总体和有效载荷系统研制等任务。双星计划的探测一号、探测二号卫星，分别于 2003 年、2004 年发射，与欧洲空间局的"星簇（Cluster）"计划相配合，实现了人类历史上首次对地球空间的"六点协调探测"。

空间科学中心是我国月球与深空探测任务的主要发起者和重要参研单位之一。自 2004 年至今，全程参与探月工程一、二、三期以及我国首次自主火星探测任务的方案论证，并承担了卫星（探测器）有效载荷总体、载荷集成管理控制系统、有效载荷地面综合测试系统、空间环境探测载荷、国际合作载荷、空间天气保障等一系列重要任务。并将在嫦娥五号、"天问一号"以及月球与深空探测后续任务等国家重大项目中继续发挥重要作用。

2008 年至 2012 年，空间科学中心牵头建设了我国在空间天气和空间环境领域第一个国家重大科技基础设施——东半球空间环境地基综合监测子午链（子午工程），为我国建设独立自主的空间环境监测和保障体系奠定了地基监测基础，大大提高了我国在日地关系这一重大基础科学领域的创新能力。2019 年 7 月，空间科学中心牵头承担的"十三五"国家重大科技基础设施——空间环境地基综合监测网项目（子午工程二期）开工建设，建成后将有望大幅提高我国对空间环境的认知能力、自主创新能力和保障服务能力。

2011 年，中国科学院空间科学战略性先导科技专项立项启动，空间科学中心作为依托单位牵头组织专项实施。2015 年至 2017 年，专项一期部署的暗物质粒子探测卫星"悟空"、实践十号返回式科学实验卫星、量子科学实验卫星"墨子号"和硬 X 射线调制望远镜卫星"慧眼"先后成功发射，在轨开展科学探测与实验，取得了重大科学成果。2018 年 7 月，空间科学（二期）先导专项立项启动，通过研制发射科学卫星和在轨探测，有望在时域天文学、太阳磁场与爆发的关系、太阳风-磁层相互作用规律、引力波电磁对应体等领域取得重大原创成果。2019 年 9 月，专项二期首发星"太极一号"在轨测试任务顺利完成，标志着中国空间引力波探测迈出奠基性的第一步。

探月工程作为国家重大科技专项，是我国在发展人造卫星和载人航天之后，空间科学和技术发展的第三个里程碑。国家空间科学中心是探月工程的主要参研单位之一。截至 2019 年，空间中心已完成嫦娥一号、二号、三号、四号等任务。

10.3　大型观测设备

中国的大型天文观测设备在 20 世纪 80 年代以前基本上是从国外引进的，且相对落后。1972 年国家天文台 2.16 米口径光学望远镜开始研制，标志着我国自力更生建造天文观测设备的开始，近五十年来从无到有，不断向世界高水平靠拢甚至超越。

10.3.1　国家天文台 2.16 米口径光学望远镜

国家天文台兴隆观测基地 2.16 米口径天文望远镜是我国自行研制的第一台两米级光学望远镜，如图 10-8 所示，由中国科学院、北京天文台、南京天文仪器厂、中国科学院自动化研究所等单位联合研制，于 1989 年正式投入使用，历时 17 年，被誉为中国天文学发展史上的一个里程碑。

2.16 米口径天文望远镜有卡塞格林和折轴两个工作焦点，其中，卡塞格林焦点焦比为 $F/9$，折轴焦点焦比为 $F/45$。卡塞格林系统采用的是 R-C 系统。该望远镜光学系统的最大特点是折轴系统和卡塞格林系统共用同一个副镜，折轴系统中加有一个中继镜，转换时副镜只需做微小移动，所得的折轴系统是同时消除球差和彗差的。该望远镜目前主要配有三套终端设备，均工作在卡塞格林焦点，分别为：OMR 卡焦低色散光谱仪、高分辨率光纤光谱仪（HRS）和北京暗天体摄谱成像仪（BFOSC）。

望远镜包括光学、机械、驱动、自控、星光探测装置、观测室等部分。其口径 2.16 米，身高 6 米，自重 90 余吨。望远镜的主镜由一个直径 2.2 米、厚 30 厘米、重 3 吨的光学玻璃研磨而成，巨大的镜面口径，聚光力极强，因而可以观测到极暗的星体，最暗可达 25 等星，相当于可以看到 2 万千米外一根火柴燃烧的亮光。

早在 1958 年，我国就把研制 2.16 米望远镜列入了国家重点研究项目，但由于接踵而至的困难年代及"文革"浩劫，这一项目被迫中断，直到 1977 年才重新启动，镜头所用光学玻璃由苏联提供。该望远镜于 1989 年 12 月投入试观测，当月就参加了由 14 个国家

图 10-8　国家天文台 2.16 米口径光学望远镜

共同进行的变星国际联测，取得了高质量的观测数据，得到了国际同行的认可。1993 年年底，初步完成了望远镜配套附属仪器的研制，望远镜达到了较好的运转状态，从而取得了一批有影响的天文成果。1997 年又对主、副镜重新进行了镀膜，对光学系统进行了调整。它是我国自行研制的、曾经是国内最大、也是远东最大的光学望远镜。

10.3.2　国家天文台 2.4 米口径光学望远镜

国家天文台 2.4 米口径望远镜，如图 10-9 所示，坐落在海拔 3 193 米的云南丽江高美古，目前是我国及东亚地区口径最大的通用型天文光学望远镜。

高美古观测站周边空气污染和尘埃很少，大气洁净透明，几乎没有灯光污染，天空很蓝，天光背景暗弱；由于海拔较高，大气较稀薄，消光较小；且该站所处位置的大气宁静度较好。此外，由于纬度低，该站内的望远镜可以观测南半球的较大天区，弥补了中国其他天文台的不足；由于同一经度附近天文台站较少，该站在全球天文观测网和空间与地面的联合观测中占据不可或缺的位置。多年的观测结果表明，该站的年可观测天数为 210 夜左右。

2.4 米口径望远镜是一架地平式反射望远镜，由英国 TTL 公司总体设计，在 TTL 公司技术人员的协助下，2007 年由云南天文台的工程技术人员完成安装，2008 年 4 月通过验收并投入使用。其主镜直径 2.4 米，由世界著名的肖特公司（SCHOTT，德国光学玻璃制造商，卡尔·蔡司公司的子公司）研制，镜坯采用 Zerodur 微晶玻璃材质，其近乎于零的

图 10-9 国家天文台 2.4 米口径光学望远镜

热膨胀性能确保了望远镜主镜在−10°C 至 35°C 的工作环境中不会变形,很好地保证了望远镜成像质量的稳定性。

望远镜的主体由液压支撑,主镜由高压气体支撑,望远镜和穹顶的驱动以及各种修正由计算机全自动控制,可支持远程操作和自动操作。由于采用了上述高新技术,丽江 2.4 米口径望远镜的综合性能在国际上同级望远镜中处于中上水平;在成像分辨率、指向精度、跟踪精度等指标上为国内最高水平。

10.3.3 郭守敬望远镜(LAMOST)

郭守敬望远镜即大天区面积多目标光纤光谱天文望远镜(Large Sky Area Multi-Object Fiber Spectroscopy Telescope,LAMOST),图 10-10 所示为望远镜观测塔塔身,该塔身是一个通体白色的巨大装置,它造型奇特、北低南高,最高处约有 15 层楼高。

郭守敬望远镜有效通光口径在不同的天区和跟踪位置有所变化,从 3.6 米到 4.9 米。球面主镜大小为 6.67 米×6.05 米,由 37 块对角线长为 1.1 米的六角形球面子镜拼接而成,如图 10-11 所示。反射施密特改正镜大小为 5.72 米×4.40 米,由 24 块对角线长 1.1 米的六角形平面子镜拼接而成,如图 10-12 所示。

LAMOST 应用薄镜面主动光学和拼接镜面技术,在曝光 1.5 小时内可以观测到暗达 20.5 等的天体,使其成为大口径兼大视场光学望远镜的世界之最。采用并行可控的光纤定位技术,在 5 度视场、直径为 1.75 米的焦面上放置 4 000 根光纤,同时获得 4 000 个天体

图 10-10　郭守敬望远镜观测塔塔身

图 10-11　郭守敬望远镜球面主镜

　　的光谱，使其成为世界上光谱获取率最高的望远镜。LAMOST 在大规模光学光谱观测和大视场天文学研究方面，居于国际领先的地位。

　　LAMOST 安放在中国科学院国家天文台河北兴隆观测站，该站地处燕山主峰南麓，海拔 960 米。作为国家重大科学工程，LAMOST 于 2001 年 9 月开工，2008 年 10 月落成，2009 年 6 月通过国家验收。2010 年 4 月 17 日，LAMOST 被冠名为"郭守敬望远镜"，兴

图 10-12　郭守敬望远镜反射施密特改正镜

隆观测站距离中国元代天文学家郭守敬的家乡河北邢台约 570 千米。

2011 年 10 月 23 日，LAMOST 正式启动先导巡天，并于 2012 年 6 月 24 日结束。2012 年 9 月，LAMOST 正式进入科学巡天阶段，并于 2013 年 6 月 15 日完成了 LAMOST 第一年正式巡天观测任务，包括先导巡天和正式巡天第一年的光谱数据。"LAMOST DR1 数据集"已于 2013 年 8 月底对国内用户和国外合作者正式发布。

2017 年 6 月，LAMOST 完成了为期五年的第一期光谱巡天任务，共获取了约 900 万条光谱数据，其中高质量光谱数据（信噪比大于 10）约 725 万条，恒星参数约 492 万组，远远超过了全世界光谱巡天项目获取的光谱数总和，为天文学家研究银河系及一般星系的形成与演化提供了大量精确的基础性数据。2018 年 6 月，LAMOST 完成了七年的巡天观测，获取光谱数首次超千万量级，也成为世界上第一个获取光谱数超千万的光谱巡天项目。

天体在光学波段的光谱包含丰富的物理信息。星系的光谱可以给出他们的距离、构成、分布和运动信息；恒星的光谱可以确定它们的分布和运动、光度、温度、化学组成等物理状态。从大量天体的光谱观测中还会发现独特的天体和天文现象，这将提升人类对宇宙天体的认识。近年来，国际上大样本光谱巡天研究取得了长足的进展，特别是英、澳天文台数字巡天和美国的斯隆数字巡天计划的成功实施，获得了空前丰富的星系和恒星光谱资料，推动了天文学各个分支的蓬勃发展。

光学光谱包含着遥远天体丰富的物理信息，大量天体光学光谱的获取是涉及天文和天体物理学诸多前沿问题的大视场、大样本天文学研究的关键。但是，迄今由成像巡天记录下来的数以百亿计的各类天体中，只有很小的一部分（约万分之一）进行过光谱观测。

LAMOST 作为天体光谱获取率最高的望远镜，将突破天文研究中光谱观测的这一瓶颈，成为最具威力的光谱巡天望远镜，是进行大视场、大样本天文学研究的有力工具。

LAMOST 在口径、视场和光纤数目三者结合上超过了国际上目前已经完成或正在进行中的大视场多天体光谱巡天计划，其科学目标集中在河外星系的观测、银河系结构和演化、多波段目标证认三个方面。LAMOST 对近千万个星系、类星体等河外天体的光谱观测，将在宇宙学模型、宇宙大尺度结构、星系形成和演化等研究上发挥重要作用。LAMOST 对大量恒星的光谱巡天将在银河系结构与演化及恒星物理的研究上具备极大的优势。LAMOST 结合红外、射电、X 射线、伽马射线巡天的大量天体的光谱观测将在各类天体多波段交叉认证上发挥决定性作用。

郭守敬望远镜光谱巡天任务开始以来，到 2020 年上半年为止，已经取得了近百项重大发现，这里仅仅列举 2019 年科学家利用郭守敬望远镜获得的 11 项代表性成果。

（1）在 LAMOST 数据中发现一颗 70 倍太阳质量的恒星级黑洞，超过理论预言的恒星级黑洞的质量上限。这一成果开创了搜寻恒星级黑洞的新方法，对现有的恒星理论提出了挑战。

（2）首次在银河系中发现低镁的快中子俘获过程元素超丰恒星，开创用化学 DNA 识别银河系中"星系际移民"的新方法。

（3）在银河系晕中发现 40 余个子结构，首次得到银河系晕中大样本子结构的六维参数信息，精确展现出银河系现在的结构及过去的吸积历史。

（4）首次精确地描绘银河系外晕中人马座星流的三位空间轨道分布。

（5）利用 LAMOST 光谱验证只有 30% 的类太阳恒星周围存在"超级地球"，太阳系不存在"超级地球"属于正常现象。

（6）首次认识到场星双星已不是原生状态，而在诞生之初就发生了变化。

（7）发现 44 颗富锂巨星候选体，构建了目前国际上一致性最好、数据量最大的高分辨率富锂巨星样本。

（8）发现 16 032 颗 OB 星，成为目前世界上最大的、准确度最高的 OB 星表，该星表已被作为基础数据用于研究银河系外盘年轻恒星的运动。

（9）发现 6 颗 Oe 星，为目前世界上仅发现的 13 颗 Oe 星样本扩充了 50% 的成员。

（10）认证 42 552 颗类星体，其中 17 128 颗是 LAMOST 首次发现，为研究类星体光谱变化、发现特殊类星体等研究工作提供了丰富的光谱数据。

（11）补充美国斯隆数字巡天项目缺失的星系光谱，凑成 2 400 余对星系对，对研究星系的形成和演化有重要意义。

上述成果专业性很强，不要求读者充分理解。这里仅对第一项和第十项做些补充说明。

　　2019 年 11 月 28 日，国际科学期刊《自然》发布了中国科学院国家天文台刘继峰、张昊彤研究团队的一项重大发现。依托我国自主研制的国家重大科技基础设施 LAMOST，研究团队发现了一个迄今为止质量最大的恒星级黑洞——70 倍太阳质量的恒星级黑洞，并提供了一种利用 LAMOST 巡天优势寻找黑洞的新方法。

　　天文学家根据黑洞质量的不同，将黑洞大致分为恒星级黑洞（100 倍太阳质量以下）、中等质量黑洞（100 倍~10 万倍太阳质量）和超大质量黑洞（10 万倍太阳质量以上）。恒星级黑洞是由大质量恒星死亡形成的，是宇宙中广泛存在的天体。球状星团和矮星系中心或许有中等质量的黑洞，而在星系的中心存在着超大质量黑洞，比如银河系中心就有一个约 400 万倍太阳质量的超大质量黑洞。

　　一颗恒星演化到最后，如果剩下的质量大于 3 倍太阳质量，最终将形成致密的黑洞。目前恒星演化模型只允许在太阳金属丰度下形成最大为 25 倍太阳质量的黑洞。现有理论认为，恒星在形成黑洞前，会爆发和抛撒物质，因此恒星级黑洞不会特别重。

　　一颗 70 倍太阳质量的恒星级黑洞，超过理论预言的恒星级黑洞的质量上限。这一成果开创了搜寻恒星级黑洞的新方法，甚至对现有的恒星理论提出了挑战。

　　为了纪念 LAMOST 在发现这颗巨大恒星级黑洞上做出的贡献，天文学家给这个包含黑洞的双星系统命名为 LB-1，L 表示由 LAMOST 发现，B 表示是 B 型星，如图 10-13 所示。与其他已知的恒星级黑洞不同，LB-1 从未在任何 X 射线观测中被探测到，这颗黑洞和它的伴星相距较远（1.5 倍日地距离）。研究人员用美国钱德拉 X 射线天文台对该源进行观测，发现这颗新发现的黑洞对其伴星吸积非常微弱，是一个平静温和的恒星级黑洞冠军。

　　LB-1 是一个 X 射线辐射宁静的双星系统，利用常规 X 射线方法搜寻这类黑洞是行不通的。长期以来，人们认为径向速度监测可以发现平静态的黑洞双星，这颗迄今最大质量黑洞的发现证实了这一点。

　　为了进一步验证这颗特殊 B 型星，研究人员随即申请了西班牙 10.4 米口径加纳利大望远镜（GTC）的 21 次观测和美国 10 米口径凯克望远镜（Keck）的 7 次高分辨率观测，进一步确认了这颗 B 型星的性质。

　　类星体是银河系外发光强度巨大的遥远天体，其能源来自其中心超大质量黑洞所吸积周围物质释放的巨大引力能，是研究遥远宇宙的重要探针。

　　郭守敬望远镜类星体巡天是由北京大学教授吴学兵领导的团队开展的一项光谱巡天重点课题。该团队继 2016 年发表从郭守敬望远镜第一期释放数据中证认发现的 1 180 个新类星体之后，2018 年 4 月 10 日又发表了第二期和第三期释放数据中类星体巡天的认证结果，共发现 12 126 个类星体。

　　从 2013 年 9 月至 2015 年 6 月郭守敬望远镜观测获得的第二期和第三期数据中，吴学兵团队经过数据处理和人工检查，共证认了 19 935 个类星体，其中 12 126 个为独立发现。

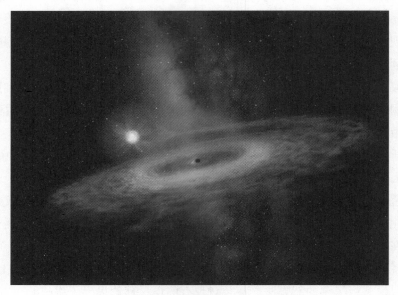

图 10-13　黑洞双星系统 LB-1 的想象图

这些类星体的平均红移为 1.5，最高红移为 5。这 12 126 个类星体中，8 100 个类星体被郭守敬望远镜唯一发现，4 026 个类星体被郭守敬望远镜和美国斯隆数字巡天计划共同发现，即它们也包括在 SDSS 在 2014 年后公布的第 12 期和第 14 期释放数据中。

吴学兵团队还对郭守敬望远镜唯一发现的 8 100 个类星体中信噪比较好的 6 887 个类星体进行了光谱拟合，给出了这些类星体的连续谱和发射线参数，并估算出了其中心黑洞质量（大多在千万倍到百亿倍太阳质量之间）。这些结果将对大样本类星体的统计研究提供重要帮助。

2020 年中国科学院国家天文台副研究员李广伟借助郭守敬望远镜，发现一颗目前银河系自转速度最快的恒星，并将其正式命名编号为 LAMOST J040643.69+542347.8。这颗恒星的自转速度约为 540 千米每秒，比目前银河系中自转速度第二快的恒星约快 100 千米每秒。

按照李广伟的分析，这是一颗非常热的大质量恒星，结合欧洲航天局盖亚空间望远镜数据进一步分析发现，这颗银河系迄今自转最快恒星位于银河系的外旋臂上，距太阳大约 3 万光年。

在他看来，这颗恒星正以约 120 千米每秒的速度离开它目前所在地，表明该恒星可能起源于双星作用，由于主星在演化后期星体膨胀，导致其开始吸积主星物质，从而自转加快。最后由于主星作为超新星爆炸，该恒星被抛出。

10.3.4　天马射电望远镜

天马射电望远镜（上海 65 米口径射电望远镜）为中国科学院和上海市的重大合作项目，如图 10-14 所示。天马射电望远镜坐落于上海松江佘山，是一个国内领先、亚洲最大、国际先进、总体性能在国际上名列前 4 名的 65 米口径全方位可动的大型射电天文望远镜系统。

图 10-14　天马射电望远镜

天马望远镜整个天线结构重约 2 640 吨，主反射面直径为 65 米。主要由天线基础、轨道、方位轮轨、座架、主反射面及调整系统、副反射面及调整系统、馈源及换馈系统、制冷接收机系统、VLBI 观测终端及射电天文观测终端、时间频率基准系统及配套系统等组成。

天马射电望远镜从 2008 年立项，到 2012 年落成，历时 4 年，按计划完成了项目任务各个阶段所涉及的天线系统、接收机系统、主动面系统、终端系统、台站控制、时频系统、测站建设以及天文试观测等任务。对所有技术指标进行的测试结果表明，天马望远镜所有技术指标均满足或优于任务书中技术指标的要求，实现了我们建设世界级大型射电望远镜的目标。

上海 65 米口径天线面板设计分为 14 圈，共 1 008 块面板。面板面积平均 3.3 平方米，最大面积达 5 平方米。单块面板要实现 0.1 毫米的面型精度，除了克服风力、重力和温度形变外，主动面调整 4 支点安装，还需承受促动器千万次的反复运动，对面板的可靠性提出了更高的要求。高精度、高强度、高可靠度、30 年使用寿命的面板研制为关键技术之一。

作为一台全方位可转动的望远镜，天马射电望远镜的硬件和软件系统实现了多项自主创新。其工作波长从最长 21 厘米到最短 0.7 厘米，共 8 个波段，是我国目前工作波长可覆盖全部厘米波段的高性能射电望远镜。

天马射电望远镜先后参加并成功完成了 2012 年的嫦娥二号奔小行星探测、2013 年的嫦娥三号月球软着陆、2014 年的嫦娥五号飞行试验器的 VLBI（Very Long Baseline Interferometry，甚长基线干涉测量技术）测定轨任务，使中国 VLBI 观测网的灵敏度提高至 1.7 倍，大幅提高了 VLBI 系统的测量能力，为探月卫星的测控定轨做出了卓越贡献。

天马射电望远镜成功开展了谱线、脉冲星和 VLBI 的射电天文观测，探测到了包括长碳链分子 HC_7N 在内的许多重要分子的发射和一些新的羟基脉泽源，探测到包括"北天周期最短毫秒脉冲星"在内的一批脉冲星。

世界上第一台综合孔径望远镜于 1962 年建造完成，大大提高了观测分辨率。为了更大幅度提高观测分辨率，20 世纪 60 年代末科学家们发展了甚长基线干涉测量技术，采用独立本振技术，使得各个观测单元之间相互连接，口径等同于观测单元之间的距离（基线），望远镜间的基线长度原则上不受限制，地面 VLBI 可长达几千上万千米，空间 VLBI 可达几万千米，因此该技术是现代天文学中角分辨率最高的一种观测手段。

射电望远镜和接收机技术每一次长足的进步都会毫无例外地为射电天文学的发展树立新的里程碑。中国科学院上海天文台对于天马射电望远镜系统的研制也正是这种发展趋势在中国射电天文学发展中的表现。

2017 年 10 月 27 日，天马射电望远镜通过项目总体验收。专家组认为天马射电望远镜高质量地完成了各项研制任务，达到立项目标，通过总体验收。

10. 3. 5　中国天眼（FAST）

中国天眼是指 500 米口径球面射电望远镜（Five-hundred-meter Aperture Spherical Telescope，FAST），如图 10-15 所示。中国天眼位于贵州省黔南布依族苗族自治州平塘县克度镇大窝凼的喀斯特洼坑中，工程为国家重大科技基础设施。FAST 工程由主动反射面系统、馈源支撑系统、测量与控制系统、接收机与终端及观测基地等几大部分构成。

500 米口径球面射电望远镜被誉为"中国天眼"，由我国天文学家南仁东先生（1945—2017 年），如图 10-16 所示，于 1994 年提出构想，历时 22 年建成，2016 年 9 月

图 10-15　500 米口径球面射电望远镜

25 日落成启用。2020 年 1 月 11 日，500 米口径球面射电望远镜通过国家验收，投入正式运行。FAST 是由中国科学院国家天文台主导建设，具有我国自主知识产权、世界最大单口径、最灵敏的射电望远镜。其综合性能是著名的阿雷西博射电望远镜的十倍。

1993 年，包括中国在内的 10 个国家的天文学家，提出建造新一代射电"大望远镜"的倡议，渴望回溯原初宇宙，解答天文学难题。时任北京天文台研究员的南仁东毅然力主中国独立建造射电"大望远镜"。

从 1994 年起，南仁东从几百张卫星遥感图中反复挑选，到大山里挨个踩点，在众多喀斯特地貌中找到最接近正圆形的洼坑。2006 年，南仁东终于在贵州黔南为 FAST 找到了安身之地，并且附近没有电磁信号干扰。2007 年，FAST 作为"十一五"重大科学装置被国家发改委批准立项，建设任务开始。

中国天眼自落成以来一刻不停地调试和试观测，其目的就是让它从世界最大真正转变到世界最灵敏的射电望远镜，它的观测范围能企及河外星系直至百亿光年之外的宇宙边缘。

灵敏度和分辨率是射电望远镜的两大核心指标。由于星体距离地球十分遥远，辐射到达地球时能量微弱，高灵敏度是科学家发现暗弱天体信号的必要保障，而要想进一步看清遥远天体的真实面貌，就要依靠高分辨率。

中国天眼的反射面由 4 450 个反射单元构成，总面积为 25 万平方米，相当于 30 个标

图 10-16　天文学家南仁东先生

准足球场那么大。馈源舱（射电信号接收端）重达 30 吨，如图 10-17 所示，通过 6 根钢索控制，可以在 140 米高空、206 米的尺度范围内实时定位。

图 10-17　FAST 馈源舱

截至 2019 年年底，FAST 发现脉冲星优质候选体 146 颗，如图 10-18 所示，已证实发现的脉冲星 102 颗。与上海天文台天马射电望远镜成功实现联合观测，在国际甚长基线干涉测量中发挥着重要作用。

图 10-18　FAST 发现脉冲星艺术示意图

　　目前，中国天眼已成立科学委员会和时间分配委员会，将统筹望远镜运行相关战略规划、凝练科学研究方向、项目遴选、数据公开等工作，以便更好地发挥其科学效能，促进重大科学成果产出。将来围绕中国天眼还将建设引力波探测研究、射电天文大数据等科技中心。

　　目前，FAST 至少在分米波波段射电天文学、脉冲星观测研究领域，处于世界领先地位。除了天文学观测以及建造望远镜带动的技术创新，FAST 还将成为最精确的物理规律验证实验平台。

　　中国天眼比美国阿雷西博望远镜更加灵敏，能覆盖更大天区，且拥有 19 波束的接收机，在脉冲星搜寻、观测星际云等天文学领域拥有极大的优势。

　　中国科学院国家天文台研究员、FAST 首席科学家李菂介绍，和地球相当的系外行星被称为"超级地球"。科学家非常关心适合人类生存的系外行星。宜居行星除了应当有水、适宜的温度和大气外，还有一个必要条件，那就是拥有磁场。

　　在太阳系的八大行星中，有六颗拥有行星尺度的磁场，它们是水星、地球、木星、土星、天王星和海王星，同时它们也都是强射电源。对系外行星开展射电探测旨在研究系外行星的物理特征，并与太阳系内的行星进行比较研究。

　　人类发现的第一颗系外行星就是通过射电天文的方法在一颗脉冲星旁边找到的，但这是一个非常特殊的案例。除此之外，目前人类发现的所有系外行星都是通过光学方法或是红外直接成像找到的。发现这些系外行星让科学家们相信，银河系中恒星拥有行星的比例很高，并且存在大量的宜居行星。

在太阳系里，太阳风中的高能带电粒子以及来自某些卫星的电子与行星磁层相互作用，会产生射电辐射。太阳系内有磁场的行星都能产生这种辐射，可以通过射电望远镜测量并研究其磁场。这是目前光学和红外观测难以观测到的。

射电天文学家一直在寻找系外行星的射电信号，但是至今都还没有探测到。由于FAST 比之前的射电望远镜更加灵敏，如果能首次探测到系外行星的射电辐射，确认其有磁场，将是非常重要的发现。一旦成功，我们就能打开这个观测窗口，就可以寻找系外行星磁场的规律，从另一个方面去研究它们是否宜居。

目前，大多数系外行星还都是通过美国开普勒太空望远镜发现的，但是它找到的系外行星距离地球相对遥远，多在 500 光年之外。2018 年美国又发射了新的系外行星探测器"苔丝"，它的目标是寻找距离地球比较近的系外行星。

如果'苔丝'找到大量的系外行星，我们同时用 FAST 去跟踪探测，那么发现有磁场的系外行星概率会提高。FAST 将在距离地球约 100 光年的范围内寻找系外行星，这种行星如果像地球一样拥有磁场，科学家便可开展细致研究。

FAST 像一只庞大而灵敏的耳朵，将倾听来自遥远星空最微弱的信号，洞察隐藏在宇宙深处的秘密。FAST 在调试期的表现令人超乎想象地满意，已经在脉冲星等领域有众多发现。

一个由超过 10 个国家和地区的天文学家组成的科学团队正在为 FAST 制定未来的观测计划。他们提出的观测目标包括引力波、系外行星、超高能宇宙射线以及星际介质，有望提高人类对天文学、天体物理学和基础物理学的认识。

科学家们相信，FAST 将有更多超出预期的发现。当如此强大的新望远镜开始进行科学观测时，往往会有意想不到的收获。

FAST 在未来几年内启动的观测项目将对世界天文学和天体物理学的许多领域产生影响。尽管我们现在还无法预测它将发现什么，但 FAST 可能会极大地改变我们对宇宙的认识。

2018 年 11 月 23 日，中国科学院国家天文台研究员朱炜玮、李菂等与合作者利用自主研发的搜寻技术，结合深度学习人工智能技术（AI），对 FAST 海量的巡天观测数据进行快速搜索，发现来自宇宙深处的快速射电暴（FRB）新源，与首个重复射电暴脉冲结构相似。

这是 FAST 通过盲搜发现的第一个快速射电暴新源，被命名为 FRB 181123。这一新源显示出两个特点，一是脉冲轮廓表现为较罕见的三峰结构，这种结构通常在重复射电暴中出现；二是色散量高，在已知快速射电暴里位列前茅，由此可判断其来自宇宙的极深处。

中国天眼近期将正式开启地外文明搜索，寻找来自宇宙深处智慧生命的信号。地外文明搜索是 FAST 五大科学目标之一（其他四项为：重现宇宙早期图像、脉冲星测时阵列、漂移扫描多科学目标巡天、获得天体超精细结构）。在中国天眼建成之后，就有科学家表示，如果今后一二十年里，地球接收到外星人释放的信号，那一定有 FAST 的功劳。

2018 年 9 月，来自中科院国家天文台、加州大学伯克利分校和北京师范大学等单位的研究人员，在 FAST 现场对高分辨率的地外文明搜索后端进行了安装测试。2019 年 7 月，研究人员又对获得的漂移扫描数据进行了分析处理，实现频率分辨率 4 赫兹，并成功去除大部分射频干扰，筛选出多组窄带候选信号。

FAST 首席科学家李菂组织的 FAST 与突破聆听计划合作组，随后发表了对 FAST 地外文明搜索巡天的量化展望。基于对超级地球 GJ 273 b 的试观测和对地外文明各向同性等效功率的测算，FAST 有潜力探测到类地地外行星巡天卫星将公布的数千颗地外行星上的类地文明，以及近邻仙女座星系中的第二类卡尔达肖夫或更先进的技术文明。推动 FAST 地外文明搜索巡天，可以达到前所未有的深度，拓展人类对于自身在宇宙中地位的认识。

越来越多的地外行星的发现，加上仪器和观测能力的革命性进步，引发了寻找地外文明的热潮，未来 FAST 势必会成为地外文明搜索研究的主力军。

中国天眼的灵敏度达到世界第二大射电望远镜阿雷西博的 2.5 倍以上，可有效探索的空间范围体积扩大 4 倍，使科学家有能力发现更多未知星体、未知宇宙现象、未知宇宙规律，也意味着人类向宇宙未知地带探索的眼力更加深邃，眼界更加开阔。

从 LAMOST 和 FAST 的介绍中，细心的读者一定会发现天文观测设备的先进与否制约着天文学研究的水平。依靠这两套装置，我们国家在光谱巡天和无线电巡天探测方面进入了世界先进行列。

10.3.6 先进天基太阳天文台（ASO-S）

先进天基太阳天文台是我国首颗空间太阳专用观测卫星，如图 10-19 所示，其科学目标是揭示太阳磁场、太阳耀斑和日冕物质抛射（一磁两暴）的形成及相互关系。先进天基太阳天文台 2016 年 4 月底通过了中国科学院组织的背景型号阶段结题验收。

从 20 世纪 60 年代以来，世界各国先后发射了 70 多颗太阳探测相关卫星进入太空。中国的太阳物理研究位居世界第二，但用的都是别人的数据。让中国自己的太阳卫星"飞天"显得迫在眉睫。

卫星的研制周期一般都很长，从最初的概念提出到最后发射上天一般需要 10 到 15 年甚至更长的时间。ASO-S 从 2011 年获得预先研究支持起算，到 2016 年 4 月完成背景型号研究，已经走过了近 5 年的时间。太阳上的物理现象十分丰富，其中太阳耀斑和日冕物质

图 10-19　先进天基太阳天文台

抛射是太阳上两类最剧烈的爆发现象，对地球空间环境的破坏性最大。一般认为，这两种现象均是由太阳磁场引起的。

ASO-S 上将搭载 3 个主要载荷：全日面太阳矢量磁像仪（FMG）、莱曼阿尔法太阳望远镜（LST）、太阳硬 X 射线成像仪（HXI），它们将分别用来观测太阳磁场、耀斑和日冕物质抛射。

太阳活动具有 11 年的周期性。2016 年太阳处于第 24 活动周的下降期，预期太阳第 25 活动周将于 2020 年左右开始，太阳活动极大预计在 2023 年至 2024 年。ASO-S 计划于 2021 年发射，以便赶在太阳活动极大前就位，来完整记录太阳第 25 活动周的"太阳风暴"。

10.4　高 等 教 育

到 2020 年 7 月为止，我国开设天文系的 985 大学已经有十所，分别为：南京大学（天文与空间科学学院）、清华大学（天文系）、中国科学技术大学（天文学系）、北京师范大学（天文系）、上海交通大学（天文系）、北京大学（物理学院天文学系）、中国科学院大学（天文与空间科学学院）、中山大学（物理与天文学院）、厦门大学（天文学系）、华中科技大学（天文学系）。

武汉大学、广州大学和天津师范大学建立了天体物理中心。另外，云南大学、西华师范大学、黔南民族师范学院也设立有天文系。

10.4.1 南京大学天文与空间科学学院

南京大学天文与空间科学学院前身是创建于 1952 年的天文学系，是全国高校中历史最悠久、培养人才最多的天文学专业院系，拥有目前国内唯一的天文学一级重点学科。天文学系于 2011 年正式扩建为天文与空间科学学院，如图 10-20 所示，增设了空间科学与技术新专业。图 10-21 所示为天文与空间科学学院天文台。2014 年 8 月，学院顺利搬迁至南京大学仙林校区。

南京大学天文与空间科学学院以专业设置齐全、学历层次完备、师资力量雄厚、治学态度严谨而享有盛誉，在历次学科评估中位居国内高校天文学专业第一。学院除了拥有天体物理和天体测量与天体力学两个国家重点学科、一个教育部重点实验室之外，还是国家第一个天文学基础研究和教学人才培养基地、第一个基金委创新研究群体。

图 10-20　南京大学天文与空间科学学院

近几年，学院的学术队伍建设取得了显著成效，学科带头人和学术骨干的层次、水平稳步提升。迄今为止已建成了一支学科分布均衡、年龄结构合理的科研教学人才梯队。

为了促进高校与中科院天文系统的交叉融合，学院于 2010 年联合中国科学院紫金山天文台、中国科学院国家天文台南京天文光学技术研究所在仙林建成"现代天文与空间科学园区"。2012 年底正式挂牌成立现代天文与空间探测协同创新中心（培育）。中心凝聚了南京大学、北京大学、中国科学技术大学、北京师范大学四所高校和国家天文台、紫金山天文台、中国空间技术研究院三家科研机构的主要教学、科研力量以及大型终端设备，最大程度上促进了我国天文学科的蓬勃发展。

图 10-21　南京大学天文与空间科学学院天文台

在国际合作交流方面，南京大学天文与空间科学学院先后与包括哈佛大学、加州理工学院、麻省理工学院、悉尼大学、东京大学、巴黎天文台等在内的 20 余所国际一流高校和研究机构建立起良好的学术交流关系。

10.4.2　北京大学天文学系

北京大学和中国科学院于 1998 年在北京大学共同组建了北京天体物理中心，并于 2000 年 6 月将天体物理中心正式扩展为天文学系。2001 年 5 月北京大学物理学院成立后，天文学系即隶属于物理学院。2001 年年底，在教育部组织的全国重点学科评审中，北京大学天体物理学科被评为全国重点学科。

北京大学天文学系的成立得到了北京大学和中国科学院双方的大力支持，办学条件得到了极大改善，并陆续从海外聘请了多名青年学者任教。联合办学使北京大学与中科院在天文学领域实现了强强联合、资源共享，产生了积极的成效。共建的天文学系拥有高水平的教学与科研条件，学术空气活跃，并对学科方向做了重要调整，以适应培养国际一流天文学家的需要。

天文学系的研究领域包括天体物理学和天文技术及应用两方面。天体物理学是当前天文学中发展最快和最富有成果的学科，它一直是北京大学天文学系的主要学科方向。

天文学系的研究主要集中在以下五个领域：宇宙学和星系物理，利用观测、理论和数值模拟相结合，对宇宙学和星系物理中的重大问题进行具有国际水平的研究；星际介质、恒星和行星，充分利用国内外一流观测设备，对星云、恒星系统和系外行星进行高质量的观测，通过对天体物理过程的分析，研究其内在物理规律；引力和高能天体物理，充分利用国内外先进观测资料，理论与观测相结合，探讨中子星、黑洞等高能和相对论天体的物理本质与科学意义；粒子与核天体物理，利用天文多波段、多信使的探测结果，对与基本粒子和原子核相关的物理进行探讨；天体物理技术和应用，对我国正在研制的先进天基太阳天文台和地面大射电望远镜中的关键技术进行研究，并将其应用于天文及其他研究领域。

2006 年，北京大学与美国 Kavli 基金会签署合同在北京大学建立科维理天文与天体物理研究所（Kavli Institute for Astronomy and Astrophysics，KIAA-PKU），如图 10-22 所示，并于 2008 年正式运行。美国艺术与科学院院士、加州大学圣克鲁斯分校天文系著名理论天体物理学家林潮（Douglas N. C. Lin）教授担任 KIAA 首任所长，并在全球招聘了一批在国际上崭露头角的青年天文学者组成研究团队。KIAA 正在逐步形成北大天文学科的国际交流平台和研究中心。

图 10-22　北京大学科维理天文与天体物理研究所

10.4.3　北京师范大学天文系

北京师范大学天文系成立于 1960 年，如图 10-23 所示，是我国高校成立的第二个天文系，在天文学人才培养、科学研究和技术创新、科普教育等方面做出了重要贡献。

北京师范大学天文系目前拥有引力波与宇宙学实验室、现代天文学实验室和天文教育

图 10-23　北京师范大学天文系

综合实验室，拥有北京师范大学与国家天文台共建的兴隆天文学实践基地，以及天文学学科与云南天文台共建的天文教育实践基地。

天文系目前有 6 个学科方向：引力波和星系宇宙学；太阳、恒星和星际介质物理；实验室天体物理；高能天体物理；天文光电技术和应用天文学；天文教育与普及。

天文系与加州理工学院、耶鲁大学等国际知名高校、科研机构等开展了合作。通过国际交流，既加强了学科之间的优势互补，同时也提升了自身的影响力。

10.4.4　中国科学技术大学天文学系

中国科学技术大学天文学科发展始于 1972 年创建的中国科学技术大学天体物理研究组，1978 年经中国科学院批准在科大成立所级研究单位，1983 年更名为天体物理中心。1998 年学校在天体物理中心和基础物理中心的基础上成立天文与应用物理系，2008 年改名为天文学系。2015 年通过"科教融合"，与中国科学院紫金山天文台等强强联合、优势互补，成立了中国科学技术大学天文与空间科学学院。

中国科学院星系宇宙学重点实验室成立于 2008 年，由上海天文台与中国科学技术大学联合创建。主要研究方向：宇宙学、星系形成和演化、超大质量黑洞的形成和演化、暗物质和暗能量等方面。实验室最终将建成具有国际领先高精度数值模拟和海量巡天数据分析的星系宇宙学研究平台；为国家大科学工程提供科学支持；培养高质量后备人才，建成一个具有国际竞争力的星系宇宙学研究团队。

天文学系面向国际天文前沿开展天文研究，始终把主要研究聚焦在天文学前沿科学重大目标上，是国内最早开展星系宇宙学研究的单位，开创并推动了中国在星系宇宙学这一国际前沿领域的研究。近年来，在正常星系、活动星系、宇宙大尺度结构和数值模拟等方面取得了一批在国际上有重要影响的研究成果。通过天文与空间科学学院的建设，进一步加强和提升了本学科在天体测量与天体力学、天文技术与方法、射电天体物理领域的研究力量。

中国科学技术大学天文学科现有星系宇宙学、射电天文、空间目标与碎片观测、暗物质与空间天文、行星科学等 5 个中国科学院院重点实验室。学科方向包括星系宇宙学、射电天文学、太阳和日球物理、高能天体物理、行星和行星系统、应用天体测量与天体力学和空间技术与方法。

10.4.5 清华大学天文系

清华大学天文系的前身是天体物理中心，始建于 2001 年，挂靠物理系，是跨院系的校级研究机构。2019 年 4 月清华大学成立天文系，主要研究方向是星系宇宙学、高能天体物理、系外行星与行星形成。

10.4.6 厦门大学天文学系

厦门大学于 2012 年 11 月 26 日复办天文学系，成为继南京大学、北京师范大学、北京大学、中国科学技术大学之后，我国设立天文学系的第 5 所大学。之所以称"复办"，是因为厦门大学于 1927 年 9 月曾经设立天文学系，但于 1930 年 9 月停办，前后只有 3 年。研究方向广泛，几乎涵盖天体物理和宇宙学各个领域。

10.4.7 中山大学天文学系

1927 年，广州中山大学创办了国内首个天文学系，1929 年又在今越秀山修建了中山大学天文台。1952 年中山大学天文学系和山东齐鲁大学天算系合并入南京大学。2013 年 12 月 28 日，中山大学在珠海校区举行了揭牌仪式，成立天文与空间科学研究院，复办了中山大学的天文学科。2015 年 9 月 16 日，中山大学物理与天文学院正式成立，天文与空间科学研究院成为物理与天文学院的一部分。

　　主要研究方向包括引力波天文学、宇宙学、宇宙大尺度结构与星系形成理论、高能天体物理学、分子天文学、行星科学与天文观测等。

　　天琴计划是由中山大学主导、我国科学家自主提出的空间引力波探测任务，计划利用 15~20 年部署我国的空间引力波探测器，开展基础物理和引力波天文学重大前沿问题研究。为此，中山大学已经成立了天琴引力物理研究中心。

10.4.8　上海交通大学天文系

　　上海交通大学天文系成立于 2017 年 4 月，其前身是 2012 年成立的天文与天体物理研究中心。研究领域包括宇宙学、星系形成、多波段观测、星系动力学、高能天体物理、系外行星、多信使天文学、宇宙学和星系形成、实验室天体物理等。

10.4.9　云南大学天文学系

　　2013 年，依托于云南大学悠久的天文学研究历史和云南得天独厚的天文观测条件，云南大学天文学系成立，成为中国高校第 6 个天文学系。2015 年，由物理系、天文学系及云南大学物理实验教学中心合并组建云南大学物理与天文学院。

10.4.10　中国科学院大学天文与空间科学学院

　　中国科学院大学天文与空间科学学院成立于 2015 年 6 月。中国科学院国家天文台是中国科学院大学天文与空间科学学院的联合办学单位，拥有并开放运行着我国几乎全部的天文观测装置，包括分布国内外的 20 余个观测台站，运行和在建有郭守敬望远镜 LAMOST、500 米口径球面射电望远镜 FAST、天马 65 米口径射电望远镜、空间硬 X-射线调制望远镜 HXMT、暗物质卫星 DAMPE、南极昆仑站 2.5 米口径光学/红外望远镜 KDUST 和 5 米口径太赫兹望远镜 DATE5 等我国几乎全部的大型天文观测装置、技术发展平台、高性能计算设施。

10.4.11　武汉大学天体物理中心

　　2017 年成立的武汉大学天体物理中心是挂靠在武汉大学物理科学与技术学院下的科学研究机构。主要研究方向为宇宙学、引力波天文、高能天体物理、暂现源多波段观测与研究、引力波电磁对应体等。

2018 年 11 月，武汉大学与中国科学院国家天文台联合签署合作协议，在武汉大学正式成立武汉大学-国家天文台联合天文中心。

武汉大学物理科学与技术学院天文学科建设与发展规划的具体步骤和发展目标分为四个部分：（1）武汉大学天体物理中心平台的建设；（2）天体物理中心学科发展与人才引进；（3）珞珈山天文台的设想；（4）天文学系的建设。

10.4.12　华中科技大学天文学系

2020 年 7 月，华中科技大学天文学系成立。1983 年 10 月，华中科技大学开始建设天体物理教研室（挂靠物理系），1996 年在引力实验中心重新组建天体物理团队，2014 年物理学院成立粒子与天体物理研究所，从事粒子、天体物理、宇宙学等方面研究。2017 年围绕天琴空间引力波计划开展引力波天文学相关理论研究。

天文学系研究方向主要包括星系和活动星系、致密天体、引力波科学和天文技术、天文光学技术等。目前已在超大质量黑洞活动性、不同尺度致密天体综合研究、光学望远镜技术等多个方面取得了一系列进展。

10.5　重 大 事 件

半个世纪前，中国开始实施空间和天文探测等一系列重大工程，从无到有，逐步进入先进国家行列，这里介绍几个代表性事件。

10.5.1　中国第一颗人造地球卫星

1970 年，中国第一个航天器，即中国第一颗人造地球卫星"东方红一号"，如图 10-24 所示，由中国第一枚运载火箭"长征一号"运载火箭送入太空，如图 10-25 所示，它标志着中国成为继苏联、美国、法国、日本之后，世界上第五个能自行研制和发射卫星的国家，拉开了中华民族进军太空的序幕。

1965 年 9 月，中国科学院开始组建代号"651"的卫星设计院，并把中国第一颗卫星命名为"东方红一号"。从此，中国人造地球卫星研制工作正式开始。

"东方红一号"的发射时间定在 1970 年。初步涉足人造卫星研发的中国航天机构和科学家对第一颗人造地球卫星的总体要求是："上得去，抓得住，听得到，看得见。"所谓

图 10-24　"东方红一号"人造地球卫星

图 10-25　发射"东方红一号"卫星的"长征一号"火箭

"上得去",就是首先要保证卫星能飞上天;"抓得住",就是卫星上天以后地面设备能对卫星实施测控;"听得到",就是卫星要能播送音乐,且可被地面接收和听到;"看得见",就是卫星在轨飞行时能让地面上的人用肉眼直接看得见。现在看来要求有点低,但这在 20

世纪 60 年代百废待兴的中国是了不起的设想。

"东方红一号"的具体任务是测量卫星本身的工作参数、探测空间环境参数、为中国奠定卫星轨道测量和无线电遥测技术基础。卫星由结构、温控、能源、《东方红》乐音装置和短波遥测、跟踪、天线、姿态测量 7 个分系统组成。卫星质量为 173 千克,采用自旋姿态稳定方式,转速为 120 转/分,利用太阳角计和红外地平仪测定姿态。

"东方红一号"工作在近地点 439 千米、远地点 2 384 千米、倾角 68.5°、运行周期 114 分钟的近地椭圆轨道上。卫星上的电源为银锌电池,采用被动式热控制。主要有效载荷有:2.5 瓦的 20.009 兆赫兹短波发射机、100 毫瓦的 200 兆赫兹超短波发射机、遥测装置、乐音发生器、雷达应答机、雷达信标机、科学实验仪器和工程参数测量传感器等。

对于如何产生《东方红》乐音,曾提出过几种方案,经比较决定,采用可靠性高、工作寿命长、消耗功率小、乐音悦耳嘹亮的电子音乐。

要让普通收音机能直接收听到"东方红一号"卫星播发的《东方红》乐音,需在卫星上安装大功率发射机,将使卫星的重量超过 1 吨,这对于当时中国火箭的运载能力来说是不可行的。为此,采用先由大型地面站接收,再通过广播电台转播的办法来实现。所以,在卫星发射上去后,全国人民听到的《东方红》乐音其实都是经广播电台转播的卫星信号。

1970 年 4 月 1 日,装载着 2 颗"东方红一号"卫星的专列抵达中国酒泉卫星发射场。"东方红一号"卫星终于在 1970 年 4 月 24 日 21 时 35 分由"长征一号"运载火箭发射,21 时 48 分进入预定轨道。

尽管本书作者那时还不到 8 岁,但还记得当时的情景,因为这是我孩童时代印象最深的重大事件。街道工作人员提前通知各家各户,在预定时间集中在空旷地带,观看我国第一颗人造卫星在太空飞行的画面,倾听当时以为是太空传下来的《东方红》乐音。直到上大学时我还在思考真空怎么能传送声音这个问题。

10.5.2 神舟飞船

神舟飞船是中国自行研制,具有完全自主知识产权,达到或优于国际第三代载人飞船技术的飞船,如图 10-26 所示。神舟系列载人飞船由专门为其研制的长征二号 F 火箭发射升空,发射基地是酒泉卫星发射中心,回收地点在内蒙古中部的草原上。

1. 飞船结构

神舟号飞船是采用三舱一段,即由返回舱、轨道舱、推进舱和附加段构成,如图 10-27 所示。"神舟"飞船的轨道舱是一个圆柱体,总长度为 2.8 米,最大直径 2.27 米,一

图 10-26　神舟飞船

端与返回舱相通，另一端与空间对接机构连接。轨道舱被称为"多功能厅"，因为几名航天员除了升空和返回时要进入返回舱以外，其他时间都在轨道舱里。轨道舱集工作、吃饭、睡觉和盥洗等诸多功能于一体。

轨道舱的两侧安装了太阳电池翼，轨道舱尾部有 4 组小的推进发动机，每组 4 个，为飞船提供辅助推力和轨道舱分离后继续保持轨道运动的能力；轨道舱一侧靠近返回舱部分有一个圆形的舱门，为航天员进出轨道舱提供了通道，舱门的上面有轨道舱的观察窗。

轨道舱是飞船进入轨道后航天员工作、生活的场所。舱内除备有食物、饮水和大小便收集器等生活装置外，还有空间应用和科学试验用的仪器设备。

返回舱返回后，轨道舱相当于一颗对地观察卫星或太空实验室，它将继续留在轨道上工作半年左右。轨道舱留轨利用是中国飞船的一大特色，俄罗斯和美国飞船的轨道舱和返回舱分离后，一般是废弃不用的。

返回舱又称座舱，长 2.00 米，直径 2.40 米。它是航天员的"驾驶室"，是航天员往返太空时乘坐的舱段，为密闭结构，前端有舱门。

神舟飞船的返回舱呈钟形，有舱门与轨道舱相通。舱内设可供 3 名航天员斜躺的座椅，供航天员起飞、上升和返回阶段乘坐。轨道舱和返回舱均是密闭的舱段，内有环境控制和生命保障系统，确保舱内充满一个大气压力的氧氮混合气体，并将温度和湿度调节到人体合适的范围，确保航天员在整个飞行任务过程中的生命安全。

另外，舱内还安装了供着陆用的主、备两具降落伞。神舟号飞船的返回舱侧壁上开设了两个圆形窗口，一个用于航天员观测窗外的情景，另一个供航天员操作光学瞄准镜观测地面驾驶飞船。返回舱的底座是金属架层密封结构，上面安装了返回舱的仪器设备，该底座重量轻便，且十分坚固，在返回舱返回地面进入大气层时，保护返回舱不被炙热的大气

图 10-27　神舟飞船三舱一段结构

烧毁。

　　推进舱又叫仪器舱或设备舱。推进舱长 3.05 米，直径 2.50 米，底部直径 2.80 米。安装有推进系统、电源、轨道制动，并为航天员提供氧气和水。

　　设备舱的尾部是飞船的推进系统。主推进系统由 4 个大型主发动机组成，它们在推进舱的底部正中。在推进舱侧裙内四周又分别布置了 4 对纠正姿态用的小推进器，另外推进舱侧裙外还有辅助用的小型推进器。

　　附加段也叫过渡段，是为将来与另一艘飞船或空间站交会对接做准备用的。在载人飞行及交会对接前，它也可以安装各种仪器用于空间探测。

2. 神舟一号

　　神舟一号发射时间是 1999 年 11 月 20 日 6 时 30 分 7 秒，火箭起飞约 10 分钟，飞船与火箭分离，进入预定轨道。1999 年 11 月 21 日 03 时 41 分返回地面。飞行时间 21 小时 11 分，飞行圈数 14 圈。

　　神舟一号搭载了中华人民共和国国旗、澳门特别行政区区旗、奥运会会旗等；各种邮票及纪念封；各 10 克左右的青椒、西瓜、玉米、大麦等农作物种子，此外还有甘草、板蓝根等中药材。

神舟一号首次采用了在技术厂房对飞船、火箭联合体垂直总装与测试，整体垂直运输至发射场，并进行远距离测试发射控制的新模式。中国实施载人航天工程的第一次飞行试验，标志着中国航天事业迈出了重要步伐，对突破载人航天技术具有重要意义，是中国航天史上的重要里程碑。

3. 神舟五号

2003 年 10 月 15 日 9 时发射，9 时 10 分后船箭分离，神舟五号载人飞船准确进入预定轨道。返回时间 2003 年 10 月 16 日 6 时 28 分。

神舟五号载人飞船全长 8.86 米，最大处直径 2.8 米，总重量达到 7 790 公斤。飞行时间 21 小时 28 分，飞行圈数 14 圈。

这是中国首次进行载人实验，杨利伟成为第一位航天员，如图 10-28 所示。

图 10-28　中国第一位航天员：杨利伟

除了中国飞天第一人杨利伟外，神舟五号载人飞船返回舱内还搭载有一面具有特殊意义的中国国旗、一面北京 2008 年奥运会会徽旗、一面联合国国旗、人民币主币票样、中国首次载人航天飞行纪念邮票、中国载人航天工程纪念封和来自祖国宝岛台湾的农作物种子等。

神舟五号尽量减少机舱内的实验项目及仪器，以腾出更多空间来供航天员活动并执行科学观察任务，这一次的任务主要是考察航天员在太空环境中的适应性。首次增加了故障自动检测系统和逃逸系统。其中设定了几百种故障模式，一旦发生危险立即自动报警。即使在飞船升空一段时间之后，航天员也能通过逃逸火箭而脱离险境。

4. 神舟系列

神舟七号载人飞船2008年9月25日21时10分04秒发射升空，飞行任务的主要目的是实施中国航天员首次空间出舱活动，突破和掌握出舱活动相关技术，同时开展卫星伴飞、卫星数据中继等空间科学和技术试验。飞船运行期间，1名航天员着中国的飞天舱外航天服出舱进行舱外活动，回收在舱外装载的试验样品装置。

神舟八号无人飞船，是中国"神舟"系列飞船的第八艘飞船，于2011年11月1日5时58分10秒由改进型"长征二号"F火箭顺利发射升空。升空后2天，"神八"与此前发射的"天宫一号"目标飞行器进行了空间交会对接。组合体运行12天后，神舟八号飞船脱离天宫一号并再次与之进行交会对接试验，这标志着我国已经成功突破了空间交会对接及组合体运行等一系列关键技术。2011年11月16日18时30分，神舟八号飞船与天宫一号目标飞行器成功分离，返回舱于11月17日19时许返回地面。

神舟九号飞船是中国第一个宇宙实验室项目组成部分，天宫与神九载人交会对接将为中国航天史上掀开极具突破性的一章。中国计划2022年建成自己的太空家园，中国空间站届时将成为世界仅有的两个空间站之一。2012年6月16日18时37分，神舟九号飞船在酒泉卫星发射中心发射升空。2012年6月18日约11时左右转入自主控制飞行，14时左右与天宫一号实施自动交会对接，这是中国实施的首次载人空间交会对接。

2013年6月11日17时38分2秒发射的神舟十号飞船是一艘载人飞船，它与天宫一号进行对接成功说明中国已经基本掌握了空间飞行器交会对接技术。将对后续的天宫二号即第二代空间实验室的建设打下坚实的基础。

神舟十一号飞船执行的是中国第6次载人飞行任务，这次任务也是中国持续时间最长的一次载人飞行任务，总飞行时间长达33天。

神舟十一号于2016年10月17日7时30分从酒泉卫星发射中心发射升空，随后与天宫二号对接形成组合体，两名航天员进驻天宫二号，进行了为期30天的驻留，在轨飞行期间完成了一系列空间科学实验和技术试验。

2016年11月18日13时59分，神舟十一号飞船返回舱在内蒙古中部预定区域成功着陆。天宫二号与神舟十一号载人飞行任务取得圆满成功，标志着我国载人航天工程空间实验室阶段任务取得具有决定性意义的重要成果，为后续空间站建造和运营奠定了更加坚实的基础。

神舟十一号载人飞行任务的主要目的：一是为天宫二号空间实验室在轨运营提供人员

和物资天地往返运输服务，考核验证空间站运行轨道的交会对接和载人飞船返回技术；二是与天宫二号空间实验室对接形成组合体，进行航天员中期驻留，考核组合体对航天员生活、工作和健康的保障能力以及航天员执行飞行任务的能力；三是开展有人参与的航天医学实验、空间科学实验、在轨维修等技术试验以及科普活动。

10.5.3　中国空间站

中国空间站又称天宫空间站，指的是我国计划中的一个空间站系统。最终目标是在低地轨道由中国自主建设一个常驻的 60~180 吨级的大型空间站。中国空间站建设采用分三步实施的方案。

1. 天宫一号

天宫一号目标飞行器是中国首个自主研制的载人空间试验平台，如图 10-29 所示，于 2011 年 9 月 29 日 21 时 16 分从酒泉卫星发射中心发射，全长 10.4 米，最大直径 3.35 米，内部有效使用空间约 15 立方米，由实验舱和资源舱构成，可满足 3 名航天员在舱内工作和生活需要，设计在轨寿命两年。

2011 年 11 月 3 日，天宫一号与神舟八号飞船成功完成我国首次空间飞行器自动交会对接任务，并进行了二次自动交会对接。2012 年 6 月 18 日，天宫一号与神舟九号飞船成功进行首次载人交会对接。2013 年 6 月 13 日，天宫一号与神舟十号飞船成功完成自动交会对接。

2016 年 3 月 16 日，天宫一号目标飞行器正式终止数据服务，全面完成了历史使命。2018 年 4 月 2 日 8 时 15 分左右，经北京航天飞行控制中心和有关机构监测分析，天宫一号已再入大气层，再入落区位于南太平洋中部区域，绝大部分器件在再入大气层过程中烧蚀销毁。

天宫一号在轨运行 1630 天，不但完成了既定使命任务，还超设计寿命飞行、超计划开展多项拓展技术试验，为空间站建设和运营以及载人航天成果应用和推广积累了重要经验。与神舟八号的交会对接，标志着中国成为世界上第三个独立掌握航天器空间交会对接技术的国家。

2. 天宫二号

天宫二号空间实验室，如图 10-30 所示，是继天宫一号后中国自主研发的第二个空间实验室，用于进一步验证空间交会对接技术及进行一系列空间试验。

天宫二号空间实验室由实验舱和资源舱组成，总长 10.4 米，舱体最大直径 3.35 米，

图 10-29　天宫一号

太阳帆板展开后翼展宽度约 18.4 米，起飞重量约 8.6 吨，具有与神舟载人飞船和天舟货运飞船交会对接、实施推进剂在轨补加、开展空间科学实验和技术试验等重要功能。

图 10-30　天宫二号和天舟一号交会对接

天宫二号主要开展地球观测和空间地球系统科学、空间应用新技术、空间技术和航天医学等领域的应用和试验，打造中国第一个真正意义上的空间实验室，发射时释放伴飞小卫星。

天宫二号空间实验室于 2016 年 9 月 15 日 22 时 04 分在酒泉卫星发射中心成功发射。2017 年，天舟一号交会对接货运飞船与天宫二号对接。天宫二号在轨飞行至 2019 年 7 月，之后受控离轨。

2019 年 7 月 19 日，天宫二号受控离轨再入大气层，少量残骸落入南太平洋预定安全海域，标志着中国载人航天工程空间实验室阶段全部任务圆满完成。

3. 中国空间站

中国载人空间站，简称中国空间站或天宫空间站，如图 10-31 所示，是一个在轨组装成的具有中国特色的空间实验室系统，建造计划预计于 2020 年至 2025 年间进行。空间站轨道高度为 400~450 千米，倾角 42~43 度，设计寿命为 10 年，长期驻留 3 人，总重量可达 90 吨，以进行较大规模的空间应用实验。

中国空间站包括核心舱、实验舱梦天、实验舱问天、载人飞船（神舟系列飞船）和货运飞船（天舟系列飞船）五个模块。各飞行器既是独立的飞行器，具备独立的飞行能力，又可以与核心舱组合成多种形态的空间组合体，在核心舱统一调度下协同工作，完成空间站承担的各项任务。

2019 年 6 月 12 日，中国载人航天工程办公室和联合国外层空间事务办公室在维也纳联合宣布，17 国 9 个项目入选中国空间站首批科学实验。

中国空间站将于 2022 年前后完成建造。长征五号 B 运载火箭首飞成功后，我国将先后发射天和核心舱、问天实验舱和梦天实验舱，进行空间站基本构型的在轨组装建造；其间，规划发射 4 艘神舟载人飞船和 4 艘天舟货运飞船，进行航天员乘组轮换和货物补给。

中国空间站天和核心舱已完成正样产品总装，问天实验舱和梦天实验舱正在开展初样研制；空间科学应用载荷已陆续转入正样研制，执行空间站建造阶段四次飞行任务的航天员乘组已经选定，正在开展任务训练。航天员系统乘员产品、舱外航天服正在开展初样研制工作，航天员出舱活动水下验证等地面试验正按计划进行。我国第三批预备航天员选拔工作已于 2020 年 7 月完成。

我国正在建设的空间站舱内、舱外均可支持开展空间应用，而且应用载荷可在轨更换。仅从首次入轨携带规模看，相比天宫二号空间实验室将提升 10 倍以上。

我国空间站开展空间应用的目标：在基础研究方面，取得一批具有国际重要影响的科研成果；在航天技术和航天医学研究方面，产出一批占领航天科技制高点的理论成果，使中国人在太空飞得更远、飞得更久；在科普文化教育方面，持续激发青少年探索未知世界

图 10-31　中国空间站

的热情，积极服务创新型国家建设；在服务国计民生方面，更大规模地支持与空间相关的产业经济发展，支撑国家重大战略与发展规划；在国际合作方面，以积极开放的姿态与世界各国开展交流与合作，服务"一带一路"倡议，积极构建人类命运共同体。

空间实验室任务标志我国载人航天进入应用发展新阶段，承前启后，意义重大。我国最终要建设的基本型空间站，它的规模不会超过国际空间站。由于国际空间站的寿命即将到期，预计到 2024 年，中国空间站有望成为全世界唯一在轨运行的空间站。

10.5.4　嫦娥工程

2004 年，中国正式开展月球探测工程，并命名为"嫦娥工程"。嫦娥工程分为"无人月球探测""载人登月"和"建立月球基地"三个阶段。2007 年 10 月 24 日 18 时 05 分，"嫦娥一号"成功发射升空，如图 10-32 所示，在圆满完成各项使命后，于 2009 年按预定计划受控撞月。发射人造地球卫星、载人航天和深空探测是人类航天活动的三大领域。重返月球，开发月球资源，建立月球基地已成为世界航天活动的必然趋势和竞争热点。

嫦娥工程的主要任务可分为四部分，它们是：

（1）获取月球表面三维影像。划分月球表面的基本地貌构造单元，初步编制月球地质与构造纲要图，为后续优选软着陆提供参考依据。

（2）分析月球表面有用元素含量和物质类型的分布特点。对月球表面有用元素进行探

图 10-32　我国首颗月球探测器嫦娥 1 号月球卫星

测，初步编制各元素的月面分布图。

（3）探测月壤特性。探测并评估月球表面月壤层的厚度、月壤中氦−3 的资源量。

（4）探测地月空间环境。记录原始太阳风数据，研究太阳活动对地月空间环境的影响。

经过 10 年的酝酿，最终确定中国整个探月工程分为"绕""落""回" 3 个阶段。

第一步为"绕"，即发射我国第一颗月球探测卫星，突破至地外天体的飞行技术，实现月球探测卫星绕月飞行，通过遥感探测，获取月球表面三维影像，探测月球表面有用元素含量和物质类型，探测月壤特性，并在月球探测卫星奔月飞行过程中探测地月空间环境。

第二步为"落"，即发射月球软着陆器，突破地外天体的着陆技术，并携带月球巡视勘察器，进行月球软着陆和自动巡视勘测，探测着陆区的地形地貌、地质构造、岩石的化学与矿物成分和月表的环境，进行月岩的现场探测和采样分析，进行日−地−月空间环境监测与月基天文观测。具体方案是用安全降落在月面上的巡视车、自动机器人探测着陆区岩石与矿物成分，测定着陆点的热流和周围环境，进行高分辨率摄影和月岩的现场探测或采样分析，为以后建立月球基地的选址提供月面的化学与物理参数。

第三步为"回"，即发射月球软着陆器，突破自地外天体返回地球的技术，进行月球样品自动取样并返回地球，在地球上对取样进行分析研究，深化对地月系统的起源和演化的认识。目标是月面巡视勘察与采样返回。

1. 嫦娥一号

"嫦娥一号"月球探测卫星于 2007 年 10 月 24 日在西昌卫星发射中心由"长征三号

甲"运载火箭发射升空。卫星发射后，需用 8 天至 9 天时间完成调相轨道段、地月转移轨道段和环月轨道段飞行。经过 8 次变轨后，于 11 月 7 日正式进入工作轨道。11 月 18 日卫星转为对月定向姿态，11 月 20 日开始传回探测数据，运行在距月球表面 200 千米的圆形极轨道上执行科学探测任务。

2007 年 11 月 26 日，中国国家航天局正式公布嫦娥一号卫星传回的第一幅月面图像。这是中国深空探测的第一步。

2009 年 3 月 1 日 16 时 13 分 10 秒，嫦娥一号卫星在北京航天飞行控制中心精确控制下，准确落于月球东经 52.36 度、南纬 1.50 度的预定撞击点。至此，在经历了长达 494 天的飞行后月球土地终于成为中国首个"月球使者"的生命归宿。而随着此次"受控撞月"的准确实施，中国探月一期工程也宣布完美落幕。

2. 嫦娥二号

"嫦娥二号"的主要任务是获得更清晰、更详细的月球表面影像数据和月球极区表面数据，因此卫星上搭载的 CCD 照相机的分辨率将更高，其他探测设备也将有所改进。为"嫦娥三号"实现月球软着陆进行部分关键技术试验，并对嫦娥三号着陆区进行高精度成像。进一步探测月球表面元素分布、月壤厚度、地月空间环境等，如图 10-33 所示。

图 10-33　嫦娥二号卫星

2010 年 10 月 1 日 18 时 59 分 57 秒，搭载着嫦娥二号卫星的长征三号丙运载火箭在西昌卫星发射中心点火发射。

2010 年 10 月 6 日 11 点 38 分"嫦娥二号"卫星 490N 发动机关机,完成第一次近月制动成功。

2010 年 10 月 8 日 11 点 03 分成功地完成了第二次近月制动。在近月点只有 100 公里、远月点 1830 多公里的轨道上运行。嫦娥二号绕月球一圈只需要 3.5 小时。

2010 年 10 月 27 日 21 时 45 分,"嫦娥二号"卫星成功实现变轨,由 100×100 公里的工作轨道进入 100×15 公里的虹湾成像轨道。从 2010 年 11 月 27 日开始,"嫦娥二号"卫星上的 CCD 相机将为月球虹湾区进行拍照。之后,"嫦娥二号"将进入长期管理阶段,它会完成一系列的科学探测任务。

2010 年 11 月 8 日上午,国防科技工业局首次公布了嫦娥二号卫星传回的嫦娥三号预选着陆区——月球虹湾地区的影像图,如图 10-34 所示。标志着嫦娥二号任务所确定的目标已经全部实现。

图 10-34 嫦娥二号传回的月球虹湾地区的影像图

3. 嫦娥三号

嫦娥三号是国家航天局嫦娥工程第二阶段的登月探测器,包括着陆器和月球车。它携带中国的第一艘月球车,并实现中国首次月面软着陆。

嫦娥三号由着陆器和巡视探测器——玉兔号月球车组成,如图 10-35 所示。嫦娥三号的任务是进行首次月球软着陆和自动巡视勘察,获取月球内部的物质成分并进行分析,将一期工程的"表面探测"引申至内部探测。其中着陆器定点守候,月球车在月球表面巡游 90 天,范围可达到 5 平方千米,并抓取月壤在车内进行分析,得到的数据将直接传回地球。

2013 年 12 月 2 日 1 时 30 分 00.344 秒,"嫦娥三号"从西昌卫星发射中心成功发射。

图 10-35　嫦娥三号卫星和月球车玉兔号（右）

2013 年 12 月 14 日 21 时 11 分 18.695 秒，嫦娥三号成功实施软着陆，降落相机传回图像。

"嫦娥三号"的任务是我国探月工程"绕、落、回"三步走中的第二步，也是承前启后的关键一步。它将实现我国航天器首次在地外天体软着陆，开展着陆器悬停、避障、降落及月面巡视勘察。

月球上的一天相当于地球上一个月，夜晚温度最低时达到零下 180 多摄氏度，白天温度大多在 100 摄氏度以上，这对电子设备是一个巨大考验。嫦娥三号将第一次在月球安装月基天文望远镜。月球上没有大气，比在地球上观测效率要高得多。月球车上将首次配备 360 度全景相机、红外光谱仪和 X 射线谱仪。

2013 年 12 月 15 日 4 时 35 分，嫦娥三号着陆器与玉兔号月球车成功分离，玉兔号月球车将开展 3 个月巡视勘察。

2014 年 1 月 15 日 20 时许，嫦娥三号着陆器飞控工作从飞控大厅转移到长管机房，顺利转入长期管理模式，这也意味着"嫦娥三号"着陆器已开启月宫新生活。

2014 年 1 月 25 日，嫦娥三号月球车进入第二次月夜休眠。但在休眠前，受复杂月面环境的影响，月球车的机构控制出现异常。2014 年 2 月 12 日下午，玉兔号受光照成功自主唤醒。此前，嫦娥三号着陆器于 2 月 11 日 2 点 45 分实现自主唤醒，进入第三个月昼工作期。

2014 年 2 月 23 日凌晨，嫦娥三号着陆器再次进入月夜休眠。此前，"玉兔"号月球车于 2014 年 2 月 22 日午后进入"梦乡"。

嫦娥三号着陆器上携带了近紫外月基天文望远镜、极紫外相机，巡视器上携带了测月雷达。这些都是世界月球探测史上的创举。嫦娥三号任务将首次获得月球降落和巡视区的地形地貌和地质构造，并将首次实现月夜生存。嫦娥三号探测器发射质量约 3.7 吨，着陆器质量约 1.2 吨，月球车质量约 120 千克，可载重 20 千克，

由于月球自转和公转都是 28 天，月夜长达 14 天，为了保证着陆器的能源供应，嫦娥三号使用了 RTG 同位素电池，这将是中国首次将核能用于航天器。嫦娥三号的月球车由航天五院研制，为三轴六轮结构，设计月面寿命为 3 个月，它将携带望远镜进行短距运行和天文观测，为建立实际天文台做准备。月球车将在着陆点附近 3 平方千米巡游，行走路线不超过 10 千米，月球车还将使用机械臂采集月壤样本现场分析。

截至 2016 年年底，嫦娥三号获得的大量数据已经形成了丰硕的科研成果，其中多项都属于世界首次。

嫦娥四号是嫦娥三号的备份星，是嫦娥系列的第四颗人造绕月探月卫星。主要任务是接着嫦娥三号着陆月球表面，继续更深层次更加全面地科学探测月球地质、资源等方面的信息，完善月球的档案资料。

4. 嫦娥五号

嫦娥五号是负责嫦娥三期工程"采样返回"任务的中国首颗地月采样往返卫星，计划于 2020 年底在海南文昌卫星发射中心发射。嫦娥五号的第一个科学目标是展开着陆点区的形貌探测和地质背景勘测，获取与月球样品相关的现场分析数据，建立现场探测数据与实验室分析数据之间的联系。主要包含：着陆区的地形地貌探测：采样点周围形貌与结构构造特性；撞击坑的形貌、大小与分布等。物质成分探测：采样点的物质成分特性；月壤物理特征与结构；月壳浅层的温度梯度探测等。第二个科学目标是对返回地面的月球样品进行系统、长期的实验室研究，分析月壤与月岩的物理特征与结构构造、矿物与化学组成、微量元素与同位素组成、月球岩石形成与演化过程的同位素年龄测定、宇宙辐射与太阳风离子与月球的互相作用、太空风化过程与环境演化过程等，深化月球成因和演化历史的研究。

为了实现科学目标，嫦娥五号将搭载多种有效载荷，主要包括降落相机、光学相机、月球矿物光谱分析仪、月壤气体分析仪、月壤结构探测仪、采样剖面测温仪、岩芯钻探机和机械取样器等。

5. 载人登月计划

我国还没有载人登月计划的时间表和路线图。载人登月是个非常复杂的系统工程，有很多技术难题需要攻克，包括航天员出舱、航天器对接、月面返回、月面生存等。只有掌握这些关键技术之后，中国才会结合未来国际、国内月球探测的发展情况，择机实施载人登月。

根据中国月球探测计划，2022 年前以无人探测为主，也就是说中国的载人登月计划是 2022 年以后的事，我们期待着这一天早日到来。

10.5.5 北斗卫星导航系统

中国北斗卫星导航系统（BeiDou Navigation Satellite System，BDS）是中国自行研制的全球卫星导航系统，示意图如图 10-36 所示。中国 BDS、美国 GPS、俄罗斯 GLONASS 和欧盟 GALILEO，是联合国卫星导航委员会已认定的供应商。

图 10-36　北斗卫星导航系统示意图

北斗卫星导航系统可在全球范围内全天候、全天时为各类用户提供高精度、高可靠定位、导航、授时服务，并具短报文通信能力，已经具备区域导航、定位和授时能力，定位精度为分米、厘米级别，测速精度为 0.2 米/秒，授时精度为 10 纳秒。

2020 年 7 月 31 日，北斗三号全球卫星导航系统正式开通。北斗卫星导航系统是中国着眼于国家安全和经济社会发展需要，自主建设、独立运行的卫星导航系统，是国家重要空间基础设施。

随着北斗系统建设和服务能力的发展，相关产品已广泛应用于交通运输、海洋渔业、水文监测、气象预报、测绘地理信息、森林防火、通信系统、电力调度、救灾减灾、应急搜救等领域，正逐步渗透到人类社会生产和人们生活的方方面面，为全球经济和社会发展注入新的活力。

卫星导航系统是全球性公共资源，多系统兼容与互操作已成为发展趋势。中国始终秉持和践行"中国的北斗，世界的北斗"的发展理念，积极推进北斗系统国际合作。与其他卫星导航系统携手，与各个国家、地区和国际组织一起，共同推动全球卫星导航事业发展，让北斗系统更好地服务全球、造福人类。

北斗系统由空间段、地面段和用户段三部分组成。

空间段由若干地球静止轨道卫星、倾斜地球同步轨道卫星和中圆地球轨道卫星组成；地面段包括主控站、时间同步/注入站、监测站等若干地面站以及星间链路运行管理设施；用户段包括北斗及兼容其他卫星导航系统的芯片、模块、天线等基础产品以及终端设备、应用系统与应用服务等。

1. 发展历程

中国高度重视北斗系统的建设与发展，自 20 世纪 80 年代开始探索适合国情的卫星导航系统发展道路，形成了"三步走"发展战略。

第一步，建设北斗一号系统。1994 年，启动北斗一号系统工程建设；2000 年，发射两颗地球静止轨道卫星，建成系统并投入使用，采用有源定位体制，为中国用户提供定位、授时、广域差分和短报文通信服务；2003 年发射第 3 颗地球静止轨道卫星，进一步增强系统性能。

第二步，建设北斗二号系统。2004 年，启动北斗二号系统工程建设；2012 年年底，完成 14 颗卫星（5 颗地球静止轨道卫星、5 颗倾斜地球同步轨道卫星和 4 颗中圆地球轨道卫星）发射组网。北斗二号系统在兼容北斗一号系统技术体制基础上，增加无源定位体制，为亚太地区用户提供定位、测速、授时和短报文通信服务。

第三步，建设北斗三号系统。2009 年，启动北斗三号系统建设；2018 年年底，完成 19 颗卫星发射组网，完成基本系统建设，向全球提供服务；2020 年年底前，完成 30 颗卫星发射组网，全面建成北斗三号系统。北斗三号系统继承北斗有源服务和无源服务两种技术体制，能够为全球用户提供基本导航（定位、测速、授时）、全球短报文通信、国际搜救服务，中国及周边地区用户还可享有区域短报文通信、星基增强、精密单点定位等服务。

截至 2019 年 9 月，北斗卫星导航系统在轨卫星已达 39 颗。北斗系统正式向全球提供 RNSS（Radio Navigation Satellite System，卫星无线电导航信号）服务。

2020 年 6 月 23 日，我国在西昌卫星发射中心用长征三号乙运载火箭成功发射北斗系统第五十五颗导航卫星，暨北斗三号最后一颗全球组网卫星。至此，北斗三号全球卫星导航系统星座部署比原计划提前半年全面完成。

2. 北斗系统的特点

北斗系统具有以下三个方面的特点：

一是北斗系统空间段采用三种轨道卫星组成的混合模式，与其他卫星导航系统相比高轨卫星更多、抗遮挡能力强，尤其低纬度地区性能特点更为明显。

二是北斗系统提供多个频点的导航信号，能够通过多频信号组合使用等方式提高服务精度。

三是北斗系统创新融合了导航与通信能力，具有实时导航、快速定位、精确授时、位置报告和短报文通信服务五大功能。

3. 服务性能

北斗为全球用户提供基本导航服务，空间信号精度将优于 0.5 米；全球定位精度将优于 10 米，测速精度优于 0.2 米/秒，授时精度优于 20 纳秒；亚太地区定位精度将优于 5 米，测速精度优于 0.1 米/秒，授时精度优于 10 纳秒，整体性能大幅提升。

未来，北斗系统将持续提升服务性能，扩展服务功能，增强连续稳定运行能力。2020年年底前，北斗二号系统还将发射 1 颗地球静止轨道备份卫星，北斗三号系统还将发射 6 颗中圆地球轨道卫星、3 颗倾斜地球同步轨道卫星和 2 颗地球静止轨道卫星，进一步提升全球基本导航和区域短报文通信服务能力，并实现全球短报文通信、星基增强、国际搜救、精密单点定位等服务能力。

中国积极培育北斗系统的应用和开发，打造由基础产品、应用终端、应用系统和运营服务构成的产业链，持续加强北斗产业保障、推进和创新体系建设，不断改善产业环境，扩大应用规模，实现融合发展，提升卫星导航产业的经济和社会效益。

4. 基础产品及设施

北斗基础产品已实现自主可控，国产北斗芯片、模块等关键技术全面突破，性能指标与国际同类产品相当。多款北斗芯片实现规模化应用，工艺水平达到 28 纳米。截至 2019年底，国产北斗兼容型芯片及模块销量已突破 1 亿片，国内卫星导航定位终端产品总销量突破 4.6 亿台，其中具有卫星导航定位功能的智能手机销售量达到 3.72 亿台。与此同时，目前含智能手机在内采用北斗兼容芯片的终端产品社会总保有量已超过 7 亿台。

建设北斗地基增强系统。截至 2018 年底，在中国范围内已建成 2 300 余个北斗地基增强系统基准站，在交通运输、农林渔业、水文监测、通信时统、电力调度、救灾减灾、公共安全、地震预报、气象测报、国土测绘、国土资源、科学研究与教育等多个领域为用户提供基本服务，提供米级、分米级、厘米级的定位导航和后处理毫米级的精密定位服务，产生了显著的经济效益和社会效益。

5. 大众应用

北斗系统大众服务发展前景广阔。基于北斗的导航服务已被电子商务、移动智能终端制造、位置服务等厂商采用，广泛进入中国大众消费、共享经济和民生领域，深刻改变着人们的生产生活方式。

10.5.6　"天问一号"火星探测

2020 年 4 月 24 日是第五个中国航天日，国家航天局宣布，将我国行星探测任务正式命名为"天问"，将我国首次火星探测任务命名为"天问一号"，作为我国行星探测的第一步，后续行星任务将依次编号。

2020 年 7 月 23 日 12 时 41 分，长征五号遥四运载火箭托举着我国首次火星探测任务"天问一号"探测器，如图 10-37 所示，在中国海南文昌航天发射场点火升空，探测器大约需要经过 7 个月的飞行才能抵达火星。

在太阳系的八大行星中，火星与地球距离较近。火星跟地球有着相似的自转周期，为 24 小时 37 分。除此之外，在火星上还有春夏秋冬四季的更迭。正因为这些相似点，通过发射探测器了解火星的状况，获得更多信息，以此能够帮助人类更好地研究地球的演变与未来发展。

截至 2020 年 8 月 19 日 23 时 20 分，天问一号火星探测器飞行距离约 823 万千米。环绕器上火星磁强计、中高分辨率相机等载荷完成自检，确认设备状态正常。探测器在 9 月份进行了第 2 次轨道修正。

由于公转的原因，2020 年 7 月正值火星探测窗口期，火星到地球的直线距离最短，因而探测火星所需时间短，所携燃料少，成本也更低。

面对这个错过要等 26 个月的火星探测良机，阿联酋沿轨道巡航的"希望号"火星探测器和美国"毅力号"火星车都于 7 月完成了发射。

"天问一号"总重约 5 吨，包括：

一架轨道飞行器，置有探测火星地形地貌、岩石分布和气候变化的 7 台科学仪器，在火星车探测期间还将作为通信中继器；

一个着陆器，将完成进入大气减速下降，以便火星车着陆火星表面；

一辆火星漫游车，如图 10-38 所示，置有 6 台科学仪器，将探测火星地下土壤分布和成分，并探究是否有地下水分布。这是中国首辆火星车，将对火星进行全方位的探测。

图 10-37 "天问一号"火星探测器

火星车重量约 240 千克,为美国"毅力号"的四分之一,以太阳能电池为动力,设计寿命 90 天,但可正常使用 2~3 年。其顶端有避障的全景相机和可识别矿物质成分的多光谱相机,另配有 4 个太阳能电池板、探测雷达、磁场探测仪和气象测量仪。

图 10-38 "天问一号"火星漫游车

"天问一号"的主要任务在于采集火星影像以及探测火星表面物质与构成、内部地质结构、火星气象与环境等。

按照计划,这次发射火星的探测器,将实现火星环绕、着陆和巡视探测等任务。首先是轨道飞行器环绕火星探测;接着,着陆器将软着陆并进行定点探测,预计登陆时间是

2021 年 4 月 23 日；最后，火星车将开始为期 90 余天的非定点巡视探测。

　　一次性完成"绕-落-巡"三步，其意义非同一般，这将是全球首次探测火星就实现软着陆的任务。若任务顺利完成，中国必将跻身太空探索领域领先者之列。

　　与此同时，此次搭载"天问一号"探测器升空的长征五号遥四运载火箭实力也不容小觑，如图 10-39 所示，长约 57 米，起飞重量约 870 吨，箭体直径 5 米，而此前我国现役火箭箭体直径最大的仅有 3.35 米。

图 10-39　长征五号遥四运载火箭

　　作为我国现役运载能力最强的火箭，其起飞推力超过 1 000 吨，运载能力近 25 吨，将我国现役火箭的运载能力提升了 2.5 倍。

　　此次任务将面临一系列困难，主要在于以下几个方面：

其一，即便在窗口期，火星也依旧是一颗遥远的星球，探测器携带燃料有限，为探测器飞行轨道的精密设计提出了很高的要求。

其二，若探测器经过近 7 个月漫漫旅途后顺利进入火星轨道，能否被火星捕获也是一大难点，切入点的远近直接关系到探测器是被捕获、掠过火星还是坠毁。

其三，整个任务最大的挑战便是如何成功软着陆火星。探测器将 4.8km/s 的速度降到 0km/s，需要 7 分钟左右，而这个过程也常被称为"恐怖 7 分钟"。何时减速、进入大气的姿态与角度如何，都需要精准控制，但鉴于人类对火星的认知不足，加之地火之间单程无线电信号的延时问题，依靠地面指挥实属不易。

在世界上现有的 40 余次火星探测任务中，能够安全度过这 7 分钟的仅有 9 次。祝愿我国的"天问一号"一次成功！

思 考 题

1. 了解中国古代天文学的辉煌成就。
2. 为什么中国近代天文学研究落伍了？
3. 我国有哪些重要的天文学探测和研究机构？
4. 了解南京紫金山天文台发展历史。
5. 北京时间从哪里来？
6. 郭守敬望远镜有哪些优势？近年来的主要发现有哪些？
7. 中国天眼有哪些优势？近年来的主要发现有哪些？
8. 为什么天文学研究特别需要大型观测设备的支持？
9. 哪些大学有天文系？
10. 了解中国现代航天事业发展的艰辛历程。
11. 为什么要建立北斗卫星导航系统？
12. 你将来会从事天文学研究吗？

附录 1
常用天文常数

真空中光速 $c = 2.9979 \times 10^8$ 米／秒

万有引力常数 $G = 6.67 \times 10^{-11}$ 牛顿·米²／千克²

太阳质量 $M_\odot = 1.989 \times 10^{30}$ 千克

太阳半径 $R_\odot = 6.9599 \times 10^8$ 米

地球质量 $M_E = 5.96 \times 10^{24}$ 千克

地球半径 $R_E = 6378.5$ 千米

地面重力加速度 $g_E = 9.8$ 米／秒²

天文单位 $au = 1.49598 \times 10^{11}$ 米

秒差距 $pc = 3.08568 \times 10^{16}$ 米

光年 $ly = 9.46 \times 10^{15}$ 米

波长单位 $\mathring{A} = 10^{-10}$ 米

哈勃常数 $H = (1.6 \sim 3.2) \times 10^{-18}$ 秒⁻¹

哈勃时间 $\dfrac{1}{H} = (9.78 \sim 19.6) \times 10^9$ 年

电子伏特 $eV = 1.60 \times 10^{-19}$ 焦耳

附录 2
88 个星座名称及分布图

科学家将全天空分成 88 个星座。全天空的面积为 41 253 平方度，其中最大的是长蛇座，面积 1 300 平方度，最小的是南十字座，面积仅为 68 平方度。88 个星座中，约一半的名称为动物名字（如狮子），约 1/4 为用具的名字（如圆规），其余的 1/4 是神话里的名字（如武仙）。

缩写符号	汉语名称	缩写符号	汉语名称
And	仙女座	Cen	半人马座
Ant	唧筒座	Cep	仙王座
Aps	天燕座	Cet	鲸鱼座
Aqr	宝瓶座	Cha	蝘蜓座
Aql	天鹰座	Cir	圆规座
Ara	天坛座	Col	天鸽座
Ari	白羊座	Com	后发座
Aur	御夫座	CrA	南冕座
Boo	牧夫座	CrB	北冕座
Cae	雕具座	Crv	乌鸦座
Cam	鹿豹座	Crt	巨爵座
Cnc	巨蟹座	Cru	南十字座
CVn	猎犬座	Cyg	天鹅座
CMa	大犬座	Del	海豚座
CMi	小犬座	Dor	剑鱼座
Cap	摩羯座	Dra	天龙座
Car	船底座	Equ	小马座
Cas	仙后座	Eri	波江座

缩写符号	汉语名称	缩写符号	汉语名称
For	天炉座	Per	英仙座
Gem	双子座	Phe	凤凰座
Gru	天鹤座	Pic	绘架座
Her	武仙座	Psc	双鱼座
Hor	时钟座	PsA	南鱼座
Hya	长蛇座	Pup	船尾座
Hyi	水蛇座	Pyx	罗盘座
Ind	印第安座	Ret	网罟座
Lac	蝎虎座	Sge	天箭座
Leo	狮子座	Sgr	人马座
LMi	小狮座	Sco	天蝎座
Lep	天兔座	Scl	玉夫座
Lib	天秤座	Sct	盾牌座
Lup	豺狼座	Ser	巨蛇座
Lyn	天猫座	Sex	六分仪座
Lyr	天琴座	Tau	金牛座
Men	山案座	Tel	望远镜座
Mic	显微镜座	Tri	三角座
Mon	麒麟座	TrA	南三角座
Mus	苍蝇座	Tuc	杜鹃座
Nor	矩尺座	UMa	大熊座
Oct	南极座	UMi	小熊座
Oph	蛇夫座	Vel	船帆座
Ori	猎户座	Vir	室女座
Pav	孔雀座	Vol	飞鱼座
Peg	飞马座	Vul	狐狸座

88个星座分布象形图如附图1所示，88个星座分布简图如附图2所示。

附图 1　88 个星座分布象形图

全天星图
（以天北极为中心）

附图 2　88 个星座分布简图

附录 3
三种宇宙速度

三种宇宙速度是指在地球表面发射人造天体时有三种不同的发射速度可供选择。第一宇宙速度指环绕地球飞行的最低速度;第二宇宙速度指脱离地球引力场作用而绕太阳飞行的最低速度;第三宇宙速度指脱离太阳引力场作用,飞出太阳系的最低速度。三种宇宙速度的数值可通过公式计算获得,它们的数值如下:

第一宇宙速度: $V_1 = 7.9$ 千米/秒;

第二宇宙速度: $V_2 = 11.2$ 千米/秒;

第三宇宙速度: $V_3 = 16.7$ 千米/秒。

附录 4
有关天文学的诺贝尔物理学奖

1921 年：阿尔伯特·爱因斯坦（德裔美国人）

爱因斯坦因对理论物理学的贡献特别是发现光电效应定律获奖。

1905 年是爱因斯坦（Einstein）一生中最辉煌的一年。这一年他发表了多篇论文。其中最有名的两篇分别是关于光电效应和狭义相对论的。他用普朗克的能量量子化观点成功地解释了 1887 年赫兹发现的光电效应。他不满足于普朗克把能量不连续性只局限于辐射的发射和吸收过程，而认为即使在光传播过程中能量也是不连续的，他还提出了光量子（即光子）的概念。

爱因斯坦在《论运动物体的电动力学》一文中完整地提出了匀速运动下的相对性理论以及空间、时间的新概念，创立了狭义相对论。狭义相对论抛弃了牛顿力学的绝对时空，指出时间、空间是相对的，从而引起了物理学理论基础的重大变革。他给出了著名的质能公式 $E = mc^2$，使人们在 1905 年就知道在核反应中通过质量"亏损"可以获得巨大的能量。

1915 年，爱因斯坦提出了他的引力理论——广义相对论。牛顿的引力理论只不过是广义相对论的一种特殊情形。广义相对论中的部分预言在 1921 年前已得到证实。

爱因斯坦是 20 世纪最伟大的科学家。唯一令人遗憾的是，他应得而没得到更多的诺贝尔奖。

1936 年：维克多·F. 赫斯（奥地利裔美国人）

赫斯因发现宇宙线而获奖。

赫斯（Hess）在获得博士学位后到维也纳大学镭研究所工作。他发现工作人员正在寻找一种导致空气电离的背景辐射之源。有人认为放射性物质造成的污染就是要寻找的原因。而赫斯认为这种辐射很可能起源于地球之外，并提出可通过气球实验来验证这一设想的方案。1911 年赫斯进行了十次大胆的气球飞行。他的测试结果表明：从地面开始到大约 150 米高度，电离是逐渐衰减的，但此后随着高度的增加电离却显著地增加。由于任意高度处的辐射昼夜都一样，所以这一结果不会是由于阳光的直接照射导致的。赫斯所发现的这种辐射被密立根命名为宇宙线。

宇宙线发现的重要性在于不仅可能提供天体物理过程和宇宙历史的有关资料，而且在于它们可作为一种高度集中的能量形式。

1948 年：洛德·P. M. S. 布莱克特（英国）

布莱克特因改进威尔逊云室以及在核物理和宇宙线方面的一系列发现而获奖。

这里仅介绍他在宇宙线方面的工作。1932 年前后，布莱克特（Blackett）与一位意大利科学家合作，开始从事宇宙射线的研究。在安德森公布他发现正电子后不久，他俩就发现了宇宙射线簇流，并成功地摄取了簇流的照片。在一张照片上，他们发现有 23 个粒子从一个区域向整个云室中散开去。他们把这种现象称为正负电子的"宇宙射线簇流"。

发现簇流中有正电子存在，这无疑是一个了不起的发现，它有力地证明了反粒子理论的正确性。

1954 年：瓦尔特·W. G. 博特（德国）

博特因用符合法分析宇宙辐射而获奖。

博特（Bothe）是一位杰出的理论物理学家，但他却因一项实验技术获得了诺贝尔物理学奖。他提出的"符合法"就是在盖革计数器的基础上发展起来的。

博特将两个盖革计数器放在相隔一段距离的位置上，让它们一起"捕捉"运动着的粒子。如果只有一个计数器中有粒子通过而发生电离碰撞，它所发出的电脉冲就记录不下来。只有两个计数器同时发出脉冲信号时，连接线路才作一次记录。博特利用符合法，判断能量和动量守恒定律对光子与电子的每一次碰撞是否都有效，或者说这些定律是否只是作为一种统计平均才成立。博特和盖革考察了单个康普顿碰撞，结论是上述守恒定律对每单个碰撞都是有效的。

随后，博特发明的符合法被广泛应用于宇宙辐射的研究，并获得了许多重要发现。1925 年，博特本人就用符合法分析宇宙辐射，并得出结论：宇宙线并不单是由 γ 射线组成的，从而彻底推翻了以前的传统看法。

1967 年：汉斯·A. 贝特（德裔美国人）

贝特因对核反应理论的贡献特别是关于恒星中能量产生机制的发现而获奖。

早在 20 世纪 30 年代，科学家们已认识到炽热的太阳和太空中大部分恒星的能量主要来自氢核的聚变，但这究竟是怎样的一种核聚变过程呢？对这种核反应体系又应如何解释呢？

贝特（Bethe）利用回旋加速器和自己创立的理论进行推导，发现了一系列的热核反应。他又利用天文学家对恒星的质量、半径、亮度的认识和测量到的数据，精辟地提出：在太阳和其他恒星中，主要存在着两种反应过程：一种是质子-质子反应链，另一种是碳氢反应链。

要在第一个反应过程中使两个质子形成氘，就必须在碰撞的一瞬间，使其中一个质子发生 β^+ 衰变成为中子，这就是所谓的弱相互作用。恒星的寿命主要就是由质子-质子碰撞的反应所决定的。

在第二个反应过程中，其中的碳、氮等元素是不损失的，只起催化剂作用。贝特发现碳 12 核有些独特的性质：它与质子发生反应，其速率足以解释恒星中的能量产生，并且它经受一个循环后，最终又有新的碳 12 产生，因此碳核起着催化剂的作用，它能被重新产生出来。该循环的净结果等价于 4 个质子与 1 个氦核的聚合反应，其 1% 的质量差解释了所释放的能量。

贝特所创立的氢核聚变成氦核和碳循环理论，令人满意地解释了太阳与恒星所辐射的能量来源。计算表明，这一理论与实际观察的结果是完全吻合的。

1970 年：汉内斯·O. G. 阿尔文（瑞典）

阿尔文因在磁流体动力学方面的基础研究和发现以及在等离子体物理中的应用而获奖。

1942 年，阿尔文（Alfvèn）在对太阳黑子的研究中指出：当有强磁场时，在导电的流体中就有一种低频率电磁波。他认为太阳黑子是存在于太阳中的异常磁场，太阳内部是极良好的导电体。这种异常磁场是由某种电流产生的，而这些电流又源于带电粒子的运动。电流在磁场中运动时会受到力的作用迫使电流产生运动。

阿尔文从物理观点出发，推论有一种波存在，这种波被称为"阿尔文波"，它可在良好的导体如太阳内部的电离气体中传播。

阿尔文关于磁流体动力学的研究对于受控热核反应的发展、超音速飞行、为外太空推进器提供动力以及飞行器重新进入地球大气圈时的制动都有非常重要的作用。

1974 年：马丁·赖尔（英国）、安东尼·休伊什（英国）

赖尔因孔径综合技术而获奖。

休伊什因发现脉冲星而获奖。

第二次世界大战后，一大批雷达专家借助雷达改行从事射电望远镜的工作，射电天文学的研究迅速发展。这一领域每一次新技术的引入都会带来意想不到的收获。

1967 年，休伊什（Hewish）与他的研究生贝尔小姐一起研制了一种波长为 3.7 米的接收天线和一架对微弱射电源灵敏度极高的射电望远镜。利用这个系统，他们通过观测发现，在此波长上，星际闪烁效应很强，但只有角直径非常小的射电源才会发生闪烁。进一步的研究发现，这些信号是重复的脉冲。在此后的一段时间内，他们又确定这种信号是来自于地球大气圈之外且属于某种天体的。

这些天体到底是什么呢？在排除了各种人为的可能之后，休伊什等提出了这种脉冲信号源是振动着的中子星和超新星爆发的产物，并将此信号源命名为"脉冲星"（Pulsar）。随后，他们又在其他天区发现了另外几颗脉冲星。

脉冲星的发现不仅为天文学开辟了一个崭新的领域，而且对现代物理学也产生了重大影响，从此一门新的跨学科理论——致密天体物理学诞生了。

赖尔（Ryle）与休伊什一起开拓了射电天体物理学的研究，特别是"孔径合成技术"的发明，受到科学界的高度重视。所谓"孔径合成技术"就是用一些小型的天线单元相继地移动以占满大得多的孔径平面，用一台计算机控制射电望远镜的运动，使它连续更换作为观测中心的位置，接收器输出的信号则存入计算机中。待观测完毕后再将这些信号合成，然后由绘图装置画出所观测区域的射电图。

赖尔的发明回避了建造一个超大型射电望远镜所带来的工程技术上的困难，使人们不再像对待光学望远镜那样，通过追求它的口径尺寸来提高分辨率。

1978 年：阿诺·A. 彭齐亚斯（德裔美国人）、罗伯特·W. 威尔逊（美国）

彭齐亚斯和威尔逊因发现宇宙微波背景辐射而获奖。

关于彭齐亚斯（Penzias）和威尔逊（Wilson）的工作参见 6.2 节。他俩的工作证实了宇宙微波背景辐射的存在，有力地支持了大爆炸理论。

1983 年：沙伯莱曼杨·钱德拉塞卡（印度裔美国人）、威廉·福勒（美国）

钱德拉塞卡因对恒星结构和演化的研究特别是对白矮星的预言而获奖。

恒星的起源和演化一直是天体物理和天文学中最重要、最吸引人的课题之一。早在 20 世纪 30 年代，钱德拉塞卡（Chandrasekhar）这位当时年仅二十多岁的印度物理学家就对该领域有浓厚的兴趣。他找到了决定恒星命运的一个基本参量，通过应用相对论和量子力学，利用完全简并的电子气体的物态方程，他建立了一个白矮星模型，由此导出了白矮星的质量上限是太阳质量的 1.44 倍，这就是著名的钱德拉塞卡极限。在此质量以下，恒星以白矮星终结它的一生；当质量超过此值时，恒星将最终变为中子星或黑洞。

钱德拉塞卡的发现在恒星的研究史上具有里程碑的作用。另外，他在恒星和行星大气的辐射转移理论、星系动力学、等离子体天体物理学和相对论天体物理学等方面也做出了许多重要贡献。

福勒因对恒星内部能量的产生和恒星重元素的合成方面的研究而获奖。

福勒（Fowler）是一位核物理学家，自第二次世界大战以后他一直从事核物理在其他领域应用的研究。他的主要贡献是 1957 年对元素核起源的成功解释。1957 年，福勒与霍伊尔（Hoyle）、G. 伯比奇（G. Burbidge）和 M. 伯比奇（M. Burbidge）一起提出了 B^2FH（按 4 位研究者姓氏第一字母组合）理论。该理论提出了与恒星演化各阶段相应的 8 种合成过程，指出了恒星在赫罗图上的演化方向，为恒星内部结构的计算提供了理论依据，阐明了超新星爆发是大质量恒星晚期演化的一种结局，从而为人们进一步探索宇宙演化增添了信心。

1993 年：罗思尔·赫尔斯（美国）、约瑟夫·泰勒（美国）

赫尔斯和泰勒因发现脉冲双星，提供了引力波的间接证据而获奖。

1916 年，爱因斯坦提出了广义相对论且大胆预言，所有运动物体都会发出引力波。从此，人们开始设计各种实验来检测引力波。然而，人们一直没有能够在实验室产生和检测到引力波，其原因是引力波实在太微弱了。因此科学家转向通过间接方法来证实引力波的存在。

天文学告诉我们，宇宙中众多恒星是成对出现的，也即物理双星，它们靠万有引力维系在一起，绕共同的质量中心旋转。根据广义相对论，这种双星系统会不断发出引力波，从而使其自身能量减少，它们间的旋转轨道会变得越来越小，旋转周期也越来越短。因此，人们设想能否通过长期观察某一短周期双星系统的周期变化来间接证实引力波的存在。

1974 年，泰勒（Taylor）和赫尔斯（Hulse）用一台大型射电望远镜发现了一颗会发射出极有规律的射电脉冲的奇异脉冲星（后被命名为 PSR1913+16 脉冲星），它像极准确的时钟发射出周期为 59 毫秒的射电脉冲信号。这是一颗脉冲双星，它是由一颗快速自转着的致密的中子星和另一颗也是非常致密的天体组成。

他俩经过 4 年辛勤观察，积累了成千上万个数据。分析结果表明：在 4 年内这个脉冲双星的周期缩短了 1/（750 万），这一微小周期变化就是由于脉冲双星发射引力波而能量减少所引起的。这个观测结果与爱因斯坦广义相对论的引力理论计算结果完全一致。

泰勒和赫尔斯发现的脉冲星的周期变化，提供了引力波存在的间接证据，为引力波的研究开辟了新领域，对天体物理和引力物理学具有重大意义。

1995 年：佛雷德里克·莱因斯（美国）

莱因斯因证明中微子的存在而获奖。

泡利在 1930 年提出在 β 衰变中，原子核在发射电子的同时，还放出中微子的假说。泡利在提出中微子的假说之后，并不乐观。他认为这种新粒子绝不会被直接观测到，因为中微子不带电，几乎不与任何物质发生作用，是名副其实的"隐身人"。

1955 年，美国洛斯·阿拉莫斯实验室的莱因斯（Reines）及其同事完成了证明中微子存在的实验。他们用 200 升水和 1 680 升液态闪烁剂作探测器，埋在核反应堆附近很深的地下，用来探测核反应放射出来的极强的中微子束。

由于核反应中形成的裂变产物所放射出的中子和 γ 射线都被厚厚的混凝土屏蔽层阻挡掉，所以只有中微子能穿透屏蔽层而到达探测器。当快速中微子与质子碰撞时会使质子转变成中子而放出一个正电子。他们采取这样的测量方法：当中子计数器和正电子计数器同时被击中才发出一个信号。从理论上估算，这一过程发生的概率极小，但在反应堆完全开动时进行实验，每分钟可收到几个信号；反应堆关闭后，信号即消失，由此证实了中微子的存在。

由于中微子的发现，使人们对轻子的认识就更进了一步，这对建立正确的粒子统一模型是十分重要的，对天文学的研究也将具有重要的作用。

2002 年：雷蒙德·戴维斯（美国）、小柴昌俊（日本）、卡尔多·贾科尼（美国）

戴维斯和小柴昌俊因在探测宇宙中微子方面的成就而获奖。

贾科尼因在发现宇宙 X 射线源方面的杰出成就而获奖。

1995 年的诺贝尔奖授予证明中微子存在的莱因斯。核反应中会产生大量的中微子，以核反应为主要能量来源的太阳应是生产中微子的超级大户。科学家预言，太阳内每聚变形成一个氦原子就会释放出 2 个中微子。

由于同样的原因，探测太阳中微子几乎也是不可能的。

进一步的研究发现，中微子可能与氯原子核发生反应生成 1 个氩原子核和 1 个电子，探测是否生成氩原子核就可证实中微子的存在。但这种可能性也很小。诺贝尔奖委员会称这项工作"相当于在整个撒哈拉沙漠中寻找一粒有用的沙子"。

为了捕获中微子，戴维斯（Davis）领导研制了一个新型探测器。它的主体是一个注满615吨四氯乙烯液体的巨桶，埋藏在美国一个很深的矿井中，这样做是为了防止其他宇宙粒子对液体的作用。在30年的探测中，戴维斯共发现了来自太阳的约2 000个中微子。

戴维斯是20世纪50年代唯一一位敢于探测太阳中微子的科学家，他的发现证实了太阳是靠核聚变提供燃料的。

中微子有可能与水中的氢原子核和氧原子核发生反应，产生一个电子，这个电子可引起微弱的闪光，探测这种微弱的闪光也可证实中微子的存在。小柴昌俊（Koshiba）在日本领导研制的另一个中微子探测器利用的就是这一原理。他除了用这一装置证实了太阳中微子的存在外，还在1987年2月23日发现了一处遥远的超新星爆发过程中释放出的中微子。在那次爆发过程中，估计有1亿亿（10^{16}）个中微子穿过了探测器，小柴昌俊捕获了其中的12个。

2002年诺贝尔物理学奖表彰的另一项成果与X射线有关。包括太阳在内的所有恒星都发射电磁波，其中包括可见光和我们看不见的其他波段的电磁波，比如X射线。其实，每时每刻都有大量的宇宙线到达地球，但包括X射线在内的多数宇宙线都被大气层吸收了，因而在地面上很难发现它们的踪影。

为了揭开宇宙X射线之谜，必须向太空发射探测器。贾科尼（Giacconi）领导研制了世界上第一个宇宙X射线探测器——爱因斯坦X射线天文望远镜。这台探测器于1978年进入太空，它向人类首次提供了精确的宇宙X射线图像，在此基础上科学家获得了大量新发现。

此外，贾科尼在世界上第一次发现了太阳系以外的X射线源，第一次证实了宇宙存在着X射线背景辐射，他还探测到了可能来自黑洞的X射线。

1976年，贾科尼倡议研制功能更为强大的钱德拉塞卡X射线望远镜。耗资15亿美元的钱德拉塞卡X射线望远镜于1999年进入地球轨道，计划在太空至少工作5年。它已开始对星系、类星体和恒星进行探测，寻找黑洞和暗物质的踪迹。天文学家希望借助钱德拉塞卡X射线望远镜能够加深对黑洞和暗物质的认识。

中微子有没有质量，暗物质到底有多少，这关系到宇宙总质量的大小。科学家认为，如果宇宙总质量大于某个数值，宇宙将在自身引力作用下停止膨胀，并开始"大坍塌"；如果小于或等于某个数值，则宇宙将一直膨胀下去。由这两项成果开拓的研究新领域必将揭示更多的宇宙奥秘，这些新答案将直接补充甚至改写现有的基本理论。

戴维斯、小柴昌俊和贾科尼在天体物理领域做出了先驱性的贡献，他们开辟了两个新的研究领域：中微子天文学和X射线天文学。

2006 年：约翰·马瑟（美国）、乔治·斯穆特（美国）

马瑟和斯穆特因发现宇宙微波背景辐射的黑体形式和各向异性而获奖。

目前为科学界所普遍接受的宇宙起源理论认为，宇宙诞生于距今 138 亿年前的一次爆炸，宇宙的温度最初高得惊人，大爆炸之后约 30 万年，使得电子和光子等可以结合而形成原子等物质。宇宙也由此走出黑暗状态而变得透明，使光可以穿透。

宇宙"微波背景辐射"正是在此期间产生的，它作为大爆炸的"余烬"，均匀地分布于宇宙空间。20 世纪 60 年代彭齐亚斯和威尔逊发现了这一对应温度 2.7K 的微波背景辐射，并于 1978 年获得诺贝尔物理学奖。

科学家还发现这个微波背景辐射对应的温度在全天空范围内惊人地一致，大爆炸理论认为，这表明大爆炸之初的高速膨胀抹平了宇宙物质分布的不均匀性。然而 20 世纪 80 年代，有天文学家提出了暴胀假说：在大爆炸开始之后，有一个极短瞬间，突然间有一个加速膨胀的阶段，这个阶段时间非常短暂，不排除膨胀速度超过光速的可能性，这个阶段称为"暴胀"阶段。如果真有这么一个阶段，则微波背景辐射就应该有一定程度上的各向异性。

1989 年 11 月，美国航天局用于微波背景探测的 COBE 卫星发射升空，随后 COBE 的观测数据表明，宇宙微波背景辐射与绝对温度 2.7K 黑体辐射非常吻合，特别是微波背景辐射在不同方向上温度有着极其微小的差异，也就是说存在所谓的各向异性。

马瑟（Mather）和斯穆特（Smoot）均为 COBE 卫星项目的主要参与者，是他们首次发现了微波背景温度十万分之几的不均匀性，而这个不均匀性是星系发展的必然条件。马瑟和斯穆特的研究成果有助于研究早期的宇宙，并能帮助人们更多地了解星系和恒星的起源，为有关宇宙起源的大爆炸理论提供了重大的观测证据。史蒂芬·霍金称赞他俩的发现是"历史上最伟大的发现之一"。

2011 年：布莱恩·施密特（澳大利亚）、亚当·里斯（美国）、索尔·珀尔马特（美国）

施密特、里斯和珀尔马特因透过观测遥远距离超新星而发现宇宙加速膨胀而获奖。

1929 年，美国天文学家哈勃发现了星系间距离不断变大的现象，并提出宇宙膨胀理论，这一发现导致俄裔美国天体物理学家伽莫夫提出"大爆炸理论"，他认为我们的宇宙诞生于约 138 亿年前的一次大爆炸，在大爆炸之前，宇宙是个极小体积、高度致密的点，而大爆炸之后，宇宙不断膨胀。多年来，天体物理学界一直认为宇宙是在以一个恒定的速度在膨胀。

由施密特（Schmidt）和里斯（Riess）领导的高红移超新星探索队于 1998 年找到了宇宙加速膨胀的证据。珀尔马特（Perlmutter）领导的另一个高红移超新星搜索队也于同一时间发现了宇宙加速膨胀的证据。

白矮星可以爆炸形成一种称之为 Ia 型的超新星，Ia 型超新星爆发时质量几乎相等，它们爆炸发出的能量和射线强度也一样，因此在地球上观测 Ia 型超新星亮度的变化，可以准确地推算出它们和地球距离的变化，并据此计算出宇宙膨胀的速度。

他们两个研究小组总共观测了约 50 颗遥远的 Ia 型超新星，并于 1998 年得到了一致的结论：宇宙正在加速膨胀。

他们三人仅是发现了宇宙加速膨胀的证据。天文学家相信，找到宇宙加速膨胀的原因，也一定能获得诺贝尔奖。科学家相信，宇宙加速是暗能量使然，但暗能量又是什么呢？

2013 年：彼得·希格斯（英国）、弗朗索瓦·恩格勒（比利时）

希格斯和恩格勒因对希格斯玻色子的预测而获奖。

希格斯玻色子是粒子物理学标准模型预言的一种自旋为零的玻色子，由英国物理学家希格斯（Higgs）提出了希格斯机制，在此机制中，希格斯场引起自发对称性破缺，并将质量赋予规范玻色子和费米子。恩格勒（Englert）也在希格斯玻色子预测中作出了相应贡献。

可以简单地认为希格斯玻色子是使物质获得质量的粒子。2012 年 7 月，美国费米国家加速器实验室宣布：希格斯玻色子接近证明它的存在；2013 年 3 月，欧洲粒子研究组织宣布探测到希格斯玻色子这一上帝粒子。

这一发现看似与天文学无关，实际上关系极为重大。希格斯认为，在大爆炸刚发生的时候，粒子是没有质量的，由希格斯玻色子赋予了粒子质量。

有学者认为希格斯玻色子的存在为宇宙的发展埋下了祸害，因为建立在希格斯玻色子基础上的宇宙是不稳定的动荡宇宙。因为一旦希格斯玻色子不再赋予粒子质量，宇宙就会突然消亡。

2015 年：梶田隆章（日本）、阿瑟·麦克唐纳（加拿大）

梶田隆章和麦克唐纳因发现了中微子振荡、证明中微子拥有质量而获奖。

世纪交接之际，梶田隆章（Takaaki Kajita）发现，日本超级神冈探测器探测到的大气层中的中微子会在两种味之间改变。同时，麦克唐纳（McDonald）领导的加拿大研究团队证明，来自太阳的中微子并不会在前往地球的途中消失。加拿大萨德伯里微中子观测站捕捉到它们时，发现它们发生了转变。

两人的实验证明了中微子会改变不同的味。中微子在 τ 中微子、电子中微子和 μ 中微子之间转换。这种改变需要中微子具有质量。这个发现改变了我们对物质的理解，对理解宇宙至关重要。

2017 年：雷纳·韦斯（美国）、基普·索恩（美国）和巴里·巴里什（美国）

韦斯、索恩和巴里什因在 LIGO 检测器和引力波观测的决定性贡献而获奖。

宇宙中曾有两个黑洞发生碰撞，所产生的引力波跨越漫长时空，历时 13 亿年抵达地球，在 2015 年 9 月 14 日被位于美国的 LIGO 探测器探测到，这是人类历史上首次发现引力波。

引力波是一种时空涟漪，如同石头丢进水里产生的波纹。百年前爱因斯坦在广义相对论中预言了引力波的存在，但他认为引力波难以被探测到，因为相关信号非常微弱。LIGO 项目使用巨大的激光干涉仪，在引力波通过地球时探测到比原子核还要小很多的变化。

LIGO 项目集中了全球多地 1 000 多名科学家的参与，而这三名获奖者发挥了至关重要的作用。韦斯（Weiss）在约 40 年前提出了探测引力波的方法，巴里什（Barish）和索恩（Thorne）也在科学和管理等方面有巨大贡献。

近半个世纪以来，科学界逐渐认可了引力波的存在，但直到 2015 年，人类才第一次真实地探测到引力波，这是此次获奖者所作贡献的价值所在。引力波为人类探索宇宙提供了全新的观察方法，未来可能会有更多新的发现。

2019 年：詹姆斯·皮布尔斯（美国）、米歇尔·马约尔（瑞士）和迪迪埃·奎洛兹（瑞士）

皮布尔斯（Peebles）因物理宇宙学的理论发现而获奖。

马约尔（Mayor）和奎洛兹（Queloz）因发现了第一颗围绕类太阳恒星运行的系外行星而获奖。

在过去的 50 年里，皮布尔斯对于物理宇宙学的洞见丰富了整个研究领域，并为宇宙学从猜测转变为实测科学奠定了基础。他从 20 世纪 60 年代中期开始发展出的理论框架，是我们当代科学宇宙观的基础。

大爆炸模型描述了宇宙在大约 140 亿年前温度密度极高的初始状态，从那个点开始，宇宙急速膨胀，体积变大，温度变低。大爆炸后仅仅 40 万年，宇宙变得透明，光线可以在空间中穿行。即使到了今天，大爆炸的余晖仍然以辐射形式存在于我们的周围，宇宙的许多秘密都隐藏其中。皮布尔斯使用他的理论工具与计算，解释这些来自宇宙初期的线索，并发现新的物理现象和过程。

皮布尔斯的理论发现有助于我们理解大爆炸后宇宙如何演化。

　　1995 年 10 月，马约尔和奎洛兹公布发现了第一个太阳系外的行星，这颗系外行星处于我们所在的银河系中，环绕着一颗类太阳恒星旋转。他们在法国南部的上普罗旺斯天文台，使用定制的仪器，观测到了一个大小相当于太阳系最大的气态巨行星木星的气态球体：Peg51b。

　　这一发现在天文学掀起了一场革命，此后我们陆续在银河系中发现了超过 4 000 颗系外行星。这些行星有着千奇百怪的体积、形态和轨道，这些奇异的新世界仍在不断被发现。它们对我们关于行星系统的先入为主的观点形成了挑战，促使科学家们修正他们关于行星起源背后的物理过程的理论。随着许多研究项目开始寻找系外行星，或许，终有一天，我们可以回答那个永恒的问题——宇宙中是否存在其他生命？

　　马约尔和奎洛兹在寻找未知行星的过程中探索了我们的宇宙空间。他们的发现永远改变了我们对世界的认知。

[注]　根据诺贝尔基金会的章程，每个诺贝尔奖奖项的获奖者人数为 1~3 人。奖金的分配规则是：一人获全奖。两人等分。三人得奖时又分为两种情况：因同一项目获奖时，三人等分；因两个项目获奖时，则其中一人一项的得一半，两人一项的各得 1/4。上述获奖者名单仅为当年诺贝尔物理学奖中与天文学有关的奖项，不包括物理学其他方面的获奖者。

附录 5
天文学与宇宙探索大事记

（不包括中国部分，中国部分见第 10 章）

公元前 4200 年　埃及人发明了一种建立在太阳和月亮周期之上的一年 365 天的"历法"。

公元前 530 年　希腊天文学家毕达哥拉斯（Pythagoras）提出大地是球形的概念。

公元前 400 年　巴比伦人标出黄道带上点的位置，为天球坐标的发明做了准备。

公元前 350 年　希腊天文学家赫拉克立德（Heraclide）提出地球绕着它自己的轴旋转。

公元前 330 年　亚里士多德（Aristode）提出地心说。

公元前 300 年　希腊数学家欧几里得（Euclid）巨作《几何原理》出版（注：那时的数学几乎就是天文学）。

140 年　希腊天文学家托勒密（Ptolemy）完善了地球是宇宙中心的理论，并出版了《宇宙学大全》一书。

1120 年　埃及开罗天文台开始建造。

1543 年　波兰天文学家尼古拉·哥白尼（Copernicus）发表不朽巨作《天体运行论》，系统提出了日心说，开创了宇宙研究的新纪元，这一年被认为是近代天文学的开端。

1602 年　丹麦学者第谷（Tycho）星表发表。

1608 年　第一架望远镜在荷兰诞生，口径为 2.5 厘米，放大倍数为 20 倍。望远镜的诞生为人类观测宇宙提供了最直接可靠的方法。但发明者为眼镜制作师，他并没想用望远镜来观测天空，而是用于航海。

1609 年　意大利天文学家伽利略（Galileo）制造成功放大倍数为 32 倍的天文望远镜，并开创了人类用天文望远镜观测宇宙的先河。

1610 年　伽利略发现了木星的四颗卫星。

1613 年　伽利略发现太阳黑子。

1619 年　德国天文学家开普勒（Kepler）发表了著名的行星运动第三定律。加上他在 1609 年发表的行星运动第一、第二定律，使人类对太阳系的认识提高到定量的层次。

1642 年　英国天才的科学家艾萨克·牛顿（Isaac Newton，1642—1727 年）诞生。作为伟大的数学家、物理学家、天文学家、哲学家，牛顿对人类的贡献是无与伦比的。

1644 年　法国科学家笛卡儿（Descartes）发表《哲学原理》。

1655 年　荷兰物理学家惠更斯（Huygens）制造出直径 5 厘米的折射望远镜，并用它发现了土星卫星泰坦。

1667 年　法国建立巴黎天文台。

1675 年　英国在伦敦建立格林尼治天文台。

1676 年　丹麦科学家首次给出光速的测量结果，为每秒 22.7 万千米。

1687 年　牛顿出版巨著《自然哲学的数学原理》，提出万有引力完整理论（万有引力定律是牛顿于 1666 年发现的），奠定了经典力学的基础。

1705 年　英国天文学家哈雷（Halley）提出他观测到的一颗彗星是周期约 76 年的周期彗星，预言了哈雷彗星 76 年后的回归，这是人类第一次发现有周期的彗星。

1728 年　牛顿出版《宇宙体系》一书。

1736 年　意大利数学家、天文学家拉格朗日（Lagrange）诞生。他的巨著《分析力学》奠定了天体力学的基础。

1749 年　法国杰出的数学家、天文学家拉普拉斯（Laplace）诞生。他的伟大贡献在于从理论上证明了太阳系的稳定性和恒久性。他还给出了轰动一时的太阳系起源的 Laplace 假说。他著有宏伟大作《天体力学》，共 5 卷 16 册。

1755 年　德国哲学家、天文学家康德（Kant）在《宇宙发展史概论》中提出了太阳系起源的星云学说。

1759 年　哈雷彗星回归。

1772 年　柏林天文台台长波得（Bode）宣布太阳系各大行星与太阳距离的排列有一定规律。提丢斯（Titius）在 1764 年曾经提出过该规律，所以称之为提丢斯-波得定则。

1781 年　英国天文学家赫歇耳（Herschel）发现了天王星。赫歇耳被认为是近代恒星天文学的创始人。他发现了太阳的自行，指出恒星不是静止的，打破了静止太阳的假说。

1784 年　法国天文学家梅西叶（Messier）发表星团星云表。

1798 年　英国科学家卡文迪许（Cavendish）用实验验证了万有引力定律。

1801 年　意大利天文学家皮亚齐（Piazzi）发现第一颗小行星——谷神星。

1814 年　德国光学家夫琅和费（Fraunhofer）首次发现了太阳光谱。他被誉为分光天文学之父。

1842 年　奥地利物理学家多普勒（Doppler）发现多普勒效应。

1845 年　法国物理学家费佐（Fizeau）和傅科（Foucault）拍得人类历史上第一张太阳照片，照片上清晰可见太阳黑子的存在。

1851 年　傅科用自由摆实验成功证明了地球自转。

1854 年　德国物理学家赫姆霍兹（Helmholtz）提出太阳能量来源的收缩机制。

1863 年　德国天文学会成立。

1891 年　美国天文学家海尔（Hale）发明了"太阳分光照相仪"。

1897 年　美国人克拉克（Clark）父子为美国叶凯士天文台制造至今仍是全球最大口径的 1 020 毫米折射望远镜。

1905 年　爱因斯坦（Einstein）发表狭义相对论。

　　　　　当今最有名望的天文台美国威尔逊山天文台开始建造。

1907 年　丹麦天文学家赫兹伯伦（Hertzsprung）发现巨星和矮星。

1913 年　恒星分布赫罗图被发现。

1915 年　爱因斯坦发表广义相对论。

1918 年　美国天文学家沙普利（Shapley）确定了银河系的大小。

1919 年　英国科学家爱丁顿（Eddington）在日食观测中发现太阳引力使恒星光线弯曲，验证了广义相对论预言的现象。

　　　　　国际天文学联合会 IAU 成立。

1922 年　苏联科学家弗里德曼（ФРИДМАН）从理论上证明了宇宙在膨胀。

1924 年　哈勃（Hubble）通过确定仙女座星云的距离，宣告河外星系的存在。

1926 年　瑞典科学家林德布拉德（Lindblad）证明了银河系的自转。

　　　　　哈勃创立星系的哈勃分类法。

　　　　　美国人完成了人类历史上第一次液体火箭发射，尽管它仅飞了 56 米远，12 米高。

1927 年　勒梅特（Lemaitre）提出了宇宙起源的大爆炸理论。

1927 年　迈克耳逊（Michelson）精确测量了光速。

1928 年　国际天文学联合会（IAU）规定了 88 个星座的划分方案。

1929 年　哈勃发现了大名鼎鼎的哈勃定律，证明了宇宙在膨胀。

1930 年　美国人汤博（Tombaugh）发现了冥王星。

1932 年　美国科学家夹斯基（Jansky）发现银河系中心的射电辐射。

　　　　　俄国物理学家朗道（ДАНИАУ）和美国物理学家奥本海默（Oppenheimer）预言

了致密天体中子星的存在。

1938 年　美国物理学家贝特（Bethe）和德国科学家魏茨泽克（Weizsäcker）创立恒星内部的能源理论，提出质子-质子反应和碳氮循环核反应提供了恒星的能源。

1942 年　10 月 3 日，德国成功发射首枚 V-2 导弹，射程为 180 千米。这是世界上首枚可用于实战的弹道导弹，为人类的空间探测准备了运载工具。

1949 年　美国帕洛马山天文台威力巨大的海尔望远镜建成，其直径为 5 米。它的制造成功，为宇宙学的进一步发展奠定了基础。

1951 年　首次观测到来自银河系的氢 21 厘米发射线。

1957 年　10 月 4 日，苏联在拜克努尔航天中心发射成功人类历史上第一颗人造地球卫星"斯特尼克 1 号"。该星重 83 千克。

1958 年　1 月 31 日，美国第一颗人造卫星"探险者 1 号"升入太空。

　　　　　10 月 1 日，美国国家航空与航天局（NASA）（简称美国航天局）成立。

　　　　　国际太空科学组织——太空研究委员会（COSPAR）成立。

　　　　　12 月 6 日，美国发射了首个月球探测飞行器"先驱者 3 号"，但探测失败。

1959 年　苏联成功发射了 3 个月球飞行器，即"月球 1 号""月球 2 号""月球 3 号"，其中"月球 3 号"首次拍摄了地球上不可能看到的月球背面的照片。苏联共发射了 24 个月球飞行器。

1961 年　4 月 12 日，苏联宇航员尤里·加加林（ГАГАРИН，Ю. А.）乘坐"东方 1 号"宇宙飞船，绕地球飞行一周，并顺利返回地面。加加林是人类有史以来第一位飞出大气层的太空人。

　　　　　5 月 5 日，美国实现载人宇宙飞行。

1963 年　305 米阿雷西博射电望远镜建成。

1965 年　美国科学家彭齐亚斯（Penzias）与威尔逊（Wilson）发现 3K 宇宙微波背景辐射。

　　　　　发现天鹅座 X-1 是一个强 X 射线源。

1967 年　英国科学家休伊什（Hewish）和贝尔（Bell）发现脉冲星。

1968 年　发现星际有机分子。

　　　　　美国科学家戴维斯（Davis）发现了太阳中微子。

1969 年　7 月 16 日美国发射载人月球飞船"阿波罗（APOLLO）11 号"四天后，"APOLLO-11"号宇航员阿姆斯特朗（Armstrung）完成了人类历史上的一大跨越——踏上月球。

1970 年　苏联制成口径 6 米的反射望远镜，安装于高加索帕斯多克霍夫山上，但精度欠佳。

1971 年　苏联发射人类历史上第一个载人空间轨道站"礼炮 1 号"。

德国制成直径 100 米有跟踪装置的大型射电望远镜。

1978 年　美国科学家泰勒（J. H. Taylor）从双星 PSR1913+16 的轨道周期变化中，证实了广义相对论预言的引力波的存在。

1981 年　4 月 12 日，美国第一架航天飞机"哥伦比亚"号发射成功。

1986 年　苏联发射成功"和平号"空间站。它在轨工作达 15 年，大大超过设计寿命。"和平号"空间站于 2001 年 3 月 23 日根据人工指令顺利陨落于南太平洋。

1 月 28 日，美国航天飞机"挑战者"号在发射升空时因助推器故障而发生爆炸。

1990 年　4 月 24 日美国"发现"号航天飞机将哈勃太空望远镜送入太空。

1992 年　美国的凯克 I 望远镜在夏威夷莫纳克亚天文台建成。凯克望远镜口径达 10 米。1996 年同样口径的凯克 II 在距凯克 I 85 米远处建成。这是当时世界单体最大的光学望远镜。每台望远镜耗资数亿美元。

1993 年　美国实现甚长基线干涉，基线长度达到 8 000 千米。

1995 年　10 月，瑞士天文学家发现太阳系外第一颗行星。

俄罗斯宇航员创造了在和平号空间站上连续驻留 438 天的新纪录。

1998 年　美国科学家宣布在月球表面陨石坑深处发现水冰。

在银河系中心发现超大质量的黑洞。

1999 年　哈勃太空望远镜发现宇宙中存在多个星系相撞的现象。这种相撞导致了新星的爆发。

英国天文学家发现了地球的第二个卫星，它 800 年围绕地球旋转一次。

2000 年　建设中的国际空间站与俄罗斯"联盟 TM-31"号宇宙飞船成功对接，国际空间站首次成为载人飞行器。

2001 年　4 月，美国加利福尼亚州的富翁蒂托搭乘俄罗斯"联盟 TM-32"号飞船第一个完成了人类历史上的太空之旅，把人类旅游的范围开辟到地球之外。

2001 年　7 月，法国科学家在仙女座大星云附近发现了星系与星系之间"弱肉强食"的现象：一个大星系是在吞食邻近小星系的基础上逐渐成长起来的。

2002 年　5 月，美国天文学家发现普通星系周围存在着大量不可见的暗矮星系，这一结果为宇宙的暗物质寻找提供了新的思路。

11 月，天文学家发现一个所谓的"宇宙遗物"———一颗遥远又古老的天体，估计这颗天体可以追溯至宇宙的起源。它几乎不含金属元素，这在银河系里是极其罕见的。

2003 年　2 月 1 日，美国哥伦比亚航天飞机在返回地面时解体。

12 月 30 日，"长征"二号丙/SM 型运载火箭成功将中国与欧洲空间局的合作项目 "地球空间双星探测计划"中的第一颗卫星"探测一号"送入太空。

2004 年 1 月 4 日和 1 月 25 日，美国火星探测器"勇气号"和"机遇号"成功登陆火星。

1 月 23 日，欧洲空间局宣布，欧洲空间局发射的"火星快车"探测器在火星表面发现了水的痕迹。

2 月，美国航天局宣布，"勇气"号火星专用机械臂上的打钻机在火星的岩石上打了一个洞，这是人类首次在火星表面上留下"人造"洞穴。

2 月，欧洲的"火星快车"和美国的"勇气"号取得联系，这是人类制造的探测器首次在地外星球实现国际联系。

3 月，发现当时离太阳最远的行星塞德娜（Sedna）。Sedna 距地球约 129 亿千米。

7 月，欧美合作的探测器"卡西尼"号（Cassini）太空船在历经 7 年的远征之后，进入土星轨道。

2005 年 1 月 14 日，欧洲航天局的惠更斯（Huygens）探测器抵达了土卫六"泰坦"（Titan），并在泰坦上着陆。

2005 年 7 月 4 日，美国航天局"深度撞击"号探测器释放的撞击器击中目标——坦普尔 1 号彗星。

2005 年 7 月 14 日，美国科学家宣布在太阳系外发现一个由 1 颗行星和 3 颗恒星组成的系统。这一发现推翻了"行星通常仅围绕一颗恒星公转"的传统理论。

2005 年 8 月 12 日，美国新型火星探测飞船"火星勘测轨道飞行器"发射升空，该飞船已于 2006 年 3 月到达火星。

2006 年 1 月 15 日，装有彗星尘埃样本的美国"星尘"号飞船返回舱，在遨游太空近 7 年后，降落在美国犹他州的沙漠中。"星尘"号项目是美国第一个专门探测彗星的项目，科学家因此获得了彗星的尘埃样本，这将有助于科学家揭开太阳系起源之谜。

2006 年 1 月 17 日，美国航天局"新地平线"号探测器发射升空，开始了长达 9 年的太空之旅，它的目标是太阳系边缘的冥王星，那里是太阳系各种谜团的大本营。科学家预测此行的收获将改写现行教科书中的诸多内容。

2006 年 2 月，火星快车发现火星极光现象。

2 月，美国天文学家宣布，他们已确定了一份可能存在外星生命的星球名单，美国航天局将对它们进行重点观测。

3 月，美国航天局 WMAP 太空探测器发现宇宙大爆炸后极速膨胀的新证据。

3 月，火星探测器"勇气号"和"机遇号"先后陷入困境。

2006 年　8 月，冥王星从大行星中除名，改称为矮行星。

2007 年　4 月，天文学家发现太阳系外与地球相似的行星 Gliese 581C。

5 月，美国 NASA 钱德拉塞卡 X 射线太空望远镜发现有史以来最强的超新星爆发。

9 月，日本"月亮女神"探月飞船升空。

2008 年　1 月，NASA 信使号探测器飞越水星，开始拍摄水星全景照。

5 月，"凤凰号"火星探测器在火星北极成功着陆。

9 月，欧洲大型强子对撞机正式启用。

11 月，首次拍摄到太阳系外三颗行星绕中央恒星旋转照片。

2009 年　3 月，发射开普勒太空望远镜。

5 月，欧洲航天局发射"普朗克"探测器，机遇号发现火星表面水冰，发现暗物质存在的可能证据，发现质量为 64 亿太阳质量的巨大黑洞，印度发射"月球 1 号"探测器。

2010 年　6 月，德国马克斯·普朗克物理研究所成功产生了黑洞周边的等离子体。

12 月，英国科学家发现宇宙曾经经受其他"宇宙"挤压的证据。

2011 年　5 月，第二台阿尔法磁谱仪发射进入国际空间站。

11 月，NASA 发射好奇号火星着陆探测器。

国际空间站完成装配，进入工作阶段。

2012 年　3 月，哈勃太空望远镜发现距地球 24 亿光年外的巨大暗物质块。

阿塔卡玛大型毫米波天线阵发现了一颗尚未成型的恒星周围存在原行星尘埃盘，欧洲南方开文台甚大望远镜四台全部建成。

2013 年　3 月，欧洲航天局给出最新哈勃常数值，并将宇宙年龄修正为 138.2 亿年。

4 月，阿尔法磁谱仪项目公布了找到暗物质来源的证据。

9 月，NASA 确认"旅行者 1 号"进入恒星际空间。

11 月，阿塔卡玛大型毫米波天线阵全部建成。

12 月，南极望远镜发现宇宙微波背景辐射偏振信号。

2014 年　1 月，霍金提出灰洞理论。

3 月，美国哈佛大学宣布发现了宇宙暴胀的直接证据。

4 月，美国发现太阳系外恒星的行星带有卫星的证据。

2016 年　3 月 12 日，NASA 证实太阳系最大卫星木卫三地下存在海洋。

7 月 14 日，新视野号抵达距离冥王星最近位置并获取了冥王星及其卫星 Charon 的高清影像。

9 月 14 日，美国 LIGO 探测器首次发现引力波存在的证据。

9 月 16 日，美国卡西尼号证实土卫二内部存在全球性海洋 。

12 月 9 日，日本 Akatsuki 号气象卫星再次尝试进入金星轨道成功。

2016 年　2 月 17 日，日本航天局把 ASTRO-H X 射线望远镜送入低地球轨道，将对宇宙大尺度结构中的暗物质分布进行观测。

7 月 4 日，NASA 朱诺号木星探测器进入木星轨道，经过长达五年的深空飞行，朱诺号终于抵达了木星。

9 月，盖亚（GAIA）空间卫星重绘银河地图。

9 月 30 日，欧洲航天局罗塞塔号探测器从距离彗星表面大约 10 英里处拍摄了丘留莫夫-格拉西缅科彗星的图像。

2017 年　1 月，科学家们在编号 TRAPPIST-1 的恒星周围发现了 7 颗行星。

4 月，NASA 的科学家们宣布在土卫二海洋中找到了或许能够为生活在那里的生命提供能量的来源，卡西尼探测器在穿越土卫二极地上空时 ，获取到从其冰层下方海洋通过冰裂隙喷射出的水汽样本。

4 月，首次直接观测地球大小系外行星的大气层。

4 月，事件视界望远镜（EHT）对黑洞进行首次成像。

8 月 17 日，天文学家们宣布他们首次同时透过光学和引力波两种手段观测到同一个天文事件。

9 月 15 日，美国航天局结束卡西尼号的使命 。

10 月 16 日，美国 LIGO 探测器探测到双中子星合并事件。

10 月，首次观测到了一个源自太阳系之外的小天体"奥陌陌"。

2018 年　3 月 14 日，史蒂芬·霍金（Hawking）去世。

4 月，NASA "苔丝"开始研究太阳系附近的系外行星。

8 月 12 日，NASA 成功发射帕克太阳探测器。

10 月 30 日，开普勒太空望远镜正式退役。

11 月 27 日，NASA 的"洞察号"着陆器降落在火星上。

12 月，科学家们公布了四个来自双黑洞的引力波信号源，它们相互之间旋转碰撞释放引力波，令引力波探测的信号源总数提高到了 11 个。

12 月 5 日，"旅行者 2 号"进入星际空间，这是历史上继"旅行者 1 号"之后第二个走出太阳系的探测器。"旅行者 2 号"将在大约 300 年内到达奥尔特云的内边缘。

2019 年　1 月 1 日，美国航天局的新视野号宇宙飞船掠过了它的目标，位于柯伊伯带的天

体 "Arrokoth"，它是航天器飞掠任务有史以来观察过最遥远的天体。

2 月，美国航天局宣布其 "机遇号" 火星探测器正式 "死亡"。

4 月 10 日，事件视界望远镜（EHT）团队公布了他们拍摄到的第一张黑洞图像。

8 月，天文学家们发现了被命名为鲍里索夫的新彗星。这个快速移动的天体为一颗星际彗星，这颗彗星是在另一颗恒星附近诞生的。

11 月 11 日，水星出现了 2032 年之前的最后一次凌日现象。

附录 6
关于本书数据的一点说明

  读者在阅读不同年代、不同版本的天文学书籍时，会发现部分数据有出入，这是正常现象。因为天文学上的数据有些是公认的，有些则正处在研究过程中。如恒星质量的大小将最终决定恒星演化的去向。有一点是肯定的，即量变到质变，但到底是 $3M_\odot$ 还是 $8M_\odot$（有些学者认为应是 $30M_\odot$）以上的恒星演化为黑洞，则尚无定论。同样，由于哈勃常数的测定涉及很多方面，我们无法获得 H 的确切数值。

参 考 文 献

[1] ［英］史蒂芬·霍金. 时间简史［M］. 许明贤，吴忠超，译. 长沙：湖南科学技术出版社，2002.

[2] ［英］史蒂芬·霍金. 果壳中的宇宙［M］. 吴忠超，译. 长沙：湖南科学技术出版社，2002.

[3] ［法］G. 伏古勒尔. 天文学简史［M］. 李珩，译. 桂林：广西师范大学出版社，2003.

[4] 胡中为，萧耐园. 天文学教程（上册）［M］. 北京：高等教育出版社，2003.

[5] 朱慈盛. 天文学教程（下册）［M］. 北京：高等教育出版社，2003.

[6] 刘学富，等. 基础天文学［M］. 北京：高等教育出版社，2005.

[7] 苏宜. 天文学新概论［M］. 武汉：华中科技大学出版社，2005.

[8] ［英］史蒂芬·霍金，等. 时空的未来［M］. 李泳，译. 长沙：湖南科学技术出版社，2005.

[9] ［英］史蒂芬·霍金，等. 果壳里的 60 年［M］. 李泳，译. 长沙：湖南科学技术出版社，2005.

[10] ［英］史蒂芬·霍金，等. 时间简史（普及版）［M］. 吴忠超，译. 长沙：湖南科学技术出版社，2006.

[11] 姚建明. 天文知识基础［M］. 北京：清华大学出版社，2008.

[12] 胡领祥. 宇宙的始末和规律［M］. 上海：学术出版社，2011.

[13] 赵峥. 探求宇宙的秘密：从哥白尼到爱因斯坦［M］.

北京：北京师范大学出版社，2013.

[14] ［英］约翰·D. 巴罗. 宇宙之书：从托勒密、爱因斯坦到多重宇宙 ［M］. 李剑龙，
译. 北京：人民邮电出版社，2013.

[15] ［美］杰米·贝尔. 天文之书 ［M］. 高爽，译. 重庆：重庆大学出版社，2015.